Deepen Your Mind

前言

近年來，隨著深度學習技術的不斷發展，語音辨識準確率獲得了大幅提升，由此帶來了基於語音互動應用的豐富想像力，這些技術越來越多地影響著人們生產和生活的各方面。其中，消費級應用包括智慧喇叭、手機語音助理、車載智慧座艙、語音輸入法與翻譯機等；企業級應用包括智慧客服、語音品管、智慧教育、智慧醫療等。各類智慧語音應用的蓬勃發展使得越來越多的人加入語音領域的研究和落地，共同推動整個語音產業的發展。

得益於語音辨識技術的蓬勃發展和辨識率的節節攀升，業界湧現出眾多優秀的點對點語音工具套件，如 Wenet，ESPNet，SpeechBrain 等。儘管如此，2009 年約翰霍普金斯大學夏季研討會孵化出的 Kaldi 工具箱，以其穩定的演算法效果，活躍的社區氣氛，獲得了廣泛應用，極大地降低了語音辨識的上手門檻，也培養了大量的相關人才。目前，仍然有很多公司在使用基於 Kaldi 的專案。

由於語音互動技術涉及的演算法與技術鏈較長，因此已有的語音演算法相關圖書主要集中在各類語音演算法的原理與訓練上，缺乏從語音互動角度出發，介紹語音互動所需的語音前後端各項演算法和整體解決方案的相關圖書。在語音應用的落地上，學術界也缺乏產業界的專案應用實作經驗。本書將致力於拉近學術界與產業界的距離，在系統地介紹語音互動流程中涉及的語音前端處理、語音辨識和語者自動分段標記等演算法原理的同時，詳細介紹如何基於 WebRTC，Kaldi 和 gRPC，從零建構產業界穩定、高性能、可商用的語音服務。

在前端演算法的相關章節中，本書系統地介紹了語音活動檢測、語音降噪、回音消除、波束形成等常用的語音前端處理演算法的原理，還針對各種演算法在實際場景中的專案實現方法，提供了大量的經驗複習。除了介紹傳統訊號的處理方法，本書還介紹了深度學習方法在語音前端領域中的發展和應用現狀。

在語音後端演算法方面，本書詳細介紹了語音辨識中的特徵提取、聲學模型、語言模型、解碼器和點對點語音辨識，以及語者自動分段標記中的聲紋 Embedding 提取和聚類演算法。同時，還介紹了如何基於 Kaldi 訓練語音辨識及語者自動分段標記模型。針對訓練模型時的很多細節問題，提供了詳細的解釋。

在語音演算法專案化方面，本書介紹了如何利用 WebRTC 和 Kaldi 最佳化處理流程，形成語音演算法 SDK。基於流行的用於微服務建構的 RPC 遠端呼叫框架和 SDK，進一步介紹了如何實現一套方便使用者快捷連線的語音演算法的微服務。

本書由楊學鋭、晏超、劉雪松合作撰寫。三位作者長期在最前線從事語音演算法工作，書中內容彙集了他們在產業界模型訓練和應用實作的思考與經驗複習，希望能給學術界的研究人員與產業界的從業人員帶來一絲啟發和幫助。其中楊學鋭負責第 1、4、5 章的撰寫及全書內容的審核校對，晏超負責第 6、7、8 章的撰寫及工程程式的實現偵錯，劉雪松負責第 2、3 章及第 1 章部分內容的撰寫和校對。

最後，感謝電子工業出版社李淑麗老師的辛苦工作，感謝吳伯庸和王金超對本書的貢獻，感謝陳勇的審稿與校對，感謝成書過程中給予過幫助的所有相關人士。

由於作者水準有限，書中如有任何錯誤與不足，懇請讀者們批評指正並提出寶貴意見。

作者

目錄

Chapter 01 語音辨識概述

Chapter 02 語音訊號基礎

Chapter 03 語音前端演算法

Chapter **04** 語音辨識原理

Chapter **05** 中文漢語模型訓練 -- 以 multi_cn 為例

Chapter 06 基於 Kaldi 的語者自動分段標記

Chapter 07 基於 Kaldi 的語音 SDK 實現

Chapter **08** 基於 gRPC 的語音辨識服務

Appendix **A** 參考文獻

Chapter

01

語音辨識概述

本章將介紹語音辨識的基本概念、不同階段的發展歷程、相關產業與應用及常見語音處理工具。

自動語音辨識（Automatic Speech Recognition，ASR）是一種將人類的語音訊號轉換為電腦可讀的輸入的技術。在一般情況下，會把這個任務限定為將語音轉換為對應的文字，故也被稱為語音轉文字（Speech-To-Text，STT）。這項技術通常需要結合訊號處理、電腦科學、人工智慧和語言學等學科。

1.1 語音辨識發展歷程

1. 早期

早在 20 世紀 50 年代，貝爾實驗室就已經完成了對英文數字發音的辨識（Davis, 1952）。研究人員透過高低頻帶處理與範本匹配的方式來辨識數字，辨識率能達到 97%以上。整個 60 到 70 年代，語音辨識研究主要集中在使用範本匹配（判斷語音與目標語音片段的相似度）來進行孤立詞辨識或單一短句辨識。在「冷戰」背景下，前蘇聯和日本的研究員先後獨立提出了基於動態規劃的時間對齊（Vintstuk, 1968; Sakoe, 1978），這一方法是後來流行的 DTW（Dynamic Time Warping，動態時間規整）（Myers, 1981）的基礎。在早期的範本匹配方法中，由於無法考慮到不同語者語音長度和發聲特點的差異，因此泛化性能較差。DTW 基於動態規劃對輸入音訊進行延長或縮短，與目標範本進行匹配，能夠提高辨識的堅固性。此外，目前應用最廣泛的 fbank 特徵也在這一階段開始用於語音辨識任務中。

2. HMM 時期

20 世紀 80 年代之前，人們相信如果分析方法選取得當，語音就能被極佳地辨識。但是由於語音訊號的複雜性，始終沒有找到一個較好的分析方法，因此語音辨識研究逐漸轉向基於統計的方法。由於 HMM（Hidden Markov Model，隱馬可夫模型）（Rabiner, 1986）可以對觀測序列和隱藏序列進行建模，因此被應用到語音辨識任務上，其中觀測序列對應語音訊號序列，隱藏序列對應辨識的文字序列。在這個階段，語音辨識研究的主要成果除了 HMM 的訓練（Baum, 1970; Bahl, 1983）和搜尋（Rabiner, 1993）演算法，還有有限狀態機解碼器的引入（Bahl, 1978; Paul, 1990）。20 世紀 80 年代末，在 GMM（Gaussian Mixture Model，高斯混合模型）被應用於 HMM 的發射機率建模（Juang, 1985）後，基於 GMM-HMM 的方法開始統治語音辨識領域。

在 HMM 語音辨識時代，另一個重要的研究是鑑別性訓練（Discriminative Training）。鑑別性訓練（Juang, 1992; Juang, 1997）透過廣義機率下降法（Generalized Probabilistic Descent，GPD）來最小化分類錯誤，這在當時的框架中取得了非常好的效果。除此之外，這一時期還湧現出了結合上下文資訊和自我調整的訓練方法，n-gram 語言模型也被引入到辨識中。

3. 深度學習時期

在 GMM-HMM 框架產生之後，一直到 21 世紀的第一個十年，語音辨識技術並沒有太大的變化，辨識率的提升也越來越緩慢。2007 年，LSTM（Long Short-term Temporal Memory，長短時序記憶）網路與 CTC（Connectionist Temporal Classification，連接時序分類）的結合在關鍵字辨識上超過了傳統演算法（Fernández, 2007）。2009 年，Hinton 和鄧力等人在聲學建模中引入了 DNN（Deep Neural Network，深度神經網路），並將詞錯率（Word Error Rate，WER）降低了 30%（Deng, 2009; Hinton, 2012）。由此，語音辨識進入了深度學習時代。這一時期，建模單位通常採用聚類後的狀態（Context-Dependent Phones，狀態綁定的三音素），故也被稱為 CD-DNN-HMM（Dahl, 2011）方法。包括 TDNN（Time-Delay Neural Network，延遲神經網路）（Shaharin, 2014）、CNN（Convolution Neural Network，卷積神經網路）（Sainath, 2013）和 RNN（Recurrent Neural Network，循環神經網路）（Graves, Jaitly, 2013; Graves, Mohamed, 2013）在內的幾種神經網路結構都被用於辨識建模。此外，在基於神經網路的語音辨識中，結合鑑別性訓練也可以得到很好的效果。這一時期，比較有代表性的序列鑑別性訓練是 LF-MMI（Lattice-Free Minimum Mutual Information，無詞圖最小互資訊）（Povey, 2016）。

由於基於 DNN-HMM 的語音辨識仍然沒有拋棄 HMM 框架和基於細細微性（如音素，phoneme）的建模單位，因此需要漫長的對齊流程，造成訓練流程非常複雜。近幾年，點對點（End-to-End）語音辨識開始高速發展。點對點語音辨識更多採用基於字素（grapheme）的建模方式，緩解了特徵->音素，音素->文字的累計誤差。另外，透過應用 CTC 和 Seq2Seq 結構，避免了對對齊資訊的需要，簡化了訓練流程。常見的點對點語音辨識方法包括 CTC（Graves, 2006），RNN-T（Rao, 2017），Transformer（Rao, 2017），Conformer（Gulati, 2020）等。語音辨識技術發展的歷程，如圖 1-1 所示。

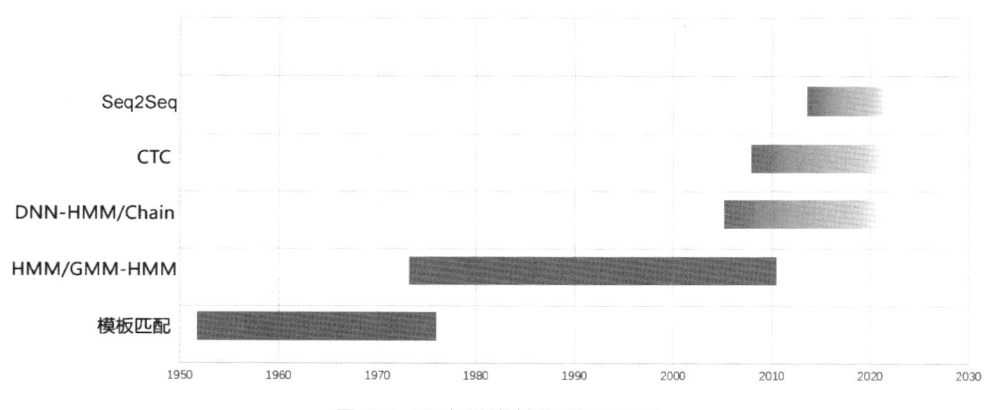

圖 1-1 語音辨識技術發展歷程

進入 21 世紀 20 年代，得益於深度學習技術和算力的發展，研究人員已經能夠熟練運用各種語音框架和訓練資料來獲取所需的語音辨識模型，並且在不同場景中取得了很好的語音辨識準確率。開放原始碼語音辨識資料集 Librispeech 上的辨識率已經達到 98%以上，去掉標注錯誤和一些幾乎完全無法被分辨的語音，基本上等於完全辨識，如圖 1-2 所示。

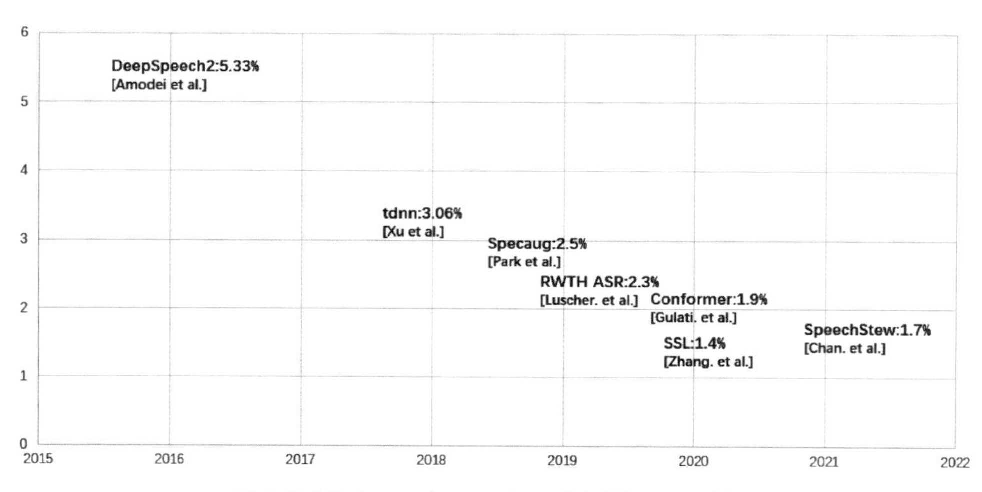

圖 1-2 Librispeech test-clean 測試集 WER 變化

在中文 ASR 方面，SpeechIO 是一個公開的以國語為主的語音辨識基準平台，連線了多家知名企業的語音辨識服務介面，並發佈了 leaderboard。在包括朗讀、對話、演講、口語等說話類型，以及直播、訪談、教育、遊戲、體育等辨識場景的多項測試中，多家企業的語音辨識系統在大部分測試集上的辨識率都已經超過了 90%。SpeechIO 上不同測試集的辨識率對比，如圖 1-3 所示。

在實際商業場景中，除了辨識率，語音辨識還有很多需要考慮的因素。在語音辨識系統中，RTF（Real-Time Factor，即時率）是用來衡量解碼速度非常重要的一項指標，具體計算方式為解碼時間除以音訊長度，一般認為當 RTF 小於等於 0.1 時，就可以滿足絕大部分商業系統的需求。辨識模式一般分為非流式（Non-Stream）語音辨識和流式（Stream）語音辨識，前者是指對一整段音訊統一處理之後再返回辨識結果，後者則是在音訊流發送過程中即時地轉寫並返回結果。開發人員需要根據不同的業務需求，選擇其中一種方式進行解碼。對於流式語音辨識，除了 RTF，首字延遲也是一項重要的指標，它決定了使用者對整個系統回饋的感知。

在部署方式上，雲端推理可以使用更大的模型和更多的運算資源，同時這也帶來了網路通訊的不穩定性和更大的資源消耗。雖然端側部署成本低，使用方便，但是受限於硬體資源，辨識效果和即時率會大打折扣。一個完整的雲端語音辨識演算法模組通常包含音訊前置處理、語音前端演算法、語音辨識和後處理（標點、文字正規、文字平滑等）技術，很多時候也需要語者自動分段標記（Speaker Diarization）技術來區分不同語者的語音。除此之外，雲端推理還需要建構高可用、高併發、即時解析音訊的服務，這就要求開發者對語音辨識原理、推理框架和音訊服務開發有比較深入的了解。

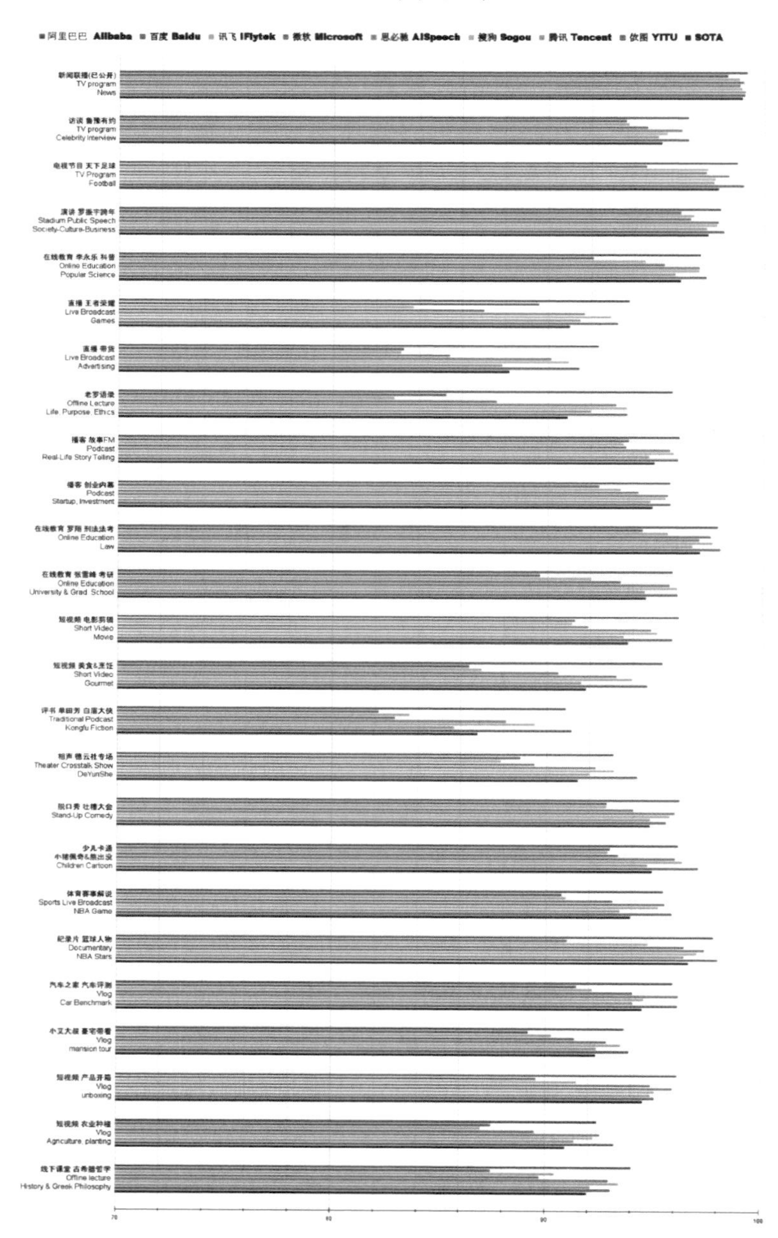

圖 1-3 SpeechIO 上不同測試集的辨識率對比

1.2 語音辨識產業與應用

目前，語音辨識技術屬於 AI 領域中最為成熟實踐的技術之一。在華西證券發佈的智慧語音報告中，在 2019 年人工智慧技術的市佔率中，智慧語音已經達到 22%，僅次於電腦視覺。

從 20 世紀 50 年代語音數字辨識系統 "Audrey" 發佈開始，語音辨識在產業實踐的嘗試就沒有停止過。但是直到 2011 年，iPhone 4S 同 Nuance 合作推出語音幫手 "Siri" 及 2014 年亞馬遜發佈第一款智慧喇叭 Echo，才標誌著智慧語音領域的產業化加速推進。史丹佛發佈的 *2021 AI Index Report* 顯示，2020 年全球在智慧語音、人機互動領域的投資額從 2019 年的 10 億美金左右增加到了 30 億美金，智慧語音的應用涵蓋了金融、醫療健康、商業、法律、專業服務和其他的高科技行業。

目前，語音辨識技術的應用可以分為消費級市場和企業級市場。

1.2.1 消費級市場

1. 智慧家庭

相對於傳統的控制、互動形式，在智慧家庭領域中使用語音互動對於使用者會更加便捷。亞馬遜、Google、百度、小米、阿里巴巴等企業都先後發佈了自己的智慧喇叭產品。目前，智慧喇叭作為所有智慧家庭互動的入口，扮演著一個非常重要的角色，且不用附加在一些重服務家電上。除了常規的日程設定、音樂播放、天氣等資訊查詢，智慧喇叭還可以控制燈光、冷暖氣、電視、窗簾、門窗、保全與監控等。未來的居家場景，是全屋產品的智慧化，屆時語音與其他技術會更加深度地融合。圖 1-4 展示了幾種智慧喇叭的形態。

Amazon Dot

Xiaomi sound

小度智慧喇叭

圖 1-4 智慧語箱的形態

2. 智慧生活與辦公

智慧生活是一個比較寬泛的場景，包括語音控制硬體、可穿戴裝置和語音幫手等。智慧可穿戴裝置趨於小螢幕化、無螢幕化的特點決定了智慧語音將成為其天然入口，無論是眼鏡、耳機，還是手錶、手環，語音互動會更方便也更自然。語音幫手更是語音辨識深度學習時代最早的實踐產品，根據 Strategy Analytics 的預計，到 2023 年，90%的智慧型手機都會配備 AI 語音幫手。

其他的消費級產品還包括翻譯機、錄音筆、語音輸入法等，這些產品強依賴於語音辨識技術本身的準確率，在辦公、教育、旅遊等領域的應用也都越來越廣泛。

3. 智慧汽車

另一個正在高速發展的智慧語音實踐場景，是智慧汽車。除了 L4，L5 等級的自動駕駛，車載語音互動作為智慧座艙中的一部分，在未來汽車形態中扮演著更加重要的角色。與傳統車載系統透過按鍵或者螢幕操控不同，多模態融合檢測、智慧語音互動、多螢幕互動手勢操作等一系列技術，將成為下一代智慧座艙的標準配備。由於車內環境相對穩定，語音辨識率較高，因此座艙內是部署語音互動的極佳實踐場景。由此帶來的司機雙手的解放不僅能增強安全性，也能極大地提高使用者駕駛體驗。

1.2.2 企業級市場

1. 語音質檢

語音質檢普遍被應用在智慧外呼和客服領域。透過語音辨識與聲紋辨識的相關技術，不僅可以對客戶說話的內容進行語音語義分析，挖掘客戶潛在需求，進行人物誌，提供個性化的客戶服務與產品的精準行銷，還可以對對話內容的符合規範性進行稽核與審查，進一步提升服務滿意度。一個完整的智慧客服語音互動流程，如圖 1-5 所示。

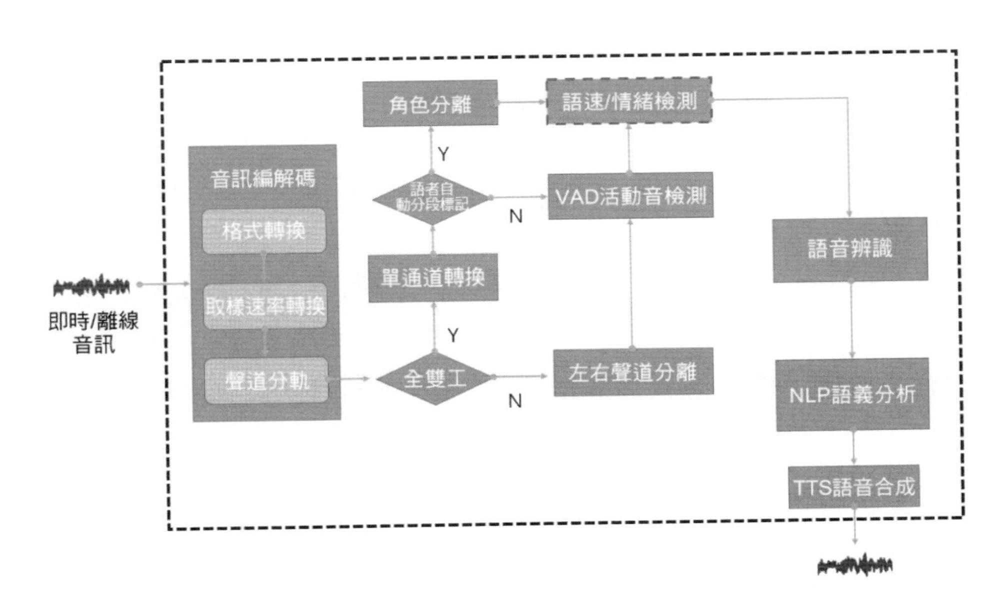

圖 1-5 一種智慧客服語音互動流程

智慧客服語音質檢服務根據業務類型，將音訊分為即時音訊流與離線音訊流，分別用於事中分析和離線 T+1 事後分析場景。由於客服電話的系統不同，業務所承載的音訊格式也差別很大。例如，有的系統使用傳統電話通道 8000 取樣速率的 Alaw/Ulaw PCM 音訊，有的系統使用 SIP 軟交換的 16000 取樣速率的 ADPCM 音訊，有的系統使用單通道音訊，有的系統使用全雙工通訊，有的系統為了節省儲存空間使用 MP3，WMA 等壓縮格式儲存音訊等。因此，客服語音互動首先需要透過音訊編解碼模組對音訊編碼及格式進行統一，並根據是否為全雙工通訊完成左右聲道分離，或者將左右聲道合併成單通道語音流；然後根據不同業務場景的需求，使用 VAD（Voice Activity Detection，語音活動檢測）模組或語者自動分段標記模組，將語音檔案進行切分。在進行語音辨識前，可基於語音對客戶的情緒、性別、年齡進行檢測，對人物誌維度進行補全，對客服的語速、停頓時長進行檢測，統計有效通話時長及業務服務的熟練度。在對語音內容進行辨識後，可進一步結合業務場景，使用 NLP（Natural Language Processing，自然語言處理）進行語義分析，完成客戶需求的挖掘和客服質檢的稽核。對於一些智慧座席的呼入場景，還可以使用 TTS（Text To Speech，文字到語音）語音合成完成 NLP 分析的結果輸出與播報。

2. 智慧物流

揀貨是物流倉儲作業中成本最高的一項任務，占整體作業量的 50%～70%。語音揀貨是倉庫作業人員透過藍牙耳麥與語音系統對話推進揀貨工作的方式。傳統的語音揀選是人與人溝通，指示揀貨員挑選貨物，耗時長，成本高。而透過語音辨識和合成技術，可以使倉庫作業人員直接與倉庫管理系統進行對話溝通。系統透過語音指導作業員到指定區域的庫位拿取或放置貨品；作業員透過語言進行動作確認，倉庫管理系統直接辨識作業人員的語音進行對應的資料處理。

3. 智慧教育

在教育領域中，語音技術主要分為課堂品質輔助和線上虛擬教學兩部分。前者透過融合語音、視覺及文字技術，輔助教師授課，實現即時字幕轉錄、重點內容快速定位、課堂資料分析等。新冠肺炎疫情以來，線上教學的需求量越來越大，受教師人數的限制，傳統的線上授課教師不能照顧到每一個學生的具體情況。而基於語音互動的虛擬教師結合 VR 技術，可以擺脫教師人數的限制，一對一授課，並進行精準分析，提升學生學習的效果。語音評測和人機對話技術結合語義技術應用到國語、古詩詞及外語教學中，可以快速糾正發音韻律及語法錯誤，並且逐漸被應用到考試場景中。

除了企業級市場，面向家長和學生的智慧學習機也是這一領域的重要產品。

4. 智慧醫療

智慧語音在醫療場景的主要應用有電子病歷、醫院導診和醫生輔助診斷等。電子病歷透過語音輸入的方式生成結構化病例，執行病例檢索，節約醫師輸入和查詢病歷的時間。在醫院大廳導診、後續的隨訪及輔助醫生決策支援中，智慧語音也能發揮重要作用。

1.3 常用語音處理工具

在 GMM-HMM 時代，語音辨識領域中兩個著名的語音辨識工具是 Sphinx 和 HTK（Hidden Markov Model Toolkit，隱馬可夫模型工具套件）。Sphinx 是卡內基美隆大學開發的大詞彙量語音辨識引擎，已經有 30 多年的歷史；顧名思義，HTK 是一套基於 HMM 方法的語音辨識工具，最早由劍橋大學工程系的機器智慧實驗室開發，Kaldi 在早期設計中有很多部分，如使用風格和技術方法等都參考了 HTK。在音訊編解碼和前端演算法領域中，Speex 是一個開放原始碼的、專為語音設計的編解碼專案，具有雜訊抑制和回音消除等功能。目前，這些專案的更新已經比較緩慢甚至不再更新，本書著重介紹業界主流的語音處理工具：WebRTC、Kaldi 和其他點對點語音辨識工具套件。

1.3.1 WebRTC

WebRTC 是一個由 Google 公司發起的即時通訊解決方案，其中 RTC 的含義是即時通訊（Real Time Communication）。它包括從音訊和視訊的擷取、處理和編解碼，到網路傳輸，跨平台 API 等即時通訊系統中的各方面。最早，它的提出是為了解決 Web 端實現語音對話或即時視訊對話的問題。在 Google 公司和開放原始碼社區的幫助下，其能在絕大多數主流平台，如 Windows，Linux，Mac，iOS 和 Android 上使用。目前，WebRTC 已經成為即時音視訊領域的標準，被廣泛應用於語音視訊通話、線上會議、線上教育和遠端醫療等領域中。WebRTC 的系統架構如圖 1-6 所示。

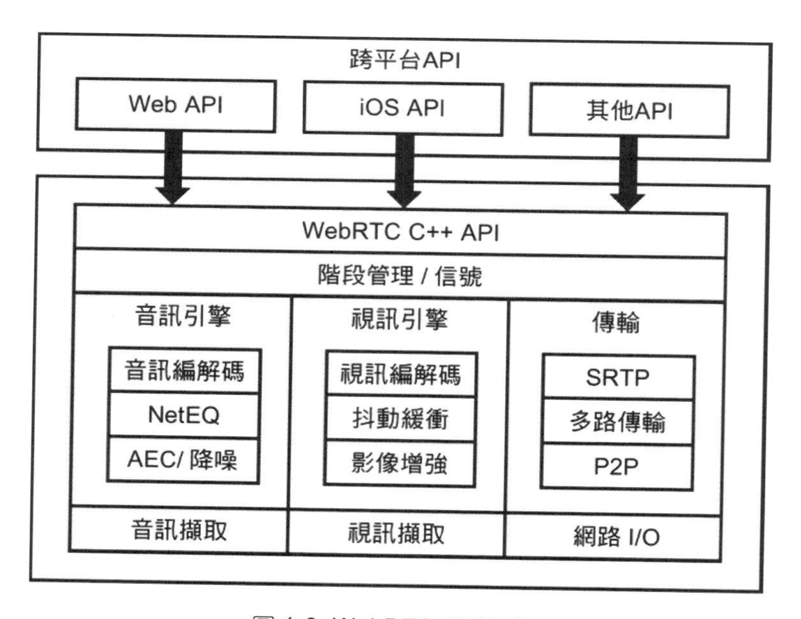

圖 1-6 WebRTC 系統架構

WebRTC 的系統架構非常龐大，模組許多，主要由以下幾個模組組成。

- 跨平台 API：這一層 API 是對 WebRTC C++ API 的封裝，是提供給不同平台的應用軟體開發者使用的。例如，比較有代表性的 Web API 和 iOS API 分別使用 JavaScript 和 Objective-C 撰寫，讓相關的開發者可以很便捷地開發出基於 WebRTC 技術的即時音視訊應用程式。
- WebRTC C++ API：這一層 API 是給瀏覽器廠商和平台 SDK 開發者使用的，方便開發者透過 C++ API 進行封裝和訂製，滿足其跨平台的需求。
- 階段管理/信號：用於連接狀態的管理和信號互動等。
- 音訊引擎：該模組囊括了即時通訊中整個音訊部分的點對點解決方案，包含音訊擷取和播放、語音編解碼、自我調整抖動控制和封包遺失補償、音訊後處理等功能模組。音訊引擎中包含的語音轉碼器有 G711，G722，ilbc，isac，opus 等，包含的語音後處理演算法有降噪、回音消除、自動增益控制、語音活動檢測等。除了後處理，音訊引擎中的另外一個核心演算法模組是 NetEQ。它負責音訊的自我調整抖動緩衝控制和封包遺失補償，其中包含網路延遲時間和抖動緩衝延遲時間的估計演算法，以及在網路抖動發生變化時的訊號處理，如語音加速、減速、封包遺失補償等演算法。
- 視訊引擎：該模組囊括了即時通訊中整個視訊部分的點對點解決方案，包含視訊擷取和繪製、視訊編解碼、自我調整抖動控制、影像品質增強等功能模組。
- 傳輸：包含 SRTP 傳輸協定、多工傳輸、P2P 傳輸等。

儘管 WebRTC 是針對即時通訊設計的，但是其很多子模組也可以被應用到其他場景中。例如，對於本書所關注的語音互動系統來說，WebRTC 的音訊引擎中有很多可以參考的語音處理演算法。以下簡單介紹相關演算法的情況。

- VAD：WebRTC 有三套 VAD 演算法，分別是基於基音檢測的 VAD、基於統計模型的 VAD 和基於 RNN 的 VAD。其中最常用的是基於統計模型的 VAD 演算法，其程式位於 common_audio/vad/webrtc_vad.c，而基於基音檢測的 VAD 演算法的程式位於 modules/audio_processing/vad/pitch_based_vad.cc。另外，還有一套試驗性的基於 RNN 的 VAD 演算法（從 RNNoise 開放原始碼降噪演算法中剝離出來），其作為 AGC2（Automatic Gain Control 2，第二代自動增益控制）的一個組成部分，程式位於 modules/audio_processing/agc2/ rnn_vad/rnn.cc。
- NS（Noise Suppression，**降噪抑制**）：WebRTC 使用基於語音存在機率的雜訊估計和譜減法進行語音的降噪，其程式位於 modules/audio_processing/ns/noise_suppression.c。
- AEC（Automatic Echo Cancellation，**聲學回音消除**）：WebRTC 有三套回音消除演算法，分別為 AEC，AECM 和 AEC3。其中 AEC 是最常用的，其程式位於 modules/audio_processing/aec/echo_cancellation.cc。而 AECM 是早期針對移動端開發的一套演算法，主要是為了精簡計算量，其程式位於 modules/audio_processing/aecm/echo_control_mobile.cc。而 AEC3 是 Google 的下一代回音消除演算法，與 AEC 相比，在延遲估計、雙邊對話檢測、殘留回音消除等方面都做了諸多改進，當然計算量也要高很多，目前逐步在取代 AEC，其程式位於 modules/audio_processing/aec3/echo_canceller3.cc。
- AGC（Automatic Gain Control，**自動增益控制**）：目前，WebRTC 的自動增益控制有 AGC 和 AGC2 兩套演算法，其程式分別位於 modules/audio_processing/agc/agc.cc 和 modules/audio_processing/agc2/adaptive_agc.cc。其中在 AGC 的基礎上，AGC2 在雜訊估計、增益求解等方面做了較多的改進，還引入了基於 RNN 的 VAD 演算法，但是相對計算量要大很多。

1.3.2 Kaldi

Kaldi 是目前全球應用最廣泛的語音辨識工具，起源於 2009 年的約翰霍普金斯大學夏季研討會，最開始是作為一種輕量級的語音辨識解碼器專案。當時，研討會的研究人員很多來自布爾諾理工大學，由於他們大多數都是咖啡同好，喜歡組織咖啡品嘗活動，而 Kaldi 又是傳說中最早發現咖啡豆的衣索比亞牧羊人的名字，因此布爾諾理工大學的 Ondřej Glembek 就用 Kaldi 給這個解碼器專案命名。後來，Kaldi 逐漸演變成一套完整的語音辨識工具套件，由當時約翰霍普金斯大學語言和語音處理中心的研究人員 Daniel Povey 博士（Povey 博士於 2019 年下半年加入小米集團）來主導。到今天，Kaldi 已經可以支援語音辨識、關鍵字檢索、聲紋辨識、語者分割等多項語音任務，甚至也支援影像領域的任務，在全球諸多大專院校、企業和其他研究機構中廣泛使用。

Kaldi 主要由 src，tools，egs 三部分組成。其中 src 包含類型定義、矩陣運算、音訊特徵處理、模型訓練、WFST 解碼等底層 C++原始程式；tools 主要存放依賴的外部工具，如用來建構解碼圖的 openfst、訓練 n-gram 語言模型的 srilm 等。在 src 和 tools 的基礎上，egs 則透過 Shell，Python 和一小部分 Perl 指令稿，將底層程式以不同任務的形式組合成一個個例子，方便使用者直接使用。在這些例子中，一般會舉出一個名為 run.sh 的指令稿，其包含所有的訓練流程。截至 2021 年 5 月，Kaldi 的 egs 目錄下一共提供了 99 個任務的例子，涵蓋了多種形式的語音任務。典型的例子包括中文語音辨識的 thchs30/aishell/aishell2/multi_cn，英文語音辨識的 wsj/switchboard/ libirispeech，語者辨識的 voxceleb/cnceleb，還包括小語種，如斯瓦西裡語辨識 swahili，以及其他領域，如影像分類任務 cifar。

Kaldi 的語音辨識支持 GMM（src/gmm 和 src/sgmm）和神經網路（src/nnet3 和 src/chain）聲學建模，也支持交叉熵和序列鑑別性訓練。為了與其他深度學習框架相容，Kaldi 可以使用 PyTorch 和 TensorFlow 訓練的語言模型進行解碼後處理。Kaldi 引入了基於 WFST 的現代解碼器，使得解碼圖的生成和搜尋更加高效。基於 WFST 解碼，Kaldi 提供了多個解碼器，以滿足開發人員的不同需求。得益於 Kaldi 的廣泛使用，Nvidia 的研究人員也開發了高效的 cuda 解碼器（src/cudadecoder），使解碼的效率進一步提升。此外，Kaldi 還相容不同的線性代數函數庫，如 intel-MKL，ATLAS，openBLAS 等。除了支援 ppc64le 平台，Kaldi 還支援交叉編譯到 Android 系統和 Web Assembly 中。Kaldi 的專案結構，如圖 1-7 所示。

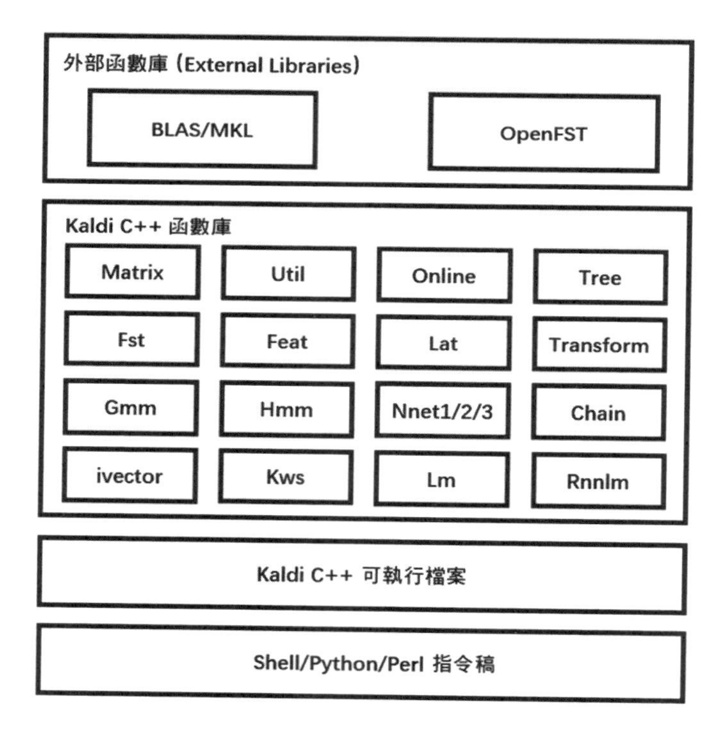

圖 1-7 Kaldi 的專案結構

本書將在第 5 章進一步介紹 Kaldi 的使用與語音辨識模型訓練。

1.3.3 點對點語音辨識工具套件

得益於點對點語音辨識技術的發展，目前已經湧現出很多基於 TensorFlow 或者 PyTorch 等深度學習框架的語音辨識工具套件，如 ESPNet，SpeechBrain，Wenet，Deep Speech，K2 等。

1. ESPNet

ESPNet 是以點對點語音辨識和語音合成方法為主的工具套件，支持 PyTorch 和 Chainer 兩個深度學習框架。因為 ESPNet 和 Kaldi 一樣由同一個實驗室主導開發，所以遵循了 Kaldi 的資料處理、特徵提取和 egs 形式。除了語音辨識和合成，ESPNet 還支援語音增強、語音風格轉換、語音翻譯和口語理解等。

2. SpeechBrain

SpeechBrain 是深度學習「三巨頭」之一，是 Yoshua Bengio 領銜，聯合英偉達、杜比、三星、PyTorch 官方、IBM AI 研究院等公司和機構，發佈的開放原始碼語音工具套件。其提供了語音辨識、聲紋辨識、語音增強、多通道訊號處理等功能，主要特點包括提供預訓練模型、基於 YAML 的超參設定、多 GPU 訓練，以及 PyTorch 分散式 data-parallel 推理。

3. Wenet

Wenet 是出門問問聯合西北工業大學推出的點對點語音辨識工具套件，主打面向工業實踐。該工具用一套簡潔的方案提供從訓練到部署的語音辨識一條龍服務。Wenet 使用 Conformer 網路結構和 CTC/Attention Loss 聯合最佳化方法，提供雲端上和端上直接部署的方案。與 ESPNet 不同的是，Wenet 的模型訓練部分完全基於 PyTorch 生態，不依賴於 Kaldi。

4. DeepSpeech

DeepSpeech 是老牌的點對點語音辨識開放原始碼框架，基於百度的 PaddlePaddle 框架開發，也有 Mozilla 的 TensorFlow 版本。在 PaddlePaddle 的 DeepSpeech 中，支援基於 CTC 的 DeepSpeech2，也支援最新的 Transformer，Conformer 和流式辨識的 U2（Zhang，2020）模型。

5. 下一代 Kaldi

針對 Kaldi 當前存在的一些問題，Povey 博士設計並開始開發下一代 Kaldi，目前只發佈了 0.1 版本。下一代 Kaldi 共分為三部分：Lhotse 負責所有資料的準備和相關的工作，使用純 Python 開發，可以用於其他的識音辨識工具套件；K2 將 FST 和 FSA 演算法融合到 PyTorch 或者 TensorFlow 中，讓開發人員更方便地建構 CTC，LF-MMI 或者其他點對點語音辨識模型；Icefall 則扮演 Kaldi 中 egs 的角色，截至 2021 年 8 月，只發佈了 yesno 和 Librispeech 兩個例子。

Chapter

02

語音訊號基礎

本章主要介紹語音訊號的發聲機制、聽覺機制、訊號模型、採樣和量化及時頻變換，理解這些內容是進行語音訊號處理或語音辨識等任務的基礎。

在研究和分析各種語音處理和辨識技術之前，我們需要了解語音訊號的基本特性，而要想能夠對語音進行處理和辨識，則需要對語音的產生機制和特徵建立一個數學模型。

除了語音的產生，我們還需要了解從聲音到當今廣泛使用的數位格式的過程。語音以震動的形式產生，並且以聲波的形式透過空氣傳播到麥克風。麥克風內的感測器先將聲波轉換成電信號，再透過 ADC（Analog Digital Converter，模數轉換器）進行採樣並轉換為數位訊號，經過量化和編碼後即可用於儲存和傳輸。

2.1 語音訊號的聲學基礎

2.1.1 語音產生機制

人類發聲過程涉及的器官包括肺、氣管、喉、舌和唇等。它們形成一個連續的管道，其中喉以上的部分被稱為聲道，如圖 2-1 所示。聲道的形狀是決定發音的關鍵因素。

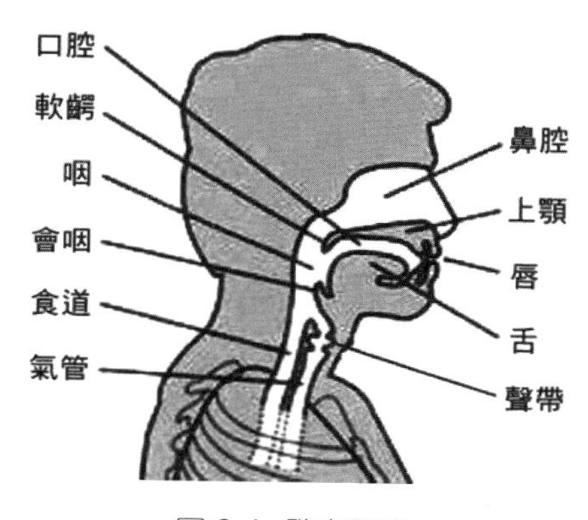

圖 2-1 發音器官

當發音時，首先由肺部的呼吸形成氣流，隨後氣流透過氣管被送到咽喉。喉部位於氣管的上端，由肌肉、韌帶和軟骨組成，能夠控制聲帶。聲帶有左右兩片，它們之間形成一個閥門，被稱為聲門。聲帶有三種狀態：呼吸、發聲和不發聲。當呼吸時，左右聲帶打開，空氣在肺部和口腔內自由流動。在發聲狀態時，聲帶在軟骨的控制下反覆地張開和閉合，形成週期性的氣流脈衝，這被稱為聲帶的震動。聲帶的震動頻率與其品質有關，品質越高，其震動頻率越低。在語音分析中，聲帶震動的週期是一個非常重要的參數，被稱為基音（pitch）週期，而對應的震動頻率則是基頻，通常用 f_0 表示。基頻決定了聲音的高低，通常我們聽到男性的聲音比較低沉，而女性和小孩的聲音比較高亢，就是由於男性的聲帶較長和厚度較大，因此其基頻較低。通常，男性的基頻為 80Hz～200Hz，而女性的基頻為 200Hz～400Hz。基音頻率不僅是反映語者特徵的一個重要參數，同時還能反映聲調的高低變化。

聲帶發出的週期性氣流脈衝隨後到達聲道。聲道由咽腔、口腔和鼻腔三個空氣腔體組成，它的形狀和橫截面積會隨舌頭、牙齒、嘴唇、上顎的位置變化而變化。聲道是一個聲學諧振腔，聲帶的激勵在聲道內發生共鳴。根據聲道的形狀和面積不同，激勵訊號的不同頻率會產生不同的增益，從而決定最終所發出的音，這個過程被稱為調變（articulation）。根據聲道特性的不同，會在幾個頻率上發生比較強的共振，被稱為共振峰（formant），其中共振的基頻為 f_0，由聲帶決定。我們通常比較關心前三個共振峰，分別為 f_1, f_2 和 f_3，它們的位置與發音有很大的關係。圖 2-2 展示了基頻和共振峰之間的關係，其中圖 2-2（a）是聲門發出的週期性脈衝的功率譜，圖 2-2（b）是經過聲道調變之後產生訊號的功率譜。

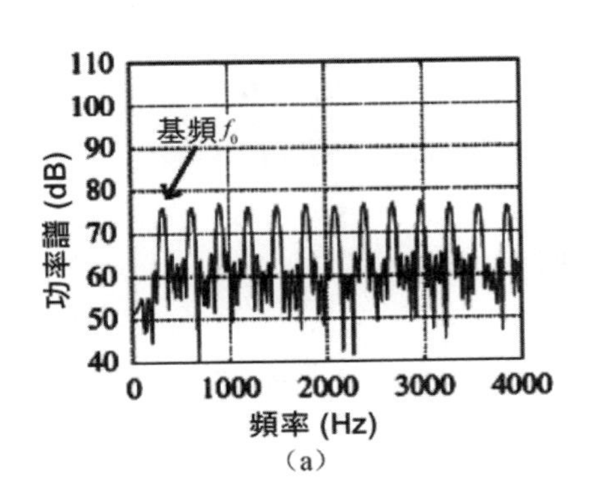

(a)

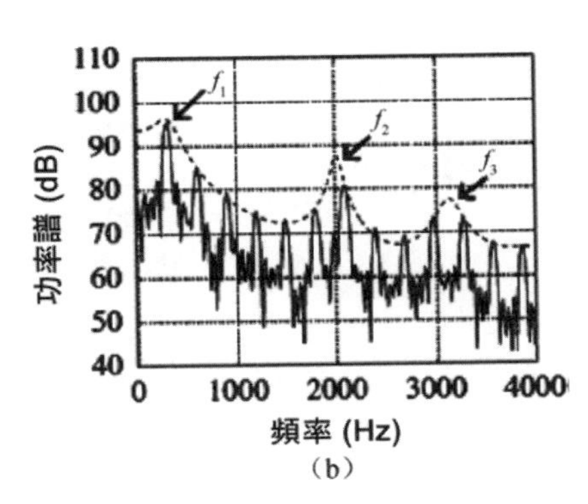

(b)

圖 2-2 基頻和共振峰的關係

透過聲帶震動和聲道調變的方式所發出的聲音，被稱為濁音（voiced sound），一般對應語言學中的母音。還有另外兩種發音方式不經過聲帶震動：一種方式是利用舌頭抵住聲道的某一部位，形成一個狹窄處供氣流透過，此時氣流會在這個狹窄處形成湍流，形成類似於白色雜訊的聲音，這對應語言學中的摩擦音。另外一種方式是利用舌頭和嘴唇關閉聲道，當氣流在聲道內形成壓力時，突然打開，氣流被釋放產生短暫脈衝，這對應語言學中的爆破音。以上兩種方式發出的聲音統一被稱為清音（unvoiced sound）。當發出清音時，因為聲道沒有震動，所以沒有明顯的基頻和共振峰特徵，此外，一般清音段的能量要小於濁音段的。在開發與語音相關的演算法時，我們必須考慮清音和濁音在訊號特徵上的這種差異。

2.1.2 語音訊號的產生模型

為了對語音訊號進行分析，我們需要建立對應的數學模型。其中，一個簡單而又被廣泛使用的語音訊號產生模型是激勵-濾波（source-filter）線性模型，圖 2-3 是模型的示意圖。

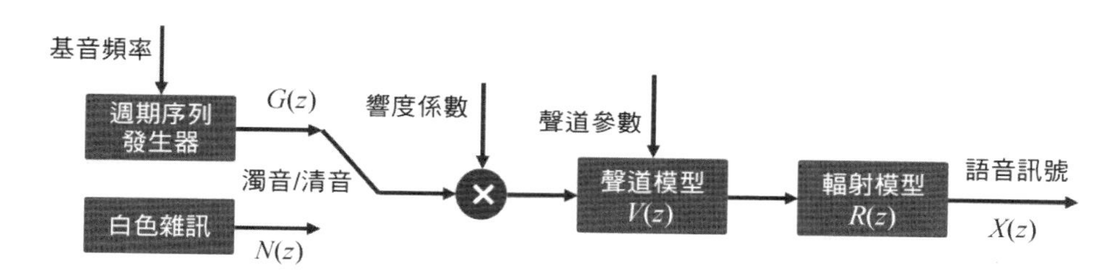

圖 2-3 激勵-濾波線性模型

該模型主要由訊號發生器（激勵）、聲道模型（濾波器）和輻射模型三部分組成，分別與語音產生過程中肺部氣流和聲帶產生的激勵、聲道的調變和嘴唇的輻射三個流程對應。

該模型首先透過週期定序器或白色雜訊分別模擬濁音和清音的激勵來源，其中週期定序器受到基音頻率的控制。然後在激勵來源乘以一個響度係數之後進入聲道模型，模擬聲道的調變作用。最後訊號再經過一個輻射模型得到最終的語音訊號。根據圖 2-3 所示，在濁音段語音訊號可表示為

$$X(z)=G(z)V(z)R(z)$$

而在清音段為

$$X(z) = N(z)V(z)R(z)$$

對於聲道模型，有很多不同的近似方法。比如，一種是先將聲道看作由多個不同橫截面的圓管串聯而成，然後根據圓管的長度和橫截面積建立對應的數學模型，這種模型被稱為聲管模型。另外一種是將聲道看作一個諧振腔，其諧振頻率對應共振峰，這種模型被稱為共振峰模型。共振峰模型因為形式簡單且效果也足夠好，因此獲得了廣泛的使用。共振峰模型可以用全極點模型進行近似，其中一對極點對應一個共振峰。全極點模型的傳遞函數如下：

$$V(z) = \frac{G}{1 - \sum_{i=1}^{p} a_i z^{-i}}$$

模型的參數即為聲道參數，反映聲道的形狀特徵並且隨著時間進行變化。由於人說話的速度受限於發聲器官移動的速度，因此模型參數的變化速度也是有限的，通常可以認為在 10～30ms 的時間內是不變的，這就是語音訊號的短時平穩性，也是語音辨識演算法的前提之一。

還有一種是輻射模型，其反映的是口唇的輻射效應及頭部的繞射效應。要精確地對輻射模型進行建模比較複雜，通常使用一個簡單的一階高通濾波器來進行建模，如下：

$$R(z) = 1 - \alpha z^{-1}$$

激勵-濾波線性模型在傳統的語音訊號處理中發揮了重要作用。在語音編解碼中，就是以該模型為基礎，使用線性預測（linear prediction）演算法來預測聲道的濾波器係數並進行編碼的。

2.1.3 語音訊號的感知

理解人類對語音訊號的感知方式，對於語音訊號處理和語音辨識等演算法的開發是非常必要的。語音訊號被發出後，以聲波的形式在空氣中傳播，並到達收聽者的耳部。聲波被耳郭收集後，進入外耳道，隨後引起鼓膜震動，並透過聽覺神經傳入大腦，引發聽覺。人耳可以被認為是一種頻譜分析儀，對聲波的音高和響度有分析感知能力，其中音高反映的是聲波的震動頻率。人類能夠感知到的聲音頻率範圍為 20Hz～20kHz，而且隨著年齡的增加，對高頻的聽覺會有所退化，大部分人能夠聽到的最高頻率在16kHz 左右。

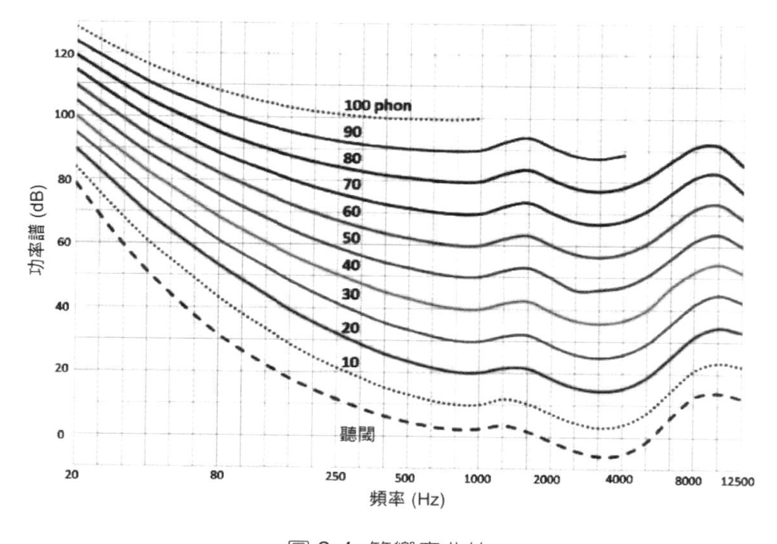

圖 2-4 等響度曲線

人耳對不同頻率的靈敏度是不同的，這可以用響度來衡量。響度是反映人主觀上對聲音強弱判斷的一個物理量，主要透過主觀測試得到。響度的單位是方（phon），它等於 1kHz 的訊號在對應數位的聲壓級上產生的主觀聽感，如 1kHz 的訊號在聲壓級為 10dB 時，產生的響度為 10 方。而對於其他頻率，聲壓級和響度之間的關係是不一致的，可以用圖 2-4 所示的等響度曲線來表示。可以看到，要想達到同樣的響度，在 2kHz～4kHz 範圍內的訊號需要的聲壓級最低，而低頻或高頻的訊號都需要更高的聲壓級才能產生對應的響度，這說明人耳的聽覺在 2kHz～4kHz 範圍內是最靈敏的。而對於超過 8kHz 或低於 80Hz 的訊號，等響度曲線急劇上升，能夠被感知到的設定值也越來越高。對語音訊號來講，由於超過 8kHz 的部分包含的資訊量非常有限，因此使用 8kHz 以下的部分進行語音辨識是足夠的。

除了響度的感知，人耳對音高的感知能力也是不均勻的。從客觀上來說，人耳所感知到的音高就是對訊號頻率的反應，然而對音高的主觀判斷和頻率的關係卻不是線性的。對人類聽覺的研究表明，音高的主觀感知基本上和頻率呈對數關係，即頻率越低，同樣的頻率變化對應到的音高感知的差異就越大，而頻率越高，則需要更大的頻率變化才能感知到相同的音高差異。一般用 Mel（梅爾）頻率來表示人對音高的主觀感知，我們將 1kHz 訊號的音高定為 1000Mel。如果一個純音聽起來比 1kHz 的聲音音調高一倍，則其為 2000Mel，實際上大概對應 3429Hz，具體的計算公式為

$$f_{\mathrm{Mel}} = 2595\log_{10}\left(1+\frac{f}{700}\right)$$

圖 2-5 展示了 8kHz 範圍內的訊號頻率與 Mel 頻率的對應關係。在語音辨識演算法中，通常利用人耳聽覺的這種特性，使用梅爾濾波器組對訊號進行前置處理，以生成符合人耳聽覺的訊號特徵，如梅爾譜或 MFCC（Mel-Frequency Cepstrum Coefficients，梅爾頻率倒譜系數）等。

人耳聽覺的另外一個特徵就是掩蔽效應。所謂掩蔽效應是指，當在某個頻率上有一個較強的聲音時，會影響人對其相鄰頻率的聽覺。在正常情況下，人耳對每個頻率有一個特定的聽覺設定值，對於聲壓級低於該設定值的訊號，在主觀上無法被感知。而掩蔽效應可以等效為，一個頻率上的較強聲音可以提升它附近頻率的聽覺設定值。在實際中，掩蔽效應有很多

用途，例如在語音編解碼中，可以忽略被掩蔽的訊號，不對其進行編碼處理。此外，掩蔽效應還可以對編碼時引入的量化雜訊做適當處理，使其低於掩蔽設定值，在主觀上可以被正常語音所遮罩。透過以上這些方法，可以在不降低語音主觀品質的同時，降低編碼的串流速率。

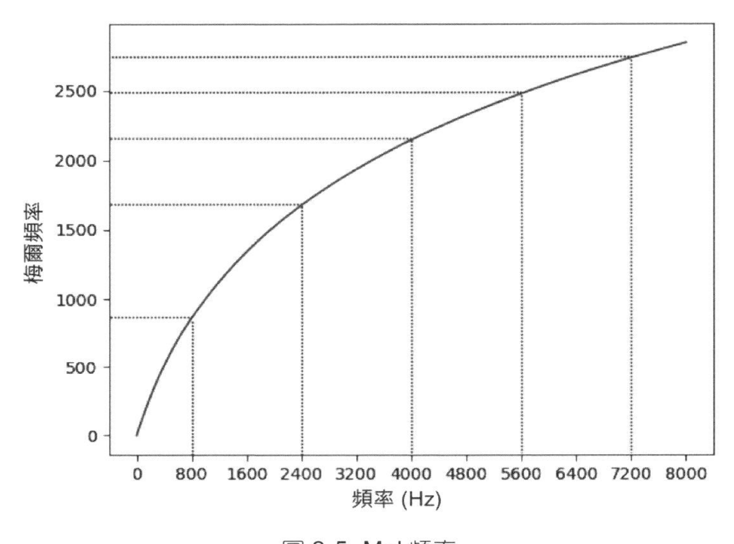

圖 2-5 Mel 頻率

2.2 語音訊號的數位化和時頻變換

2.2.1 語音訊號的採樣、量化和編碼

現代語音訊號都以數位的形式進行儲存和處理。語音訊號以聲波的形式到達麥克風，透過感測器轉換成電信號。隨後透過 ADC 進行採樣和量化，轉換成數位訊號。語音訊號是一維的模擬訊號，需要在時間和幅度兩個維度上進行離散化，其中採樣是在時間維度上的離散化，而量化是在幅度維度上的離散化。

採樣是以一定的時間間隔 T 對連續訊號取值的過程。對於模擬訊號 $x_a(t)$，它的採樣過程可以寫成

$$x(n) = x_a(nT)$$

其中，T 是採樣週期，其倒數被稱為取樣速率，通常用 f_s 表示。根據奈奎斯特（Nyquist）採樣定理，取樣速率需要至少大於訊號最高頻率的兩倍，否則會發生混疊。對於語音訊號來說，由於濁音的頻譜能量在 4kHz 以上開始迅速衰減，因此早期通常使用 8kHz 的取樣速率，如電話系統。然而由於在 4kHz 和 8kHz 之間實際上還會有著大量的資訊，因此隨著電腦儲存和運算能力的發展，目前語音辨識系統普遍採用 16kHz 的取樣速率，以達到最佳的辨識率。目前，沒有證據表明更高的取樣速率可以進一步提升辨識率。而對於音樂或通用音訊訊號，通常採用 44.1kHz 或 48kHz 的取樣速率。

量化是在幅度上的離散化，將連續的採樣值映射到有限數量的區間內，並且將每一個區間內的值統一用一個編碼來表示，從而實現訊號的數位編碼。根據區間是否均勻劃分，量化可以分為均勻量化和非均勻量化；而根據是對每個採樣點單獨進行量化還是對多個採樣點整體進行量化，量化又可以分為零記憶量化、分組量化和序列量化。最簡單的量化方式是零記憶量化和均勻量化的結合。圖 2-6 是量化過程的示意圖，其中虛線是線性的輸入-輸出映射，而實線則表示具體的量化階梯。隨著輸入的增加，輸出量化值呈階梯式上升，量化階梯的高度決定了量化的精度。

為了使電腦儲存和處理數位訊號的效率最大化，通常將量化的階梯數設定為 2 的整數次冪，即 $M = 2^N$，其中 N 為量化位元數。這樣可以使所有位元都得到充分利用，而不會浪費。透過簡單的計算可知，每增加一個位元，可以提供兩倍的動態範圍，即 $20\log_{10} 2 \approx 6\text{dB}$。對於語音訊號，一般動態範圍為 50～60dB，故 10 位元的量化通常是足夠的。而對於所有的音訊

訊號，需要至少 14bit 的量化才能達到高保真的效果。在目前的電腦中，音訊訊號一般採用 16bit 的量化，其可以提供 $2^{16}=65\ 536$ 個量化階梯。

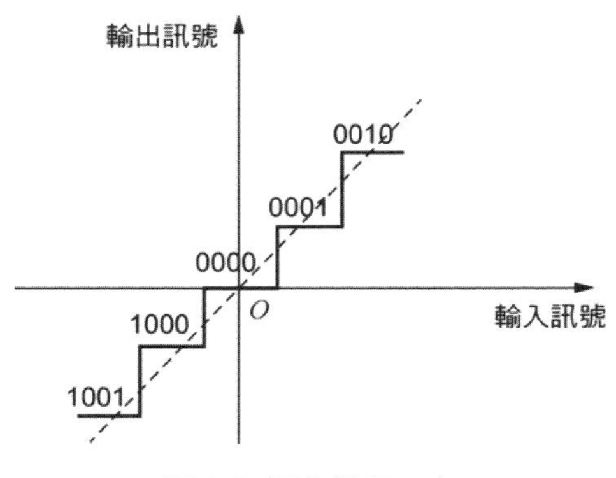

圖 2-6 量化過程示意

在很多語音處理系統中，還需要對語音訊號進行預強調（pre-emphasis）。所謂預強調是指使用一階高通濾波器對訊號的高頻部分進行提升。在語音的產生過程中，由於受口鼻輻射的影響，高頻的能量會有明顯的下降，因此透過預強調可以補償這一效應，使訊號的頻譜更加平坦。預強調的實現形式如下：

$$y(n)=x(n)-\alpha x(n-1)$$

其中，α 是濾波器的係數，通常取 0.94～0.97。

如果語音訊號在進行處理之後還需要進行播放，則可以透過對應的去加重（de-emphasis）濾波器恢復到原始的頻域曲線。與預強調相對應的是，去加重濾波器是一階低通濾波器。其形式如下：

$$y(n)=x(n)+\alpha y(n-1)$$

在經過採樣和量化之後，語音訊號還需要進行編碼。最簡單的編碼形式是脈衝碼調制（Pulse Coding Modulation，PCM），它就是將量化後的採樣點直接以二進位的形式保存成序列。很容易可以得到，取樣速率為16kHz和16bit量化的語音訊號的串流速率為256kbps。

在很多場景下，為了節省頻寬，需要降低訊號的串流速率，這就需要用到更先進的語音編碼技術。根據所使用的編碼方法不同，語音編碼可以分為波形編碼、參數編碼和混合編碼等方式。其中波形編碼是直接對語音波形進行編碼，主要思路是在壓縮資訊的過程中儘量保證波形的形狀不變。而參數編碼則是先對語音訊號進行數學建模，透過分析來提取其中的參數，然後在解碼端使用這些參數和對應的模型來重構語音訊號。參數編碼主要從聽覺感知的角度來進行，即讓解碼的語音聽上去和原始訊號最接近，但並不保證波形相同。通常參數編碼的串流速率會比波形編碼的要低很多。混合編碼是同時利用了上述兩種技術的編碼方式。在現代電腦中，常見的音訊編編碼方式都是混合編碼。

根據能否由編碼後的訊號完全重建原始訊號，語音編碼又可分為無損編碼和有損編碼。無損編碼最常見的格式有 WAV（其內部是 PCM 編碼）、FLAC 和 APE，其他的編碼方式基本上都是有損的，主流的有MP3，AAC，Opus 等。對於語音辨識，以上編碼方式均可以採用，不過需要注意過低的串流速率可能會對辨識率造成影響。

2.2.2 語音訊號的時頻變換

經過採樣和量化的語音訊號是以時域採樣點的形式存在的，而在語音的處理和分析過程中，由於時常需要利用其頻域的性質，因此需要將語音訊號變換至頻域。對於某些語音處理任務，如降噪、波束形成等，在對語音訊號的頻域特徵進行處理後，還需要變換回時域，以進行播放或其他操作。

語音訊號的時頻變換最常使用的方法是 FFT（Fast Fourier Transform，快速傅立葉轉換），這是 DFT（Discrete Fourier Transform，離散傅立葉轉換）的一種快速實現形式。對於一個離散訊號 $x(n)$，其傅立葉轉換定義如下：

$$X(k)=\mathrm{FFT}\left[x(n)\right]=\sum_{n=0}^{N-1}x(n)\mathrm{e}^{-\frac{j2\pi kn}{N}}$$

其中，$X(k)$ 為訊號的複頻譜，反映了訊號在第 k 個頻率點上的幅度和相位。易知，$X(k)$ 是週期為 N 的函數，只需要考查 $0\leqslant k\leqslant N-1$ 範圍內的複頻譜，其中 0 和 N 分別對應訊號的直流分量和採樣頻率 f_{s}，任意第 k 點對應的頻率為 kf_{s}/N。

FFT 的反變換是 IFFT（Inverse FFT），其形式為

$$x(n)=\mathrm{IFFT}\left[X(k)\right]=\frac{1}{N}\sum_{k=0}^{N-1}X(k)\mathrm{e}^{\frac{j2\pi kn}{N}}$$

對於語音訊號，$x(n)$ 均為實數，易知 $X(k)$ 是關於 $N/2$ 呈複共軛對稱的，即

$$X(k)=X^{*}(N-k)$$

因此，超過 $N/2$ 的部分可以被認為沒有資訊量，這可以從理論上來解釋奈奎斯特採樣定理。對於語音訊號，我們通常只關心 $0\leqslant k\leqslant N/2$ 範圍內的頻譜。

在對訊號的頻譜進行分析時，相鄰兩個頻點之間的頻率差越小，頻譜越精細，頻域解析度越高。根據之前的計算可知，FFT 的最小頻域解析度是 f_{s}/N，剛好等於用於計算 FFT 的訊號時間長度的倒數，即訊號越長，頻域解析度越高。

使用 FFT 對訊號進行分析的主要局限性在於，由於它是基於訊號平穩的假設，對週期訊號進行建模，因此它只能反映訊號整體的特徵，而不能反映訊號在指定時刻上的特徵，或者可以說，單純的 FFT 是沒有時間解析度的。由於語音訊號是時變訊號，它的特徵是時刻變化的，因此我們需要同時研究它的全域和局部性質，既要從整體上分析訊號的頻域特性，也要分析局部的時變特性。為了達到這一目標，最常用的分析方法 H 是 STFT（Short-Time Fourier Transform，短時傅立葉轉換）。STFT 透過小窗在時域訊號上滑動，並且在每個小窗上計算 FFT，這樣可以達到同時進行頻域和時域分析的目的。其中，每次 FFT 參與計算的訊號被稱為一幀。對於訊號 $x(n)$，其 STFT 為

$$X_i(k)=\sum_{n=0}^{N-1}x(iM+n)w(n)\mathrm{e}^{-\frac{j2\pi kn}{N}}$$

其中，$w(n)$是窗函數，i 表示滑動窗的位置索引或被稱為幀的索引，M 是每兩幀之間的間隔或被稱為幀移。為了能更準確地檢測訊號的頻譜變化，幀移通常會小於每幀的長度，也就是幀與幀之間的訊號有重疊。圖 2-7 是 STFT 的計算過程示意圖。

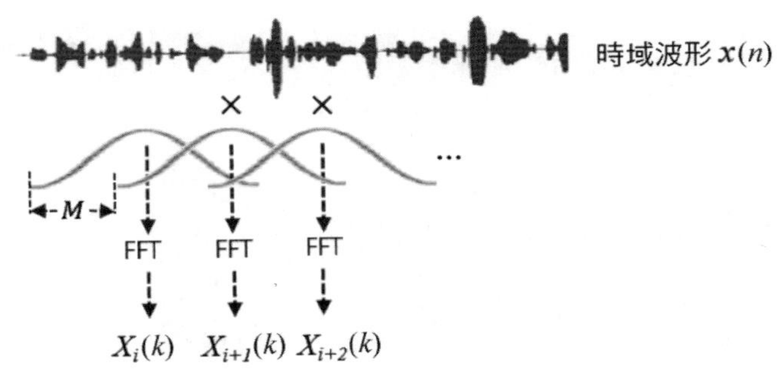

圖 2-7 STFT 的計算過程示意圖

如前面所述，每個 FFT 的計算長度，也就是窗的長度決定了頻域的解析度，從這個角度來說，我們希望窗盡可能長。而另一方面，為了提高時

域的解析度，從而能準確地分析訊號的局部性質，窗又不能太長。為了在兩者之間取得平衡，需要考慮語音訊號的短時平穩特性。由於通常認為語音訊號在 10～30ms 的範圍內是平穩的，因此窗長可在對應範圍內選擇。對於語音辨識，通常取窗長為 25ms，幀移為 10ms。

STFT 的輸出被稱為訊號的時頻譜，是一個二維的複矩陣，其中兩個維度分別對應時間和頻率。在大多數實際場景中，由於我們更關心訊號的幅度譜或功率譜，因此可將時頻譜中的複數轉換為對應的強度或強度的平方，並以深度圖的形式展示，這被稱為語譜圖。圖 2-8 展示了一段語音訊號的時域波形和其對應的語譜圖。從語譜圖中可以很明顯地看到訊號的基音和諧波，以及共振峰隨時間的變化趨勢。

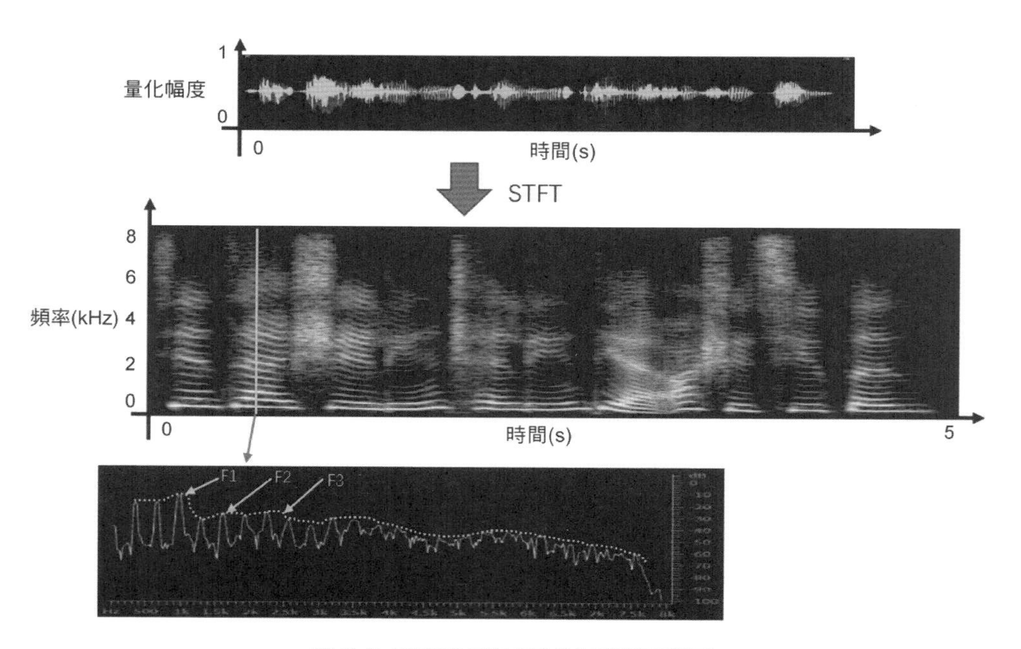

圖 2-8 語音訊號的時域波形和語譜圖

透過 STFT 得到的訊號幅度譜或功率譜經常會需要轉換到對數域來進行處理，比如圖 2-8 中的語譜圖就是依據對數功率譜的值來進行的。這一方面是由於語音訊號的頻譜數值具有相當大的動態範圍，轉換到對數域可以降低數值的動態範圍，並且使數值差異更符合人耳的感知差異。另外一方面，根據語音訊號的產生機制，語音訊號是由聲門激勵和聲道特性卷積產生的，對應到頻域就是激勵的頻域特性和聲道的頻域特性相乘，而在這裡對數操作將乘法轉換為加法，即

$$\log X(z)=\log\big(G(z)V(z)\big)=\log G(z)+\log V(z)$$

可以認為，這樣造成了將聲門激勵和聲道特性分離的作用。我們還可以將對數譜再進行 FFT（或 IFFT，兩者沒有本質區別），這時得到的訊號被稱為倒譜（Cepstrum）。由於頻域對數譜的分離作用，激勵和聲道的時域特性將會位於倒譜訊號的不同位置，因此可分別進行基音週期和聲道脈衝回應的估計。以上這個過程被稱為同態訊號的解卷積處理。

另外一個需要考慮的問題是窗函數的選擇。在 STFT 的計算過程中，在時域乘以窗函數等效於在頻域卷積窗函數的頻域特性。任何一個有限長度的窗函數的特性均不可能是理想的，都需要結合窗函數的頻域特性來選擇合適的窗函數。常見的窗函數特性通常是在頻率為 0 處有最大增益，隨著頻率的增加先是逐漸衰減，然後再週期性地上升下降，其幅頻回應圖表現為柵瓣狀，其中中心頻率為 0 的被稱為主瓣（Main Lobe），其他的被稱為旁波瓣（Side Lobe）。在選用窗函數時，我們最關心的指標是主瓣寬度和旁波瓣衰減。其中主瓣寬度影響頻譜解析度，而旁波瓣會使每個頻點的能量被其他頻率影響，這也被稱為頻譜洩漏。一個理想的窗函數應該有較窄的主瓣和較低的旁波瓣，不過這兩者通常很難同時滿足。

最簡單的窗函數是矩形窗（Rectangle），它在窗內所有的係數均為 1，而窗外所有的係數均為 0，形狀類似於一個矩形。對於矩形窗，由於旁波瓣效應導致的頻譜洩漏比較嚴重，因此較少被採用。在語音分析中，使用比較多的有漢寧（Hanning）、漢明（Hamming）和布萊克曼

（Blackman）等窗函數。它們的定義分別如下：

$$w_{\text{Hanning}}(n) = 0.5 - 0.5\cos\frac{2\pi n}{N-1}$$

$$w_{\text{Hamming}}(n) = 0.54 - 0.46\cos\frac{2\pi n}{N-1}$$

$$w_{\text{Blackman}}(n) = 0.42 - 0.5\cos\frac{2\pi n}{N-1} + 0.08\cos\frac{4\pi n}{N-1}$$

它們均只對 $0 \leqslant n \leqslant N-1$ 取值。注意，以上均為對稱窗，即

$$w(n) = w(N-1-n)$$

對稱窗適用於單向的訊號分析，而如果訊號在頻域處理後還需要反變換回時域，則通常採用週期窗。其採樣方式與對稱窗的有所不同，以上定義中所有 $N-1$ 都需要替換為 N，這樣一個窗剛好對應一個完整的週期，而多個窗可在時間上準確拼接。

以上幾種窗函數的時域波形和對應的頻域特性，如圖 2-9 所示。

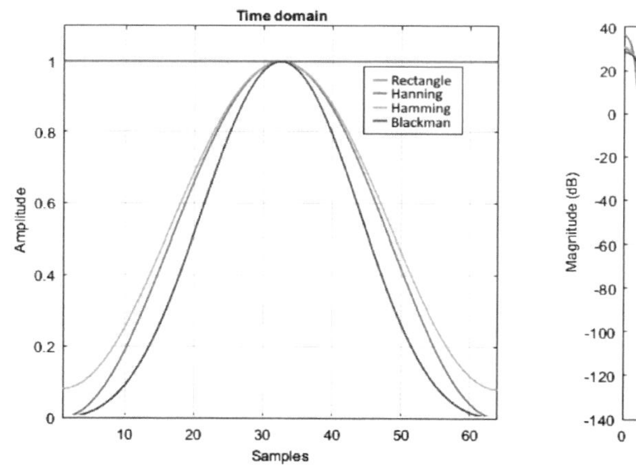

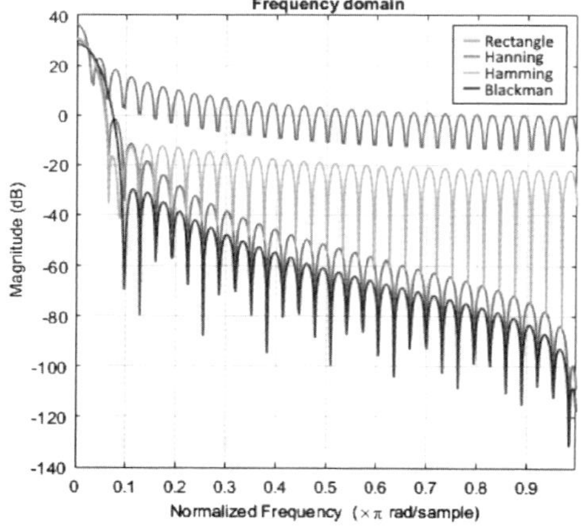

圖 2-9 常用窗函數的時域波形和頻域特性

可以看到，相比矩形窗，其他的窗函數均能較好地抑制旁波瓣，減少頻譜洩漏。但是每個窗函數的特性又各有不同。其中，Hamming 窗函數對第一個旁波瓣的抑制效果比較明顯，但對其他旁波瓣的抑制效果不如 Hanning 窗函數。而 Blackman 窗函數對旁波瓣的整體抑制是最優的，但是也存在主瓣過寬的問題，即頻譜解析度會下降。我們需要根據實際訊號的特點和應用場景來選擇合適的窗函數。

在一些任務中，在對訊號的頻譜進行處理之後需要再變換回時域波形，典型的如語音降噪、麥克風陣列波束形成等，這時候需要用到 STFT 的逆變換（Inverse STFT，ISTFT）。ISTFT 的基本思路是基於 IFFT，將每一幀訊號的頻譜變換到時域，然後使用 OLA（Overlap-Add，重疊相加法）將多幀時域訊號合成連續的波形，兩幀訊號之間的重疊與 STFT 時的重疊保持一致。在實際的語音處理任務中，在對頻譜處理時往往會在相鄰幀之間產生差異，導致重建的波形在兩幀切換的地方可能存在不連續性，在聽感上表現為「咔噠」聲。為了減少這種不連續性帶來的影響，使輸出波形更平滑，通常在 IFFT 之後，重疊相加之前，還需要對每幀的時域波形資料再做一次加窗。這個窗被稱為合成窗（synthesis window）。它可以在兩幀訊號的重疊處，透過窗函數從 0 到 1 的緩慢變化，建立一個平滑的切換。對應地，在 STFT 階段使用的窗被稱為分析窗（analysis window）。以上重建過程可用公式表示如下：

$$x_i(n) = \frac{1}{N}\sum_{k=0}^{N-1} X_i(k)\mathrm{e}^{\frac{j2\pi kn}{N}}$$

$$x(n) = \sum_i w_s(n - iM)x_i(n - iM)$$

其中，$x_i(n)$是每一幀訊號的 IFFT 結果，w_s是合成窗。圖 2-10 舉出了一個完整的從 STFT 到頻域處理再到 ISTFT 的處理流程。

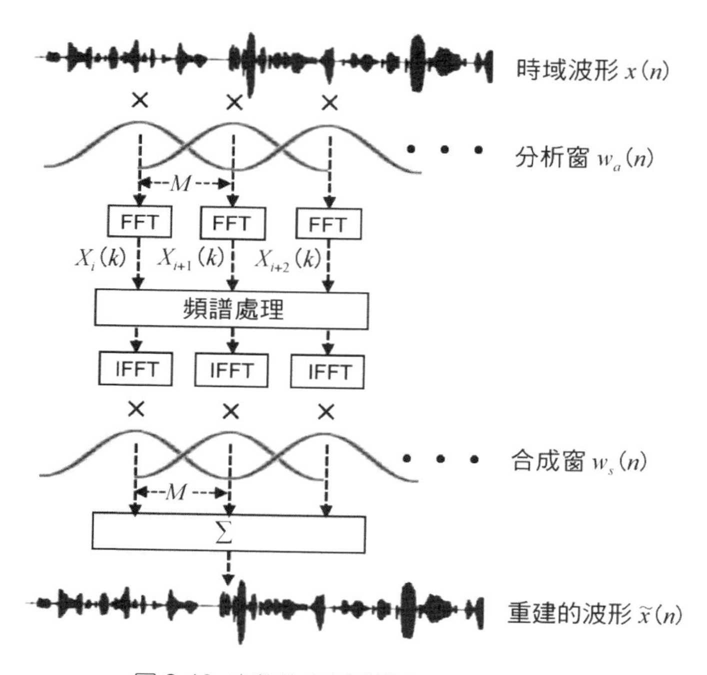

圖 2-10 完整的頻域訊號處理和重建流程

在 ISTFT 中，由於存在訊號的重疊，我們需要特別關注訊號的幅度是否發生變化。具體來說，如果在頻域不做任何處理，希望重建的波形與原始波形相同，即 $\tilde{x}(n)=x(n)$，則可以等效為對窗函數、窗長 N 和幀移 M 之間的限制條件：

$$\sum_i w_a(n-iM)\,w_s(n-iM)=c$$

其中，c 為常數，這也被稱為 COLA（Constant Overlap-Add，常數重疊相加）條件。為了滿足這個條件，首先，在生成窗函數時必須要使用週期窗而非對稱窗，對於前面介紹的 Hanning 窗函數、Hamming 窗函數和 Blackman 窗函數，分母需要為 N 而非 $N-1$。在這個前提下，很容易證明 Hanning 窗函數和 Hamming 窗函數在 $\frac{M}{N}=\frac{1}{2},\frac{2}{3},\frac{3}{4},\cdots$ 時，均滿足 COLA 條件，而 Blackman 窗函數在 $\frac{M}{N}=\frac{2}{3}$ 時滿足 COLA 條件。然後，把選擇好的窗函數分解成分析窗 w_a 和合成窗 w_s 的乘積。為了簡便起見，通常使用相同的分析窗和合成窗函數，如對於 Hanning 窗，可使用

$$w_a(n)=w_s(n)=\sqrt{w_{\text{Hanning}}}$$

這時的窗函數被稱為 root-Hanning 窗函數。對於 Hamming 和 Blackman 等窗函數也可以進行類似的處理。

2.3 本章小結

本章主要介紹了語音訊號的發聲機制、聽覺機制、訊號模型、採樣和量化及時頻變換。理解這些內容是進行語音訊號處理或語音辨識等任務的基礎。語音訊號主要是由聲門激勵經過聲道調變之後產生的，其中聲門激勵決定訊號的基頻即音高，而聲道調變決定訊號的共振峰特性即實際所發的音。以上過程可以用激勵-濾波線性模型進行近似，該模型是對語音訊號進行線性預測建模的基礎。語音訊號的主觀響度是隨著頻率變化的，而音高的主觀感受與頻率並非線性關係，此外還有掩蔽效應等特性。這些聽覺特性為更高效率地進行語音訊號處理和語音辨識的特徵提取提供了依據。語音訊號在擷取後需要經過採樣、量化和編碼等步驟，以進行儲存和傳輸。語音訊號很多的特徵提取和處理的任務都需要在頻域進行，可以透過合適的方式進行時域和頻域之間的變換。透過時頻譜可以極佳地觀察語音訊號的頻率特徵隨時間變化的趨勢。

Chapter

03

語音前端演算法

本章主要介紹語音前端處理的模組和方法，包含語音活動檢測、單通道降噪、回音消除、麥克風陣列和波束形成、聲源定位等。

3.1 語音前端演算法概述

在語音辨識系統的現實使用環境中，雜訊、干擾和殘響幾乎是無處不在的。在麥克擷取到的音訊訊號中，這些不利因素和目標語音訊號疊加在一起，會帶來辨識率的下降，而在遠場環境中更是如此。如圖 3-1 所示，遠場環境中可能同時存在反射聲、揚聲器回音、干擾使用者的聲音、方向性雜訊和彌散雜訊等，這對語音辨識系統的準確性提出了很大的挑戰。語音前端演算法是一組對語音資料進行前置處理的演算法，其目標是從資料中去除這些不利因素，並盡可能恢復原始的純淨語音，從而提升辨識率。

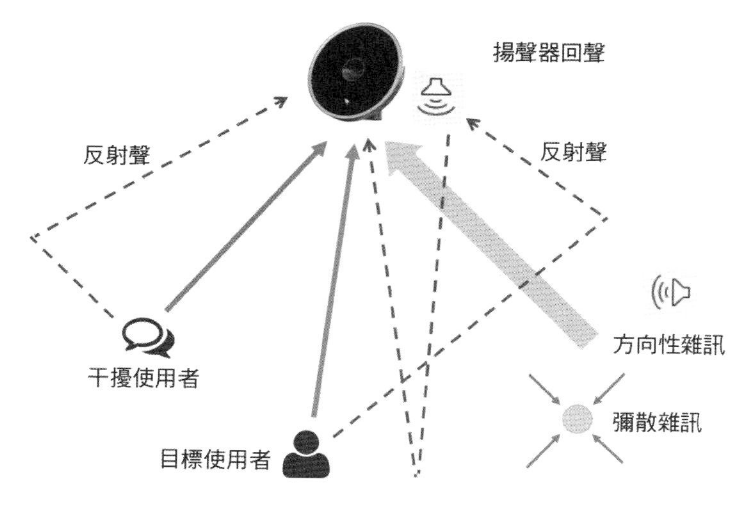

圖 3-1 遠場環境的各種雜訊

傳統的語音前端演算法主要是 VAD、降噪和 AEC。圖 3-2 是一個簡單的單通道語音前端處理框架的示意圖（根據實際系統的功能和場景，使用的模組和處理順序可能有所不同）。

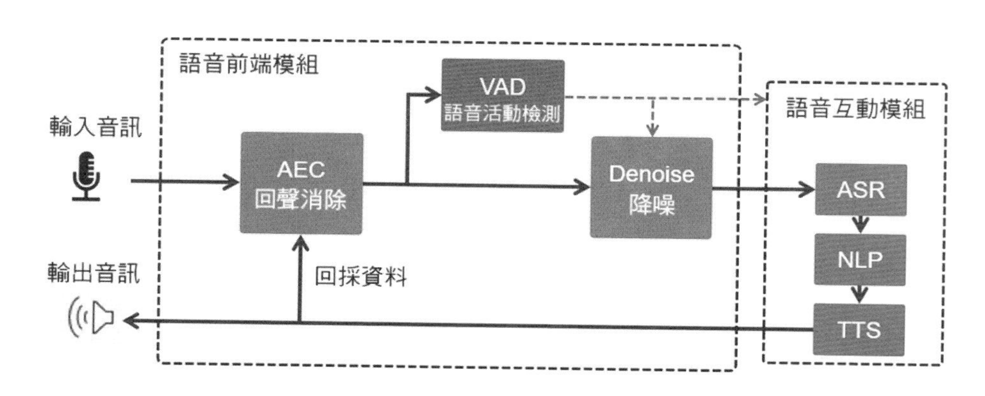

圖 3-2 單通道語音前端系統框架

其中，VAD 的一個作用是檢測帶雜訊的音訊資料中是否有語音。儘管很簡單，但是 VAD 演算法在語音互動系統中有著非常重要的作用。在帶有語音喚醒功能的 Always-On 系統中，如智慧型手機上的語音幫手，VAD

通常被作為一級演算法。該演算法一般會一直在後台運行，並在檢測到語音時，啟動後面等級的語音喚醒或聲紋辨識演算法。由於行動裝置對功耗有要求，因此在此場景下通常對 VAD 演算法的複雜度有較大限制。VAD 演算法的另外一個作用是在處理整段長語音的語音辨識時，可對整段資料進行檢測並找出其中每一句話的起始點和終止點，並以此為依據對資料進行分割。此外，VAD 演算法還是很多其他語音前端演算法的基礎。例如，在降噪或 AEC 演算法中，可根據 VAD 的結果來使用不同的處理策略。

AEC 演算法的作用是消除本地麥克風擷取到的從揚聲器中播放出來的遠端音訊訊號。一個典型的例子是，在智慧喇叭中，有些場景需要在播放音樂或語音的同時辨識使用者指令。由於此時麥克風擷取到的聲音是目標語音和揚聲器聲音（這裡被稱為回音）的混合，因此需要 AEC 模組來消除回音並恢復純淨的目標語音。為了達到較好的消除效果，AEC 模組需要將揚聲器播放的音訊訊號（也被稱為回採訊號或遠端參考訊號）作為輸入。

降噪又被稱為語音增強，主要作用是從語音訊號中去除雜訊，並盡可能恢復原始的純淨語音。實際環境中的雜訊可以分為平穩雜訊和非平穩雜訊兩類。平穩雜訊是指統計特性比較穩定或隨著時間變化只有緩慢變化的雜訊，如風扇聲、汽車引擎雜訊等；而非平穩雜訊是指統計特性快速變化的雜訊，現實環境中各種突發的雜訊大多屬於此類。由於非平穩雜訊對語音辨識的性能有較大影響，因此對非平穩雜訊的消除效果是評價一個降噪演算法最關鍵的部分。

近幾年，隨著演算法和硬體的不斷發展，智慧喇叭和車載智慧語音互動系統已經越來越普及，人們對遠場語音互動的需求也越來越大。在遠場語音互動場景中，隨著使用者與裝置之間距離的增加，雜訊、干擾和殘響等因素對語音品質的影響也被放大，並帶來語音辨識率的下降。傳統的單通道語音前端系統在遠場應用中並不能極佳地處理遠場語音辨識的問題。

這是因為單通道音訊沒有空間指向性，在遠場環境中無法有效地在抑制干擾和雜訊的同時保留目標訊號。而麥克風陣列透過規則排列的麥克風來擷取多通道資料，並透過波束形成演算法和空間指向性，可以極佳地對目標訊號進行定向增強，這不僅能抑制彌散雜訊，還能抑制方向性的雜訊和干擾。麥克風陣列和對應的演算法在遠場語音互動的普及中發揮了重要作用。在當前商用的遠場語音互動場景中，麥克風陣列的使用已經成為標準配備。

圖 3-3 是一個典型的使用麥克風陣列的多通道語音前端系統，其中除了 AEC、VAD、降噪等模組，還包含波束形成、聲源定位、去殘響、增益控制等模組（在實際的應用與場景中，模組的組合方式可能會有所不同）。

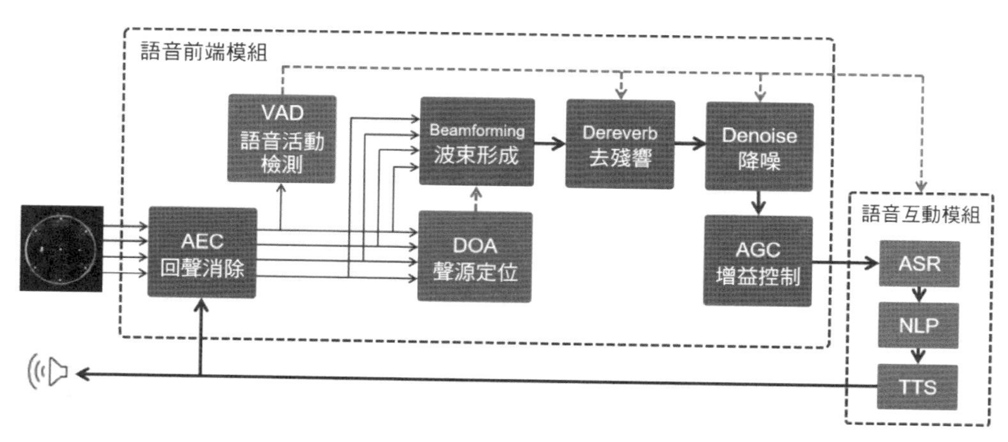

圖 3-3 多通道語音前端系統框架

下面重點介紹 VAD、單通道降噪、AEC、麥克風陣列和波束形成、聲源定位等演算法的基本原理。

3.2 VAD

VAD 演算法通常的形式是給定一幀（10～30ms）音訊資料，輸出該資料中含有語音的機率。一個比較理想的 VAD 結果如圖 3-4 所示：

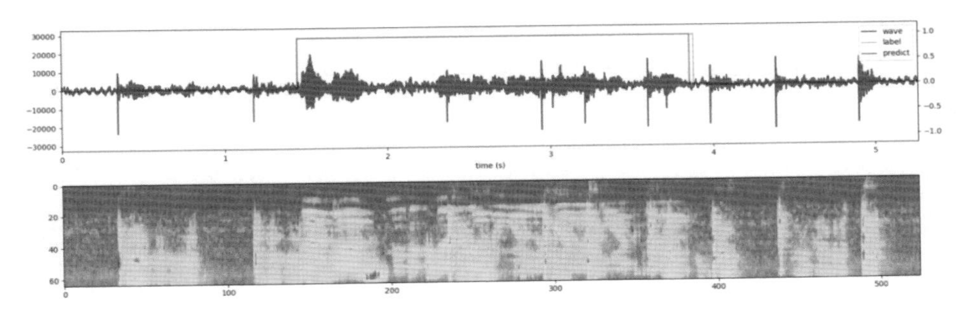

圖 3-4　理想的 VAD 結果

在圖 3-4 中，上半部分的藍色線條為時域波形，綠色線條為 VAD 的結果，其中高數值表明該段含有語音，低數值表明該段只有雜訊。透過對 VAD 結果進行平滑及昇緣和下降緣的檢測，便可得到每一句話的起始點和終止點。圖 3-4 的下半部分顯示了該時域波形所對應的頻譜，可以看到其中存在大量的突發性雜訊。那麼，如何提高 VAD 演算法的抗雜訊性能是一個非常重要的課題。

VAD 演算法通常由特徵提取和語音或非語音判決兩部分組成。傳統的特徵包括過零率、能量值、頻譜等，而判決方法主要有基於門限的方法和基於統計模型的方法等。在安靜的環境下，即使是很簡單的 VAD 演算法也可以取得很好的效果。然而在訊號雜訊比（Signal-to-Noise Ratio，SNR）較低的場景中，如何有效地區分語音和雜訊，是 VAD 演算法面臨的最大挑戰，也是其核心問題。經過多年的發展，傳統方法在大部分情況下已經可以取得比較好的效果。近年來，隨著深度學習的興起，基於神經網路的 VAD 演算法也獲得了廣泛的應用，在很多場景中可以取得比傳統方法更優的效果。

3.2.1 基於門限判決的 VAD

透過門限對音訊訊號的特徵進行判決是最基礎的 VAD 演算法，其中音訊特徵的選擇是關鍵。一個好的特徵需要有比較好的區分能力，即使語音和非語音的分離度盡可能大。此外，還需要考慮特徵對背景雜訊的堅固性。由於 VAD 是一個相對比較輕量的模組，因此在大部分場景中還需要盡可能考慮其計算力的問題。在早期的 VAD 演算法中，最常用的特徵是短時能量和短時平均過零率等，它們都是時域的特徵，透過很簡單的方法就能提取。

短時能量是用於語音檢測最直觀的依據。在訊號雜訊比較高的假設下，即假設語音的能量顯著大於背景雜訊，透過設定一定的設定值便可以透過能量的高低將語音和背景雜訊區分。由於語音訊號的特徵是隨著時間變化的，典型的能量值在濁音和清音之間會有很大的變化，因此在計算短時能量時，需要一個比較短的窗函數來回應這種快速的能量變化，但窗長也不能太短，否則無法得到平滑的能量變化。對於訊號 $x(n)$，如果有窗函數 $w(n)$，並且其長度為 N，則短時能量可表示為

$$E_n = \sum_{m=0}^{N-1} \left[x(m+n) w(m) \right]^2$$

由於語音訊號在不同頻率範圍內的能量差異很大，因此在實際應用中短時能量經常會被拓展到多個子頻中。例如，可以將音訊訊號先透過一組濾波器分別得到 0～2kHz，2kHz～4kHz 和 4kHz～8kHz 的子頻訊號，然後分別計算每個子頻的能量，並為每個子頻設定不同的判決設定值。

由於短時能量是對訊號的平方計算，因此其動態範圍會比原始音訊訊號更大，即人為放大了高低音量之間的差距。這在某些場景中可能會碰到問題，這時可以根據實際情況使用短時平均幅度來替代短時能量。短時平均幅度的計算方法為

$$M_n = \sum_{m=0}^{N-1} \left| x(m+n) w(m) \right|$$

音訊訊號在時域上通常是零均值，採樣點平均地分佈在正負兩側。短時平均過零率是指音訊採樣點穿過零的次數，即其時域波形穿過 X 軸的次數。比如，如果是正弦訊號，則它的平均過零率就是訊號的頻率除以兩倍的採樣頻率。由於採樣頻率通常是固定的，因此過零率在一定程度上可以反映頻域的一些資訊。雖然語音訊號不是簡單的正弦訊號，但是短時平均過零率依然可以作為訊號頻譜特性的一種粗略估計。短時平均過零率的計算方法為

$$Z_n = \frac{1}{2} \sum_{m=0}^{N-1} \left| \operatorname{sgn}\left[x(m+n) w(m) \right] - \operatorname{sgn}\left[x(m+n-1) w(m-1) \right] \right|$$

其中，$\operatorname{sgn}(x)$ 為符號函數。由於短時平均過零率受訊號高頻部分的影響更大，因此可以比較好地過濾掉低頻雜訊。在實際使用中，短時平均過零率可以和短時能量結合起來使用。短時能量對雜訊的幅度比較敏感，可以過濾掉幅度較低的雜訊；而短時平均過零率對雜訊的頻率敏感，可以過濾掉低頻雜訊，即使其幅度可能很大。

基於短時能量和短時平均過零率，簡單門限判決的 VAD 演算法主要適用於安靜環境，或者噪音源比較單一的環境，而在非平穩雜訊較多的場景中，其性能會急速下降，這時可以使用基於統計模型的演算法。

3.2.2 基於高斯混合模型的 VAD

基於高斯混合模型（Gaussian Mixture Model，GMM）的 VAD 演算法是一種最典型的統計模型方法。在 Google 公司的 WebRTC 開放原始碼專案中，便使用了此類演算法進行語音檢測。以下以 WebRTC 專案為例，介紹基於高斯混合模型的 VAD 演算法的基本流程。

首先，在特徵的選取方面，WebRTC 採用子頻的能量作為特徵。WebRTC 支持 8kHz、16kHz、32kHz 和 48kHz 等多種不同的取樣速率，在進行 VAD 處理之前它們被統一降採樣到 8kHz。根據奈奎斯特採樣定理，其支援的最高訊號頻率為 4kHz。WebRTC 將 4kHz 的頻帶分為 6 個子頻，分別為 80～250Hz，250～500Hz，500～1kHz，1kHz～2kHz，2kHz～3kHz 和 3kHz～4kHz。輸入的音訊訊號先透過一組濾波器得到上述子頻訊號，然後計算每個子頻的能量作為特徵。

對於每個子頻的能量，分別有一個高斯混合模型進行建模。設有隨機變數 $X \sim N\left(\mu,\sigma^2\right)$，即服從一個數學期望為 μ，方差為 σ^2 的高斯分佈，則其機率密度為

$$p(x)=\frac{1}{\sqrt{2\pi\sigma}}\mathrm{e}^{\frac{-(x-\mu)^2}{2\sigma^2}}$$

單高斯模型只有一個峰值，而對於語音訊號，使用這樣的單高斯模型並不能極佳地進行建模，故 WebRTC 中使用的是兩個高斯模型的混合：

$$p(x)=\frac{1}{\sqrt{2\pi\sigma_1}}\mathrm{e}^{\frac{-(x-\mu_1)^2}{2\sigma_1^2}}+\frac{1}{\sqrt{2\pi\sigma_2}}\mathrm{e}^{\frac{-(x-\mu_2)^2}{2\sigma_2^2}}$$

其中，μ_1 和 μ_2 分別是兩個高斯分佈的均值，σ_1^2 和 σ_2^2 分別是兩個高斯分佈的方差。在每個子頻中，語音和雜訊分別有一個高斯混合模型。

在進行判決時，對每個子頻計算一個二元高斯對數似然比，如下所示：

$$L(x_i)=\log\left(\frac{p_S(x_i)}{p_N(x_i)}\right)\approx\frac{\mathrm{e}^{\frac{-(x-\mu_{S1,i})^2}{\sigma_{S1,i}^2}}+\mathrm{e}^{\frac{-(x-\mu_{S2,i})^2}{\sigma_{S2,i}^2}}}{\mathrm{e}^{\frac{-(x-\mu_{N1,i})^2}{\sigma_{N1,i}^2}}+\mathrm{e}^{\frac{-(x-\mu_{N2,i})^2}{\sigma_{N2,i}^2}}}$$

其中，$p_S(x_i)$為第i個子頻語音模型的機率，$p_N(x_i)$為第i個子頻雜訊模型的機率。$\mu_{S1,i}$和$\mu_{S2,i}$分別為第i個子頻語音模型的兩個均值，$\sigma_{S1,i}^2$和$\sigma_{S2,i}^2$分別為第i個子頻語音模型的兩個方差。$\mu_{N1,i}$和$\mu_{N2,i}$分別為第i個子頻雜訊模型的兩個均值，$\sigma_{N1,i}^2$和$\sigma_{N2,i}^2$分別為第i個子頻雜訊模型的兩個方差。

在各個子頻似然比的基礎上，再計算一個全域似然比：

$$L(x)=\sum_{i=1}^{6}\alpha_i L(x_i)$$

接下來，對每個子頻的似然比和全域似然比均進行一次門限判決，具體的門限值由試驗和經驗舉出。為了避免漏判語音，當子頻似然比和全域似然比當中有任何一個超過設定的設定值時，最終判決結果就會認為訊號中存在語音。判決結果由下式舉出：

$$F_{\text{VAD}}=\begin{cases}1, & L(x)>T \,\|\, L(x_i)>T_i \\ 0, & \text{其他}\end{cases}$$

其中，T是全域門限，而T_i是第i個子頻的門限。WebRTC 有四組預設的門限值，分別對應四種不同的檢測模式，分別為 0：通用模式（Normal）；1：低取樣率模式（Low Bitrate）；2：激進模式（Aggressive）；3：非常激進模式（Very Aggressive）。按照數字從小到大的順序，四種模式的門限值依次變大，即檢出語音的標準越來越高。

在進行判決之後，需要進行高斯模型的參數更新。根據當前 VAD 的判決結果，WebRTC 只進行雜訊或語音模型的更新。當判決結果為 1，即有語音時，只進行語音模型的更新。當判決結果為 0，即沒有語音時，只進行雜訊模型的更新。在更新之前，要先計算更新量，即梯度：

$$\nabla_{\mu_{Sj,i}} = \frac{x_i - \mu_{Sj,i}}{\sigma_{Sj,i}^2} \qquad \nabla_{\sigma_{Sj,i}} = \frac{1}{\sigma_{Sj,i}}\left[\frac{(x_i - \mu_{Sj,i})^2}{\sigma_{Sj,i}^2} - 1\right]$$

$$\nabla_{\mu_{Nj,i}} = \frac{x_i - \mu_{Nj,i}}{\sigma_{Nj,i}^2} \qquad \nabla_{\sigma_{Nj,i}} = \frac{1}{\sigma_{Nj,i}}\left[\frac{(x_i - \mu_{Nj,i})^2}{\sigma_{Nj,i}^2} - 1\right]$$

其中，$\nabla_{\mu_{Sj,i}}$ 和 $\nabla_{\sigma_{Sj,i}}$ 分別是第 i 個子頻的第 j 個語音模型的均值和方差梯度，$\nabla_{\mu_{Nj,i}}$ 和 $\nabla_{\sigma_{Nj,i}}$ 分別是第 i 個子頻的第 j 個雜訊模型的均值和方差梯度。隨後進行每個模型的參數更新，方法如下：

$$\mu_{Sj,i} \leftarrow \mu_{Sj,i} + K_{\mu S}\nabla_{\mu_{Sj,i}} \frac{p_{Sj}(x_i)}{\sum_j p_{Sj}(x_i)}$$

$$\sigma_{Sj,i} \leftarrow \sigma_{Sj,i} + K_{\sigma S}\nabla_{\sigma_{Sj,i}} \frac{p_{Sj}(x_i)}{\sum_j p_{Sj}(x_i)}$$

$$\mu_{Nj,i} \leftarrow \mu_{Nj,i} + K_{\mu N}\nabla_{\mu_{Nj,i}} \frac{p_{Nj}(x_i)}{\sum_j p_{Sj}(x_i)} + K_L\left(x_{\min,i} - u_i\right)$$

$$\sigma_{Nj,i} \leftarrow \sigma_{Nj,i} + K_{\sigma N}\nabla_{\sigma_{Nj,i}} \frac{p_{Nj}(x_i)}{\sum_j p_{Nj}(x_i)}$$

其中，$p_{Sj}(x_i)$ 和 $p_{Nj}(x_i)$ 分別是在前述判決階段中第 i 個子頻的特徵在子頻內第 j 個語音和雜訊模型上計算的機率，而 $K_{\mu S}$，$K_{\sigma S}$，$K_{\mu N}$，$K_{\sigma N}$ 分別為預先設定的更新係數。需要特別注意的是，雜訊均值的更新額外多了一項$\left(x_{\min,i} - u_i\right)$，其中 $x_{\min,i}$ 是在第 i 個子頻追蹤的 100 幀內的局部最小值，而 u_i 是第 i 個子頻雜訊均值的滑動平均，這一項的意義是用輸入音訊的局部最小值對雜訊均值的估計進行修正，使其能更快地追蹤輸入幅度的變化。

以上的 VAD 演算法透過子頻的特徵計算和高斯混合模型的自我調整更新，實現了比門限判決法具有更高的堅固性。

3.2.3 基於神經網路的 VAD

基於統計模型的演算法主要依賴幾個子頻內預設的能量分佈模型，對語音和雜訊進行區分，這在訊號雜訊比較低，或者非平穩雜訊，尤其是突發性雜訊較多的場景中，依然存在誤檢率較高的情況。例如，在圖 3-4 所對應的場景中，使用 WebRTC 的 VAD 演算法會在雜訊處產生大量的偽陽性檢測結果。

近年來，隨著深度學習技術的興起，基於神經網路的 VAD 演算法逐漸獲得了廣泛應用（Sainath，2016；Tong，2016；Kim，2018）。由於神經網路方法是從大量的訓練資料中學習語音訊譜和雜訊頻譜的規律並加以區分，因此訓練後的模型能夠準確地區分語音的頻譜和非語音的其他聲音的頻譜，從而提高了 VAD 演算法的抗雜訊和抗干擾性能，並且在很多場景中，可以取得比傳統演算法更好的抗雜訊性能。智慧硬體和智慧型手機的語音幫手已經廣泛搭載了基於神經網路的 VAD 演算法，用來進行第一級的啟動檢測，並且在很多語音專用晶片中也都整合了專用的 VAD 演算法。此外，在 WebRTC 專案中，除了傳統的基於高斯混合模型的 VAD 演算法，也已經包含了一個測試版的基於神經網路的 VAD 演算法（位於 AGC2 模組中）。

對於神經網路，VAD 通常可以被理解為一個簡單的二分類問題，即對於每一幀的語音輸入，都需要將其劃分為 0（非語音）和 1（語音）兩類。由於 VAD 對功耗和即時性通常有比較高的要求，因此使用的模型一般比較簡單。圖 3-5 展示了一個典型的基於神經網路的 VAD 演算法的整體流程和模型結構（Sainath，2016）。

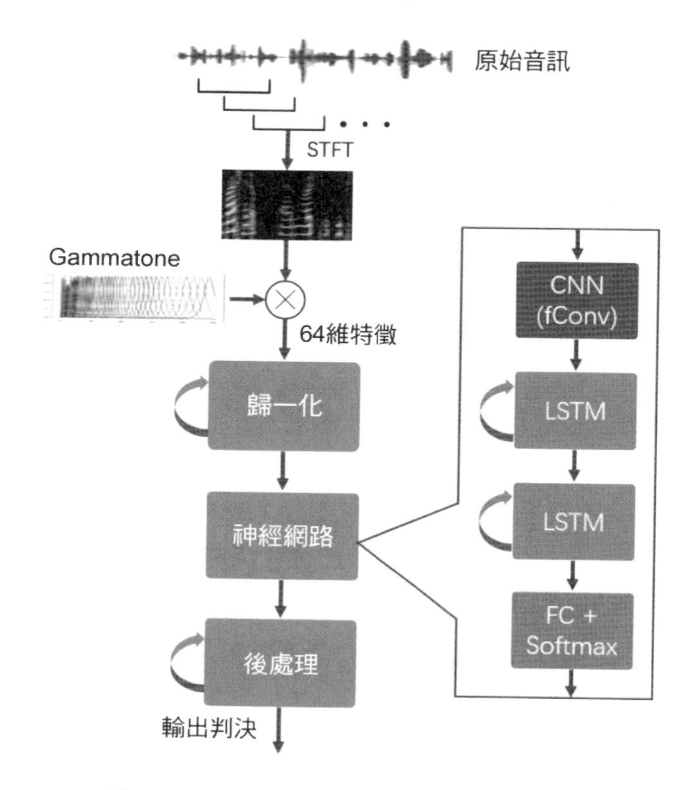

圖 3-5 典型的基於神經網路的 VAD 演算法

該演算法的具體步驟：首先透過一個滑動窗將輸入的時域波形分幀，並進行 STFT 得到訊號的頻譜。滑動窗的設定可以與通常語音辨識模型的設定相同，即寬度為 25ms，幀移為 10ms。隨後使用一個包含 64 個通道的 Gammatone 濾波器組（Segbroeck，2013）對每一幀訊號的頻譜進行頻域濾波，並得到一組 64 維的特徵。這裡的 Gammatone 濾波器組也可以被替換為 Mel 濾波器組等其他頻域特徵提取方法。它們的共同點是根據人耳的聽覺特性，針對不同的中心頻率有不同的頻域解析度。在低頻處的子頻數量較多，且每個子頻的頻寬較窄，顆粒度較細；而在高頻處的子頻數量較少且每個子頻的寬度都會增加，顆粒度較粗。所使用的 64 子頻的 Gammatone 濾波器組的幅頻回應，如圖 3-6 所示。

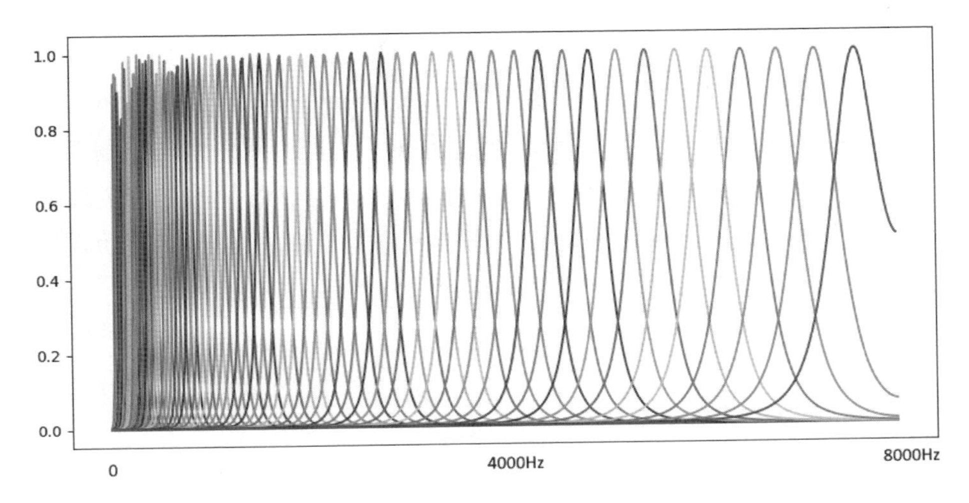

圖 3-6 64 子頻的 Gammatone 濾波器組

在這個例子中，訊號的 64 個濾波器的中心頻率在對數域上均勻分佈，其數值分別為

$$f_c(i) = -228.7 + \frac{f_s / 2 + 228.7}{\exp(0.108i \cdot sf)}$$

其中，i 是子頻的序號，f_s 是採樣頻率，而 sf 是對數域上的頻率間隔，由下式舉出：

$$sf = \frac{1}{N}\left\{9.26\left[\log\left(\frac{f_s}{2} + 228.7\right) - \log(f_{\min} + 228.7)\right]\right\}$$

其中，N 是子頻的個數，而 $f_{\min}$ 是最低頻率。對語音訊號來說，可取 $f_{\min} = 50$。由於我們的濾波器是在頻域上計算且只計算幅度譜而捨棄了相位，因此可以用下面的近似公式來計算每個子頻的幅頻回應：

$$|H(f)|^2 \approx \left[\frac{c}{2}(n-1)!(2\pi b)^{-n}\right]^2 \left[1 + \frac{(f - f_c)^2}{b^2}\right]^{-n}$$

其中，c 為常數；n 是濾波器的階數；b 是濾波器的衰減係數，它直接決定了該濾波器的等效矩形頻寬（Equivalent Rectangle Bandwidth，ERB）。所謂等效矩形頻寬是指等效矩形濾波器的頻寬。給定一個任意的功率譜，存在一個對應的等效矩形濾波器，這個矩形帶通濾波器的增益就是給定功率譜的最大值，而該矩形濾波器的功率譜的總和與給定功率譜的總和相等。ERB 與 b 的換算關係如下：

$$\mathrm{ERB}=\frac{(2n-2)!2^{2-2n}\pi}{\left[(n-1)!\right]^{2}}b$$

通常，需要先根據需求指定 ERB，再按照此換算關係得到 b 的值。

在完成特徵提取後，需要對特徵進行歸一化操作。為了使演算法能夠追蹤和適應不同的場景，以及變化的訊號增益，可以在執行過程中根據提取的特徵即時更新歸一化參數。

接下來，音訊訊號的 64 維特徵被輸入神經網路模型。結合歷史資訊，模型會對當前訊號幀進行預測，輸出該訊號幀中含有語音的機率。根據實際需求，該推理可以每一幀或者多幀進行一次。該模型包括一個一維卷積層，兩個 LSTM 層，以及一個帶 Softmax 啟動函數的全連接層。首先一維卷積層對輸入的頻譜進行頻域方向上的卷積，提取頻域能量蘊含的特徵。接下來兩個 LSTM 層對輸入特徵在時域上的變化情況進行建模。在每次推理時，LSTM 層都需要接收該層上一次推理時輸出的隱狀態，並且輸出當前推理結束後的隱狀態，供下一次推理使用。因為有隱狀態的前後傳遞，所以每次的輸入視窗可以很短（可以短至一幀），以降低整個 VAD 演算法的延遲。LSTM 層的輸出狀態透過全連接層和 Softmax 函數進行二分類，輸出當前幀含有語音的機率。更多關於 LSTM 的原理，請參考 4.3.2 節。

輸出的機率透過一些後處理步驟（如中值濾波器等）進行平滑，濾除過短的突波訊號，並輸出最終的判決值，即決定該訊號幀是否包含語音。

圖 3-4 舉出了一個使用該 VAD 演算法對一段訊號雜訊比較低的語音訊號進行語音檢測的結果。可以看到，該方法極佳地遮罩了背景雜訊的影響，輸出了與真實標注很接近的結果。在實際使用中，由於一般對 VAD 的功耗和即時性等要求較高，因此還需要採用剪枝、量化等方法對模型的尺寸和算力需求做進一步壓縮。

3.3 單通道降噪

日常生活中的語音訊號往往都包含雜訊。降噪或者雜訊抑制（Noise Suppression）是指從帶噪訊號中恢復乾淨語音的一類演算法，由於經過降噪的語音往往對人的聽感有很大改善，因此這類演算法也被稱為語音增強（Speech Enhancement）。下面介紹單通道的降噪演算法，即擷取的音訊只有一個通道。大部分單通道降噪演算法都基於加性雜訊模型。假設擷取到的語音訊號為 $y(t)$ ，其中純淨語音和雜訊分別為 $x(t)$ 和 $n(t)$ ，則它們之間滿足：

$$y(t)=x(t)+n(t)$$

其頻域的等效表示為

$$Y(\omega)=|Y(\omega)|\mathrm{e}^{j\Phi_y(\omega)}=X(\omega)+N(\omega)$$

那麼，降噪問題就是在只知道 $Y(\omega)$ 的前提下去恢復 $X(\omega)$ 。

單通道降噪的方法有很多，最簡單的有譜減法和維納（Wiener）濾波法，而基於訊號的統計特性建模，有最大似然（Maximum Likelihood，

ML）、貝氏（Bayesian）和最大後驗（Maximum A Posteriori，MAP）等幾類方法。另外，傳統降噪中還有一類基於子空間的方法，如使用奇異值分解（Singular Value Decomposition，SVD）等。近些年，隨著深度學習的興起，利用神經網路進行音訊降噪也變得越來越流行，且已經有很多超越傳統方法的模型出現。本節將介紹傳統方法中最為常用的譜減法、維納濾波法、基於貝氏準則的 MMSE（Minimum Mean Square Error，最小均方誤差），以及基於深度學習的方法。

降噪演算法的直接評估指標有訊號雜訊比、尺度不變訊號失真比（Scale-Invariant Signal-to-Distortion Ratio，SI-SDR）等。此外，從主觀聽覺的角度出發，也有語音品質感知評估（Perceptual Evaluation of Speech Quality，PESQ）和感知客觀聽力品質評估（Perceptual Objective Listening Quality Analysis，POLQA）等方法，透過對語音訊號進行評分來評估演算法效果。

對於語音辨識系統來說，可以透過辨識率來評估語音降噪演算法的效果，也可以透過前後端聯合建模的方式來統一降噪模組和語音辨識模組的學習目標。

3.3.1 譜減法

譜減法是在頻域對混合訊號的頻譜和雜訊的頻譜做減法，是一種思路很樸素的降噪方法。利用前述的加性雜訊模型：

$$Y(\omega)=|Y(\omega)|\mathrm{e}^{j\Phi_y(\omega)}=X(\omega)+N(\omega)=X(\omega)+|N(\omega)|\mathrm{e}^{j\Phi_N(\omega)}$$

其中，$|N(\omega)|$ 和 Φ_N 分別是雜訊的幅度譜和相位譜。在實際應用中，雜訊的幅度譜 $|N(\omega)|$ 相對比較容易估計，而雜訊的相位譜 Φ_N 則比較難估計。如果假設 $X(\omega)$，$Y(\omega)$ 和 $N(\omega)$ 的相位均一致，則可以得到：

$$\hat{X}(\omega)=Y(\omega)-N(\omega)\approx\left[\left|Y(\omega)\right|-\left|\hat{N}(\omega)\right|\right]\mathrm{e}^{j\Phi_y(\omega)}$$

這樣，只需要得到雜訊的幅度譜估計 $\left|\hat{N}(\omega)\right|$，便可得到乾淨語音的頻譜並恢復時域波形。雜訊幅度譜的估計方法有很多種。比如，對於平穩雜訊可以結合 VAD，根據沒有語音的片段的總能量來計算雜訊的幅度譜。而對於非平穩雜訊，可以透過結合語音存在機率的雜訊估計演算法對雜訊能量進行追蹤，具體將在 3.3.3 節中介紹。在這裡，暫時先假設雜訊幅度譜已知。在實際應用中，由於語音和雜訊的相位譜存在差異，譜減法估計的語音幅度譜 $\left|Y(\omega)\right|-\left|\hat{N}(\omega)\right|$ 可能小於 0，因此需要對應的保護措施。

$$\hat{X}(\omega)=\begin{cases}\left[\left|Y(\omega)\right|-\left|\hat{N}(\omega)\right|\right]\mathrm{e}^{j\Phi_y(\omega)}, & \left|Y(\omega)\right|>\left|\hat{N}(\omega)\right|\\ 0, & \text{其他}\end{cases}$$

將上式中的上半部分換一種形式，得到：

$$\hat{X}(\omega)=Y(\omega)\left(1-\frac{\left|\hat{N}(\omega)\right|}{\left|Y(\omega)\right|}\right)=Y(\omega)H(\omega)$$

其中，$H(\omega)=1-\dfrac{\left|\hat{N}(\omega)\right|}{\left|Y(\omega)\right|}$ 被稱為增益函數或抑制函數，它可以被看作一個線性系統的系統函數。不過，在語音增強的場景中，由於相位譜不易估計，該函數通常是一個實函數。

以上幅度譜減法的前提是假設語音與雜訊的相位譜一致，在實際中這可能會在降噪結果裡引入較大的失真。為了解決這個問題，幅度譜減法又被拓展為功率譜減法。回到之前的加性雜訊模型，如果考慮混合訊號的功率譜，則有

$$\left|Y(\omega)\right|^2=\left|X(\omega)\right|^2+\left|N(\omega)\right|^2+X^*(\omega)N(\omega)+X(\omega)N^*(\omega)$$

這次做出的假設是語音與訊號不相關，即 $X^*(\omega)N(\omega)=X(\omega)N^*(\omega)=0$，則可以得到如下的功率譜減公式：

$$\left|\hat{X}(\omega)\right|^2=\left|Y(\omega)\right|^2-\left|\hat{N}(\omega)\right|^2$$

同樣的，這裡只需要雜訊的幅度譜估計 $\left|\hat{N}(\omega)\right|$，便可得到乾淨語音的頻譜並恢復時域波形。由此得到，功率譜減法的增益函數為

$$H(\omega)=\sqrt{1-\frac{\left|\hat{N}(\omega)\right|^2}{\left|Y(\omega)\right|^2}}$$

不難發現，我們可以透過一種統一的形式來描述以上兩種方法：

$$H(\omega)=\sqrt[\frac{1}{p}]{1-\frac{\left|\hat{N}(\omega)\right|^p}{\left|Y(\omega)\right|^p}}$$

這就是譜減法的一般形式，其中幅度譜減法對應 $p=1$，而功率譜減法對應 $p=2$。對於相同的 $\left|Y(\omega)\right|$ 和 $\left|\hat{N}(\omega)\right|$，由不同的 p 值得到的增益函數所對應的衰減量是不一樣的，p 值越小衰減量越大。圖 3-7 舉出了譜減法的一般流程：

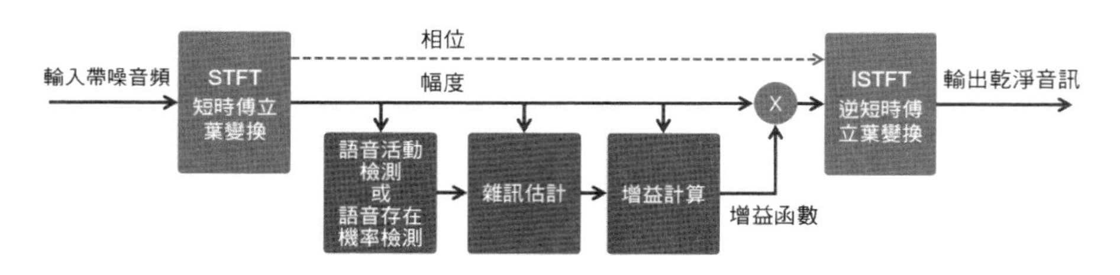

圖 3-7 譜減法的一般流程

事實上，該流程不僅適用於譜減法，也適用於絕大多數傳統單通道降噪方法，只是其中增益計算的方式可能會有所不同。

3.3.2 維納濾波法

維納濾波是另一類廣泛適用的基礎降噪方法。和譜減法的思想不同，維納濾波是線性系統的一個經典概念，它的出發點是從最小均方誤差的角度來推導誤差最小的線性系統。這裡可以將降噪問題看作一個線性系統，系統的輸入是帶噪訊號$Y(\omega)$，輸出是$Y(\omega)H(\omega)$，而我們期望的目標是使系統的輸出與$X(\omega)$的誤差最小。維納濾波法有時域和頻域推導兩種方式。由於語音降噪大多數在頻域進行，因此這裡我們只關心頻域方式的推導。設系統的輸出為

$$\hat{X}(\omega)=Y(\omega)H(\omega)$$

維納濾波法的目標是使如下均方誤差最小：

$$E\left[|e(\omega)|^2\right]=E\left\{\left[X(\omega)-Y(\omega)H(\omega)\right]\left[X(\omega)-Y(\omega)H(\omega)\right]^*\right\}$$

這是一個最佳化問題，最優的$H(\omega)$為

$$H(\omega)=\underset{H(\omega)}{\operatorname{argmin}}\,E\left[|e(\omega)|^2\right]$$

將以上的均方誤差對$H(\omega)$求偏導數：

$$\frac{\partial E\left[|e(\omega)|^2\right]}{\partial H(\omega)}=H(\omega)^*E\left[|Y(\omega)|^2\right]-E\left[Y(\omega)X(\omega)^*\right]$$

對以上偏導數求極值得到：

$$H(\omega)=\frac{E\left[X(\omega)Y(\omega)^*\right]}{E\left[|Y(\omega)|^2\right]}=\frac{P_{xy}}{P_{yy}}$$

其中，P_{xy} 是乾淨語音和帶噪語音的互功率譜，P_{yy} 是帶噪語音的功率譜。若假設語音和雜訊不相關，即 $E\left[X(\omega)N(\omega)^*\right]=0$，則

$$H(\omega)=\frac{E\left[X(\omega)Y(\omega)^*\right]}{E\left[|Y(\omega)|^2\right]}=\frac{E\left[X(\omega)X(\omega)^*+X(\omega)N(\omega)^*\right]}{E\left[|Y(\omega)|^2\right]}$$

$$=\frac{E\left[|X(\omega)|^2\right]}{E\left[|Y(\omega)|^2\right]}=\frac{P_{xx}}{P_{yy}}$$

同樣的，在語音和雜訊不相關的假設下：

$$\begin{aligned}P_{yy}&=E\left[|Y(\omega)|^2\right]\\&=E\left\{\left[X(\omega)+N(\omega)\right]\left[X(\omega)+N(\omega)\right]^*\right\}\\&=E\left[|X(\omega)|^2\right]+E\left[|N(\omega)|^2\right]\\&=P_{xx}+P_{dd}\end{aligned}$$

因此可得：

$$H(\omega)=\frac{P_{xx}}{P_{yy}}=1-\frac{P_{dd}}{P_{yy}}$$

在實際應用中，通常可用 $\left|\hat{N}(\omega)\right|^2$ 作為 P_{dd} 的估計，用 $|Y(\omega)|^2$ 作為 P_{yy} 的估計。我們可以發現，維納濾波法與幅度譜減法有類似的實現形式。

3.3.3 音樂雜訊和參數譜減法

譜減法和維納濾波法的結果受雜訊估計準確度的影響較大。如果雜訊估計偏高，則容易出現對語音的損失；而如果雜訊估計偏低，或雜訊功率譜變化較大，則可能會出現一種被叫做「音樂雜訊（Musical Noise）」的

結果。因為譜減法和維納濾波法都是在頻域逐頻點進行處理，所以當某個頻點的雜訊估計不足，或者雜訊出現一些擾動導致該頻點的能量上升而沒有及時被雜訊估計演算法追蹤時，在降噪的結果中該頻點的位置上會出現一些孤立的譜峰。這種現象反映到聽覺上，和音樂的音符很類似，因而被稱為「音樂雜訊」。如果該音樂雜訊的頻點位於人類語音範圍內，則還會影響語音的聽感，使語音變得不那麼自然。在譜減法的實際應用中，如何消除音樂雜訊的影響，是一個很重要的課題。

以下是一個音樂雜訊的例子，圖 3-8（a）和圖 3-8（b）分別是一段帶噪音頻和經譜減法降噪處理後的音頻頻譜圖。可以看到，在圖 3-8（b）中明顯有很多孤立頻點的雜訊殘留。

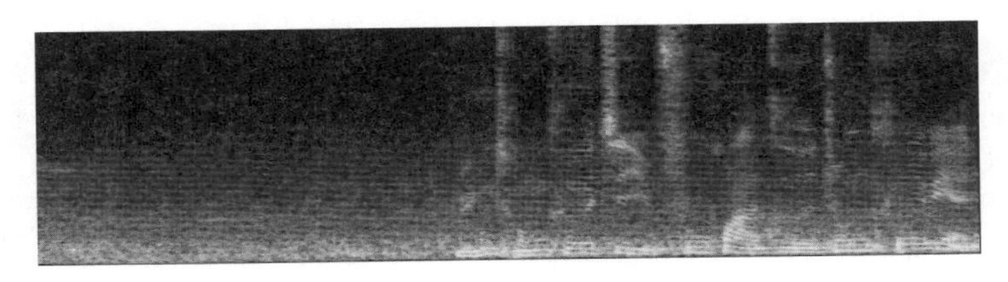

（a）降噪前

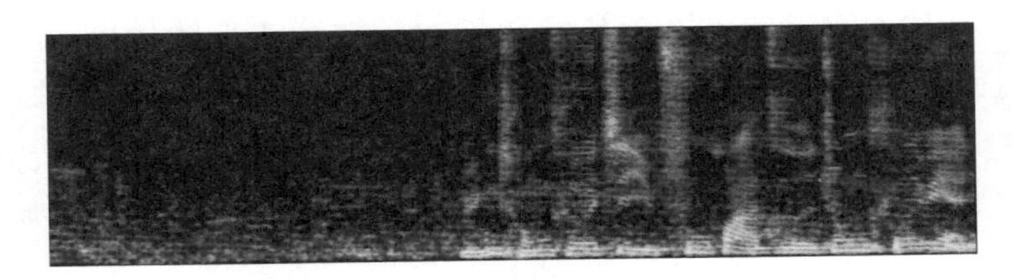

（b）降噪後

圖 3-8 音樂雜訊範例

目前，已經有很多文獻針對如何消除音樂雜訊提出了解決方案（Loizou，2013），以下略舉幾例。第一種思路是在譜減過程中，對於 $|Y(\omega)|$ 較小的情況，相對於之前完全設為 0 的做法，保留一個較小的值，使得降噪後的頻譜盡可能平滑，減小頻點上可能的突變，從而減少音樂雜

訊，具體做法如下式所示：

$$\left|\hat{X}_i(\omega)\right| = \begin{cases} \left|Y_i(\omega)\right| - \left|\hat{N}(\omega)\right|, & \left|Y_i(\omega)\right| - \left|\hat{N}(\omega)\right| > \max\left|\hat{N}(\omega)\right| \\ \min\limits_{j=i-1,i,i+1}\left(\left|Y_j(\omega)\right|\right), & \text{其他} \end{cases}$$

其中，$X_i(\omega)$ 和 $Y_i(\omega)$ 分別是第 i 幀的乾淨語音幅度譜與帶噪語音幅度譜。該方法對於比較大的（至少是所估計雜訊的兩倍）$Y_i(\omega)$，處理方式與譜減法一致，而對於比較小的 $Y_i(\omega)$，則在時域上尋找前後幾幀的最小值作為輸出。這種方法可以比較好地減少輸出的音樂雜訊，然而其需要在時間域上前後搜尋，是非因果的，不能完全即時執行。這個問題有以下改進方法：

$$\left|\hat{X}(\omega)\right| = \begin{cases} \left|Y(\omega)\right| - \alpha\left|\hat{N}(\omega)\right|, & \left|Y(\omega)\right| > (\alpha+\beta)\left|\hat{N}(\omega)\right| \\ \beta\left|\hat{N}(\omega)\right|, & \text{其他} \end{cases}$$

其中，α 是一個大於等於 1 的過減因數，而 β 是一個遠遠小於 1 的保留因數。這種方法的主要思想是，在帶噪頻譜中可能存在一些峰值與穀值。對於峰值，使用過減因數 α 更多地消除雜訊，使峰值的下降幅度更大。而對於穀值，使用保留因數 β 把它們填平。這樣，經過處理之後峰值和穀值之間的差距很小，聽上去會更加舒服。在實際應用中，α 和 β 的選取需要經過仔細的試驗，其中 α 的取值對增益函數的影響較大。α 值越大，降噪帶來的幅度衰減就越多，降噪效果就越激進。

這種方法還可以被進一步擴充。在現實中，各個頻段的雜訊特性可能存在較大差異，並不是很容易能找到一個 α 值適用於所有的頻段，於是可以將 α 設定為在每個頻點之間可變，如下式所示：

$$\left|\hat{X}(\omega)\right| = \begin{cases} \left|Y(\omega)\right| - \alpha(\omega)\left|\tilde{N}(\omega)\right|, & \left|Y(\omega)\right| > \alpha(\omega)\left|\tilde{N}(\omega)\right| + \beta\left|\hat{N}(\omega)\right| \\ \beta\left|Y(\omega)\right|, & \text{其他} \end{cases}$$

這樣，可以更精確地控制每個頻點的過減。其中，$\left|\tilde{N}(\omega)\right|$是在過去一段時間內$\left|\hat{N}(\omega)\right|$的最小值。對於受雜訊影響更大的頻段，可以採用更大的α值。一個可行的設定α的方法如下：

$$\alpha(\omega)=\frac{1}{1+\gamma\frac{\left|Y(\omega)\right|}{\left|\hat{N}(\omega)\right|}}$$

其中，γ是一個放大因數。從式中可以看到，當訊號雜訊比越高時，$\frac{\left|Y(\omega)\right|}{\left|\hat{N}(\omega)\right|}$的值越大，$\alpha(\omega)$的值越小。這種方法被稱為非線性譜減。

該方法還可以被進一步擴充，即在$\left|Y(\omega)\right|$中也增加一個隨頻點變化的係數，並將譜減本身擴充到任意p階，那麼可以得到一個更一般形式的譜減公式，被稱為參數譜減法。

$$\left|\hat{X}(\omega)\right|^p=\gamma_p(\omega)\left|Y(\omega)\right|^p-\alpha_p(\omega)\left|\hat{N}(\omega)\right|^p$$

如何對參數$\gamma_p(\omega)$和$\alpha_p(\omega)$進行估計呢？這裡可以再次用到 MMSE 的思想，定義下面的誤差：

$$e_p(\omega)=\left|X(\omega)\right|^p-\left|\hat{X}(\omega)\right|^p$$

針對此目標最佳化使得$e_p(\omega)$最小，則可以得到如下的最優解（證明此處略）：

$$\alpha_p(\omega)=\frac{\xi^p(\omega)}{1+\xi^p(\omega)}$$

$$\gamma_p(\omega)=\frac{\xi^p(\omega)}{1+\xi^p(\omega)}\left\{1-\xi^{-\frac{p}{2}}(\omega)\right\}$$

其中

$$\xi(\omega)=\frac{E\left[\left|X(\omega)\right|^2\right]}{E\left[\left|N(\omega)\right|^2\right]}$$

被稱為語音的先驗訊號雜訊比（Priori SNR）。由於$E\left[\left|X(\omega)\right|^2\right]$是未知的，因此在實際中，先驗訊號雜訊比通常會使用後驗訊號雜訊比（Posteriori SNR）和前一幀降噪演算法得到的$\left|\hat{X}(\omega)\right|$進行迭代估算。後驗訊號雜訊比$\gamma(\omega)$的定義和估算方法為

$$\gamma(\omega)=\frac{E\left[\left|Y(\omega)\right|^2\right]}{E\left[\left|N(\omega)\right|^2\right]}\approx\frac{\left|Y(\omega)\right|^2}{\left|\hat{N}(\omega)\right|^2}$$

則先驗訊號雜訊比$\xi(\omega)$的估算方法為

$$\xi(\omega)\approx(1-\eta)\max\left(\gamma(\omega)-1,0\right)+\eta\frac{\left|\hat{X}_{\text{prev}}(\omega)\right|^2}{\left|\hat{N}(\omega)\right|^2}$$

其中，η是一個平滑係數，而$\hat{X}_{\text{prev}}(\omega)$是降噪演算法在前一幀估計的乾淨語音的頻譜。該公式的本質是用上一幀估計的語音訊譜先估計上一幀的先驗訊號雜訊比，然後使用這一幀的後驗訊號雜訊比對其進行平滑修正。在有了先驗訊號雜訊比的定義和估計之後，參數譜減法一般形式的解可以寫為如下形式：

$$\left|\hat{X}(\omega)\right|=\left\{\frac{\xi^p(\omega)}{1+\xi^p(\omega)}\left[\left|Y(\omega)\right|^p-\left(1-\xi^{-\frac{p}{2}}(\omega)\right)\left|\hat{N}(\omega)\right|^p\right]\right\}^{1/p}$$

以上公式均假設參數$\gamma_p(\omega)$和$\alpha_p(\omega)$無關。在實際中，可以假設$\gamma_p(\omega)=\alpha_p(\omega)$，得到一個簡化版本的運算式：

$$\left|\hat{X}(\omega)\right| = \left\{ \frac{\xi^p(\omega)}{\delta_p + \xi^p(\omega)} \left[\left|Y(\omega)\right|^p - \left|\hat{N}(\omega)\right|^p \right] \right\}^{1/p}$$

其中，δ_p 是一個僅與 p 有關的常數（當 $p=1,2,3$ 時，δ_p 分別為 0.2146,0.5 和 0.7055）。

透過以上形式改進的譜減法和參數譜減法，可以有效改善原始譜減法的性能，並減少結果中出現的音樂雜訊。

3.3.4 貝氏準則下的 MMSE

下面介紹從統計模型的角度推導的另一類降噪演算法。這類演算法依然使用與譜減法相同的加性雜訊模型，但是轉而尋找統計意義上的降噪最優解。基於統計模型的降噪方法可以分為以下幾類。

1. 最大似然方法

該類方法先假設 $X(\omega)$ 是確定但未知的，然後尋找使 $p\left(Y(\omega);X(\omega)\right)$ 最大的 $X(\omega)$。在大部分情況下，最大似然方法的效果甚至不如維納濾波法，因此很少單獨使用。

2. 貝氏方法

假設 $X(\omega)$ 是隨機變數，但是存在一些先驗知識，設 $X(\omega)$ 的分佈為 $p\left(X(\omega)\right)$，通常使用高斯分佈。貝氏方法尋找的是後驗機率分佈 $p\left(X(\omega)|Y(\omega)\right)$ 的均值，也就是 $E[X(\omega)|Y(\omega)]$。通常來講，因為使用了先驗知識，所以貝氏方法比最大似然方法的效果要好。

3. 最大後驗方法

最大後驗方法尋找的是後驗機率分佈 $p\left(X(\omega)|Y(\omega)\right)$ 的最大值。很明

顯，對於一個單峰且對稱的分佈而言（如高斯分佈），最大後驗和貝氏方法是等值的。然而在某些場景中，如果訊號的分佈難以做出假設，使用最大後驗方法往往比使用貝氏方法要簡單一些，因為一個未知分佈的最大值通常要比其均值更容易獲取。

在這一節中，主要介紹應用最廣泛的貝氏準則下的 MMSE 方法（Loizou，2013）。貝氏準則下的 MMSE 最優解和維納濾波的區別在於：

（1）維納濾波法有線性假設，即認為乾淨語音和帶噪語音之間存在線性關係：$X(\omega)=Y(\omega)H(\omega)$。而貝氏降噪沒有這一假設，完全透過統計特性來求解乾淨語音的最優估計 $\hat{X}(\omega)$，但是這裡需要對語音訊號的機率分佈做出另外的假設。

（2）維納濾波法尋找的是複數譜意義上的最優解，即最優的 $X(\omega)$。下面我們尋找幅度譜上的最優解，即最優的 $|X(\omega)|$。

定義基於幅度譜的 MMSE 最佳化目標：

$$e=E\left[\left(\hat{X}_k-X_k\right)^2\right]$$

為了表述簡潔，這裡令 $\hat{X}_k=\left|\hat{X}(\omega_k)\right|$，即估計的乾淨語音在第 k 個頻點上的幅度。MMSE 估計器的目標是使每個頻點的幅度與真實幅度之間的平方誤差的數學期望最小。另外，令 $\boldsymbol{Y}=\left[Y(\omega_1),Y(\omega_2),\cdots,Y(\omega_N)\right]$，表示帶噪訊號在所有頻點上的頻譜，那麼在貝氏 MMSE 準則下，該數學期望需要透過 X_k 與 $\boldsymbol{Y}$ 之間的聯合機率密度函數 $p(X_k,\boldsymbol{Y})$ 來求解，即

$$e=\iint\left(\hat{X}_k-X_k\right)^2 p(X_k,\boldsymbol{Y})\,\mathrm{d}\boldsymbol{Y}\mathrm{d}X_k$$

使上式最優的 $\hat{X}_k$ 為

$$\hat{X}_k=\int x_k\, p(x_k|\boldsymbol{Y})\,\mathrm{d}x_k=E[X_k\,|\,\boldsymbol{Y}]$$

也就是說最優解就是 X_k 在條件 $\boldsymbol{Y}$ 下的後驗數學期望，或者說是後驗機率密度函數 $p(x_k|\boldsymbol{Y})$ 在全體 x_k 上的均值。

為了求解這個問題，需要做出兩點假設：①假設語音訊號的頻譜（實部和虛部）分別都滿足均值為 0 的高斯分佈；②假設語音訊號的頻譜在各個頻點之間不相關。

這兩點假設事實上都是極大簡化的，因為實際的語音訊號往往並不滿足這兩個條件，但是基於這兩個假設得到的降噪方法在試驗中被證明是有效的，故這裡先不去過多探討它們的合理性。基於第二點假設，問題變為

$$\hat{X}_k = E\left[X_k|Y(\omega)\right] = \int x_k p\left(x_k|Y(\omega)\right)\mathrm{d}x_k = \frac{\int x_k\, p\left(Y(\omega)|x_k\right)p\left(x_k\right)\mathrm{d}x_k}{p\left(Y(\omega)|x_k\right)p\left(x_k\right)\mathrm{d}x_k}$$

上面等式的最後一步是由貝氏條件機率定律推導得出的。求解該式的關鍵問題是 $p\left(Y(\omega)|x_k\right)$,也就是在 x_k 條件下 $Y(\omega)$ 的條件機率。根據前述第一點假設，$Y(\omega)$ 可以被認為是 $X(\omega)$ 和 $N(\omega)$ 兩個高斯分佈隨機變數的和，那麼這個條件機率 $p\left(Y(\omega)|x_k\right)$ 依然是滿足高斯分佈的，並且其均值是 $X(\omega)$，而方差是 $N(\omega)$ 的方差，即

$$p\left(Y(\omega)|x_k\right) = \frac{1}{\pi\lambda_d(k)}\exp\left(-\frac{1}{\lambda_d(k)}\left|Y(\omega)-X(\omega)\right|^2\right)$$

其中，$\lambda_d(k) = E\left[\left|N(\omega_k)\right|^2\right]$ 為第 k 個頻點上的雜訊功率譜的期望。此外，$p(x_k)$ 也滿足高斯分佈，即

$$p(x_k) = \frac{1}{\pi\lambda_x(k)}\exp\left(-\frac{x_k^{\ 2}}{\lambda_x(k)}\right)$$

其中，$\lambda_x(k) = E\left[\left|X(\omega_k)\right|^2\right]$ 為第 k 個頻點上的語音功率譜的期望。將以上兩個機率分佈代入前述積分公式，進行化簡後可得貝氏 MMSE 估計器

的最終計算方法（過程略）：

$$\hat{X}_k = \sqrt{\lambda_k}\Gamma(1.5)\Phi(-0.5,1;-\nu_k)$$

其中，Γ 和 Φ 分別表示伽馬（Gamma）函數和合流超幾何（Confluent Hypergeometric）函數，其定義分別為

$$\Gamma(x) = \int_0^{\infty} t^{x-1}\mathrm{e}^{-t}\mathrm{d}t$$

$$\Phi(a,b;z) = 1 + \frac{a}{b}\frac{z}{1!} + \frac{a(a+1)}{b(b+1)}\frac{z}{2!} + \frac{a(a+1)(a+2)}{b(b+1)(b+2)}\frac{z}{3!} + \cdots$$

而 λ_k 和 ν_k 分別為

$$\lambda_k = \frac{\lambda_x(k)\lambda_d(k)}{\lambda_x(k)+\lambda_d(k)} = \frac{\lambda_x(k)}{1+\xi_k}$$

$$\nu_k = \frac{\xi_k}{1+\xi_k}\gamma_k$$

其中，$\xi_k = \xi(\omega_k)$ 為先驗訊號雜訊比，$\gamma_k = \gamma(\omega_k)$ 為後驗訊號雜訊比。在實際應用中，先驗訊號雜訊比較難直接獲取，通常使用當前幀的後驗訊號雜訊比減去 1，然後再與上一幀的先驗訊號雜訊比估計進行平滑處理，作為當前幀的先驗訊號雜訊比估計。

當然，和其他降噪方法一樣，貝氏 MMSE 估計器也可以寫成等值的增益函數形式：

$$\hat{X}_k = H_{\text{MMSE}}Y_k$$

而

$$H_{\text{MMSE}} = \frac{\sqrt{\pi}}{2}\frac{\sqrt{\nu_k}}{\gamma_k}\exp\left(-\frac{\nu_k}{2}\right)\left[(1+\nu_k)\right]I_0\left(\frac{\nu_k}{2}\right) + \nu_k I_1\left(\frac{\nu_k}{2}\right)$$

就是貝氏 MMSE 估計器的增益函數，其中$I_0(x)$和$I_1(x)$分別為零階和一階修正貝塞爾函數（Modified Bessel Function）。其定義由下式舉出：

$$I_v(x)=j^{-v}J_v(jx)=\sum_{m=0}^{\infty}\frac{x^{v+2m}}{2^{v+2m}m!\Gamma(v+m+1)}$$

在以上的降噪方法中，我們只進行了最優幅度的估計，直接使用了帶噪語音的相位。事實上，在幅度固定的前提下，也可以用相同的方法對最優相位做一次估計。假設$X(\omega_k)=X_k\exp(j\theta_{xk})$，其中$j\theta_{xk}$為帶噪語音在第$k$個頻點上的相位，且$|j\theta_{xk}|=1$，那麼最優相位可透過最小化下面的誤差函數舉出：

$$e=E\left[\left(\exp\left(j\hat{\theta}_{xk}\right)-\exp\left(j\theta_{xk}\right)\right)^2\right],\quad \left|j\hat{\theta}_{xk}\right|=1$$

其中，$j\hat{\theta}_{xk}$為第k個頻點所估計的相位。對上式使用拉格朗日乘子法進行求解後可得（過程略）最優的$j\hat{\theta}_{xk}$為

$$j\hat{\theta}_{xk}=j\theta_{yk}$$

其中，$j\theta_{yk}$為帶噪語音在第k個頻點上的相位。也就是說，在前述兩個假設下，最佳相位的貝氏 MMSE 估計就是帶噪語音的相位。這一結論也為在一般的語音降噪演算法中只處理幅度而直接使用帶噪語音相位的做法提供了理論支撐。

使用 MMSE 作為標準的最最佳化方法，雖然在數學上完全成立並且也比較容易處理，然而如果考慮到人耳的聽覺特性，因為人耳對音量的感知和音訊訊號的能量之間並非線性，而是接近對數的關係，所以 MMSE 準則在主觀聽感上並不一定是最優解。語音訊號的動態範圍相當寬，高能量和低能量之間往往有數量級的差異。這種差異會使得低能量段產生的誤差對整體誤差的貢獻非常低，幾乎可以被忽略，然而低能量段中的這些很

小的誤差卻可以被人耳感知到。針對這個問題，需要提出一種更符合人耳聽覺特性的準則函數，使數學計算和主觀聽感匹配起來。一個比較典型和常用的準則函數是對數 MMSE（log-MMSE）。它透過將訊號的幅度譜變換到對數域，壓縮了其動態範圍，使得低能量段和高能量段對整體誤差的貢獻更為均衡。log-MMSE 的誤差函式定義如下：

$$e = E\left\{\left[\log\left(\hat{X}_k\right) - \log\left(X_k\right)\right]^2\right\}$$

我們可以從另一個角度來看這個定義。因為

$$\log\left(\hat{X}_k\right) - \log\left(X_k\right) = \log\left(\frac{\hat{X}_k}{X_k}\right)$$

所以最佳化誤差函數事實上是在最佳化估計的語音幅度譜與真實的語音幅度譜之間的比值，並且其目標是達到 1，這樣得到的誤差函數為 0。

採用與 MMSE 估計器同樣的思路，log-MMSE 估計器的最優解為

$$\hat{X}_k = \exp\left(E\left[\log(X_k) \mid \boldsymbol{Y}\right]\right)$$

使用與 MMSE 估計器相同的假設與類似的求解思路，可以得到以下閉式解（過程略）

$$E\left[\log(X_k)|\boldsymbol{Y}\right] = \frac{1}{2}\left(\log\lambda_k + \log\nu_k + \int_{\nu_k}^{\infty}\frac{\mathrm{e}^{-t}}{t}\mathrm{d}t\right) = \frac{1}{2}\left(\log\lambda_k + \log\nu_k - Ei\left(-\nu_k\right)\right)$$

其中，λ_k 和 ν_k 已在 MMSE 估計器的推導程序定義，而 $Ei(x)$ 為指數積分（Exponential Integral）。

$$Ei\left(x\right) = -\int_{-x}^{\infty}\frac{\mathrm{e}^{-t}}{t}\mathrm{d}t$$

最後，對 $E\left[\log(X_k)|\boldsymbol{Y}\right]$ 求指數可得

$$\hat{X}_k = \exp\left(E\left[\log(X_k)|\boldsymbol{Y}\right]\right) = \frac{\xi_k}{\xi_k + 1}\exp\frac{-Ei\left(-\nu_k\right)}{2}Y_k = H_{\text{log-MMSE}}Y_k$$

其中

$$H_{\text{log-MMSE}} = \frac{\xi_k}{\xi_k + 1}\exp\frac{-Ei\left(-\nu_k\right)}{2}$$

這就是 log-MMSE 估計器的增益函數。

透過對兩組增益函數進行比較，可以得知，在相同的先驗訊號雜訊比 ξ_k 和後驗訊號雜訊比 γ_k 的前提下，log-MMSE 估計器的衰減量更大。而實驗也表明，和 MMSE 估計器相比，log-MMSE 估計器能夠在更好地保持語音品質的前提下更多地抑制雜訊，主觀聽感也更好。此外，可以看到 log-MMSE 估計器的增益函數比 MMSE 的更簡潔，因此，log-MMSE 估計器在實際場景中被更廣泛地使用。

3.3.5 雜訊估計

在以上介紹的所有降噪演算法中，均需要已知雜訊的幅度譜 $\left|\hat{N}(\omega)\right|$，先驗訊號雜訊比 ξ_k 和後驗訊號雜訊比 γ_k 可以透過雜訊幅度譜與帶噪語音的幅度譜計算得到。實驗表明，一個好的 $\left|\hat{N}(\omega)\right|$ 的估計對降噪演算法的性能造成非常關鍵的作用。常用的雜訊估計方法有以下幾類：

（1）基於 VAD 的雜訊估計方法。該方法簡單地使用 VAD 對輸入帶噪語音進行判決，當 VAD 判決結果為 0 時，將輸入訊號的幅度譜進行滑動平均，得到估計的雜訊幅度譜。該方法的問題是非常依賴 VAD 的性能。如果 VAD 對語音有漏檢現象，則語音的幅度譜就會對所估計的雜訊幅度譜產生干擾。此外，該方法對語音段包含的雜訊完全沒有處理，如果雜訊的特性在語音段發生了一些變化，則不能極佳地對雜訊進行追蹤。

（2）最小值追蹤雜訊估計方法。該類方法在連續的若干幀輸入語音訊號內搜尋幅度譜的最小值，並將其作為雜訊的估計。該類方法的主要問題：一是容易低估實際雜訊的水準，二是對變化雜訊的追蹤速度可能較慢。

（3）基於長條圖的雜訊估計方法。該類方法對輸入語音訊號的幅度譜進行長條圖的統計，假設語音的幅度變化較快而雜訊較為平穩，可將長條圖中出現機率最多的值或區間認為是雜訊。該方法的主要問題是對非平穩雜訊可能比較難以追蹤。

（4）遞迴平均雜訊估計方法。該方法持續地對輸入語音訊號進行追蹤，透過某些判定依據來決定當前語音幀中含有多少比例的雜訊，並按照該比例對應地對雜訊估計值進行更新。常用的判定依據包括訊號雜訊比、平均譜能量、語音存在機率等。

在實際的非平穩雜訊環境中，可以將第 2 類和第 4 類結合起來，下面介紹的改進最小值控制遞迴平均雜訊估計演算法（Improved Minima-Controlled Recursive Averaging，IMCRA）（Cohen，2002）就是這種形式。該演算法在最小值追蹤和遞迴平均的基礎上，使用語音存在機率模型對雜訊的更新量進行控制，再配合 log-MMSE 最佳化器一起使用，降噪效果較好。

與基於 VAD 的演算法不同的是，該演算法使用的是一種軟更新策略，即對於每一幀輸入帶噪語音，都會進行雜訊估計的更新，但是更新量由語音存在機率來決定。而基於 VAD 的演算法可以被認為是一種硬更新策略，由於 VAD 的結果是二值（非零即一）的，因此對應的雜訊更新策略也是二值的，要麼更新，要麼不更新。

在介紹 MCRA 演算法之前，先進行語音存在機率模型的推導。首先定義在第 k 個頻點關於語音存在機率的兩個假設及對應的訊號模型：

$$H_0^k : Y(\omega_k) = N(\omega_k)$$

$$H_1^k : Y(\omega_k) = X(\omega_k) + N(\omega_k)$$

其中，H_0^k 表示語音不存在假設，H_1^k 表示語音存在假設。那麼，基於語音存在機率的雜訊功率譜 $\lambda_d(k)$ 可以被寫為

$$\begin{aligned}\lambda_d(k) &= E\left[\left|N(\omega_k)\right|^2\right] \\ &= E\left[\left|N(\omega_k)\right|^2 | H_0^k\right] P\left(\left[H_0^k \mid Y(\omega_k)\right]\right) + E\left[\left|N(\omega_k)\right|^2 | H_1^k\right] P\left(\left[H_1^k \mid Y(\omega_k)\right]\right)\end{aligned}$$

其中，$P\left(\left[H_0^k \mid Y(\omega_k)\right]\right)$ 表示後驗語音不存在機率，$P\left(\left[H_1^k \mid Y(\omega_k)\right]\right)$ 表示後驗語音存在機率。這兩個機率可以由貝氏法則舉出：

$$P\left(\left[H_0^k \mid Y(\omega_k)\right]\right) = \frac{P\left(\left[Y(\omega_k) \mid H_0^k\right]\right) P\left(H_0^k\right)}{P\left(\left[Y(\omega_k) \mid H_0^k\right]\right) P\left(H_0^k\right) + P\left(\left[Y(\omega_k) \mid H_1^k\right]\right) P\left(H_1^k\right)}$$

$$P\left(\left[H_1^k \mid Y(\omega_k)\right]\right) = \frac{P\left(\left[Y(\omega_k) \mid H_1^k\right]\right) P\left(H_1^k\right)}{P\left(\left[Y(\omega_k) \mid H_0^k\right]\right) P\left(H_0^k\right) + P\left(\left[Y(\omega_k) \mid H_1^k\right]\right) P\left(H_1^k\right)}$$

其中，$P\left(H_0^k\right)$ 和 $P\left(H_1^k\right)$ 分別表示語音不存在和存在的先驗機率，這需要透過其他方式來估計。如果定義如下的兩個機率比值：

$$r_k = \frac{P\left(H_1^k\right)}{P\left(H_0^k\right)}$$

$$\Lambda_k = \frac{P\left(\left[Y(\omega_k) \mid H_1^k\right]\right)}{P\left(\left[Y(\omega_k) \mid H_0^k\right]\right)}$$

則後驗語音不存在機率和後驗語音存在機率可以分別被表示為

$$P\left(\left[H_0^k \mid Y(\omega_k)\right]\right)=\frac{1}{1+r_k\Lambda_k}$$

$$P\left(\left[H_1^k \mid Y(\omega_k)\right]\right)=\frac{r_k\Lambda_k}{1+r_k\Lambda_k}$$

和 3.3.4 節中一樣，如果假設訊號複頻譜的分佈符合高斯分佈，則 Λ_k 可以被表示為先驗訊號雜訊比 ξ_k 和後驗訊號雜訊比 γ_k 的函數：

$$\Lambda_k=\frac{1}{1+\xi_k}\exp\left(\frac{\xi_k}{1+\xi_k}\gamma_k\right)$$

再回到之前的雜訊功率譜更新公式，由於 $E\left[\left|N(\omega_k)\right|^2 | H_0^k\right]$ 近似於當前輸入音訊的功率譜，而 $E\left[\left|N(\omega_k)\right|^2 | H_1^k\right]$ 近似於上一次的雜訊功率譜估計，因此其近似計算形式為

$$\lambda_d(k,t)=\frac{1}{1+r_k\Lambda_k}\left|Y(\omega_k,t)\right|^2+\frac{r_k\Lambda_k}{1+r_k\Lambda_k}\lambda_d(k,t-1)$$

那麼，在實際場景中，我們只需要估計出先驗訊號雜訊比 ξ_k 和後驗訊號雜訊比 γ_k，以及語音不存在和存在的先驗機率 $P(H_0^k)$ 和 $P(H_1^k)$，即可根據此機率模型對雜訊功率譜 $\lambda_d(k)$ 進行遞迴更新。

然後以語音存在機率模型為基礎，下面直接舉出一個經典的遞迴平均雜訊估計演算法：改進最小值控制遞迴平均雜訊估計演算法的流程。該演算法以幀為單位進行處理，對輸入的每一幀訊號都迭代一次，可以實現即時執行。

第一步，對輸入的功率譜進行時域和頻域兩個維度上的平滑處理，其更新方式如下：

$$S_k(t)=\alpha_s S_k(t-1)+(1-\alpha_s)\sum_i b_i\left|Y(\omega_{k+i})\right|^2$$

其中，$S_k(t)$ 為當前幀在第 k 個頻點的平滑功率譜，$S_k(t)$ 為前一幀在第 k 個頻點的平滑功率譜。α_s 控制著時域的平滑程度，該值越大，時域的更新速度就越慢，頻譜越平滑，通常 α_s 可取 0.9。b_i 表示一個頻域的窗函數，它將臨近頻點的能量值與當前頻點 k 的能量值進行加權平均，實現頻域的平滑。一個經驗值是 i 可取 -1，0，1，對應的 b_i 分別為 $b_{-1} = b_1 = 0.25,\ b_0 = 0.5$。

第二步，對 S_k 的最小值進行追蹤，需要設定一個視窗長度 D，追蹤包含當前幀在內的歷史 D 幀在當前頻點上的最小能量值：

$$S_{\min,k}(t) = \min_{t-D+1 \leqslant i \leqslant t} S_k(i)$$

D 的典型取值為 120。

第三步，透過當前的平滑功率譜來估計先驗語音不存在和存在的機率，即 $P(H_0^k)$ 和 $P(H_1^k)$。這個估計主要是透過門限判決進行的，具體來說，首先估計以下兩個能量與最小能量的比值：

$$\zeta_k = \frac{S_k}{BS_{\min,k}}$$

$$\bar{\gamma}_k = \frac{|Y(\omega_k)|^2}{BS_{\min,k}}$$

然後對 ζ_k 和 $\bar{\gamma}_k$ 進行門限判決：

$$q_k = \begin{cases} 1, & \bar{\gamma}_k \leqslant 1 \text{ 和 } \zeta_k < \zeta_0 \\ \dfrac{\bar{\gamma}_0 - \bar{\gamma}_k}{\bar{\gamma}_0 - 1}, & 1 < \bar{\gamma}_k < \bar{\gamma}_0 \text{ 和 } \zeta_k < \zeta_0 \\ 0, & \text{其他} \end{cases}$$

其中，q_k 為先驗語音不存在機率，即 $P\left(H_0^k\right)=q_k, P\left(H_1^k\right)=1-q_k$。此外，能量比值分母中的 B 是一個放大係數，可取 $B=1.66$。B 的取值影響語音不存在機率的平均值，間接影響降噪的激進程度。B 值越大，就有越多的幀被認為是無語音，從而提高了所估計的雜訊功率譜，因而降噪結果更激進。

第四步，使用 log-MMSE 或其他估計器進行降噪處理。以 log-MMSE 為例，首先計算後驗訊號雜訊比 γ_k 和先驗訊號雜訊比 ξ_k：

$$\gamma_k(t)\approx\frac{\left|Y(\omega_k,t)\right|^2}{\lambda_d(k,t-1)}$$

$$\xi_k(t)\approx(1-\eta)\max\left(\gamma_k(t)-1,0\right)+\eta\frac{\left|\hat{X}(\omega_k,t-1)\right|^2}{\lambda_d(k,t-1)}$$

注意，在估計訊號雜訊比時，用的是上一次的雜訊估計值 $\lambda_d(k,t-1)$ 和上一次的乾淨語音訊譜 $\left|\hat{X}_k(\omega_k,t-1)\right|^2$。然後進行這一幀的降噪處理：

$$\hat{X}(\omega_k)=H_{\text{log-MMSE}}(k)Y(\omega_k)$$

其中

$$\nu_k=\frac{\xi_k}{1+\xi_k}\gamma_k$$

$$H_{\text{log-MMSE}}=\frac{\xi_k}{\xi_k+1}\exp\frac{-Ei(-\nu_k)}{2}$$

第五步，計算後驗語音存在機率，即

$$p_k=P\left(\left[H_1^k\mid Y(\omega_k)\right]\right)=\frac{r_k\Lambda_k}{1+r_k\Lambda_k}$$

其中

$$r_k = \frac{1-q_k}{q_k}, \Lambda_k = \frac{1}{1+\xi_k}\exp(\nu_k)$$

第六步，根據後驗語音存在機率，決定雜訊更新係數：

$$\tilde{\alpha}_{d,k} = \alpha_d + (1-\alpha_d)\,p_k$$

其中，$\alpha_d = 0.85$ 是最小雜訊更新係數。可以看到，當語音存在時，p_k 接近於 1，$\tilde{\alpha}_{d,k}$ 也接近於 1。當語音不存在時，p_k 接近於 0，$\tilde{\alpha}_{d,k}$ 也接近於最小雜訊更新係數 α_d。

最後一步，使用雜訊更新係數 $\tilde{\alpha}_{d,k}$ 對當前的雜訊估計進行更新：

$$\lambda_d(k,t) = \tilde{\alpha}_{d,k}\lambda_d(k,t-1) + \beta\left(1-\tilde{\alpha}_{d,k}\right)\left|Y(\omega_k,t)\right|^2$$

可以看到，當 $\tilde{\alpha}_{d,k}$ 接近於 1 時，不進行雜訊的更新，而是繼續使用上一幀的雜訊功率譜估計。當 $\tilde{\alpha}_{d,k}$ 接近於最小雜訊更新係數 α_d 時，進行最大程度的雜訊更新，將當前的音訊功率譜與上一幀的雜訊功率譜估計進行加權平均得到當前的雜訊功率譜估計。此外，這裡還引入了一個雜訊過更新係數 $\beta = 1.47$。當 β 更大時，可對雜訊進行更激進的估計。

實驗表明，使用以上 IMCRA 雜訊估計和 log-MMSE 估計器，可以取得很好的降噪效果。但是演算法中的參數許多，針對實際場景可能需要反覆仔細偵錯。圖 3-9（a）和圖 3-9（b）分別展示了一段訊號雜訊比很低的語音訊譜圖和使用以上方法進行降噪取得的結果。可以看出，它比圖 3-8 中使用譜減法的降噪結果更加乾淨，且音樂雜訊更少。

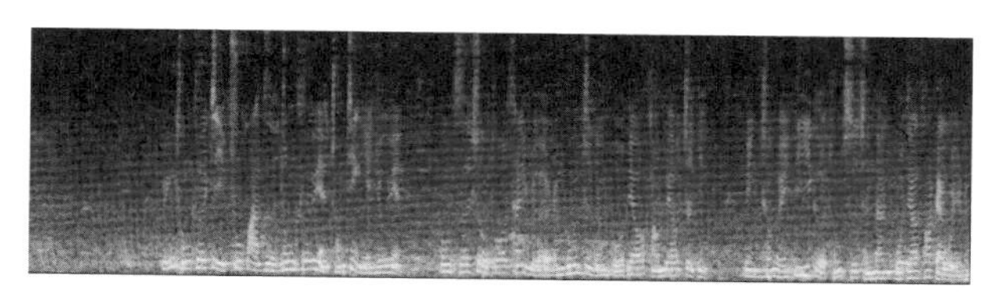

（a）降噪前

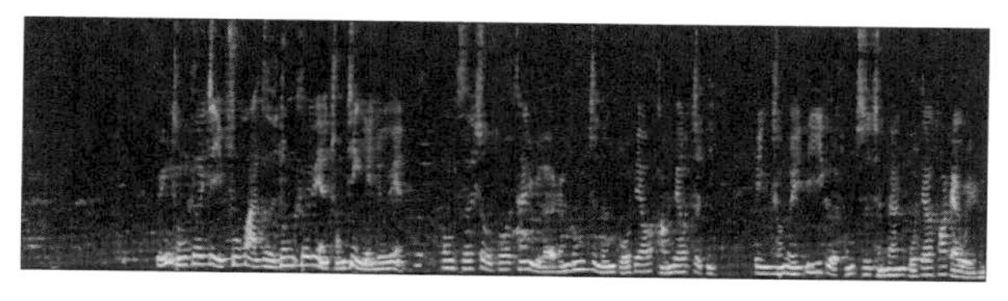

（b）降噪後

圖 3-9 IMCRA+log-MMSE 降噪效果

3.3.6 基於神經網路的單通道降噪

最早較流行的基於神經網路的降噪方法是 RNNoise（Valin，2018），該演算法的架構如圖 3-10 所示。

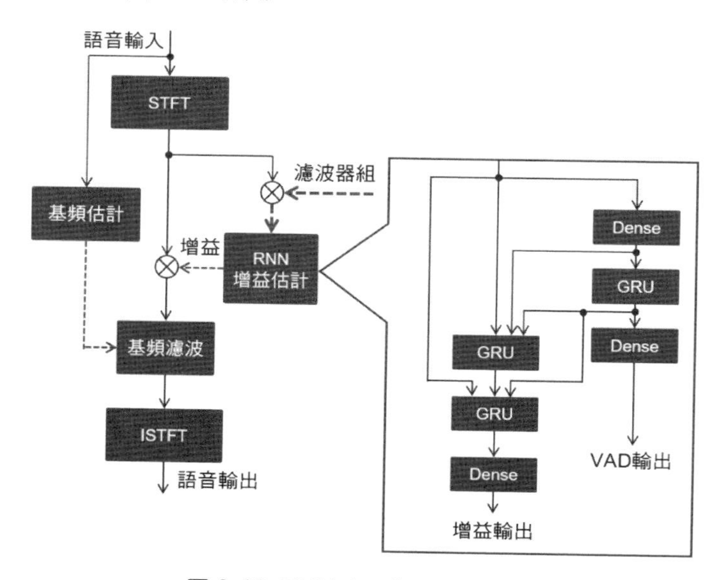

圖 3-10 RNNoise 的演算法架構

該演算法是一個結合了神經網路和傳統 DSP 演算法的降噪方法。它與前幾節介紹的傳統降噪方法類似，都是先使用 STFT 將語音訊號變換到頻域，然後在頻域中計算每個頻點的增益（為了節省算力，這裡實際是子頻增益），之後對每個頻點分別進行幅度衰減處理，而帶噪訊號的相位保持不變。與傳統方法不同的是，它的增益是使用一個神經網路來進行估計的。該神經網路同樣是執行在幀等級上，即每次輸入一幀的訊號所對應的特徵，網路隨即輸出當前一幀的增益。該架構的優勢是可以以很低的延遲（10～20ms）執行，從而比較方便地被插入已有的傳統訊號處理的語音演算法系統中。

輸入訊號在透過 STFT 得到幅度譜之後，首先透過頻域的一組濾波器將訊號分為 22 個子頻。濾波器組的定義，如圖 3-11 所示。所使用的濾波器組以 Bark 濾波器組為基礎，略有修正。圖 3-11 的上半部分是原始的 Bark 濾波器組，下半部分是實際使用的濾波器，與 Opus 開放原始碼轉碼器中所使用的濾波器組是一致的（可能是因為 RNNoise 的作者同時也是 Opus 的核心開發人員）。該濾波器組主要造成降維的作用，將原始訊號幾百個頻點上的能量特徵降低到 22 個子頻上的能量特徵。同時濾波器的設計也考慮了聽覺特性，即在低頻處劃分較細，高頻處劃分較粗糙。

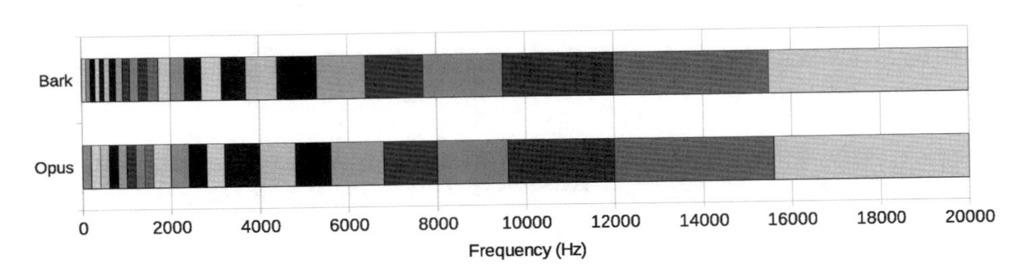

圖 3-11 RNNoise 的輸入頻帶定義

將透過濾波器組的能量特徵與其他特徵拼接在一起，形成 42 維的特徵，作為神經網路的輸入。其他特徵包括前 6 個子頻的一階和二階差分特徵、基音週期、前 6 個子頻的基頻增益等。

為了使網路高效即時地執行，該演算法採用了比較簡單的網路結構，其主要由數層全連接層和 GRU（Gated Recurrent Unit，門控循環單元）層堆疊而成。其中全連接層進行特徵維度上的變換，而 GRU 層則在時域對當前幀特徵與歷史特徵之間的關係進行建模。這樣的結構使得網路可以執行在幀等級上，達到較低的延遲。值得一提的是，該演算法除了輸出子頻增益，還增加了一個網路分支，對當前幀進行 VAD 判決。在訓練的時候，使用子頻增益和 VAD 判決兩個目標進行學習。該 VAD 分支網路的中間特徵會被作為降噪網路的輸入，從而使降噪網路可以根據 VAD 的狀態來決定使用不同的降噪策略。實驗證明，增加額外的 VAD 資訊可以使該演算法在無語音段的抑制量更高。不過，這也帶來了一定的副作用，即語音段和無語音段的切換在主觀聽感上不那麼自然。

除了傳統降噪的框架和基於神經網路的增益估計，該演算法在最後還額外增加了一個基頻濾波模組進行後處理。增加該模組的初衷是因為神經網路本身對頻帶的劃分還是比較粗糙的，可能會出現一個子頻包含兩個或更多語音共振峰的情況。而網路對每個子頻只輸出一個增益值，導致共振峰之間的空白部分包含的雜訊和共振峰本身被施加了同一個增益，因而無法對這部分雜訊進行抑制。而基頻濾波模組透過對檢測的基頻進行梳狀濾波，增強基頻及其整數倍頻成分，達到進一步抑制雜訊的效果。不過從實際的實驗來看，該模組比較依賴基頻檢測的準確度。在強雜訊環境中，由於基頻檢測受到影響，因此該模組的效果並不是特別明顯。

圖 3-12 展示了圖 3-9（a）中的帶噪語音經過 RNNoise 的降噪結果。與圖 3-9（b）對比可以發現，和 IMCRA+logMMSE 相比，RNNoise 在雜訊段的抑制效果更好，可以將背景雜訊壓得很低。在語音段，語音的頻譜也被保留得比較完整。但是不足之處是，在語音段殘留的雜訊較多且頻譜看上去較模糊，基頻濾波的作用並沒有極佳地表現出來。

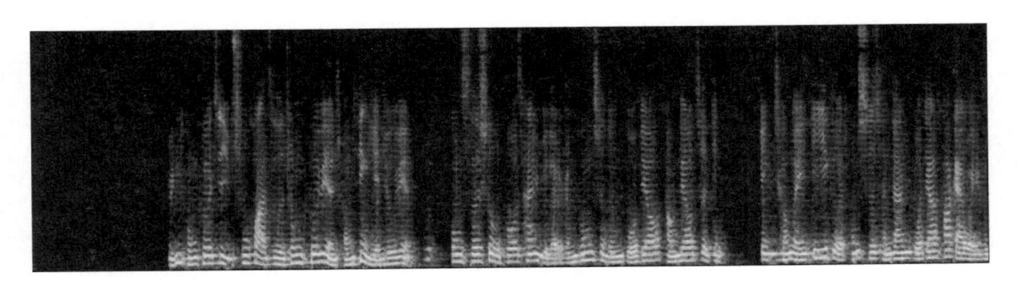

圖 3-12 RNNoise 降噪結果

RNNoise 作為一個出現比較早的基於神經網路的語音降噪演算法，儘管結果並不是特別理想，但是在某種程度上引領了深度學習進入語音降噪這個領域的潮流。在 RNNoise 之後，又有大量的網路結構被應用到語音降噪問題當中。例如，Unet 在電腦視覺領域得到大量成功應用之後，也被應用到語音降噪當中，並且取得了優異的效果。

當前，基於神經網路的降噪演算法主要有兩類方案：一類是和傳統演算法類似的頻域方案，透過對頻譜特徵進行處理，輸出一組增益（在很多文獻中也被稱為掩膜）對每個頻點或子頻進行能量抑制，如 RNNoise 和二維 Unet 等網路均屬於此類型。和傳統方法一樣，這類演算法只處理頻譜的幅度而不處理相位。當然，也有研究者嘗試針對這個問題做出改進，提出了一種輸入複頻譜而輸出複數掩膜的網路（Choi，2019）。除了頻域演算法，這兩年也出現了大量直接在時域進行降噪的另一類神經網路模型。這類模型的輸入是帶噪音頻的波形，而直接輸出預測的乾淨語音的波形。例如 WaveUnet（Stoller，2018）、SEGAN（Pascual，2017）、TCN（Pandey，2019）等。這兩種方案的結構對比如圖 3-13 所示。時域方案在理論上的優勢主要有兩點：一是可以解決頻域方法中無法預測相位的問題，二是可以透過多尺度的一維卷積網路來提取特徵，解決 STFT 的時域解析度和頻域解析度互相衝突的問題。

在很多場景中，基於神經網路降噪演算法的效果已經超越傳統演算法的效果，但是在實際應用中，還有大量的因素需要考慮。由於語音前端演算法主要在端側執行，且對延遲和功耗的需求都比較高，因此如何在演算法的資源消耗、即時性和效果之間取得平衡，是一個很重要的問題。此外，和傳統方法基於數學模型不同，深度學習方法的效果對訓練資料的依賴程度很高。對於語音降噪而言，訓練資料中的雜訊種類極大地影響著實際的降噪效果。如何提升模型在實際場景中的泛化能力，也是需要重點考慮的。

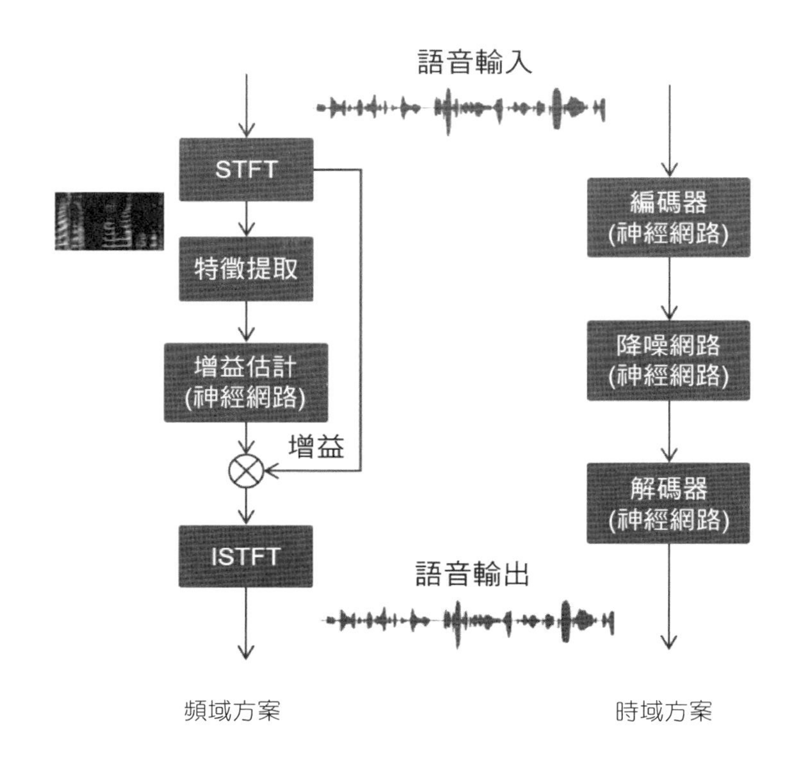

圖 3-13 神經網路頻域降噪和時域降噪方案的對比

基於神經網路的演算法更新速度很快，近兩年各種新方法層出不窮，本書在此只是略舉幾例。

3.4 回音消除

在語音前端演算法中，回音消除是一個非常重要的模組。回音消除最常見的兩個使用場景是即時通訊和智慧語音互動。所謂的「回音」，是指本地揚聲器播放的聲音被麥克風重新擷取之後形成的訊號。而回音消除就是指在保留本地使用者語音的前提下，從麥克風擷取的訊號中消除這些回音成分的過程。設想一下，如果沒有回音消除演算法，那麼在即時通訊場景中，對方的聲音經過本地擷取之後再發送給對方，對方就會在網路傳輸延遲的時間之後聽到自己的聲音，這也是「回音」一詞的由來。這會帶來聽感上的不適，嚴重時甚至可能會引起嘯叫。而在智慧語音互動場景中，如果回音消除演算法沒有做好，機器對使用者的應答語音被重新擷取之後，就會被作為使用者的指令進行辨識，從而產生誤操作，嚴重時甚至會出現機器持續「自問自答」的尷尬場景。因此，一個好的回音消除演算法對語音互動的體驗是非常重要的。

3.4.1 回音消除概述

圖 3-14 展示了回音的生成模型。系統接收的訊號通常被稱為遠端訊號 x，也就是揚聲器準備播放的語音訊號。該訊號首先透過系統路徑，主要包括一些軟體介面、軟體緩衝區、硬體緩衝區、數模轉換器和功放等。系統路徑一般只會帶來訊號的延遲時間，並不會改變訊號的特徵。隨後該電信號到達揚聲器並被轉換為震動訊號，並透過聲音傳播被使用者聽到。在此過程中，受到揚聲器特性的影響，訊號會發生變化。震動訊號的一部分會直接傳播到麥克風，而另一部分經過房間牆壁和物體的反射也會到達麥克風，這就是所謂的房間聲學路徑。透過揚聲器轉換和房間聲學路徑到達麥克風的遠端訊號已經與原始遠端訊號不一樣了，這裡用 y 來表示。訊號 y 與乾淨語音 s 和雜訊 n 一起被麥克風擷取到，此混合訊號被稱為近端訊號，用 d 表示。在此模型下，回音消除演算法的目標是透過遠端訊號 x 和

近端訊號 d，以一定的方式得出 y 的估計 $\hat{y}$，並將其從 d 中減去。由於這裡的 x 相當於給了演算法一個參考，因此也被稱為參考訊號。

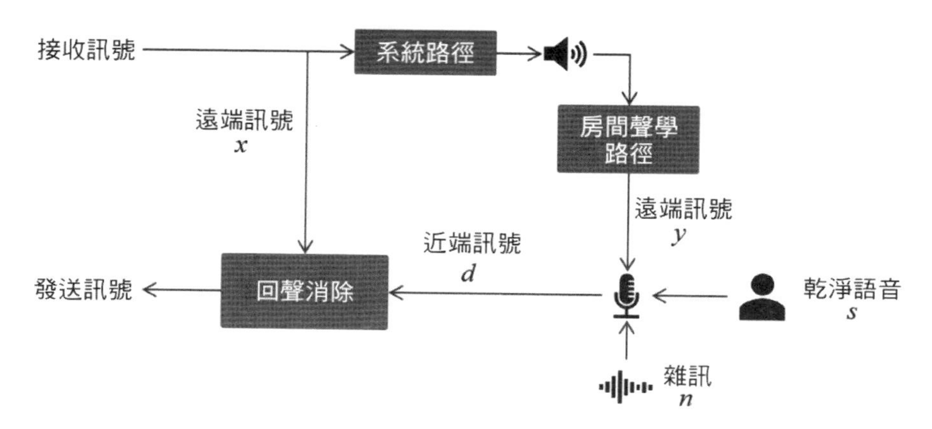

圖 3-14 回音的生成模型

圖 3-15 是回音消除演算法的一般架構。回音消除的主要模組分別由延遲時間估計、自我調整濾波器、殘留回音估計和消除三個模組組成。其中，延遲時間估計模組的作用是檢測系統路徑和房間聲學路徑對遠端訊號造成的延遲時間，並將遠端訊號和對應的近端訊號在時間上對齊。而自我調整濾波器模組是將揚聲器特性和房間聲學路徑簡化為一個線性系統，試圖透過自我調整濾波器來尋找這個線性系統的傳遞函數，並將遠端訊號 x 透過該系統轉換成對應的 y，隨後從近端訊號中減去。在實際系統中，由於非線性部分的存在，以及自我調整濾波器自身的誤差等因素，僅靠自我調整濾波器模組不可能完全消除回音，總會有一些回音殘留，因此還需要殘留回音估計和消除模組對剩下的回音做進一步處理。該模組通常為非線性處理。而在即時通訊場景中，還需要增加一個舒適雜訊生成模組，該模組會在回音被消除的部分中補充一些輕微的白色雜訊，使主觀聽感更加舒適。

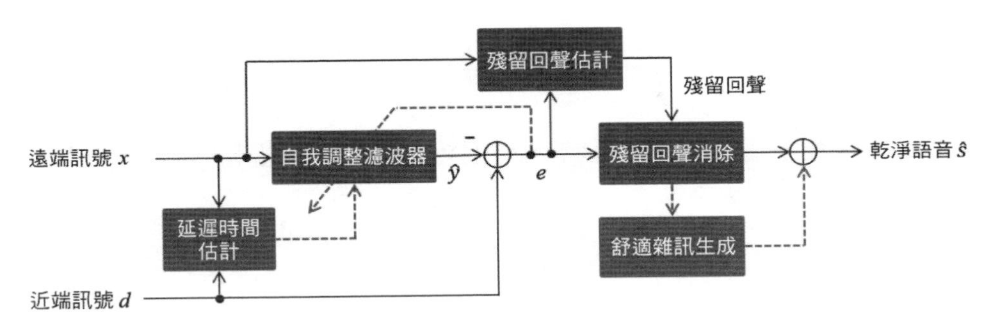

圖 3-15 回音消除演算法的一般架構

回音消除演算法主要有以下困難：

（1）延遲時間估計。演算法需要能準確地追蹤系統延遲時間的變化，如果遠端訊號與近端訊號沒有正確對齊，不僅達不到好的消除效果，還會影響自我調整濾波器的收斂。在即時通訊系統中，由於網路抖動會造成緩衝區長度的頻繁變化，因此會讓這個問題尤為突出。

（2）雙邊對話（Double Talk）。所謂雙邊對話是指遠端和近端同時發聲的情況。近端能量和遠端能量的重疊主要會帶來兩個問題：第一個是近端訊號會影響到自我調整濾波器的收斂；第二個是消除遠端訊號可能會影響近端訊號的品質，以及進一步影響可懂度。其中第二個問題對於即時通訊系統來說並非特別嚴重，因為在出現雙邊對話時本來就不是正常交流狀態。而對於語音互動系統，則需要我們特別關注雙邊對話時的近端語音品質指標。例如，智慧喇叭在播放音樂或電子書時，如果使用者需要透過語音喚醒或者指令打斷這樣的場景，則很依賴回音消除在雙邊對話場景中的表現。

（3）自我調整濾波器的收斂。當回音路徑或延遲時間發生變化時，自我調整濾波器需要花多長時間收斂到最新的狀態，也是回音消除演算法的一個重要指標。在極端情況下，如果回音路徑或延遲時間一直變化，則自我調整濾波器能否一直保持收斂，也是對回音消除演算法的一個考驗。

（4）非線性處理的效果。儘管當前回音消除演算法的線性自我調整濾波器部分整體已經非常成熟，但是事實上還會有相當多的非線性殘留，並且根據實際場景的不同其表現形式可能豐富多樣。因此，非線性處理模組的性能極大地影響了回音消除演算法的最終效果。

注意，以上介紹的是一般的軟體回音消除場景。在實際應用中，對於專用硬體，硬體製造廠商可能在揚聲器的輸入端或功放的輸入端直接擷取訊號並作為單獨的一個通道輸入。這一路訊號一般被稱為回採訊號。在這種情況下，回音消除演算法可以將回採訊號作為參考訊號，從而在圖 3-14 中基本避開了系統路徑。此時，遠端訊號的延遲時間基本上只和硬體設計有關，故在同一硬體下延遲時間一般比較穩定。那麼，回音消除演算法也就不再需要考慮延遲時間估計的問題了。

回音消除演算法最直接的評估指標是 ERLE（Echo Return Loss Enhancement，回波損耗增益），它衡量的是對回音的衰減程度（以 dB 度量），其計算方式如下：

$$\mathrm{ERLE}=10\log_{10}\left(\frac{\sum d^2}{\sum\left(d-\hat{d}\right)^2}\right)\mathrm{dB}$$

其中，$\hat{d}$ 是回音消除演算法系統的輸出。除了 ERLE，還有其他的通用語音評估指標被應用到回音消除演算法的效果上，如 PESQ（Perceptual Evaluation of Speech Quality，客觀語音品質評估）等。

圖 3-16 展示了一個回音消除的實際例子。其中，圖 3-16（a）是帶有回音的原始近端訊號的時域波形和頻譜，圖 3-16（b）是經過回音消除處理之後得到的語音訊號的時域波形和頻譜。可以看到，在存在大量雙邊對話的情況下，該演算法極佳地消除了原始訊號中的遠端語音，並且保留了近端語音成分。

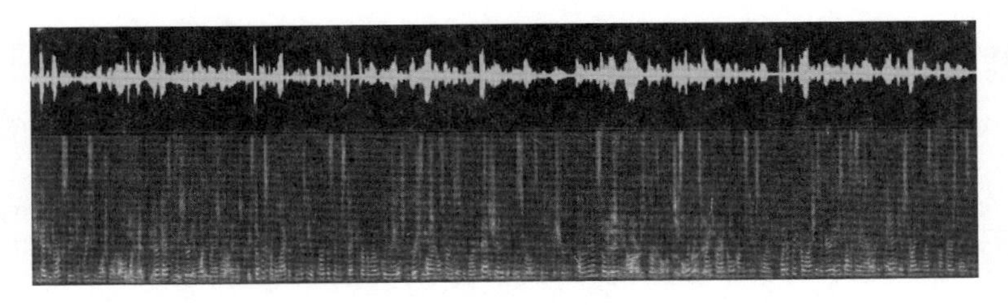

（a）原始近端訊號的時域波形和頻譜

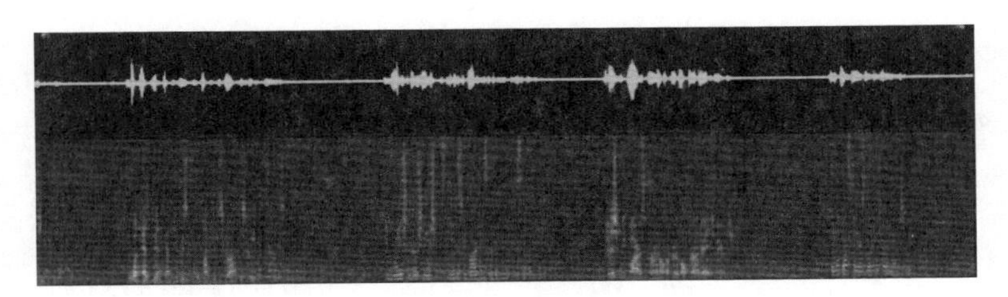

（b）回音消除演算法輸出的時域波形和頻譜

圖 3-16　回音消除效果展示

3.4.2 線性自我調整濾波

在回音消除演算法中，通常使用最小均方誤差（Least Mean Square，LMS）的自我調整濾波。自我調整濾波的作用是，對於遠端訊號 $\boldsymbol{x}(n)$，估計一個濾波器 $\hat{\boldsymbol{w}}(n)$，使之模擬真實的回音路徑 $\boldsymbol{w}(n)$，並使得系統的輸出與 $y(n)$ 之間的誤差最小。當然，在回音消除演算法中我們並不能得到 $y(n)$，只有混合了 $y(n)$ 的近端訊號 $d(n)$。因此，我們考慮以下誤差：

$$e(n)=d(n)-\hat{\boldsymbol{w}}(n)\boldsymbol{x}(n)$$

目標是求得：

$$\min_{\hat{w}(n)}\left[e^2(n)\right]$$

將上式對 $\hat{\boldsymbol{w}}(n)$ 求偏導數並令其為 0，便可求得 $\hat{\boldsymbol{w}}(n)$ 的最優值。這就

是所謂的維納-霍夫（Wiener-Hopf）方程式：

$$\boldsymbol{W} = \boldsymbol{R}_{xx}^{-1}\boldsymbol{R}_{xd}$$

其中，$\boldsymbol{R}_{xx}$ 和 $\boldsymbol{R}_{xd}$ 分別是 $\boldsymbol{x}(n)$ 的自相關矩陣和 $\boldsymbol{x}(n)$ 與 $d(n)$ 的互相關矩陣。在專案中，我們很少直接使用該方程式，因為隨著資料量的增加，$\boldsymbol{R}_{xx}$ 和 $\boldsymbol{R}_{xd}$ 可能都非常龐大，並且需要進行矩陣求逆。此外，當回音路徑發生變化時，直接計算也會發生結果的跳變。

在實際應用中，通常使用梯度下降法，迭代逼近最優解。對於這裡的問題，迭代公式為

$$\begin{aligned}\hat{\boldsymbol{w}}(n+1) &= \hat{\boldsymbol{w}}(n) - \mu\frac{\partial e^2(n)}{\partial\hat{\boldsymbol{w}}(n)} = \hat{\boldsymbol{w}}(n) - 2\mu e(n)\frac{\partial\left(d(n) - \hat{\boldsymbol{w}}(n)\boldsymbol{x}(n)\right)}{\partial\hat{\boldsymbol{w}}(n)} \\ &= \hat{\boldsymbol{w}}(n) + 2\mu e(n)\boldsymbol{x}(n)\end{aligned}$$

其中，μ 為步進值，是一個正數。μ 值越大，收斂速度越快，穩態誤差越大。μ 值越小，收斂速度越慢，穩態誤差越小。

LMS 演算法是最簡單的自我調整濾波演算法，其運算量很低，但是最主要的問題是收斂速度慢。針對這個問題，可以透過 NLMS（Normalized LMS）演算法來解決。它和 LMS 演算法的主要區別是使用了可變的步進值，其計算方法如下：

$$\mu = \frac{1}{\left|\boldsymbol{x}(n)\right|^2}$$

可以看到，它的步進值受到輸入幅度的控制。當輸入幅度較小時，步進值較大；當輸入幅度較大時，步進值較小。因為梯度本身也和輸入幅度相關，因此在與步進值相乘後實際上實現了更新量的歸一化。NLMS 演算法的更新方法如下：

$$\hat{\boldsymbol{w}}(n+1)=\hat{\boldsymbol{w}}(n)+\frac{1}{\left|\boldsymbol{x}(n)\right|^2}e(n)\boldsymbol{x}(n)$$

NLMS 演算法因其具有收斂速度快、計算量小的優勢，成為回音消除領域的標準演算法。

3.4.3 分區塊頻域自我調整濾波器

在實際使用中，自我調整濾波器的一個很重要的問題是，濾波器的長度如何選擇？很顯然，這個長度需要盡可能覆蓋回音路徑，尤其是房間殘響的長度。通常，語音訊號的取樣速率為 16kHz，那麼即使只考慮 100ms 的回音路徑，需要的濾波器長度也會達到一千多階。如果殘響嚴重，則所需階數還會更大，這會帶來很高的計算複雜度。因此，在實際應用中，通常在頻域使用分區塊頻域自我調整濾波器（Partitioned Block Frequency Domain Adaptive Filter，PBFDAF）進行濾波器的更新。首先，利用 FFT 將時域卷積變換為頻域的乘法，以降低計算量。其次，透過將濾波器分區塊處理，減小 FFT 的長度，進一步降低計算量。PBFDAF 的計算結果和 LMS 的是等值的。

首先，我們來看一下對原始濾波計算進行分區塊處理的原理。假設原始濾波器 $\boldsymbol{w}$ 的長度為 pL，我們將其分為 p 個區塊，每個區塊的長度為 L，分別為 $\boldsymbol{w}_0,\boldsymbol{w}_1,\cdots,\boldsymbol{w}_{p-1}$，如圖 3-17 所示。與濾波器等長的一區塊遠端訊號 $\boldsymbol{x}$ 同樣也被分成 p 個區塊，分別為 $\boldsymbol{x}_0,\boldsymbol{x}_1,\cdots,\boldsymbol{x}_{p-1}$。

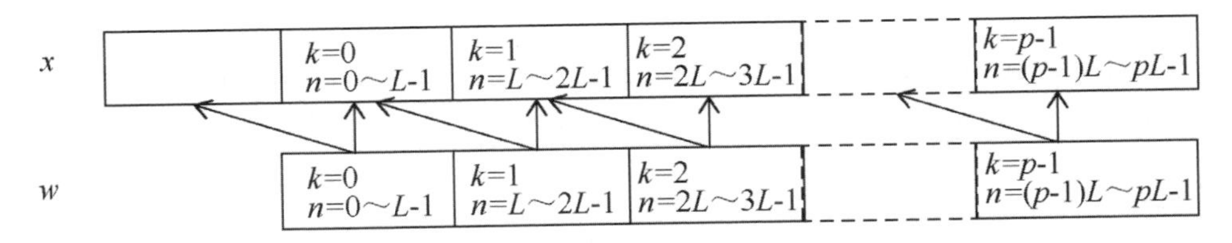

圖 3-17 自我調整濾波的分區塊示意圖

分區塊頻域自我調整濾波的計算以小區塊的長度 L 為單位。如果我們要計算一個小區塊的輸出，則濾波器 $\boldsymbol{w}$ 要從與 $\boldsymbol{x}$ 對齊的狀態開始向左移動 L 個採樣點。可以發現，原始的濾波處理可以被等效為所有的分區塊濾波器 $\boldsymbol{w}_k$ 與其對應的兩個分區塊遠端訊號 $\boldsymbol{x}_k$ 和 $\boldsymbol{x}_{k-1}$ 之間的濾波結果之和，即

$$\boldsymbol{w} * \boldsymbol{x} = \sum_{k=0}^{p} \boldsymbol{w}_k * \begin{bmatrix} \boldsymbol{x}_{k-1} \\ \boldsymbol{x}_k \end{bmatrix}$$

其中，* 表示卷積操作（注意，這裡僅為示意，與真實的卷積操作相比，$\boldsymbol{w}$ 並未翻轉）。這樣就將原始的大區塊濾波拆分成了小區塊。接下來，再將這些卷積操作變換到頻域中進行。具體來說，對於每個濾波器，將其補零到 $2L$ 長度，並透過 FFT 變換到頻域：

$$\boldsymbol{W}_k = \text{FFT} \begin{bmatrix} \boldsymbol{w}_k \\ 0_{L \times 1} \end{bmatrix}$$

將遠端訊號每兩塊拼在一起，同樣變換到頻域：

$$\boldsymbol{X}_k = \text{FFT} \begin{bmatrix} \boldsymbol{x}_{k-1} \\ \boldsymbol{x}_k \end{bmatrix}$$

將 $\boldsymbol{X}_k$ 和 $\boldsymbol{W}_k$ 對應點相乘並對所有區塊求和，得到濾波結果，該操作可寫成對角矩陣乘向量形式，如下：

$$\boldsymbol{Y} = \sum_{k=0}^{p-1} \text{Diag}\left(\boldsymbol{X}_k\right) \boldsymbol{W}_k$$

隨後將濾波結果透過 IFFT（Inverse Fast Fourier Transform，快速傅立葉逆變換）反變換到頻域，並且只保留最後 L 個採樣點，得到時域的濾波結果：

$$\boldsymbol{y}=\begin{bmatrix}0_{L\times L} & 0_{L\times L}\\ 0_{L\times L} & \boldsymbol{I}_{L\times L}\end{bmatrix}\text{IFFT}\left(\boldsymbol{Y}\right)$$

然後在時域進行誤差的計算：

$$\boldsymbol{e}=\boldsymbol{d}-\boldsymbol{y}$$

其中，$\boldsymbol{d}$ 是近端訊號中與遠端訊號 $\boldsymbol{x}_{p-1}$ 對齊的長度為 L 的小區塊。由於濾波器的更新量計算依然要回到頻域中進行，因此將誤差訊號前面補 L 個 0，再度變換到頻域：

$$\boldsymbol{E}=\text{FFT}\begin{bmatrix}0_{L\times 1}\\ \boldsymbol{e}\end{bmatrix}$$

在頻域中將 $\boldsymbol{X}_k$ 和 $\boldsymbol{E}$ 逐點相乘得到濾波器更新量，同樣以對角矩陣乘向量形式表示：

$$\boldsymbol{\Phi}_k=\mu_k\text{diag}\left(\boldsymbol{X}_k^H\right)\boldsymbol{E}$$

其中，μ_k 是每一塊的更新係數。最後將更新量再變換回時域，只保留前面 L 個採樣點，並更新到每一個小區塊的濾波器係數上：

$$\boldsymbol{w}_k\left(t+1\right)=\boldsymbol{w}_k\left(t\right)+\begin{bmatrix}\boldsymbol{I}_{L\times L} & 0_{L\times L}\\ 0_{L\times L} & 0_{L\times L}\end{bmatrix}\text{IFFT}\left(\boldsymbol{\Phi}_k\right)$$

以上就是 PBFDAF 演算法的流程。在實際應用中，L 值可取得比較小，如 128 或者 64，p 可以根據實際的回音路徑長度進行選擇。

3.4.4 雙邊對話檢測

雙邊對話檢測是回音消除演算法中不可或缺的一環。在發生雙邊對話時，需要儘量減慢或避免對自我調整濾波器的係數進行更新，以防影響濾波效果，甚至使其發散。常見的雙邊對話檢測方法有能量比較法、相關比較法和基於機率統計的方法等。能量比較法透過檢測 d 和 x 之間的能量關係，認為在雙邊對話時 d 能量顯著高於 x。而相關比較法則透過比較 d 和 x 之間的相關性，認為在雙邊對話時該相關性會顯著下降。以上的雙邊對話檢測方法都很簡單，但是在雜訊和殘響的環境中其性能會下降。

在開放原始碼專案 Speex 的回音消除演算法中，使用了雙線性濾波器配合一套基於相關性檢測的可變步進值方案（Valin，2007）。雖然該方案並不單純是雙邊對話檢測方法，但是其對抗雙邊對話效果較好，下面重點介紹。

Speex 的回音消除演算法架構，如圖 3-18 所示。在該演算法中有兩組自我調整濾波器，分別為背景濾波器和前景濾波器。其中背景濾波器在每一幀訊號上進行自我調整更新；前景濾波器則沒有係數更新的操作，而是透過一定的下載策略，在背景濾波器的係數比較穩定時，從背景濾波器拷貝係數。最終，演算法的輸出是由前景濾波器的濾波產生的。在每次循環時，演算法都會比較背景濾波器和前景濾波器的回音抑制能力。如果背景濾波器的誤差比前景濾波器的小並且小於一定設定值，則將背景濾波器的係數拷貝至前景濾波器。如果檢測到背景濾波器發散了，則還可以把前景濾波器的係數再拷貝回背景濾波器。透過這樣的設計，可以保證產生最終輸出的前景濾波器一定是處於收斂狀態，受雙邊對話和突發雜訊等情況的影響更小。

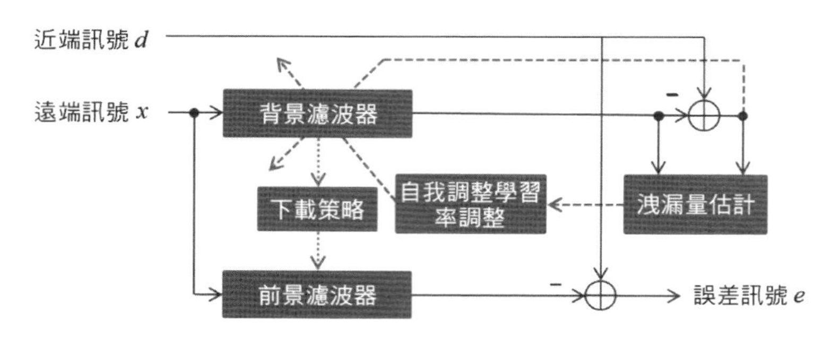

圖 3-18 Speex 的 AEC 演算法架構

除此之外，Speex 還使用了一套基於相關性檢測的可變步進值方案來對抗雙邊對話場景，對應圖 3-18 中的洩漏量估計和自我調整學習率調整模組。首先給 NLMS 演算法加上一個可變的學習率 μ ，有

$$\begin{aligned}\hat{\boldsymbol{w}}(n+1) &= \hat{\boldsymbol{w}}(n) + \frac{\mu}{|\boldsymbol{x}(n)|^2} e(n)\boldsymbol{x}(n) \\ &= \hat{\boldsymbol{w}}(n) + \frac{\mu}{|\boldsymbol{x}(n)|^2}\left(\boldsymbol{d}(n) - \hat{\boldsymbol{w}}(n)\boldsymbol{x}(n)\right)\boldsymbol{x}(n)\end{aligned}$$

考慮到

$$\boldsymbol{d}(n) = \boldsymbol{s}(n) + \boldsymbol{w}(n)\boldsymbol{x}(n)$$

其中，$\boldsymbol{s}(n)$是乾淨近端語音訊號，$\boldsymbol{w}(n)$是真實的回音路徑。那麼，如果令 $\hat{\boldsymbol{w}}(n)$與 $\boldsymbol{w}(n)$之間的誤差為$\boldsymbol{\delta}(n)$ ，則有

$$\hat{\boldsymbol{\delta}}(n+1) = \hat{\boldsymbol{\delta}}(n) + \frac{\mu}{|\boldsymbol{x}(n)|^2}\left(\boldsymbol{s}(n) - \boldsymbol{\delta}(\mathrm{n})\boldsymbol{x}(n)\right)\boldsymbol{x}(n)$$

我們的目標是找到最優的 μ ，使得以下數學期望最小：

$$E\left\{\left|\hat{\boldsymbol{\delta}}(n+1)\right|^2 \middle| \left|\hat{\boldsymbol{\delta}}(n)\right|^2, \boldsymbol{x}(n)\right\}$$

隨後假設 $\boldsymbol{s}(n)$和 $\boldsymbol{x}(n)$為互不相關的高斯訊號，可求得最優值為

$$\mu_{\mathrm{opt}} = \frac{1}{1 + \dfrac{\sigma_s^2}{\left|\hat{\boldsymbol{\delta}}(n)\right|^2 |\boldsymbol{x}(n)|^2 / N}}$$

其中，N 是 $\boldsymbol{x}(n)$ 的長度，σ_s^2 是 $\boldsymbol{s}(n)$ 的方差。注意，式中的 $\left|\hat{\boldsymbol{\delta}}(n)\right|^2 |\boldsymbol{x}(n)|^2 / N$ 是濾波器的誤差平方與遠端訊號平方的乘積，可以近似為

殘留回音 $\boldsymbol{r}(n)=\boldsymbol{y}(n)-\hat{\boldsymbol{y}}(n)$ 的方差 σ_r^2 ，並且由演算法最終輸出的誤差訊號方差 $\sigma_e^2=\sigma_s^2+\sigma_r^2$ ，可得

$$\mu_{\text{opt}}\approx\frac{\sigma_r^2}{\sigma_e^2}$$

也就是說，最優的學習率為殘留回音 $\boldsymbol{r}(n)$ 的能量在最終輸出誤差訊號 $\boldsymbol{e}(n)$ 的能量中所占的比值。這一結論是非常合理的，當該比值接近於 0，也就是輸出誤差中殘留回音很少，或者由於近端雙邊對話導致殘留回音所占比例很低時，最優的學習率都接近於 0；當該比值接近於 1，也就是輸出誤差中幾乎全部都是殘留回音時，說明此時近端訊號很小，應該讓 NLMS 演算法正常迭代。可以看出，透過設定這樣的自我調整學習率，可以達到對抗雙邊對話的目的。

最優學習率公式中的 σ_e^2 是很容易計算的，而 σ_r^2 只能估算。一個可行的方法是估計一個洩漏量 $\eta(k,n)$ 來表示殘留回音 $\boldsymbol{r}(n)$ 與 $\hat{\boldsymbol{y}}(n)$ 之間的能量比例，也就是說：

$$\sigma_{\boldsymbol{r}}^2(k,n)=\eta(k,n)\sigma_{\hat{y}}^2(k,n)$$

其中，k 為頻點的索引，n 為幀的索引。那麼，最優的學習率就可以表示為

$$\mu_{\text{opt}}=\min\left(\frac{\eta(k,n)\sigma_{\hat{y}}^2(k,n)}{\sigma_e^2},\mu_{\max}\right)$$

其中，$\mu_{\max}$ 是事先設定的一個最大學習率。

因為誤差訊號

$$\boldsymbol{e}(n)=\boldsymbol{d}(n)-\hat{\boldsymbol{y}}(n)=\boldsymbol{s}(n)+\boldsymbol{y}(n)-\hat{\boldsymbol{y}}(n)=\boldsymbol{s}(n)+\boldsymbol{r}(n)$$

也就是說誤差訊號由乾淨近端語音訊號和殘留回音組成，而 $\boldsymbol{r}(n)$ 與 $\hat{\boldsymbol{y}}(n)$ 呈線性關係。為了估計洩漏量 $\eta(k,n)$ ，需要計算 $\boldsymbol{e}(n)$ 和 $\hat{\boldsymbol{y}}(n)$ 的線性程度。因此，首先在頻域中分別計算 $\boldsymbol{e}(n)$ 和 $\hat{\boldsymbol{y}}(n)$ 的功率譜的一階差分並進行平滑：

$$P_{\hat{y}}(k,n)=(1-\gamma)P_{\hat{y}}(k,n-1)+\gamma\left(\left|\hat{Y}(k,n)\right|^2-\left|\hat{Y}(k,n-1)\right|^2\right)$$

$$P_e(k,n)=(1-\gamma)P_e(k,n-1)+\gamma\left(\left|E(k,n)\right|^2-\left|E(k,n-1)\right|^2\right)$$

其中，γ 是平滑係數。隨後可以透過在 $P_{\hat{y}}$ 和 P_e 之間進行線性回歸得到 $\eta(k,n)$ 。具體來說，計算平滑的 $R_{e\hat{y}}(k,n)$ 和 $R_{\hat{y}\hat{y}}(k,n)$ ：

$$R_{e\hat{y}}(k,n)=(1-\beta(n))R_{e\hat{y}}(k,n)+\beta(n)P_{\hat{y}}(k,n)P_e(k,n)$$

$$R_{\hat{y}\hat{y}}(k,n)=(1-\beta(n))R_{\hat{y}\hat{y}}(k,n)+\beta(n)P_{\hat{y}}(k,n)P_{\hat{y}}(k,n)$$

其中

$$\beta(n)=\beta_0\left(\frac{\sum_k \sigma_{\hat{y}}^2(k,n)}{\sum_k \sigma_{\hat{e}}^2(k,n)}\right)$$

是可變的平滑係數，該係數的作用是在沒有回音時避免更新 $R_{e\hat{y}}(k,n)$ 和 $R_{\widehat{yy}}(k,n)$ 。最後洩漏量估計可由下式得到：

$$\eta(k,n)=\frac{\sum_k R_{e\hat{y}}(k,n)}{\sum_k R_{\hat{y}\hat{y}}(k,n)}$$

以上就是 Speex 中洩漏量計算的大致原理。實際程式會在以上原理的基礎上略有調整，額外增加了一些條件來控制學習率的堅固性，不過整體思想不變。此外，估算的洩漏量除了用於最優學習率的搜尋，還將用於後續的殘留回音消除環節。

3.4.5 延遲估計

在即時通訊等場景中，回音路徑的長度會頻繁發生變化，需要透過演算法對遠端訊號的延遲進行估計和追蹤，並將遠端訊號和近端訊號對齊，這是延遲時間估計的目的。這裡的延遲指的是從系統收到遠端訊號開始，到對應的遠端訊號在近端擷取訊號中出現為止的時間長度。在即時通訊中，受緩衝區抖動和系統軟硬體的影響，延遲可能高達幾百毫秒，顯然透過 LMS 演算法來追蹤這麼長時間的延遲是不合適的，需要一種比較高效的演算法，對很長的資料進行追蹤。

通常，我們可以在遠端訊號和近端訊號的互相關中搜尋最大值來追蹤兩者之間的延遲，但是當搜尋的範圍很大時，運算量會很大。WebRTC 開放原始碼專案的 AECM 模組使用了一種很高效的基於二值化功率譜的延遲追蹤演算法，下面簡單介紹這種演算法。

WebRTC 首先對近端訊號 d 和遠端訊號 x 做 FFT，變換到頻域，然後分別計算 32 個子頻的功率譜 $D(p,q)$ 和 $X(p,q)$，其中 p 是幀的索引，$q=0,1,\cdots,31$ 是子頻的索引。隨後透過事先設定的設定值對每個子頻進行門限判決，大於設定值的為 1，小於設定值的為 0，得到二值化的功率譜：

$$X(p,q)=\begin{cases}1, & X(p,q)>X_{\text{thres}}(p,q)\\0, & \text{其他}\end{cases}$$

$$D(p,q)=\begin{cases}1, & D(p,q)>D_{\text{thres}}(p,q)\\0, & \text{其他}\end{cases}$$

這樣，每個子頻的功率譜用一個 bit 即可表示，32 個子頻的功率譜可以拼接成一個 32bit 的整數。如果要對歷史遠端訊號進行追蹤，則只需儲存若干個這樣的 32bit 資料型態即可。

接下來，WebRTC 對近端資訊和遠端訊號對應的二值功率譜分別進行互斥處理，並統計 32 個 bit 當中 1 的個數。可以視為，1 的個數越少，說明近端資訊和遠端訊號的相關度越高。下面只需要在所有的互斥結果中尋找 1 的個數最少的點，並找到對應的幀索引即可得到延遲。在實際應用中，為了避免雜訊造成結果的突變，還需要對互斥結果進行平滑，以及對所得到的延遲數值進行卡爾曼濾波等處理，以使延遲估計的結果更可靠。

3.4.6 殘留回音消除

在實際系統中，由於存在非線性的部分，以及演算法本身的誤差，因此自我調整濾波演算法並不能完全消除訊號中的回音。由此，我們需要一個額外的殘留回音消除模組，來進一步消除自我調整濾波輸出結果中殘留的回音，該模組通常為非線性處理。

各廠商在殘留回音消除上使用的演算法各不相同，以下以開放原始碼的 Speex 和 WebRTC 為例。Speex 是將殘留回音消除與降噪整合到一起，利用 3.4.4 節中介紹的洩漏量的估計乘以遠端訊號經過自我調整濾波器之後的功率譜，即可得到殘留回音的估計。在後續的降噪模組中，使用該殘留回音的估計量對雜訊的估計量進行修正，並使用降噪演算法進一步抑制殘留回音。

WebRTC 的 AECM 演算法的非線性處理部分主要是基於相關性（Coherence）準則，在每個頻點上施加非線性增益。該演算法首先計算遠端訊號 x（頻譜 X_k）、近端訊號 d（頻譜 D_k）、自我調整濾波輸出的誤差訊號 e（頻譜 E_k）各自的平滑功率譜：

$$S_x(k)=\gamma S_x(k)+(1-\gamma)X_kX_k^*$$

$$S_d(k)=\gamma S_d(k)+(1-\gamma)D_kD_k^*$$

$$S_e(k)=\gamma S_e(k)+(1-\gamma)E_kE_k^*$$

以及 E 和 D 之間，X 和 D 之間的平滑相關譜：

$$S_{xd}(k)=\gamma S_{xd}(k)+(1-\gamma)X_k D_k^*$$

$$S_{ed}(k)=\gamma S_{ed}(k)+(1-\gamma)E_k D_k^*$$

隨後計算誤差訊號與近端訊號，以及遠端訊號和近端訊號的相關度：

$$C_{xd}(k)=\frac{S_{xd}(k)S_{xd}^*(k)}{S_x(k)S_d(k)}$$

$$C_{ed}(k)=\frac{S_{ed}(k)S_{ed}^*(k)}{S_e(k)S_d(k)}$$

C_{xd} 越高，説明遠端訊號和近端訊號之間的相關性越強，暗示殘留誤差可能越大，該頻點的非線性增益越小，即需要更多地抑制當前頻點訊號。C_{ed} 越高，説明誤差訊號與近端訊號之間的相關性越強，暗示殘留誤差越小，該頻點的非線性增益越大，即讓訊號更多地透過。接下來，WebRTC 透過 $1-C_{xd}(k)$ 在頻帶內的均值、$C_{ed}(k)$ 在頻帶內的均值等指標，設定了一組設定值，並根據判決結果來決定是否要進行過抑制。如果不進行過抑制，則使用

$$h_{nl}(k)=C_{ed}(k)$$

否則，設定更激進的非線性增益為

$$h_{nl}(k)=\min\left(1-C_{xd}(k),C_{ed}(k)\right)$$

同時，對於 $C_{ed}(k)$ 和 $h_{nl}(k)$ 的均值較小的情況，即殘留回音嚴重的情況，還需要再計算過抑制係數：

$$O=\max\left(\log(0.0001)/\log\left(h_{nl-\min}\right),2\right)$$

其中，$h_{nl-\min}$ 是對 $h_{nl}(k)$ 進行幀間平滑後追蹤的一個極小值。可以看到 $O \geqslant 2$，該值將用於 $h_{nl}(k)$ 的指數值，以便更激進地抑制殘留回音。該過抑制係數在經過幀間平滑後得到 O_{sm}，並用於修正非線性增益：

$$h_{nl}(k) = h_{nl}(k)^{O_{sm}\left(1+\sqrt{k/K}\right)}$$

其中，K 為總的頻點數量。該公式在低頻處使用較低的過抑制係數，在高頻處使用較高的過抑制係數，在 O_{sm} 到 $2O_{sm}$ 之間平滑變化。最後將該增益直接應用到 E_k 上，並變換回時域得到輸出：

$$E_{nl,k} = E_k h_{nl}(k)$$

$$e = \text{IFFT}(E_{nl})$$

大多數非線性處理演算法與此類似，均以訊號的相關性為基礎。以上只是介紹了演算法的基本理論，在實際應用中還需要針對使用場景反覆最佳化。

3.4.7 基於神經網路的回音消除

近幾年，隨著深度學習的興起，很多人對基於神經網路的回音消除進行了相關研究（Zhang，2018；Fazel，2019；Zhang，2021）。針對 AEC 早期的研究主要集中在用神經網路替代傳統的殘留回音消除模組，因為線性處理部分也就是自我調整濾波有非常直接的數學建模和簡潔的求解方式，相對來說，殘留回音消除部分大量依賴經驗調參和規則匹配，更適合用神經網路來代替。最近兩年，針對點對點的全神經網路的 AEC 方案的研究有所增加，也有一些研究利用神經網路進行傳統 AEC 演算法中的參數估計。不過，整體來說，目前基於神經網路的 AEC 演算法還沒有特別成熟，商用的 AEC 演算法還是以傳統方法為主。

基於神經網路的 AEC，其實和語音降噪有很強的相關性，目前大量的研究使用了和語音降噪類似的模型結構，不同的是，降噪模型通常只有帶噪語音一個輸入，而 AEC 模型有近端語音和遠端語音兩個輸入。此外，和降噪類似，AEC 也有時域和頻域兩種主流方案。頻域方案和傳統方法一樣，都是先透過短時傅立葉轉換將一維語音訊號轉換成二維頻譜圖，然後在頻譜圖上逐頻點或逐子頻進行處理，並最終輸出一組頻域的增益（或掩膜）。而時域方案則透過一維卷積網路直接在時域對訊號進行編碼、處理和解碼。由於大部分方案都與降噪網路較為類似，此處不再詳細介紹。

基於神經網路的 AEC，尤其是點對點的方法，和傳統方法相比主要有以下優勢。第一個是結構簡單，不再需要雙邊對話檢測、洩漏檢測或殘留回音消除等模組，直接透過網路來學習所有潛在的資訊。第二個是由於神經網路本身就有非線性映射的能力，因此可以有效地處理回音中的非線性關係。當然，基於神經網路的方法也存在問題，主要是模型的實際表現受訓練資料的影響比較大。神經網路模型的效果與訓練資料量存在明顯的正相關，目前主要還是依賴模擬方法來生成訓練資料。而模擬方法模擬的回音路徑，可能不能涵蓋現實生活中各種場景的實際情況。此外，模擬方法也不可能對現實中各種不同類型揚聲器的非線性失真進行準確的還原。因此，只有在資料生成和收集過程中解決這些問題，才能使基於神經網路的 AEC 演算法真正應用到實際場景中。

3.5 麥克風陣列與波束形成

麥克風陣列和其對應的波束形成演算法，也是遠場語音互動中前端處理的核心部分。針對陣列訊號處理的研究，20 世紀五六十年代就已經開始了，但是早期的研究主要侷限在無線通訊、軍事、航海等領域。而得益於遠場語音互動場景的快速發展，尤其是近幾年智慧喇叭、智慧家電等產品的快速普及，麥克風陣列和波束形成技術已經在個人消費電子領域獲得了廣泛的應用，並且逐漸被大眾所熟知。

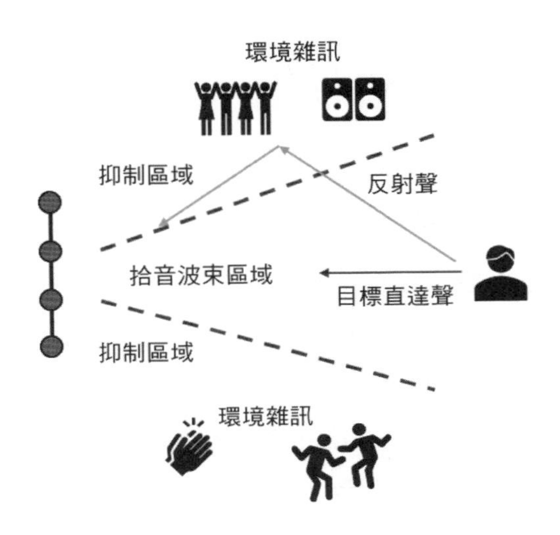

圖 3-19 雞尾酒會效應和麥克風陣列定向增強

在遠場語音互動場景中，麥克風距離使用者較遠，其訊號雜訊比通常會比近場場景的低很多。而由於現實環境的複雜多樣，除了雜訊，可能還會有多個人說話的嘈雜場景，如在餐廳、車站等公共場合，因此這時想從原始語音中提取乾淨的目標語音就變得更加困難。學術上將這種多人說話的嘈雜場景稱為雞尾酒會效應。利用單通道的演算法來解決雞尾酒會問題是非常困難的，其屬於盲訊號分離（Blind Source Separation，BSS）問題，目標是將多個混合的語音訊號分離，提取我們想要的語音。盲訊號分離從傳統的獨立元分析（Independent Component Analysis，ICA）演算法一路發展到今天，已經基本被神經網路演算法所統治，然而依然很難在單通道資料上取得非常好的效果，故尚未大規模普及和商用。而解決這個問題的另一個思路則是利用麥克風陣列。傳統的單通道語音訊號是一維訊號，是沒有任何空間資訊的。而麥克風陣列接收二維訊號，從源頭上提供了空間的分析能力。利用這種空域資訊，透過空間濾波（波束形成方法就是一種典型的空間濾波）可以實現對訊號的定向增強，並能抑制其他方向的雜訊和干擾。不僅如此，這種定向增強效應還可以在某種程度上抑制目標語音的反射聲，造成一定的減輕殘響的作用，使語音更清晰，如圖 3-19 所示。當然，我們也可以將波束形成方法和盲訊號分離方法結合起來，達到更好的增強和分離效果。

3.5.1 麥克風陣列概述

所謂麥克風陣列，是指多個按照一定的規則排列的麥克風。其具體的排列方式有很多種，需要根據實際場景的需求來確定。在語音互動領域中，最常使用的陣型有線性、環狀和矩形等。圖 3-20（a）展示的是在圓柱形智慧喇叭中較常出現的環狀陣列設計，而圖 3-20（b）是微軟 Kinect 上的線性陣列設計。環狀陣列主要適用於平面 360° 拾音的場景，以智慧喇叭最為常見。而線性陣列由於其前後對稱的特性，因此通常適用於平面 180° 拾音的場景，如遊戲裝置、智慧大螢幕互動裝置等。此外，除了平面拾音，環狀陣列或矩形陣列還具有垂直角度的定位能力，而線性陣列只有一個自由度，無法區分水平角度和垂直角度。當然，實際陣型的選擇也要和產品的形態和定位結合，如也有一些智慧喇叭採用線性陣列。除了陣型，麥克風的個數和間距對麥克風陣列的性能也有很大影響，下面進行詳細介紹。

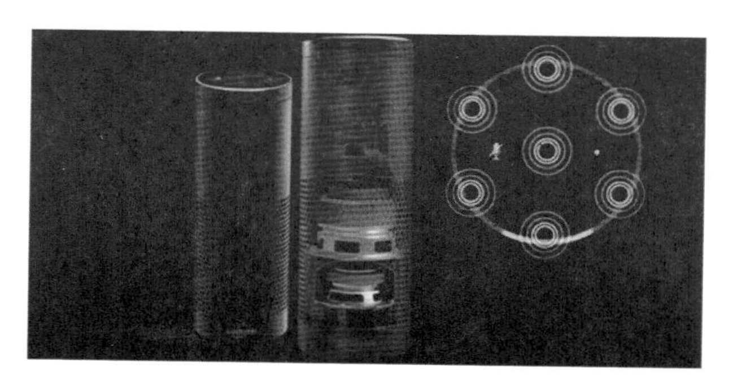

圖 3-20 環狀陣列和線性陣列（a）

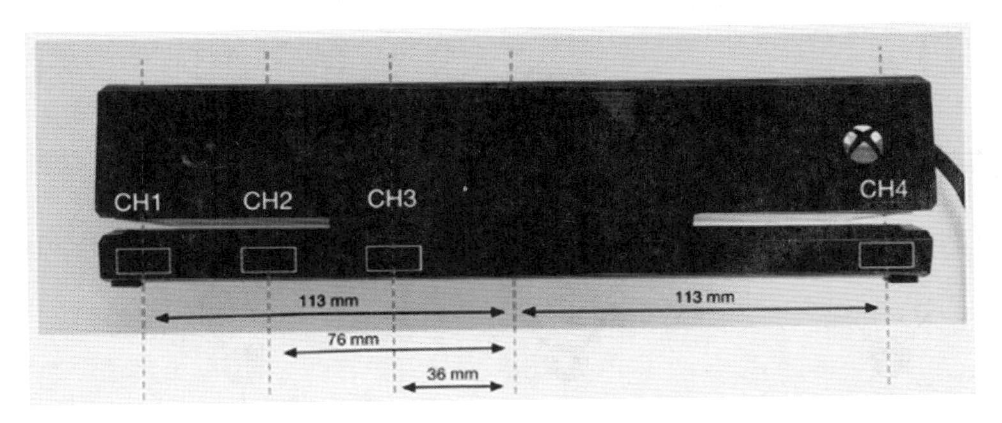

圖 3-20 環狀陣列和線性陣列（b）

麥克風陣列能夠進行定向增強的基本原理是不同相位訊號疊加時，同相增強，反相抵消。對於麥克風陣列，由於語音可近似為點聲源，因此在近場時一般使用球面波模型，其中每個麥克風收到的訊號幅度和相位均不相同，其幅度和距離的關係較大。而在遠場時可近似為平面波模型，此時認為每個麥克風收到的訊號幅度相同，只有相位存在差異。一般當聲源距離大於 $2d^2/\lambda_{\min}$ 時使用遠場模型，其中 d 為麥克風的間距，$\lambda_{\min}$ 為最高頻率訊號的波長。對於語音訊號，取樣速率一般為 16kHz，最高頻率為 8kHz，對應的波長為 0.042 5m，即當聲源的距離大於 $47d^2$ 時，即可使用遠場模型，這在大部分情況下都可滿足要求。在這裡，我們只考慮遠場情況。在圖 3-21 中，展示了最簡單的兩個麥克風在單頻訊號輸入且波陣面位於不同角度時，輸出直接相加得到的訊號增強或衰減的情況。

其中，圖 3-21（a）為波陣面平行於麥克風連線的情況，此時兩個麥克風收到的訊號完全相同，直接相加，原訊號幅度加倍。圖 3-21（b）為波陣面稍有旋轉，兩個麥克風擷取到的訊號有一定的相位差，相加後幅度小於左邊的情況。而當入射角進一步增加時，有可能會出現兩個麥克風的訊號完全反相，輸出為 0，這一般被稱為波束特性中的「零陷」，如圖 3-21（c）所示。

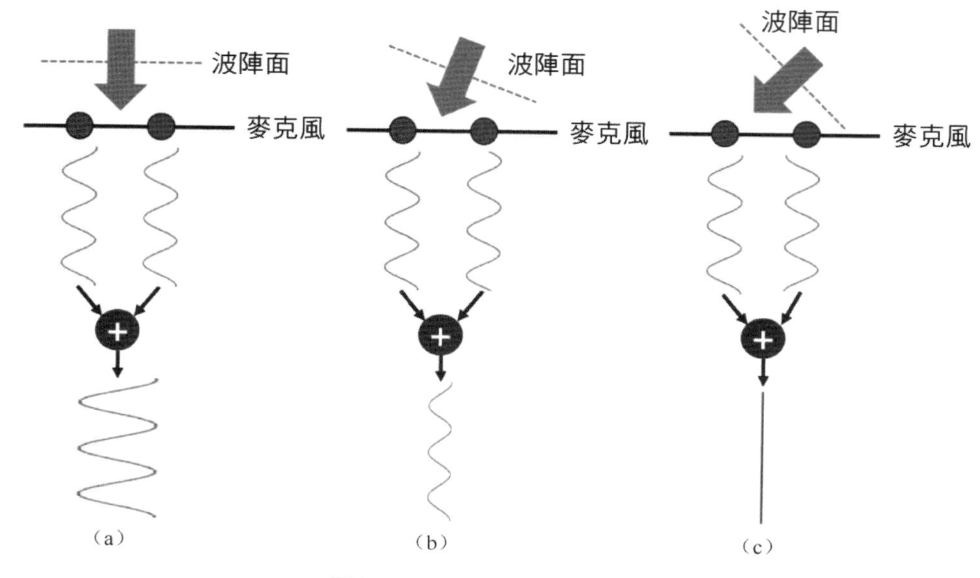

圖 3-21 麥克風陣列增強或抑制

如圖 3-22 所示，定義波達方向（Direction Of Arrival，DOA）為聲波入射方向與麥克風連線的法線夾角 θ（θ 的範圍是 $-90° \sim 90°$），兩個麥克風之間收到訊號的時間差與它們在波達方向上的投影間距成正比，即

$$\Delta t = \frac{d\sin\theta}{c}$$

其中，d 為麥克風間距，c 為聲速，Δt 為波達時間差（Time Delay Of Arrival，TDOA）。

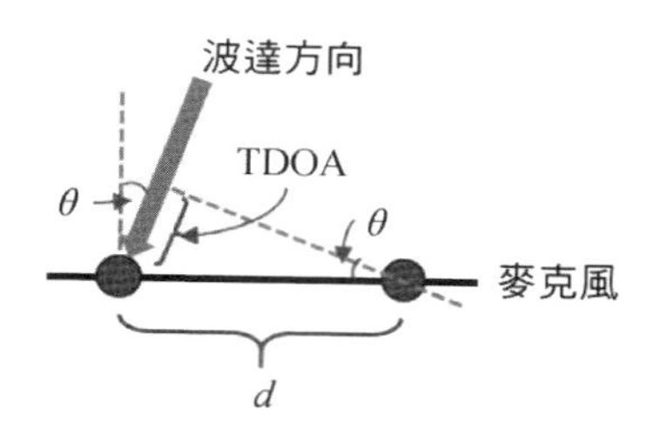

圖 3-22 波達時間差

出現零陷的條件是，Δt 的絕對值剛好等於訊號週期的一半：

$$\frac{d\left|\sin\theta_{\text{zero}}\right|}{c}=\frac{1}{2f}$$

考慮到 $c=\lambda f$ ，上式等值於：

$$d\left|\sin\theta_{\text{zero}}\right|=\frac{\lambda}{2}$$

當出現零陷時，如果 θ 進一步增加，則輸出幅度會再次增加，從而在波束特性中形成柵瓣，這被稱為「空域混疊」。由於 $\left|\sin\theta_{\text{zero}}\right|$ 的最大值是 1，因此可知只要滿足以下條件就不會形成空域混疊：

$$d\leqslant\frac{\lambda_{\min}}{2}$$

其中，$\lambda_{\min}$ 是最高頻率訊號的波長，這也被稱為空域採樣定理。該條件可以與時域的奈奎斯特採樣定理進行對比，其形式是

$$f_{\text{s}}\geqslant 2f_{\max}$$

可以發現，兩者的本質其實是一樣的。前面提到頻率為 8kHz 的訊號的波長是 0.042 5m，那麼如果需要完全避免空域混疊，則麥克風的間距不能大於 0.021 25m，這在實際應用中可能無法達到。由於高頻訊號的傳播損耗較嚴重，因此一般來說可以先適當放寬高頻訊號的混疊設定值，即允許高頻部分有一定程度的柵瓣出現，再透過演算法來解決這個問題。

線性均勻分佈麥克風陣列的波束增益的一般形式可由下式舉出：

$$\text{output}=20\log_{10}\frac{1}{M}\sum_{i=0}^{M-1}\frac{j2\pi fid\sin\theta}{c}$$

其中，M 是麥克風的個數，f 是訊號頻率，d 是麥克風間距，θ 是 DOA，c 是聲速。

在此基礎上，對於一個固定的陣型，將 f 和 θ 作為引數，可以得到麥克風陣列的波束方向圖。它反映了麥克風陣列對不同頻率和 DOA 訊號的增強或衰減情況，是衡量麥克風陣列性能的基本特性。圖 3-23 舉出了間距為 0.035m 的線性 4 麥陣列的波束方向圖，其中圖 3-23（a）是極座標的形式，角度即為實際的 DOA，每一條線表示一個訊號頻率，半徑反映訊號的增益。而圖 3-23（b）是二維深度圖的形式，其中水平座標是 DOA，垂直座標是訊號頻率，顏色表示訊號的增益，顏色越亮表示增益越高。注意，由於線性陣列是前後對稱的，因此圖 3-23（b）只舉出了 –90° 到 90° 的增益。可以看到，該陣列對 1kHz 的訊號在 90° 方向上可以獲得約-5dB 的增益，而對於 2kHz 的訊號，該值可以達到-26dB。當頻率繼續增加時，抑制量會進一步增加，同時在數個點上形成零陷，然而由於該陣列的麥克風間距並不滿足空域抗混疊的需求，因此從 3000Hz 開始，波束特性中存在大量柵瓣。

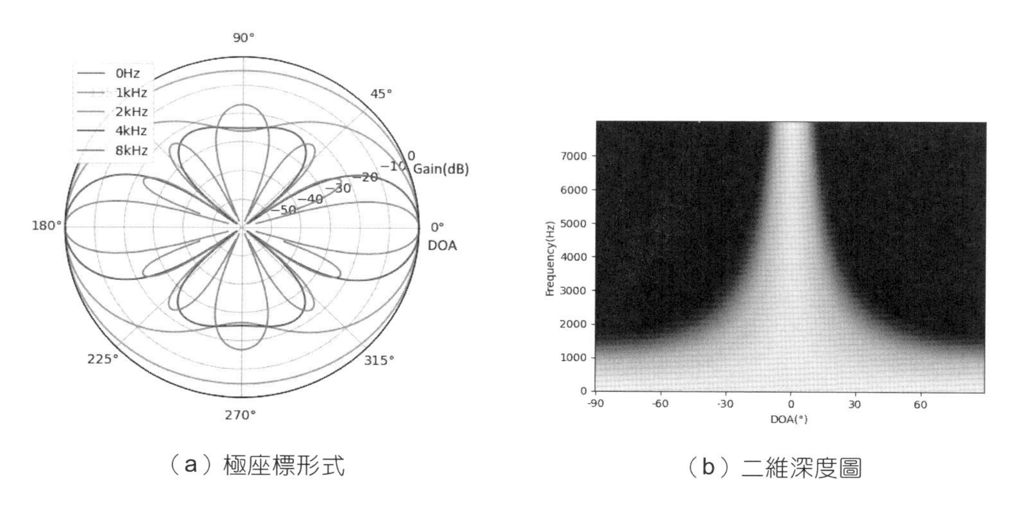

（a）極座標形式　　（b）二維深度圖

圖 3-23 麥克風陣列的波束方向圖（線性 4 麥陣列，間距為 0.035m）

圖 3-23（a）中 0° 和 180° 方向上的柵瓣被稱為主瓣，其他的被稱為旁波瓣。主瓣對應圖 3-23（b）中間的黃色分隔號條，旁波瓣能量較小，

在圖 3-23（b）中被顯示為藍色的曲線。主瓣的增益和寬度是評價麥克風陣列性能的重要指標。增益反映的是對目標方向訊號的增強能力，而寬度是指增益下降 3dB 時從最高點開始往左右兩邊組成的夾角。主瓣寬度越窄，說明聚焦性能越好。當然，在實際中，主瓣也並不是越窄越好，一方面更窄的主瓣會帶來更多的旁波瓣，另外一方面主瓣寬度也需要和我們期望的收音範圍相匹配。如果主瓣太窄，則一旦目標的方向估計出現偏差，將會很快受到抑制，這是不能接受的。另外，我們可以看到主瓣的寬度在不同頻率上也是不一樣的，頻率越高主瓣寬度越窄，這對於語音訊號這樣的寬頻訊號來說，處理之後可能會造成各頻率之間能量比的改變，帶來一定的失真，這也是需要透過演算法解決的問題。

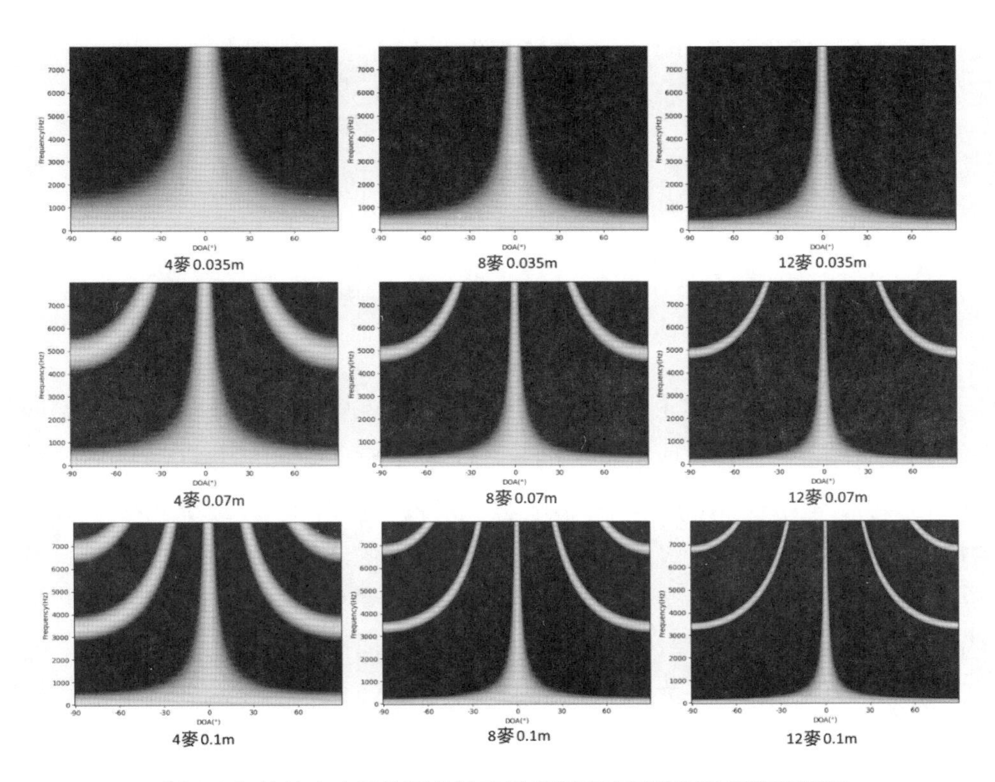

圖 3-24 線性麥克風陣列的波束回應和麥克風數量及間距的關係

圖 3-24 舉出了線性陣列的波束回應與麥克風個數及間距的關係。其中左上角是 4 麥間距為 0.035m 的陣列，而從左往右，麥克風的數量分別為 4，8 和 12，從上往下，麥克風的間距從 0.035m 增加至 0.07m 和 0.1m。可以看到，麥克風的個數越多，主瓣的寬度越窄，旁波瓣的數量越多。而在相同的麥克風數量下，間距越大，旁波瓣數量越多，旁波瓣的峰值增益越高。

以上均是以均勻線性陣列為例，介紹了麥克風陣列的波束特性，可見只需簡單將所有訊號相加即可實現對正面 0° 方向的指向性波束。對於環狀陣列或矩形陣列等，由於其麥克風為平面佈置，不存在一個波束方向使所有麥克風收到的訊號相位相同，因此不能直接將所有訊號相加，需要經過延遲求和（Delay-Sum）之後才能實現定向增強。

除了語音訊號，麥克風陣列對雜訊的回應也是需要考慮的一個問題。通常我們使用雜訊場對麥克風陣列擷取到的雜訊進行建模，即定義不同通道之間的雜訊互功率譜相關性：

$$\Gamma_{ij}(f)=\frac{\Phi_{ij}(f)}{\sqrt{\Phi_{ii}(f)\Phi_{jj}(f)}}$$

其中，$\Phi_{ii}(f)$ 和 $\Phi_{jj}(f)$ 分別表示第 i 個麥克風和第 j 個麥克風所擷取到的雜訊在頻率 f 上的功率譜，而 $\Phi_{ij}(f)$ 表示它們之間的互功率譜。對於不同的雜訊，所使用的模型是不一樣的。在理想無散射環境，如消聲室中，對於低頻雜訊，可以認為每個麥克風收到的雜訊都是一樣的，這時可採用相關雜訊場模型，即 $\Gamma_{ij}(f)=1$。而對於由麥克風本身的電氣特性產生的擷取雜訊，則可以認為它們完全不相關，而採用不相關雜訊場模型，即在 $i\neq j$ 時 $\Gamma_{ij}(f)=0$。在大部分場景中，環境雜訊會在牆壁和各種物體表面形成散射，這時可以利用 sinc 函數對散射雜訊場進行建模，即

$$\Gamma_{ij}(f) = \text{sinc}\left(\frac{2\pi f d_{ij}}{c}\right)$$

其中，d_{ij} 表示兩個麥克風之間的距離，而

$$\text{sinc}(x) = \frac{\sin(x)}{x}$$

透過這種方式可以把雜訊的特性簡化為只和 d_{ij} 有關，大大降低了建模的複雜性。

3.5.2 延遲求和波束形成

前面介紹了線性麥克風陣列直接將輸出全部相加即可獲得正面 0° 方向的指向性波束。當在期望的方向上，各麥克風擷取到的訊號相位並不相同時（比如，對於線性陣列，期望的訊號 DOA 並不在 0° 方向，或者對於環狀陣列或矩形陣列，並沒有一個 DOA 可以使所有訊號相位相同），就需要使用波束形成方法在指定的方向上形成波束，進行定向增強。最簡單的波束形成方法就是 Delay-Sum（延遲求和）法。圖 3-25 舉出了 Delay-Sum 法的示意圖。因為輸入訊號到達麥克風的時間不一致，所以透過對訊號進行不同的延遲處理後，將它們的相位對齊，再相加，即可實現訊號的增強。

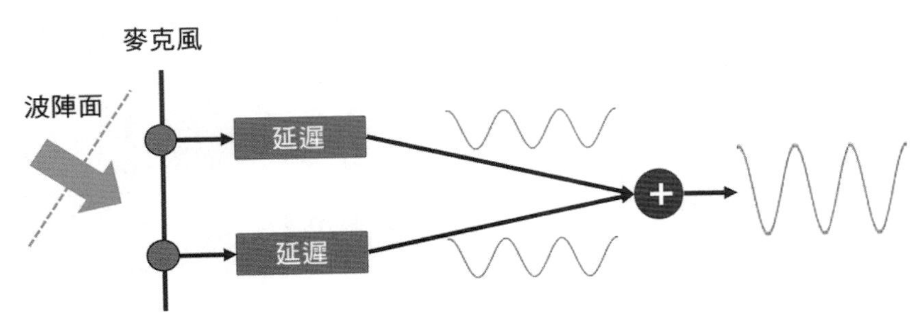

圖 3-25 Delay-Sum 波束形成示意圖

考慮如下一般情況：

$$\boldsymbol{x}(t)=\begin{bmatrix} x_0 \\ x_1 \\ \vdots \\ x_{M-1} \end{bmatrix}=\begin{bmatrix} s\left(t-\Delta t_{\theta,0}\right) \\ s\left(t-\Delta t_{\theta,1}\right) \\ \vdots \\ s\left(t-\Delta t_{\theta,M-1}\right) \end{bmatrix}$$

其中，$\boldsymbol{x}(t)$是各個麥克風收到的採樣點所形成的向量，$x_i=s\left(t-\Delta t_{\theta,i}\right)$是第$i$個麥克風收到的訊號，而$\Delta t_{\theta,i}$表示在 DOA 為$\theta$時，第$i$個麥克風與參考麥克風之間的時間差，這裡參考麥克風可以是任何一個麥克風。那麼，Delay-Sum 波束形成可以被寫為

$$y_\theta(t)=\sum_{i=0}^{M-1} x_i\left(t+\Delta t_{\theta,i}\right)$$

其中，M是麥克風的個數。

透過這樣簡單的處理，即可獲得線性陣列對任意方向的波束，或者環狀陣列或其他類型陣列對任意方向的波束。圖 3-26 舉出了一個半徑為 0.1m 的 6 麥環狀陣列使用 Delay-Sum 法獲得的波束方向圖，其中指定的波束方向是 0° 。

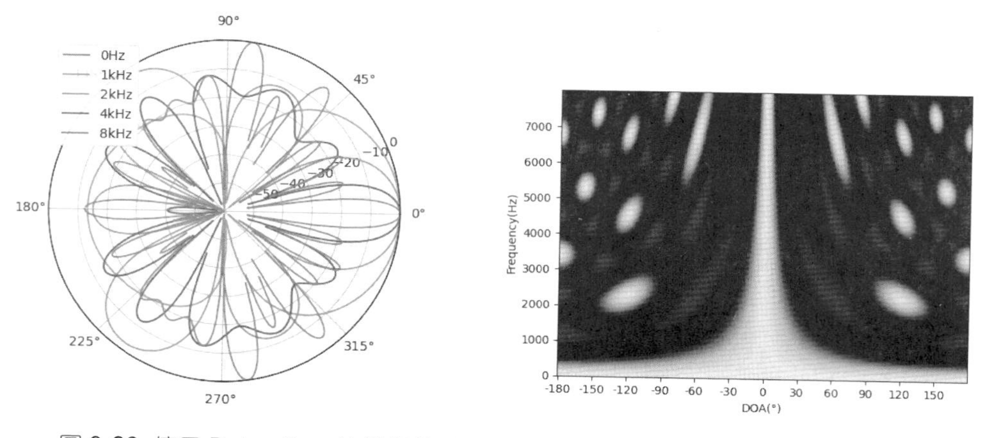

圖 3-26 使用 Delay-Sum 法獲得的波束方向圖（環狀 6 麥陣列，半徑為 0.1m）

在 Delay-Sum 法中，關鍵的問題是對訊號進行延遲。在數位訊號中，透過簡單移位即可實現整數採樣點的延遲，但 $\Delta t_{\theta,i}$ 通常不能剛好對應整數個採樣點，對於延遲中的小數部分，還需要額外進行處理。通常有時域和頻域兩種處理方法。時域方法一般使用一組 FIR（Finite Impulse Response，有限脈衝回應）全通濾波器來代替延遲。全通濾波器的幅頻回應是一條直線，即讓所有頻段的訊號透過，其在時域對應的 FIR 濾波器係數可由 sinc 函數舉出。在設計濾波器時，透過調整其抽頭所對應的位置，可以實現非整數採樣點的延遲。相比而言更為常用的一種方法是，透過在頻域進行相位的調整來等效時域的延遲。首先透過 FFT 將 $x_i(t)$ 變換至頻域：

$$X_i(f) = \mathcal{F}(x_i(t))$$

則所有麥克風在指定頻點的頻譜可寫成向量形式：

$$\boldsymbol{X}(f) = \mathcal{F}\left(\begin{bmatrix} s(t-\Delta t_{\theta,0}) \\ s(t-\Delta t_{\theta,1}) \\ \vdots \\ s(t-\Delta t_{\theta,M-1}) \end{bmatrix}\right) = S(f)\begin{bmatrix} -e^{j2\pi f\Delta t_{\theta,0}} \\ -e^{j2\pi f\Delta t_{\theta,1}} \\ \vdots \\ -e^{j2\pi f\Delta t_{\theta,M-1}} \end{bmatrix}$$

其中

$$\boldsymbol{a}_\theta(f) = \begin{bmatrix} -e^{j2\pi f\Delta t_{\theta,0}} \\ -e^{j2\pi f\Delta t_{\theta,1}} \\ \vdots \\ -e^{j2\pi f\Delta t_{\theta,M-1}} \end{bmatrix}$$

被稱為導向向量（Steer Vector）。它屬於麥克風陣列的固有特性，反映麥克風陣列對特定頻率和方向訊號的回應。然後頻域的 Delay-Sum 波束形成器可以表示為

$$Y_\theta(f)=\sum_{i=0}^{M-1}X_i(f)\mathrm{e}^{j2\pi f\Delta t_{\theta,i}}=\boldsymbol{a}_\theta^H(f)\boldsymbol{X}(f)=\boldsymbol{W}_{\mathrm{DS}}^H(f)\boldsymbol{X}(f)$$

最後，$y(t)$可由 FFT 反變換舉出：

$$y(t)=\mathcal{F}^{-1}\left(Y_\theta(f)\right)$$

可以看出，頻域 Delay-Sum 波束形成相當於各路麥克風的頻域訊號乘上一組係數之後再相加。如果定義這一組係數為波束形成權重$\boldsymbol{W}_{\mathrm{DS}}$，則我們有

$$\boldsymbol{W}_{\mathrm{DS}}(f)=\boldsymbol{a}_\theta(f)$$

Delay-Sum 波束形成只利用了麥克風陣列本身的特性（導向向量），而對訊號和雜訊的特性沒有任何假設，這被稱為固定波束形成。這類方法的優點是計算量很低，並且對不相關雜訊（如空間白色雜訊）有一定的抑制作用。而對於散射或相關雜訊，如當在室內殘響條件下，或存在其他方向的語音干擾時，由於受主瓣寬度和旁波瓣的影響，效果就比較一般。此外，在 Delay-Sum 法的波束方向圖中，可以看到主瓣的寬度在不同頻率上是不一樣的，頻率越高主瓣寬度越窄。對於語音訊號這樣的寬頻訊號，處理之後可能會造成各頻率之間能量比的改變，帶來一定的失真。由於這些問題的存在，Delay-Sum 波束形成通常只用在不相關雜訊或者對計算性能要求極高的場景中。

3.5.3 最小方差無失真回應波束形成

與固定波束形成相對的，還有一類方法透過對雜訊場的一些假設計算實際訊號的統計特性，來獲得最優的波束形成權重，這類方法被稱為自我調整波束形成方法。對於室內殘響等散射雜訊場場景，自我調整波束形成方法的定向增強效果通常更好，對雜訊特性和麥克風陣列特性的誤差也更

敏感。當雜訊特性估計誤差較大時，結果受到的影響較大。此外，使用自我調整波束形成方法可以獲得比 Delay-Sum 法更大的增益，並以此可以解決不同頻率主瓣寬度不統一的問題。這種獲取固定主瓣寬度的波束形成方法也被稱為超指向（Super-Directive）波束形成方法。下面要介紹的 MVDR（Minimum Variance Distortion Response，最小方差無失真回應）波束形成就是一種超指向波束形成方法。

圖 3-27（a）和圖 3-27（b）分別展示了時域和頻域的超指向波束形成方法的一般形式。

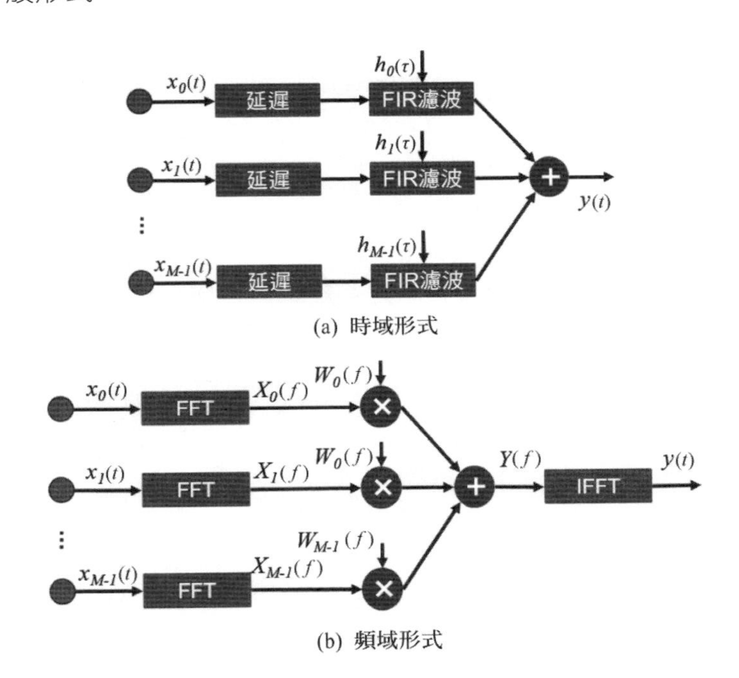

圖 3-27 超指向波束形成方法的一般形式

對於時域形式，幾路麥克風的訊號在經過延遲對齊之後，分別經過一組 FIR 濾波器 $h_0(\tau),h_1(\tau),\cdots,h_{M-1}(\tau)$，並將每個濾波器的輸出求和之後得到最終輸出。這也被稱為 Filter-Sum（濾波求和）波束形成方法。其中濾波器的設計與訊號的統計特性有關，並且可以按照某個特定的目標被最最佳化。當 $h_i(\tau)=\delta(\tau)$ 時，Filter-Sum 方法就退化成 Delay-Sum 法。而由於時域的 FIR 濾波對應頻域的乘法，因此頻域形式可以和時域形式完全等值。在頻域形式中，麥克風的訊號首先透過 FFT 被變換到頻域，然後在每個頻點分別乘上一組權重，並求和，最後訊號再透過 IFFT 變換回時域。這裡的權重，同時對應了時域的延遲處理和 FIR 濾波。在波束形成的實際應用中，以頻域形式為主，下面只介紹頻域形式的推導和實現。

考慮如下一般形式：

$$Y_\theta = \boldsymbol{W}^H \boldsymbol{X}$$

注意，這裡省略了引數 f，即只考慮一個頻點。為了能夠最大限度地抑制雜訊和干擾，波束形成的目標是使輸出訊號的能量最小，即

$$\boldsymbol{W}_{\text{opt}} = \arg\min_{\boldsymbol{W}} E\left[Y_\theta^H Y_\theta\right] = \arg\min_{\boldsymbol{W}} \boldsymbol{W}^H \boldsymbol{R}_{xx} \boldsymbol{W}$$

其中，$\boldsymbol{R}_{xx}$ 為多通道訊號 x 的協方差矩陣。直接最佳化此式當然會帶來問題，因為顯然 $\boldsymbol{W}=0$ 是最優解，所以還需要加上一定的限制條件。在這裡，我們希望在輸出最小能量的同時還儘量保證目標方向的語音無失真，也就是使各個頻帶上的波束能量一致，並且保持原有能量不變，即

$$Y_\theta = S$$

其中，S 是目標訊號。由於

$$\boldsymbol{X} = \boldsymbol{a}_\theta S$$

其中，$\boldsymbol{a}_\theta$ 是導向向量，因此我們最佳化過程中的限制條件是

$$\boldsymbol{W}^H \boldsymbol{a}_\theta = 1$$

將上面的最佳化問題用拉格朗日乘子法求解後，得到 MVDR 濾波器的最優權重：

$$\boldsymbol{W}_{\text{MVDR}}=\frac{\boldsymbol{R}_{xx}^{-1}\boldsymbol{a}_\theta}{\boldsymbol{a}_\theta^H\boldsymbol{R}_{xx}^{-1}\boldsymbol{a}_\theta}$$

如果訊號和雜訊不相關，則 $\boldsymbol{R}_{xx}=\boldsymbol{R}_{ss}+\boldsymbol{R}_{nn}$。可以證明，當雜訊場為不相關且各通道能量相同，即 $\boldsymbol{R}_{nn}=\delta\boldsymbol{I}$ 時，以上最優權重會退化成 Delay-Sum 的權重 $\boldsymbol{W}_{DS}=\boldsymbol{a}_\theta$。當然，實際情況是雜訊場多為相關或散射場，在 $\boldsymbol{R}_{xx}$ 估計準確的前提下，MVDR 可獲得比 Delay-Sum 更優的結果。

在 MVDR 的基礎上，又有研究者提出一種 LCMV（Linear Constraint Minimum Variance，線性約束最小方差）波束形成方法。它和 MVDR 的共同點是都採用最小方差作為目標，所不同的是在限制條件上對 MVDR 進行了擴充。LCMV 的目標為

$$\boldsymbol{W}_{\text{opt}}=\arg\min_{\boldsymbol{W}}\boldsymbol{W}^H\boldsymbol{R}_{xx}\boldsymbol{W}$$

$$\text{目標}:\boldsymbol{W}^H\boldsymbol{C}=\boldsymbol{r}$$

其限制條件是一組線性方程，也是 LCMV 命名的由來，其中：

$$\boldsymbol{C}=\left[\boldsymbol{a}_{\theta_1},\boldsymbol{a}_{\theta_2},\cdots,\boldsymbol{a}_{\theta_N}\right],\boldsymbol{r}=\begin{bmatrix}r_1\\r_2\\\vdots\\r_N\end{bmatrix}$$

$\boldsymbol{C}$ 是一組導向向量，分別對應角度 $\theta_1,\theta_2,\cdots,\theta_N$，而 $\boldsymbol{r}$ 是在 N 個 DOA 上分別期望獲得的增益。可以看出，當 $\boldsymbol{C}=[\boldsymbol{a}_\theta],\boldsymbol{r}=[1]$ 時，LCMV 就退化成 MVDR。因此，我們可以認為 LCMV 是 MVDR 的更一般形式。和 MVDR 相比，它將單一目標訊號擴充到了多個，並且可以為每個目標指定單獨的增益。若雜訊和干擾訊號的方向已知，則可在該方向上透過指定零增益來實現更優的抑制效果。

同樣，採用拉格朗日乘子法求解可得 LCMV 濾波器的最優權重為

$$\boldsymbol{W}_{\mathrm{LCMV}}=\boldsymbol{R}_{xx}^{-1}\boldsymbol{C}\left(\boldsymbol{C}^{H}\boldsymbol{R}_{xx}^{-1}\boldsymbol{C}\right)^{-1}\boldsymbol{r}$$

很容易發現其和 $\boldsymbol{W}_{\mathrm{MVDR}}$ 的關係。

在實際使用 MVDR 或 LCMV 波束形成演算法時，一個很重要的問題是 $\boldsymbol{R}_{xx}$ 如何估計。一個簡便的方法是使用下式進行迭代：

$$\boldsymbol{R}_{xx}(n+1)=\alpha\boldsymbol{R}_{xx}(n)+(1-\alpha)\boldsymbol{X}\boldsymbol{X}^{H}$$

其中，α 是平滑因數。然而，在訊號和雜訊頻繁變化的複雜環境中，該估算方法存在較大的誤差，會導致演算法的性能急劇下降。針對此問題，有人提出了基於對角載入的解決方法。所謂對角載入是指在協方差矩陣的對角線元素上分別加上一個常數，在小樣本的情況下，這可以使協方差矩陣的估計更具堅固性。另外，由於這兩種演算法都需要對 $\boldsymbol{R}_{xx}$ 求逆，運算量較大，因此可使用梯度下降法進行最優權重的迭代更新，以避免求逆操作。由於有限制條件，這裡同樣需要使用拉格朗日乘子法得到 MVDR 權重的迭代更新方式，如下（具體推導過程略）：

$$\boldsymbol{W}(n+1)=\frac{\boldsymbol{a}_{\theta}}{\|\boldsymbol{a}_{\theta}\|^{2}}+\left(\boldsymbol{I}-\frac{\boldsymbol{a}_{\theta}\boldsymbol{a}_{\theta}^{H}}{\|\boldsymbol{a}_{\theta}\|^{2}}\right)\left(\boldsymbol{W}(n)-\mu\boldsymbol{X}\boldsymbol{Y}_{\theta}^{H}\right)$$

其中，μ 是學習率。這樣，就實現了在不直接估計 $\boldsymbol{R}_{xx}$ 的前提下進行 MVDR 權重的更新。

3.5.4 廣義旁波瓣對消波束形成

前兩節所提到的 Delay-Sum 和 LCMV/MVDR 分別屬於固定波束形成和自我調整波束形成演算法。而 GSC（General Side-lobe Canceller，廣義旁波瓣對消）是另一種形式的波束形成演算法（Griffith，1982），它將 LCMV 中的固定部分和自我調整的部分拆解，將原來的有約束最佳化問題轉換成一個固定約束問題和一個無約束最佳化問題的結合，而無約束最佳化問題可以透過很穩定和成熟的 NLMS 演算法求解。和 LCMV 或 MVDR 演算法相比，GSC 演算法因為可以避免計算訊號的協方差矩陣及求逆，並且使用了無約束的 NLMS，在複雜環境下的堅固性更強，所以在實際專案中獲得了廣泛的應用。當前，市場上的智慧喇叭等遠場語音互動產品一般都是採用基於 GSC 的方案進行波束形成的。

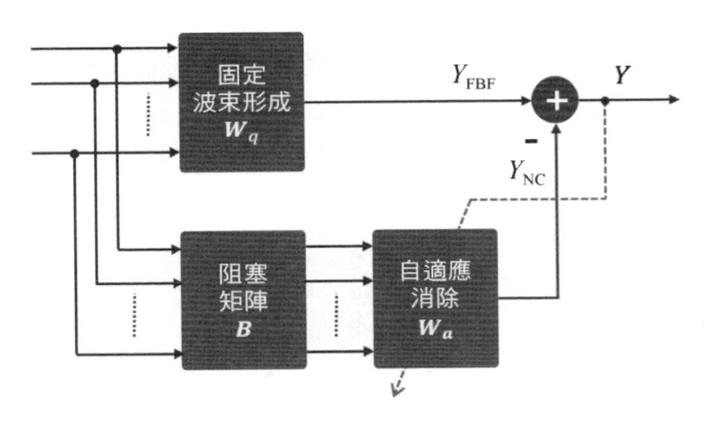

圖 3-28 GSC 波束形成的一般結構

圖 3-28 展示了 GSC 演算法的一般結構，GSC 演算法由上下兩個分支組成，其中上分支為固定權重波束形成，其權重為 $\boldsymbol{W}_q$ ，下分支由一個阻塞矩陣 $\boldsymbol{B}$ 和一個權重為 $\boldsymbol{W}_a$ 的自我調整消除模組組成。其中 $\boldsymbol{W}_q$ 的設計以讓目標訊號完全透過為準則，也就是對應 LCMV 或 MVDR 演算法中的限制條件。由於上分支只有限制條件而沒有最小化輸出條件，因此其輸出 Y_{FBF} 中仍然可能包含雜訊和干擾。阻塞矩陣的設計以最小化目標訊號為準則，這也是其名稱的由來。在理想狀況下，阻塞矩陣輸出的訊號中只有雜訊和干擾，可以透過一個自我調整消除模組對 Y_{FBF} 中殘留的雜訊和干擾分量進行自我調整消除。可以看到，下分支主要實現的是最小化輸出條件。由於下分支分離了限制條件，因此可以用最簡單高效的 NLMS 演算法來實現。我們可以用下式來表示 GSC 演算法的過程：

$$Y = Y_{\text{FBF}} - Y_{\text{NC}} = \left(\boldsymbol{W}_q^H - \boldsymbol{W}_a^H \boldsymbol{B}^H\right)\boldsymbol{X}$$

其權重為

$$\boldsymbol{W}_{\text{GSC}} = \boldsymbol{W}_q - \boldsymbol{B}\boldsymbol{W}_a$$

從子空間的角度來考慮 GSC 演算法和 LCMV 或 MVDR 演算法的最優權重，上分支的固定權重是 LCMV 或 MVDR 演算法的權重向量在約束子空間上的投影，而下分支的自我調整權重是 LCMV 或 MVDR 演算法的權重向量在最小方差子空間上的投影。而阻塞矩陣 $\boldsymbol{B}$ 的列向量處於約束子空間的正交互補空間中，即 $\boldsymbol{B}^{\text{H}}\boldsymbol{C} = 0$。當 $\boldsymbol{C}$ 的維度是 $M * P$ 時，$\boldsymbol{B}$ 的維度是 $M*(M-P)$。可以證明，當阻塞矩陣與約束子空間正交時，GSC 演算法和 LCMV 演算法是等值的。值得注意的是，阻塞矩陣的選擇並不是唯一的，只需滿足以上條件即可。

在 LCMV 演算法中，由於限制條件為 $\boldsymbol{W}^H\boldsymbol{C} = \boldsymbol{r}$，因此 GSC 演算法上分支的固定權重為

$$\boldsymbol{W}_q = \left(\boldsymbol{C}\boldsymbol{C}^H\right)^{-1}\boldsymbol{C}\boldsymbol{r}$$

則其最小均方誤差意義上的最優解為

$$\boldsymbol{W}_{a-\text{opt}} = \underset{\boldsymbol{W}_a}{\operatorname{argmin}}\, E\left[\left|Y_{\text{FBF}} - Y_{\text{NC}}\right|^2\right] = \underset{\boldsymbol{W}_a}{\operatorname{argmin}}\, E\left[\left|\boldsymbol{W}_q^H\boldsymbol{X} - \boldsymbol{W}_a^H\boldsymbol{B}^H\boldsymbol{X}\right|^2\right]$$

令 $\boldsymbol{Z} = \boldsymbol{B}^H\boldsymbol{X}$，則可以使用維納-霍夫方程式直接得到最優解為

$$\boldsymbol{W}_{a-\text{opt}} = \boldsymbol{R}_{zz}^{-1}\boldsymbol{r}_{zy-\text{FBF}}$$

其中 $\boldsymbol{R}_{zz} = \boldsymbol{B}^H\boldsymbol{R}_{xx}\boldsymbol{B}$ 是 $\boldsymbol{Z}$ 的協方差矩陣，而 $\boldsymbol{r}_{zy-\text{FBF}} = \boldsymbol{B}^H\boldsymbol{R}_{xx}\boldsymbol{W}_q$ 是 $\boldsymbol{Z}$ 和 Y_{FBF} 的互相關向量，因此可以得到：

$$\boldsymbol{W}_{a-\text{opt}} = \left(\boldsymbol{B}^H\boldsymbol{R}_{xx}\boldsymbol{B}\right)^{-1}\boldsymbol{B}^H\boldsymbol{R}_{xx}\boldsymbol{W}_q$$

在實際應用中，為了避免估計 $\boldsymbol{R}_{xx}$ ，較少直接使用維納解，而是使用 NLMS 演算法進行迭代：

$$\boldsymbol{W}_a(n+1)=\boldsymbol{W}_a(n)+\frac{\mu \boldsymbol{Z} Y^H}{P_{\text{est}}}$$

其中，P_{est} 是輸入訊號的平滑功率譜，可由下式舉出：

$$P_{\text{est}}(n+1)=\alpha P_{\text{est}}(n)+(1-\alpha)\sum_{i=0}^{m-1}|X_i|^2$$

由於固定波束形成部分的 $\boldsymbol{W}_q$ 需要計算導向向量 $\boldsymbol{a}_\theta$ ，這裡採用理想延遲時間模型來計算。當 $\boldsymbol{a}_\theta$ 估計較準時，GSC 演算法的效果比較好。然而在實際殘響場景或者聲源移動的場景中，導向向量與實際訊號的傳遞函數差異較大，阻塞矩陣的準確度會受到影響，即目標訊號會被洩漏到下分支中，此時自我調整濾波過程會造成雜訊訊號與上分支期望語音訊號相互抵消的現象，導致期望語音的失真，演算法性能的下降。針對此問題，有學者提出了 TF-GSC（Transfer-Function General Side-lobe Canceller，傳遞函數廣義旁波瓣對消）演算法（Gannot，2001）。它在 GSC 演算法的基礎上，增加了對訊號傳遞函數的估計，並且用傳遞函數替代導向向量進行權重和阻塞矩陣的設計。

與 MVDR 演算法類似，TF-GSC 演算法只使用了一個約束 $\boldsymbol{W}^H\boldsymbol{A}=r$ 。注意，這裡不再使用導向向量 $\boldsymbol{a}_\theta$ ，而是使用包含殘響和更多因素的傳遞函數 $\boldsymbol{A}$ 來代替，上分支的固定權重為

$$\boldsymbol{W}_q=\frac{\boldsymbol{A}}{|\boldsymbol{A}|^2}\boldsymbol{r}$$

由於在實際中直接估計 $\boldsymbol{A}$ 可能較為困難，因此這裡先估計各個麥克風之間的相對傳遞函數，定義：

$$\boldsymbol{H}=\frac{\boldsymbol{A}}{A_0}$$

其中，A_0 是參考麥克風的傳遞函數，可以是任何一個麥克風。然後得到等效的固定權重，如下：

$$\boldsymbol{W}_q=\frac{\boldsymbol{H}}{|\boldsymbol{H}|^2}\boldsymbol{r}$$

而對於阻塞矩陣，TF-GSC 演算法選用：

$$\boldsymbol{B}=\begin{bmatrix} -\frac{A_1}{A_0} & -\frac{A_2}{A_0} & \cdots & -\frac{A_{M-1}}{A_0} \\ 1 & 0 & \cdots & 0 \\ 0 & 1 & \cdots & 0 \\ \vdots & \vdots & & \vdots \\ 0 & 0 & \cdots & 1 \end{bmatrix}=\begin{bmatrix} -\boldsymbol{H}^T \\ \boldsymbol{I}_{M-1} \end{bmatrix}$$

由於只有一個約束，因此 $\boldsymbol{B}$ 的維度是 $M*(M-1)$。很明顯，阻塞矩陣和限制條件是正交的，即 $\boldsymbol{B}^{\mathrm{H}}\boldsymbol{A}=0$。那麼，接下來的問題只剩如何估計傳遞函數 $\boldsymbol{H}$。在 TF-GSC 演算法中，使用了輸入訊號的協方差矩陣來進行估計。對於 $\boldsymbol{H}$ 中的每一個元素 H_i，其估計值為

$$H_i=\frac{\left\langle \Phi_{x_0x_0}\Phi_{x_ix_0}\right\rangle-\left\langle \Phi_{x_0x_0}\Phi_{x_ix_0}\right\rangle}{\left\langle \Phi_{x_0x_0}^2\right\rangle-\left\langle \Phi_{x_0x_0}\right\rangle^2}$$

其中，$\Phi_{x_ix_0}$ 指 X_i 和 X_0 之間的協方差，可用 $X_iX_0^H$ 來近似表示，而 $\langle\bullet\rangle$ 操作符表示對過去 K 幀資料的平均。注意，為了避免 $\boldsymbol{H}$ 的估計受到干擾，該方法只有在目標訊號存在並且雜訊足夠小的時候，才能進行 $\boldsymbol{H}$ 的更新。

另外一種針對 GSC 演算法在殘響和聲源移動場景中的性能進行改進的思路是，將阻塞矩陣變成自我調整的，以便應對由導向向量或傳遞函數

估計不准帶來的目標訊號洩漏到下分支的問題。其中比較常用的是 R-GSC（Robust GSC）演算法（Hoshuyama，1999）。在 R-GSC 演算法中，使用一組自我調整濾波器來替代阻塞矩陣，並且對濾波器的係數進行限制，以防止在雜訊情況下對傳遞函數出現錯誤的追蹤，這組自我調整濾波器被稱為 CCAF（Coefficient Constrained Adaptive Filter，係數約束自我調整濾波器）。除此之外，R-GSC 演算法對原 GSC 演算法中自我調整雜訊消除的部分也做了改進，將濾波器係數的範數做了限制，這種濾波器被稱為 NCAF（Norm Constrained Adaptive Filter，範數約束自我調整濾波器）。這是為了提高濾波器的堅固性，將訊號消除的幅度限制在一定範圍之內，這樣即使阻塞矩陣的係數出現了發散，也不會出現目標語音被消除的情況。圖 3-29 展示了 R-GSC 演算法的架構。

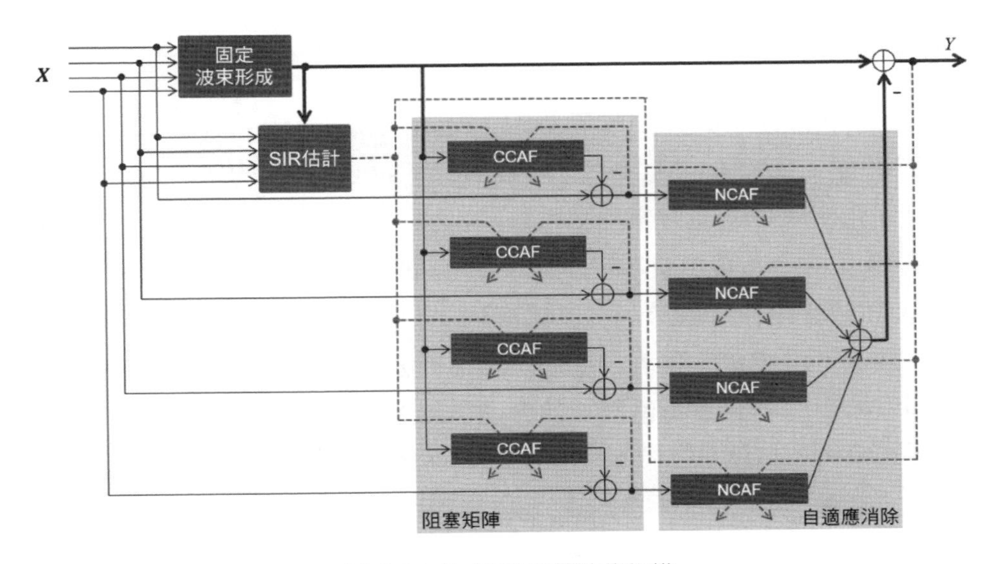

圖 3-29 R-GSC 演算法的架構

CCAF 是 R-GSC 演算法與傳統 GSC 演算法最大的不同。同阻塞矩陣一樣，CCAF 的目的是盡可能地從原始訊號中消除目標訊號。CCAF 的數目與麥克風的數目相同，其輸入為固定波束形成演算法的輸出，輸出為要消除的訊號，並從對應的每一路原始訊號中減去。使用 NLMS 演算法，每個 CCAF 的係數更新方式如下：

$$\boldsymbol{h}_i(n+1)=\boldsymbol{h}_i(n)+\alpha\frac{\boldsymbol{x}_i}{|Y|^2}y_{\mathrm{FBF}}$$

其中，$\boldsymbol{h}_i$ 是第 i 個濾波器的係數，$\boldsymbol{x}_i$ 是第 i 個麥克風的輸入，而 y_{FBF} 是上分支固定波束形成演算法的輸出，α 是更新步進值，$|Y|^2$ 是 y_{FBF} 的平滑功率譜。注意，以上使用的是時域的表達方式，這是為了方便後續繼續介紹係數約束的方法。在實際中，係數更新通常還是在頻域進行，以節省計算量，這和回音消除中的 PBFDAF 是同一個道理。隨後該係數會被約束到指定的範圍內：

$$\boldsymbol{h}_i(n+1)=\max\left(\min\left(\boldsymbol{h}_i(n+1),\phi_i\right),\boldsymbol{\psi}_i\right)$$

其中，ϕ_i 和 $\boldsymbol{\psi}_i$ 分別是事先設定的 $\boldsymbol{h}_i$ 的上下限。對該限制條件的說明如圖 3-30 所示。由於 CCAF 事實上是在估計 $\boldsymbol{x}_i$ 與 y_{FBF} 之間的傳遞函數，因此其受到固定波束形成的目標角度與實際目標角度之間估計誤差的影響。當該誤差為 0 時，$\boldsymbol{x}_i$ 與 y_{FBF} 之間應該只有延遲時間，故所有時域係數中只在該延遲時間對應的抽頭上為 1，其餘均為 0。而隨著誤差的增加，係數越來越趨向往上下兩個方向發散。可預先設定一個設定值，如 ±20°，然後計算出該誤差所對應的濾波器係數，並分別得到上下的包絡，這就是上式中的上下限 ϕ_i 和 $\boldsymbol{\psi}_i$。這就意味著，在濾波器更新時，允許目標角度誤差在 20° 範圍內。當實際誤差為 10° 時，透過自我調整更新得到的係數，理論上將全部位於該約束範圍內，不會受到影響。而如果目標的誤差角度超過 20°，則濾波器係數將會發散至約束範圍以外，並透過上式被修正至約束範圍內。經過約束後，CCAF 能正確阻塞誤差範圍內的訊號，而漏過誤差範圍外的訊號。目標訊號被 CCAF 正確阻塞後，將會在後續的 NCAF 自我調整消除模組中得到比較好的保留。透過該設計，可以使演算法對固定波束形成中的導向向量估計有比較好的容錯性。

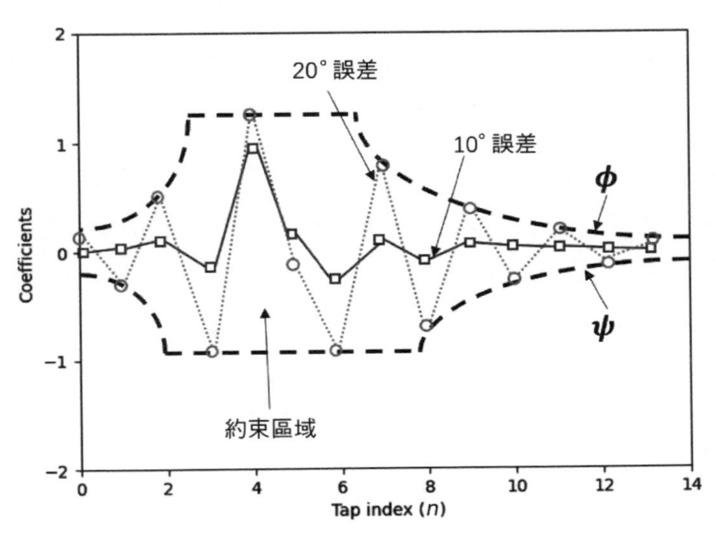

圖 3-30 CCAF 中的限制條件說明

NCAF 的設計與傳統 GSC 演算法的差別不大，其更新公式為

$$\boldsymbol{w}_i(n+1)=\boldsymbol{w}_i(n)+\beta\frac{y}{\sum_{j=0}^{M-1}\left|Y_{\mathrm{bm},j}\right|^2}y_{\mathrm{bm},i}$$

其中，β 是更新步進值，$y_{\mathrm{bm},i}$ 是經過 CCAF 阻塞之後的第 i 個通道訊號，y 是最終輸出，$\left|Y_{\mathrm{bm},j}\right|^2$ 是 $y_{\mathrm{bm},j}$ 的平滑功率譜。在此之後，濾波器的範數之和會被約束：

$$\Omega=\sum_{i=0}^{M-1}\left|\boldsymbol{w}_i(n+1)\right|^2$$

$$\boldsymbol{w}_i(n+1)=\begin{cases}\sqrt{\dfrac{K}{\Omega}}\boldsymbol{w}_i(n+1), & \Omega>K\\ \boldsymbol{w}_i(n+1), & \text{其他}\end{cases}$$

其中，K 是預先設定的設定值。在理論上，這個約束是不需要的。然而在實際中，由於 CCAF 不可能完全消除目標訊號，總會存在少部分殘留，因此 NCAF 中的約束需要透過限制濾波器對輸入訊號的增強幅度，來保證少部分殘留不會被放大到對最終結果產生足夠影響的程度。

由於兩組自我調整濾波器是耦合在一起的，因此不能同時進行係數的更新，否則可能會影響濾波器的收斂。考慮最極端的情況，當擷取的訊號全是雜訊和干擾，不存在目標訊號時，CCAF 應該保持係數不變，只有 NCAF 進行係數更新；而當擷取的訊號只有目標訊號，不存在雜訊和干擾時，應該保持 NCAF 的係數不變，只進行 CCAF 的更新。實際上，我們可採用的策略是，使用當前的 SIR（Signal-Interference Ratio，訊號干擾比）來對濾波器的更新步進值進行修正。當 SIR 較低時，CCAF 的步進值較小，NCAF 的步進值較大；當 SIR 較高時，CCAF 的步進值較大，NCAF 的步進值較小。一種可行的估計 SIR 的方法是透過固定波束形成的輸出能量與輸入訊號的能量比值來進行。當 SIR 較高時，固定波束形成對輸入訊號的能量幾乎不會造成衰減，而當 SIR 較低時，會出現較大的衰減。

透過以上的設計，R-GSC 演算法對導向向量的估計誤差和目標位置的移動都有比較好的堅固性，故獲得了廣泛的應用。

3.5.5 後置濾波

在實際應用中，以上介紹的波束形成方法由於各種理想假設導致實際的 SIR 提升與理論值之間可能有較大差距，而且對與目標訊號同向的雜訊也沒有很好的抑制能力，因此為了進一步提升降噪效果，許多改進的方案會在波束形成演算法後加入一個單通道的濾波器。在這裡，我們可以使用傳統單通道的降噪方式，如維納濾波器或 MMSE 估計器等。當然，如果能結合多通道的空域資訊，則可以得到更優的降噪效果。

第一個被提出的波束形成演算法的後置濾波方法是 Zelinski 濾波器（Hoshuyama，1999），它假設雜訊是不相關的，並且所有麥克風擷取的雜訊頻譜相同。在實際中，因為純非相關雜訊的場景很少，所以一般較少採用。在此基礎上，McCowan 提出了一種改進的方案，使用 sinc 函數建模的散射雜訊場替代 Zelinski 中的非相關雜訊。值得注意的是，由於以上兩種方法均沒有考慮波束形成本身對訊號的降噪作用，因此實際產生了對雜訊的過估計，結果並不理想。

Gannot 和 Cohen 提出了另外一種基於 MCRA 雜訊估計和 log-MMSE 最佳化器的後置濾波方案（Gannot，2004）。在這個方案中，他們並非直接簡單應用傳統的單通道降噪演算法，而是將麥克風陣列提供的空間資訊融入其中，取得了比較好的效果。該演算法的架構如圖 3-31 所示。

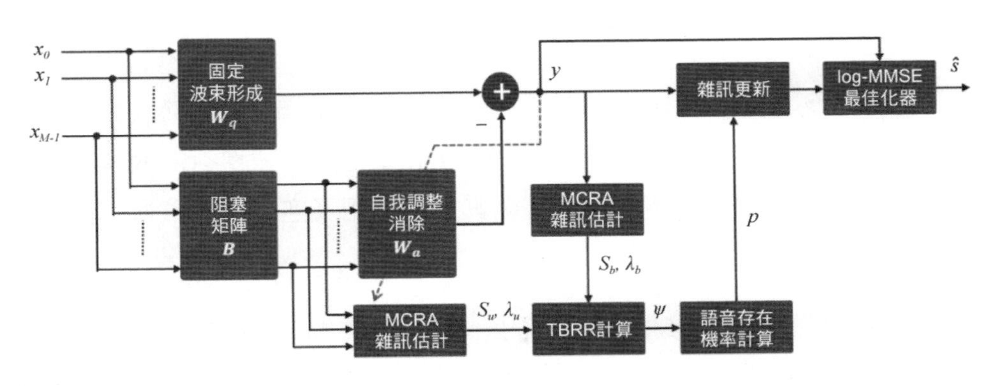

圖 3-31 GSC 與後置濾波

具體來說，先定義一個 TBRR（Transient Beam-to-Reference Ratio，瞬態波束參考比），具體定義如下：

$$\psi_k = \frac{\max\left(S_{b,k} - \lambda_{b,k}\right)}{\max\left(S_{u,k} - \lambda_{u,k}, \epsilon \lambda_{b,k}\right)}$$

其中，$S_{b,k}$ 和 $\lambda_{b,k}$ 是波束形成輸出訊號 y 的平滑功率譜和使用 MCRA

進行雜訊可能要到的雜訊功率譜。因此ψ_k的分子部分是波束形成輸出的語音功率譜。$S_{u,k}$和$\lambda_{u,k}$是 GSC 中由阻塞矩陣處理後得到的雜訊干擾訊號u的平滑功率譜和使用 MCRA 進行雜訊可能要到的雜訊功率譜。因此，分母部分是干擾語音功率譜。$\epsilon\lambda_{b,k}$是對分母做的一個保護，防止瞬態能量太小時估計結果出現發散。可以看到，TBRR 實際上反映了目標和干擾語音訊號的比值。當語音位於目標方向時，TBRR 值較大；當語音位於非目標方向時，TBRR 值會減小。

接下來，TBRR 可以和後驗訊號雜訊比一起用於估計先驗語音不存在機率，即 MCRA 演算法中的q_k（可見 3.3.5 節）：

$$q_k=\begin{cases}1, & \bar{\gamma}_k\leqslant\bar{\gamma}_{\text{low}} \text{ 或 } \psi_k\leqslant\psi_{\text{low}}\\ \max\left(\dfrac{\bar{\gamma}_{\text{high}}-\bar{\gamma}_k}{\bar{\gamma}_{\text{high}}-\psi_k},\dfrac{\psi_{\text{high}}-\psi_k}{\psi_{\text{high}}-\psi_{\text{low}}},0\right), & \text{其他}\end{cases}$$

其中，$\bar{\gamma}_k=|Y_k|^2/\lambda_{b,k}$是後驗訊號雜訊比，而$\bar{\gamma}_{\text{low}},\bar{\gamma}_{\text{high}},\psi_{\text{low}},\psi_{\text{high}}$分別是一組高低設定值。可以看到，和原來的 MCRA 相比，這裡估計的語音不存在機率其實是目標語音不存在機率，其充分利用了空間資訊，避免非目標方向的語音對結果造成干擾。

之後的步驟與 3.3.5 節中介紹的一樣，使用 log-MMSE 最佳化器對訊號進行逐頻點處理後，首先更新先驗訊號雜訊比估計ξ_k，然後由先驗訊號雜訊比ξ_k、後驗訊號雜訊比$\bar{\gamma}_k$、先驗語音不存在機率q_k一起來估計後驗語音存在機率p_k，最後由p_k決定雜訊更新係數α，並對雜訊進行迭代更新。

圖 3-32 展示了 R-GSC 後置濾波演算法進行波束形成處理得到的效果。該範例中使用的麥克風陣列是線性 4 麥陣列，間距為 0.035m。圖 3-32（a）展示的是處理之前的音訊波形及對應的頻譜（只展示了其中一個通道），可以看到該音訊中除了有背景雜訊，還有一個干擾使用者的語音

與目標使用者的語音混合在一起，以至於頻譜已經完全無法分開。這種人聲干擾對語音辨識是非常不利的。由圖 3-32（b）可以看到，經過波束形成和後置濾波處理後，背景雜訊和干擾語音獲得了抑制，目標使用者語音的頻譜清晰可見。在這種場景中，使用麥克風陣列和波束形成演算法可以極大地提升語音辨識的準確率。

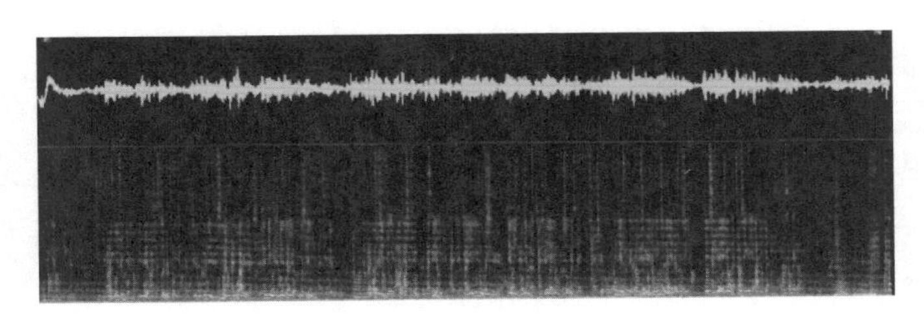

（a）處理前

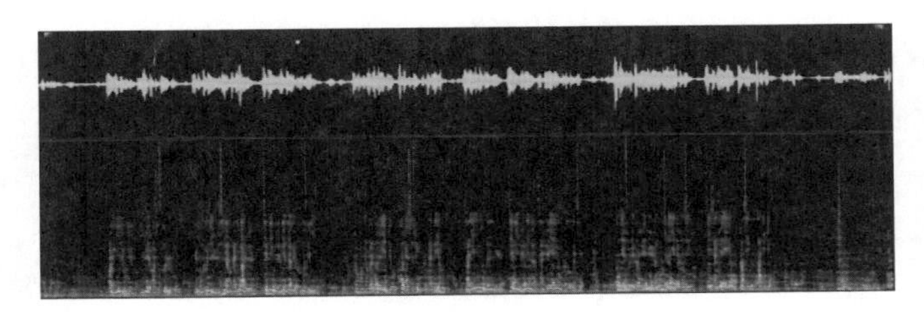

（b）處理後

圖 3-32 波束形成演算法的效果展示

3.5.6 基於神經網路的波束形成

近幾年，隨著深度學習的興起，利用神經網路進行波束形成的研究也越來越多。目前，在波束形成中引入深度學習的方式主要有以下幾類。

（1）掩膜估計與傳統方法的結合，如圖 3-33（a）所示。這類方法利用神經網路來處理傳統演算法中不太容易進行建模的雜訊估計部分，而保留數學模型比較直接的最佳化器部分。例如，Xiao 等人（Xiao，2017）提出先使用 LSTM 網路來估計原始音訊中語音和雜訊各自的掩膜，再利用該掩膜使用傳統方法比較好地估計雜訊的功率譜，並在此基礎上使用 MVDR 或 GSC 等傳統波束形成演算法對雜訊進行抑制。這種方法的優勢是對現有系統的改動較小，可以比較靈活地使用已有的技術。

（2）頻域預測波束形成權重（Li，2016；Meng，2017；Xiao，2016；Sainath，2016），如圖 3-33（b）所示。該方法不再保留傳統的波束形成模組，而是透過神經網路直接預測頻域波束形成的權重。注意，這裡的權重一般為複數，其先與輸入多通道訊號的複頻譜分別相乘後，進行求和得到頻域的波束形成結果，再經過 ISTFT 變換回時域得到最終結果。可以看到，這種方法與傳統波束形成方法（如 MVDR）一脈相承，只是將原本固定的權重計算方法改為用神經網路進行計算。前兩類方法均為頻域方法，使用的網路結構以傳統的多層 LSTM 和 DNN 為主。

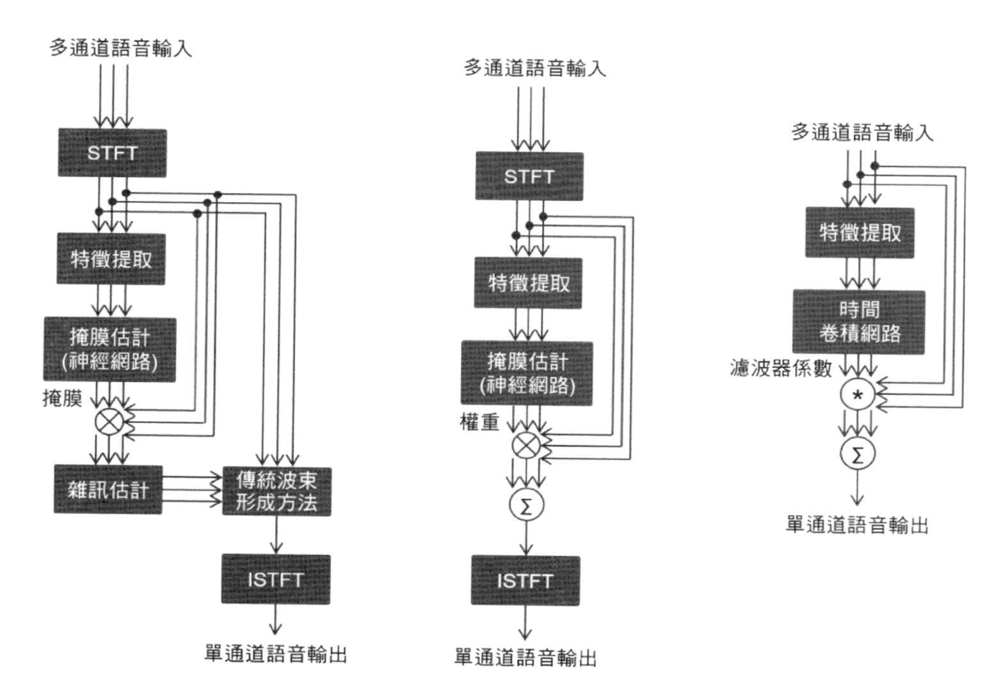

圖 3-33 基於神經網路的波束形成演算法架構

（3）時域預測波束形成濾波器係數，如圖 3-33（c）所示，典型的如 Luo 等人提出的 FasNet 演算法（Luo，2019）。它摒棄了傳統的 STFT 時頻變換，而是在時域透過 TCN（Temporal Convolution Network，時間卷積網路）直接提取訊號特徵。該網路的輸出是時域 FIR 濾波器係數，隨後其與輸入語音進行卷積濾波再求和之後得到最終輸出。可以看到，這種演算法與傳統的 Filter-Sum 波束形成的思想是類似的。對於傳統的波束形成來說，Filter-Sum 演算法和頻域的 LCMV 或 MVDR 演算法是等值的，然而對於神經網路來說，該演算法可以在模型權重更少的情況下達到與頻域演算法類似的效果。

資料的獲取是有關神經網路波束形成研究中的一個重要問題。因為神經網路的監督訓練需要成對資料（輸入特徵-標籤），對於波束形成來說，就是指原始的多通道資料和乾淨的目標語音資料。目前，資料獲取主流的方式是模擬，即先透過演算法生成的 RIR（Room Impulse Response，房間衝擊回應）來模擬各種不同殘響場景中麥克風陣列與各個位置聲源之間的傳遞函數，並與乾淨訊號及雜訊和干擾訊號分別卷積後得到麥克風陣列擷取的多通道音訊資料，隨後再加上其他不相關雜訊，得到訓練資料。與實際場景相比，模擬資料的真實性和多樣性自然是有所欠缺的，這也會使得訓練模型的泛化性能下降。如果採用真實硬體在實際場景中錄製訓練資料，一方面需要大量時間；另一方面，由於麥克風陣列的特性是與其陣型分不開的，因此所錄製的資料只能用於特定陣型的演算法訓練，很難重複使用到其他陣型上。這都是基於神經網路的波束形成演算法在商業應用中會遇到的問題。

目前，利用神經網路進行波束形成還屬於比較前端的研究，各種新方法不斷湧現，本書在此不再詳細介紹。

3.6 聲源定位

在波束形成的討論中，我們都假設聲源方向是已知的或事先設定的，然而在某些應用場景中，如智慧喇叭、智慧型機器人等，聲源的方向都是未知的或者一直在變化的，這時候就需要用到麥克風陣列的聲源定位技術。聲源定位技術可以分為定位和測向兩個層面，由於大部分語音互動應用並不需要精準定位，只需要獲得聲源方向，因此本書特別注意聲源測向，即 DOA 估計的相關技術。

DOA 估計的演算法主要分為以下幾類：

（1）先透過多通道訊號之間的相關性來估計幾個麥克風的 TDOA，隨後結合麥克風的拓撲結構即可得到 DOA。這類演算法有 GCC（Generalized Cross Correlation，廣義互相關）、LMS 等。該類演算法的優點是計算簡單，缺點是對殘響、雜訊和多聲源場景的堅固性都比較低。

（2）基於波束形成的演算法。這類演算法先將空間劃分成 N 個方向，然後在每個方向上做一次波束形成，最終輸出功率最大的方向，就是聲源的方向。這類演算法的計算複雜度稍大，但是可以適用於多聲源場景，也有一定的抗雜訊性能，典型的有 SRP-PHAT 等。

（3）基於子空間的演算法。這類演算法是一種空間譜估計法，透過將多通道訊號的協方差矩陣進行特徵值分解，建構兩個子空間，即訊號子空間和雜訊子空間，並利用訊號子空間和雜訊子空間正交的特性來搜尋聲源的角度。這類演算法通常屬於窄頻演算法，若應用到語音，則需要在多個子頻內處理並進行結果融合，計算量相對較大。這類演算法常見的有 MUSIC（Multiple Signal Classification，多重訊號分類）和 ESPRIT（Estimating Signal Parameters via Rotational Invariance Techniques，旋轉不變子空間）等。

3.6.1 GCC-PHAT

GCC-PHAT 方法透過估計麥克風之間的 TDOA 間接得到聲源的方向，由於多通道的語音訊號之間是高度相關的，因此我們很容易想到，兩路訊號之間的延遲可以從它們的互相關函數中尋找最大值來舉出。具體來說，對於兩路訊號 x_1 和 x_2，其延遲可估計為

$$\tau_{x_1x_2} = \arg\max_{\tau} R_{x_1x_2}(\tau)$$

其中，$R_{x_1x_2}(\tau) = E\left[x_1(m)x_2(m+\tau)\right]$ 是 x_1 和 x_2 的互相關函數。在實際計算中，其通常在頻域計算，以降低運算量。演算法步驟為首先透過 FFT 將 x_1 和 x_2 分別變換到頻域，然後對頻域的每一幀計算：

$$G_{x_1x_2}(\omega) = X_1(\omega)X_2^*(\omega)$$

最後透過 IFFT 將 $G_{x_1x_2}(\omega)$ 變換回時域，並進行峰值的搜尋得到延遲時間：

$$\tau_{x_1x_2} = \arg\max_{\tau} \text{IFFT}\left(X_1(\omega)X_2^*(\omega)\right)$$

由於以上演算法受雜訊和殘響的影響很大，因此實際中很少使用。為了解決這個問題，可以透過在頻域對互相關進行加權使其峰值更銳化，這就是所謂的廣義互相關演算法。將 $\varphi(\omega)$ 記為頻域的權重，GCC 的求解變為

$$\tau_{x_1x_2} = \arg\max_{\tau} \text{IFFT}\left(\varphi(\omega)X_1(\omega)X_2^*(\omega)\right)$$

研究者提出了很多不同的權重形式，最常使用的如下：

$$\varphi(\omega) = \frac{1}{\left|G_{x_1x_2}(\omega)\right|}$$

可以看到，這相當於對頻譜做了白化處理，即忽略訊號的幅度資訊，只保留通道間的相位關係，該演算法也被稱為 GCC-PHAT（General Cross Correlation - PHAse Transform，廣義互相關-相位變換）（knapp，1976），權重 $\varphi(\omega)$ 被稱為 PHAT 權重。經過白化處理之後的頻域互相關函數實際上變成了 $e^{-jw\pi f \tau_{x_1x_2}}$，對應到時域就是單純的脈衝回應。因此，我們可以認為 PHAT 權重使互相關函數變得更平滑，使延遲時間所代表的峰值更突出。

在透過 GCC 演算法求得麥克風之間的延遲時間之後，便可利用麥克風之間的拓撲結構來估計 DOA。對於線性陣列，在理想情況下，只需要兩個麥克風和一組延遲時間即可確定 180° 範圍內的 DOA，即

$$\theta = \arcsin\left(\frac{\tau_{x_1x_2}c}{d}\right)$$

其中，c 是聲速，d 是麥克風之間的距離。而對於環狀陣列，在理想情況下，只需要 3 個麥克風即可確定平面 360° 和垂直 180° 範圍內的 DOA。當麥克風的數量更多時，其組合資訊對 DOA 的估計是存在容錯的，這時可以首先在麥克風之間兩兩計算 TDOA，然後用最小平方法計算使總的 TDOA 誤差最小的 DOA。

此外，由於 GCC-PHAT 演算法是逐幀進行 DOA 的估計，在雜訊場景中，估計結果往往容易出現不穩定的跳變。為了增強其堅固性，還可以增加一些後處理來進行平滑，如卡爾曼濾波或粒子濾波等。此外，當存在多個聲源時，互相關函數多個峰值之間的干擾會導致 GCC-PHAT 演算法的性能較差。

3.6.2 基於自我調整濾波的聲源定位

另外一類基於 TDOA 的聲源定位演算法是自我調整濾波演算法（Huang，2003）。此類演算法與 GCC 演算法較為類似，不同的是，它透過自我調整濾波來估計麥克風之間的傳遞函數，取代 GCC 演算法中的互相關來進行延遲時間的估計。圖 3-34 是此類演算法的大致結構。

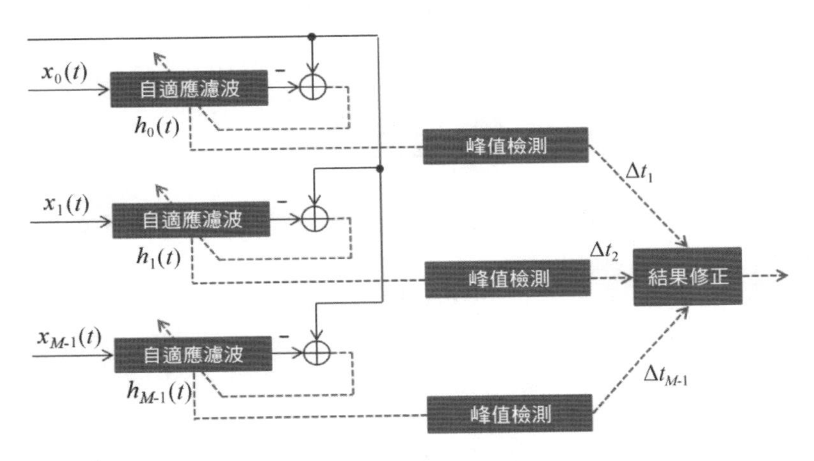

圖 3-34 基於自我調整濾波的聲源定位結構

可以看到，該類演算法首先設定一個參考麥克風，然後使用一組自我調整濾波器，分別對剩下的每個通道進行處理，並使濾波器的輸出逼近參考訊號。當濾波器收斂時，對其係數 h 進行峰值檢測，便可得到當前麥克風與參考麥克風之間的 TDOA，在將所有的 TDOA 一起進行修正之後，結合麥克風陣列的拓撲結構，即可得到 DOA。最簡單的自我調整濾波器的形式是使用 LMS 演算法，如對於通道 i，定義誤差訊號為

$$e_i(t) = x_0(t) - \boldsymbol{h}_i^{\mathrm{T}} \boldsymbol{x}_i(t)$$

那麼，LMS 演算法的更新公式為

$$\boldsymbol{h}_i(t+1) = \boldsymbol{h}_i(t) + \mu e_i(t) \boldsymbol{x}_i(t)$$

實際上，為了節省計算量，濾波器的更新通常在頻域進行。這與 AEC 中的 LMS 演算法基本是一致的。

這裡，LMS 演算法只是利用了兩兩麥克風之間的關係進行求解，最終得到的並不一定是全域最優解。針對此問題，又有學者提出 MCLMS（Multi-Channel LMS，多通道 LMS）演算法，即利用所有通道的資訊進行全域最佳化。在該演算法中，為每一個通道 i 設定一個對應的濾波器 $\boldsymbol{h}_i$，並定義如下的目標函數：

$$J = \sum_{i=0}^{M-2} \sum_{j=0}^{M-1} e_{ij}^2$$

其中，e_{ij} 是第 i 個通道和第 j 個通道之間的歸一化濾波誤差：

$$e_{ij} = \frac{\boldsymbol{h}_j^{\mathrm{T}} \boldsymbol{x}_i(t) - \boldsymbol{h}_i^{\mathrm{T}} \boldsymbol{x}_j(t)}{|\boldsymbol{h}|^2}$$

其中

$$\boldsymbol{h} = [\boldsymbol{h}_0, \boldsymbol{h}_1, \cdots, \boldsymbol{h}_{M-1}]$$

是所有濾波器的組合。同樣，該濾波器的更新過程也可以透過在頻域計算來進行加速。下面直接舉出頻域的更新方式，假設濾波器的長度為 L，首先將每個濾波器都補 L 個 0，透過 $2L$ 點的 FFT 變換到頻域：

$$\boldsymbol{H}_i = \mathrm{FFT}\begin{bmatrix} \boldsymbol{h}_i \\ 0_{L\times 1} \end{bmatrix}$$

對應的訊號則直接取歷史的 $2L$ 個採樣點並透過 FFT 變換到頻域：

$$\boldsymbol{X}_i = \mathrm{FFT}[\boldsymbol{x}_i]$$

更新訊號的平滑功率譜，用作 NLMS 演算法的學習率修正：

$$P_i = \alpha P_i + (1-\alpha) \boldsymbol{X}_i \boldsymbol{X}_i^*$$

隨後在頻域計算所有的濾波誤差：

$$E_{ij} = \begin{cases} \boldsymbol{H}_i \boldsymbol{X}_j - \boldsymbol{H}_j \boldsymbol{X}_i, & i \neq j \\ 0, & i = j \end{cases}$$

將該誤差變換回時域，並只取最後的 L 個採樣點：

$$\boldsymbol{e}_{ij} = \begin{bmatrix} 0_{L\times L} & 0_{L\times L} \\ 0_{L\times L} & \boldsymbol{I}_{L\times L} \end{bmatrix} \mathrm{IFFT}\left(E_{ij}\right)$$

這樣就完成了 NLMS 演算法的正向誤差計算。接下來進行反向係數的更新，首先在 L 個採樣點誤差的前面補 L 個 0 之後再次變換到頻域：

$$\boldsymbol{E}_{ij} = \mathrm{FFT}\begin{bmatrix} 0_{L\times 1} \\ \boldsymbol{e}_{ij} \end{bmatrix}$$

然後在頻域進行更新量的計算：

$$\boldsymbol{\Phi}_i = \sum_{j=0}^{M-1} \frac{\mu \boldsymbol{X}_j^* \boldsymbol{E}_{ij}}{P_i}$$

其中，μ / P_i 是歸一化的學習率。再將更新量變換回時域，只保留前面 L 個採樣點，並更新到每一個小區塊的濾波器係數上：

$$\boldsymbol{h}_i\left(t+1\right) = \boldsymbol{h}_i\left(t\right) + \begin{bmatrix} \boldsymbol{I}_{L\times L} & 0_{L\times L} \\ 0_{L\times L} & 0_{L\times L} \end{bmatrix} \mathrm{IFFT}\left(\boldsymbol{\Phi}_i\right)$$

最後為濾波器加上歸一化的約束：

$$\boldsymbol{h}_i\left(t+1\right) = \frac{\boldsymbol{h}_i\left(t+1\right)}{\left|\boldsymbol{h}_i\left(t+1\right)\right|^2}$$

基於自我調整濾波的聲源定位演算法和 GCC 演算法的共同點是都由

TDOA 估計 DOA。自我調整濾波方法的優點是結果比 GCC 演算法穩定，不容易受雜訊干擾而發生結果的突變；缺點是針對聲源快速移動或跳變的場景，自我調整濾波器的追蹤收斂需要時間，定位時間較長。

3.6.3 SRP-PHAT

SRP-PHAT（Steered Response Power - PHAse Transform，可控回應功率-相位變換）是一種利用波束在空間遍歷所有可能的方向，並且選擇其中能量最強的方向的定位演算法。由於該演算法對殘響環境有較強的堅固性，並且對陣型分佈沒有要求，因此獲得了廣泛的應用。注意，其和 GCC-PHAT 一樣都使用了相位變換，也就是透過對頻域幅度的白化來提升演算法效果。首先定義第 i 個麥克風和第 j 個麥克風之間的 SRP：

$$R_{ij}(\theta)=\frac{1}{K}\sum_{k=0}^{K-1}\frac{X_i(\omega_k)X_j^*(\omega_k)}{\left|X_i(\omega_k)X_j^*(\omega_k)\right|}\mathrm{e}^{j\omega_k\tau_{ij}(\theta)}$$

該值是 θ 的函數，其中 K 是頻點總數，$\tau_{ij}(\theta)$ 表示兩個麥克風在角度為 θ 時的 TDOA，分母部分的 $\left|X_i(\omega_k)X_j^*(\omega_k)\right|$ 是和 GCC-PHAT 中一樣的權重。可以看到，該值實際上等值於將白化的兩路訊號基於 TDOA 進行時間對齊後得到的互相關。易知，如果該 θ 剛好等於真實的 DOA，則 $R_{ij}(\theta)$ 可以取得最大值。然後將 $R_{ij}(\theta)$ 在所有可能的麥克風對之間累加，得到 SRP-PHAT 函數：

$$P(\theta)=\sum_{i=0}^{M-2}\sum_{j=i+1}^{M-1}R_{ij}(\theta)$$

對於所有可能的 θ，計算 $P(\theta)$ 並尋找最大值，就獲得了聲源方向的估計：

$$\hat{\theta}=\arg\max_{\theta\in Q}P(\theta)$$

其中，Q是搜尋空間。易知，Q的大小對該演算法的計算量有很大影響，需結合實際場景的精度要求選擇合適的值。

3.6.4 子空間聲源定位演算法

下面介紹子空間聲源定位演算法中比較常見的 MUSIC 演算法。

首先建構窄頻訊號模型：

$$\boldsymbol{x}(t)=[\boldsymbol{a}_{\theta_1},\boldsymbol{a}_{\theta_2},\cdots,\boldsymbol{a}_{\theta_M}]\boldsymbol{s}(t)+\boldsymbol{n}(t)=\boldsymbol{A}\boldsymbol{s}(t)+\boldsymbol{n}(t)$$

其中，$\boldsymbol{s}(t)$是源訊號，$\boldsymbol{a}_{\theta_1},\boldsymbol{a}_{\theta_2},\cdots,\boldsymbol{a}_{\theta_M}$ 分別是 M 個麥克風在角度 θ 上的導向向量。然後假設源訊號 $\boldsymbol{s}(t)$ 和雜訊 $\boldsymbol{n}(t)$ 不相關，並且雜訊場不相關，則 $\boldsymbol{x}(t)$ 的協方差為

$$\boldsymbol{R}_{xx}=\boldsymbol{A}\boldsymbol{R}_{ss}\boldsymbol{A}^H+\boldsymbol{R}_{nn}=\boldsymbol{A}\boldsymbol{R}_{ss}\boldsymbol{A}^H+\sigma^2\boldsymbol{I}$$

在語音訊號遠大於雜訊的情況下，即忽略雜訊，可以認為 $\boldsymbol{R}_{xx}$ 的秩等於聲源的個數 D，且 $D<M$：

$$\operatorname{rank}(\boldsymbol{R}_{xx})=D$$

那麼，考慮 $\boldsymbol{R}_{xx}$ 的特徵值：

$$V=[\boldsymbol{v}_1,\boldsymbol{v}_2,\cdots,\boldsymbol{v}_M]=\operatorname{eig}(\boldsymbol{R}_{xx})$$

可以知道前 D 個較大的特徵值張成訊號子空間，而後 $M-D$ 個較小的特徵值張成雜訊子空間：

$$\boldsymbol{E}_n=[\boldsymbol{v}_{D+1},\boldsymbol{v}_{D+2},\cdots,\boldsymbol{v}_M]$$

再根據訊號和雜訊不相關的假設，我們有

$$\boldsymbol{A}^H\boldsymbol{E}_n=0$$

這便為我們估計 $\boldsymbol{A}$ 以至 θ 提供了理論依據。具體來說，定義如下引數為 θ 的代價函數：

$$P_{mu}(\theta) = \frac{1}{a^H(\theta)\boldsymbol{E}_n\boldsymbol{E}_n^H a(\theta)}$$

那麼，與 SRP-PHAT 演算法類似，只需要尋找使 $P_{mu}(\theta)$ 最大的 θ 值，便可得到 DOA 的估計：

$$\hat{\theta} = \arg\max_{\theta \in Q} P_{mu}(\theta)$$

其中，Q 是搜尋空間。

另一個被廣泛使用的子空間聲源定位演算法是 ESPRIT 演算法。該演算法首先將個數為 $2M$ 的麥克風陣列分為兩個子陣列，每個的長度分別為 M。然後估計兩個子陣列之間的延遲。例如，假設考慮一個線性 6 麥陣列，其麥克風編號分別為 1，2，3，4，5，6，則可行的子陣列劃分有 1，2，3，4，5 和 2，3，4，5，6；1，2，3，4 和 3，4，5，6；1，2，3 和 4，5，6 等，分別對兩個子陣列建立訊號模型：

$$\boldsymbol{x}_1(t) = \boldsymbol{A}\boldsymbol{s}(t) + \boldsymbol{n}_1(t)$$

$$\boldsymbol{x}_2(t) = \boldsymbol{A}\boldsymbol{\Phi}\boldsymbol{s}(t) + \boldsymbol{n}_2(t)$$

其中，$\boldsymbol{\Phi}$ 就是我們要估計的延遲。按照理想模型，兩個子陣列之間只有延遲，故 $\boldsymbol{\Phi}$ 可表示為

$$\boldsymbol{\Phi} = \text{diag}\left\{ \mathrm{e}^{j\psi_1}, \mathrm{e}^{j\psi_2}, \ldots, \mathrm{e}^{j\psi_M} \right\}$$

其中

$$\psi_i = 2\pi f \tau_i$$

是兩個通道之間的延遲所對應的相位差。由於 $\mathbf{\Phi}$ 可以等效為複平面的旋轉，因此被稱為旋轉運算元。接下來，首先估計兩組訊號的協方差：

$$\boldsymbol{R}_{11} = E\left(\boldsymbol{X}_1\boldsymbol{X}_1^H\right)$$

$$\boldsymbol{R}_{22} = E\left(\boldsymbol{X}_2\boldsymbol{X}_2^H\right)$$

然後將 $\boldsymbol{R}_{11}$ 和 $\boldsymbol{R}_{22}$ 分別進行特徵值分解，得到對應的訊號子空間 $\boldsymbol{E}_1$ 和 $\boldsymbol{E}_2$：

$$\boldsymbol{E}_1 = \mathrm{eig}\left(\boldsymbol{R}_{11}\right)$$

$$\boldsymbol{E}_2 = \mathrm{eig}\left(\boldsymbol{R}_{22}\right)$$

定義 $2M \times 2M$ 的矩陣：

$$\boldsymbol{C} = \begin{bmatrix} \boldsymbol{E}_1^H \\ \boldsymbol{E}_2^H \end{bmatrix} \begin{bmatrix} \boldsymbol{E}_1 & \boldsymbol{E}_2 \end{bmatrix}$$

再次進行特徵值分解，並將其分為四塊 $M \times M$ 的矩陣：

$$\boldsymbol{E}_C = \mathrm{eig}(\boldsymbol{C}) = \begin{bmatrix} \boldsymbol{E}_{11} & \boldsymbol{E}_{12} \\ \boldsymbol{E}_{21} & \boldsymbol{E}_{22} \end{bmatrix}$$

則可得到 $\mathbf{\Phi}$ 的估計：

$$\mathbf{\Phi} = -\boldsymbol{E}_{12}\boldsymbol{E}_{22}^{-1}$$

隨後根據 $\mathbf{\Phi}$ 便可得到對應的 TDOA 和 DOA。

子空間演算法的抗雜訊性能較強，且解析度高，但是這類演算法通常屬於窄頻演算法，若應用到語音，需要在多個子頻內處理並進行結果融合。

3.6.5 基於神經網路的聲源定位

近幾年，也有一些使用神經網路來進行聲源定位的研究。比較早的研究是 Xiao 等人提出的一種基於 GCC 輸入的 DOA 估計演算法（Xiao，2015）。和傳統 GCC 演算法不同的是，它不再透過 TDOA 來估計 DOA，而是直接利用神經網路進行點對點的 DOA 判別。該網路針對環狀 8 麥陣列，首先針對所有麥克風，每兩個一對計算 GCC，共有 $C_8^2 = 28$ 對麥克風。然後根據麥克風之間的距離所決定的最大延遲，每一個 GCC 保留各 10 個左右的採樣點，共 21 個採樣點，這樣得到588（$28 \times 21 = 588$）維的 GCC 特徵，作為神經網路的輸入。該演算法將 DOA 問題看作分類問題進行訓練，透過神經網路來學習角度和 GCC 特徵之間的關係，其輸出層是 360 維的 Softmax 層，每一類分別對應一個角度，範圍是從 0 到 359°。該網路僅使用了全連接網路，並沒有充分利用時域上多幀之間的前後關係。針對此問題，後續有其他學者使用 LSTM，CRNN 等網路結構，嘗試利用前後幀的關係來獲得更具堅固性的定位結果。

和波束形成類似的是，基於神經網路的聲源定位演算法研究很大程度上也受限於訓練資料。目前，大多數研究還是使用 RIR 來生成模擬的麥克風陣列資料，而不同陣列的特性及實際使用環境的複雜性使得實采資料的使用範圍只能被限制在特定場景中。目前，針對神經網路聲源定位演算法的研究還不是特別多，相信未來會有更廣闊的發展空間。

3.7 其他未盡話題

除此之外，還有一些其他前端處理演算法，由於它們尚未在商用產品中得到廣泛使用，這裡只做簡單介紹。

1. 去殘響

所謂殘響，是指在聲音訊號擷取或錄製的情況下，傳聲器除了接收所需要的聲源發射聲波直接到達的部分，還會接收聲源發出的、經過其他途徑傳遞而到達的聲波。在聲學上，延遲時間達到 50ms 以上的反射波被稱為回音，其餘的反射波產生的效應被稱為殘響，殘響現象會對期望聲訊號的接收效果產生影響。當完全沒有殘響時，聲音聽上去是非常「乾」的，適度的殘響可以使語音或者音樂變得更加動聽。但在許多場合中，殘響往往會帶來干擾，導致聲學接收系統的性能變差。對於語音辨識場景來說，儘管語音辨識模型有一定的抗殘響能力，但是如果殘響嚴重到一定的程度，語音辨識的準確率就會受到影響。評價殘響程度的主要指標是 T60，它指的是從聲源停止發聲開始，直到聲壓級衰減 60dB 為止需要的時間。在音樂廳等需要殘響的場合中，T60 往往可以達到 1 秒以上，而對於語音辨識來說，需要 T60 儘量小。使用麥克風陣列和波束形成對殘響有一定的抑制作用，因為可以抑制大部分非目標方向來的反射回波。然而在殘響嚴重的場景中，還需要一種額外的去殘響演算法來進一步抑制訊號中的殘響。

常見的去殘響演算法包括譜減法、逆濾波、WPE（Weighted Prediction Error，加權預測誤差）（Yoshioka，2012）、CDR（Coherent-to-Diffuse power ratio，相關擴散功率比）（Schwarz，2015）等。其中，譜減法和逆濾波比較容易造成語音訊號的失真，一般在語音辨識系統中不被採用。而 WPE 演算法在文獻中被證明可以有效地提升殘響場景下的辨識率。WPE 演算法的基本思路是採用線性預測，透過歷史訊號對當前訊號中的殘響成分進行建模，並設計一個最優的濾波器將它從當前訊號中減去。最原始的WPE 演算法是單通道且離線執行的，並不適用於實際的即時互動系統。隨後，作者提出了該演算法的線上迭代版本，可以逐幀即時執行。此外，作者還提出了多通道版本的 WPE 演算法，利用麥克風陣列的空間資訊，可以取得更好的效果。此外，還有相關研究將 WPE 演算法插入 MVDR 波束形成演算法中，在測試資料集上取得了比兩種演算法串聯更好的效果。目前，WPE 演算法主要還是活躍在學術界，相信不久就可以在商用產品中得到廣泛的應用。

2. 盲訊號分離

目前，主流的應對雞尾酒會效應的方法依然是麥克風陣列和波束形成，透過空間濾波來實現某種程度上的分離效果。然而，對於盲訊號分離的研究依然是有意義的。例如，對於干擾和目標語音訊號位於同一個方向，甚至同一個位置的場景，空間濾波方法便會故障。另外，盲訊號分離演算法可以應用在單通道的場景中，如語音通話等。目前，對盲訊號分離的學術研究主要集中在神經網路的方法上，並且已經有一些模型取得了超越傳統訊號處理演算法的水準。此外，近幾年還出現了一些新的方向。例如，在盲訊號分離的基礎上，透過額外輸入一個事先提取好的聲紋特徵資訊，可以實現從混合語音中提取特定語者語音的效果，這被稱為語者取出（Speaker Extraction）。它很適合被用在個人裝置上，如手機。此外，也有一些將盲訊號分離和波束形成結合起來的研究，其不僅能實現聲源的分離，還能利用空間濾波對每個聲源分別進行增強。在神經網路高速發展的今天，盲訊號分離的效果也在不斷地進步，相信在不久的將來，我們可以看到激動人心的成果出現，以便讓這項技術廣泛地應用到各類語音互動產品中。

3.8 本章小結

本章主要介紹了語音前端處理的模組和方法，包含語音活動檢測、單通道降噪、回音消除、麥克風陣列和波束形成、聲源定位等。在複雜的使用場景中，使用以上這些模組可以有效地去除語音訊號中的雜訊、回音、干擾和殘響，提升主觀聽感，提高語音辨識的準確率。對於大部分處理模組，均介紹了從簡單到複雜的幾種不同演算法，以及它們適用的場景。除了傳統訊號處理演算法，當前還有很多使用深度學習來進行語音前端處理的研究，很多模型有取代傳統演算法的潛力，或對傳統演算法造成很好的補充。

Chapter

04

語音辨識原理

本章將介紹語音辨識基本原理，包括聲學特徵提取、聲學模型、語言模型、解碼器，以及點對點語音辨識相關概念。

假設 $\boldsymbol{X}=\{\boldsymbol{x}_1,\boldsymbol{x}_2\cdots,\boldsymbol{x}_T\}$ 是一段經過訊號處理的語音特徵序列，$\boldsymbol{W}=\{\boldsymbol{w}_1,\boldsymbol{w}_2\ldots,\boldsymbol{w}_N\}$ 是文字序列，那麼語音辨識任務就可以描述為輸入一個語音特徵序列 $\boldsymbol{X}$ ，找到一個可能性最大的文字序列 W^* ：

$$W^*=\arg\max_{w} P(\boldsymbol{W}|\boldsymbol{X})$$

其中，條件機率 $P(\boldsymbol{W}\mid\boldsymbol{X})$ 是後驗（Posterior）機率，而整個語音辨識技術要做的就是基於一定的訓練樣本，準確地估計出這個機率。利用貝氏公式，可以得到：

$$\begin{aligned}P(\boldsymbol{W}|\boldsymbol{X})&=\frac{P(\boldsymbol{X}|\boldsymbol{W})P(\boldsymbol{W})}{P(\boldsymbol{X})}\\&\approx P(\boldsymbol{X}|\boldsymbol{W})P(\boldsymbol{W})\end{aligned} \tag{4-1}$$

$$\begin{aligned}W^*&=\arg\max_{w} P(\boldsymbol{X}|\boldsymbol{W})P(\boldsymbol{W})\\&\equiv\arg\max_{w}\left[\log P(\boldsymbol{X}|\boldsymbol{W})+\alpha\log P(\boldsymbol{W})\right]\end{aligned}$$

在上述推導中，$P(X)$與$P(W)$無關，可以忽略。條件機率$\log P(X|W)$表示似然（Likelihood），$\alpha\log P(W)$表示這個文字序列的加權先驗（Prior）機率，argmax 可以視為搜尋最大機率的過程，它們分別對應聲學模型（Acoustic Model）、語言模型（Language Model）和解碼器（Decoder）。這三個模組是目前主流語音辨識技術（GMM-HMM、DNN-HMM、點對點 ASR 等）的核心。需要注意的是，GMM 為生成式模型，直接輸出似然；DNN 為判別式模型，因為其對狀態等級的後驗機率建模，所以輸出結果理論上還需要進行轉換。這兩種演算法的框架如圖 4-1 所示，虛線部分表示模組是非必備的。需要注意的是，雖然在點對點 ASR 中語言模型也不是必需的，但其對整體性能的提升是顯著的。本章會對上述流程中的方法逐一介紹。

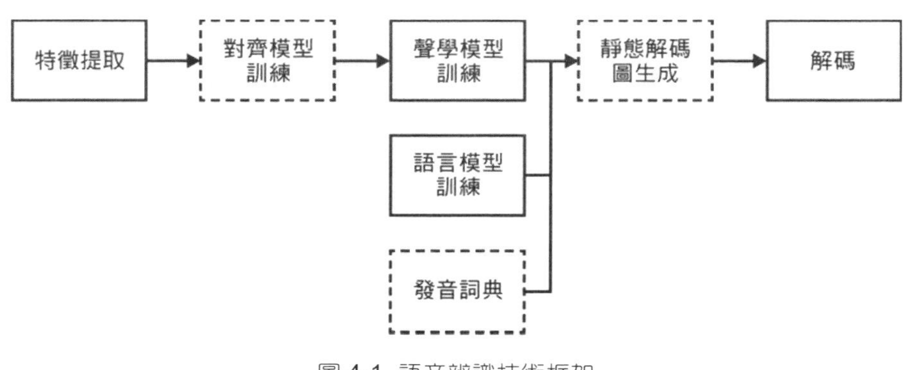

圖 4-1 語音辨識技術框架

4.1 特徵提取

4.1.1 特徵前置處理

在傳統機器學習系統中，特徵提取的效果直接影響模型的準確率，而在深度學習中，特徵提取仍然是一個非常重要的環節。由於原始的語音訊號在時間維度上容錯較多且序列長度太長，對神經網路的辨識速度提出了較高的要求，因此，在模型訓練之前仍然需要進行特徵提取。語音辨識中的特徵主要根據人耳的聽覺特性來設計，一般需要圖 4-2 所示的前置處理。

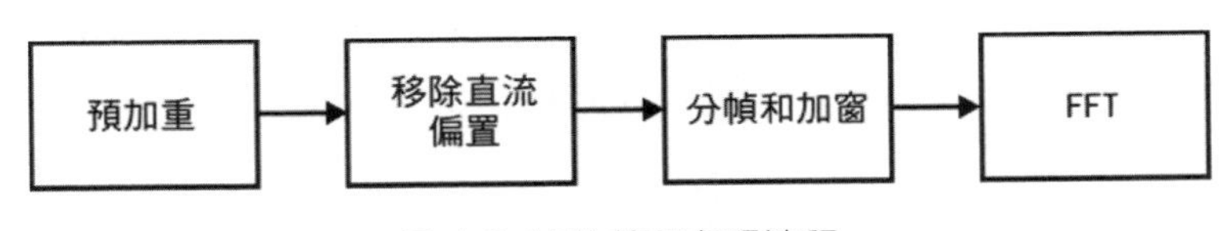

圖 4-2 特徵前置處理流程

1. 預強調和移除直流偏置

預強調（Pre-emphasis）是一種在發送端事先對發送訊號的高頻分量進行補償的方法。人在發出聲音時，聲波從口和唇部向外輻射，口唇輻射會帶來一定的能量損耗。研究表明，這些能量損耗在高頻較為明顯，在處理語音訊號時，通常用一個一階高通濾波器 $R(z)=1-rz^{-1}$（複頻域表示）來實現預強調，若 $x(n)$ 是當前輸入序列，則預強調後的時域序列可以表示為

$$Y(n)=x(n)-ax(n-1)$$

其中，a 是預強調係數，一般在 0.9 到 1.0 之間。

因為直流往往分量較大，容易造成語音訊號高頻部分不清晰，所以通常也要移除直流偏置。

2. 分幀和加窗

由於人在說話時聲道一直處於變化狀態，因此實際產生的語音訊號可以被看作線性時變訊號。為了利用訊號處理方法對這些訊號進行分析，一般認為語音訊號在 10～30ms 內是短時平穩的，後續的分析都建立在該假

設條件下。音訊訊號在進入語音辨識系統時，首先需要進行分幀和加窗。如下式所示，W 表示窗函數，s 表示訊號源。

$$y[n]=W[n]s[n]$$

最簡單的窗函數是矩形窗，假設一段取樣速率為 16kHz 的音訊，幀長為 25ms，即 400 個採樣點，則矩形窗時域表示如圖 4-3 所示：

$$W(n)=\begin{cases}1, & 0\leqslant n\leqslant N-1\\ 0, & \text{其他}\end{cases}$$

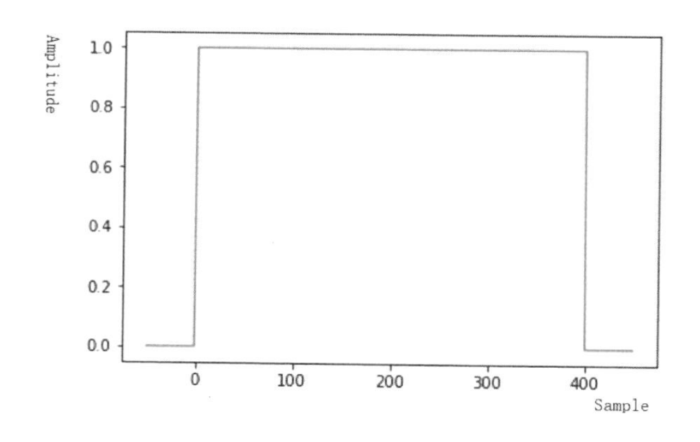

圖 4-3 矩形窗時域表示

由於 FFT 假設離散時間序列可以精確地在整個時域進行週期延拓，實際的截斷序列的長度不可能是訊號週期的整數倍，因此給定頻率分量會洩漏到相鄰的頻點，在結果中引入誤差，這被稱為頻譜洩漏，而選擇合適的窗函數可以減輕頻譜洩漏。在語音辨識中，常見的幾種窗函數如下。

漢明（Hamming）窗：

$$w(n)=\begin{cases}0.54-0.46\cos\dfrac{2\pi n}{N-1}, & 0\leqslant n\leqslant N-1\\ 0, & \text{其他}\end{cases}$$

漢寧（Hanning）窗：

$$w(n)=\begin{cases}0.5-0.5\cos\dfrac{2\pi n}{N-1}, & 0\leqslant n\leqslant N-1\\ 0, & \text{其他}\end{cases}$$

正弦（Sine）窗：

$$w(n)=\begin{cases}\sin\dfrac{\pi n}{N-1}, & 0\leqslant n\leqslant N-1\\ 0, & \text{其他}\end{cases}$$

布萊克曼（Blackman）窗：

$$w(n)=\begin{cases}0.42-0.5\cos\left[\dfrac{2\pi n}{N-1}\right]+0.08\cos\left[\dfrac{4\pi n}{N-1}\right], & 0\leqslant n\leqslant N-1\\ 0, & \text{其他}\end{cases}$$

它們對應的函數時域表示，如圖 4-4 所示。

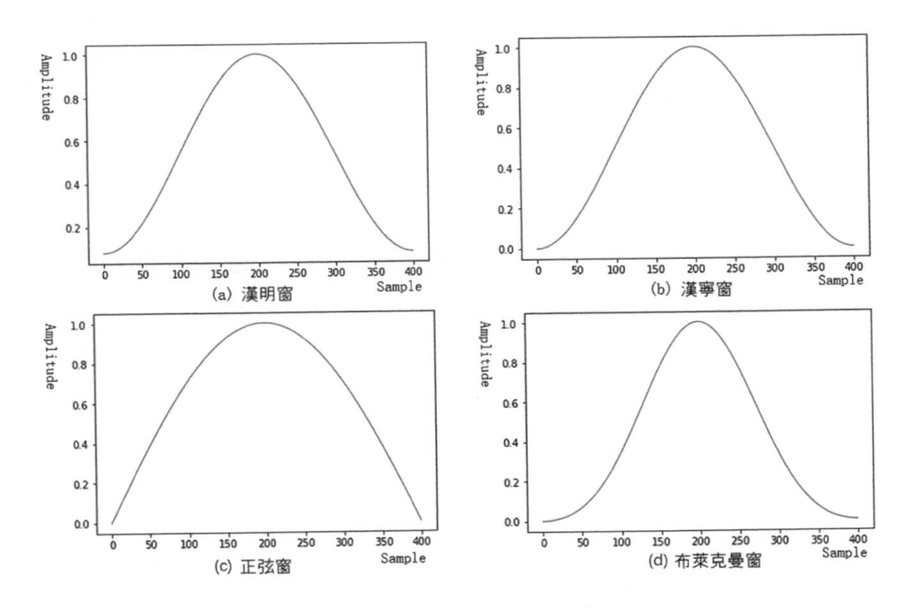

圖 4-4　幾種常見函數時域表示

考慮到，語音辨識中的一個音素或者更細細微性的建模單位可能被劃分在兩幀中，一般在加窗時，會疊加一定的重疊（overlap），保證語音資訊不被錯誤地分割。在取樣速率為 16kHz 時，通常選擇 25ms 作為一幀的長度，10ms 作為幀移。這樣，相鄰幀之間就有 15ms 的重合。

3. DFT&FFT

由於語音的感知過程得益於人類聽覺系統的頻譜分析功能，故一般會對語音訊號進行頻譜分析，來更好地獲取其中所蘊含的資訊。傅立葉轉換是一種常用的頻譜分析方法。在語音辨識任務中，由於音訊資料以離散形式儲存，因此一般會使用 DFT 把時域訊號變換為頻域，FFT 是 DFT 的一種快速實現方式。FFT 只反映了訊號的頻域特性，沒有反映語音訊號在時域上的變化。因此一般使用 STFT 對加窗後的每一幀訊號逐段進行傅立葉轉換。

4.1.2 常見的語音特徵

常見的用於語音任務的特徵包括以下幾種：

1. 原始波形

得益於神經網路技術的發展，近年來有一些研究在聲學建模時直接輸入原始的時域訊號（Ravanelli, 2018; Collobert, 2016; Zeghidour, 2018），它們認為透過時域原始波形的輸入，神經網路能夠更好地學習到隱藏在訊號中的語音特徵。

2. 語譜圖

在對時域訊號進行短時傅立葉轉換後，把每一幀的頻譜取正頻率拼接起來，就獲得了語譜圖（Spectragram）。語譜圖的水平座標是時間（幀編號），垂直座標是頻率，座標值為能量。由於語譜圖把一維的聲音訊號轉換為二維，因此可以借用影像的方式進行處理，圖 4-5 為語譜圖範例。

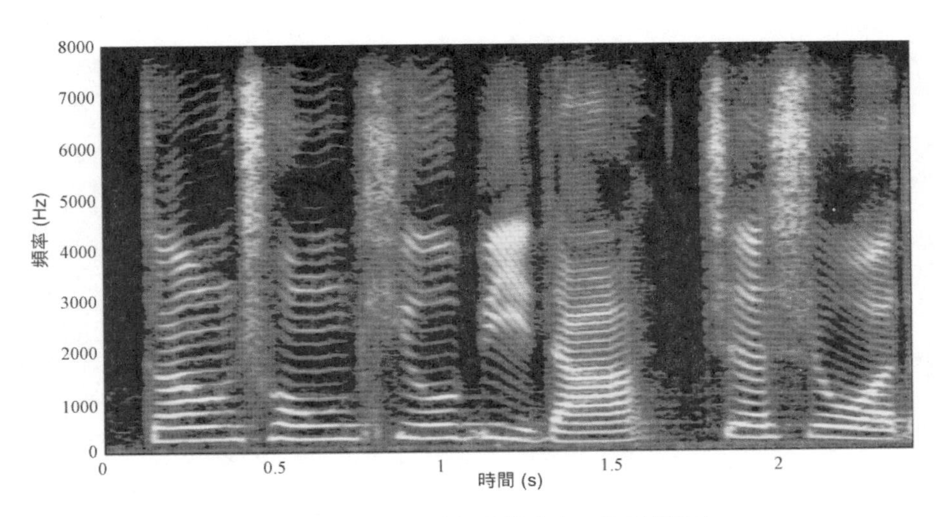

圖 4-5 語譜圖範例（顏色越亮表示能量越強）

3. fbank

fbank 指 Log-mel filter bank。研究表明，人耳對聲音的頻率回應是非線性的，一般採用 Mel 刻度[1]模擬人耳的聽覺特性，如圖 2-5 所示。Mel 刻度和頻率相互轉換的經驗公式如下：

$$F_{\mathrm{Mel}}(f)=2595\log\left(1+\frac{f}{700}\right) \tag{4-2}$$

$$F(f_{\mathrm{Mel}})=700\left(10^{\frac{f_{\mathrm{Mel}}}{2595}}-1\right)$$

1 除了 Mel 刻度，還有其他的非線性刻度，如 Bark 刻度和 ERB 刻度，都用來描述頻率感知的非線性變換。

而在語譜圖的基礎上，應用一個三角形的帶通濾波器組（Mel Filter Bank）就能得到變換為 Mel 刻度的 fbank 特徵，如圖 4-6 所示。使用三角帶通濾波器主要有三個目的：對頻譜進行平滑、消除諧波凸顯共振峰及減小計算量。

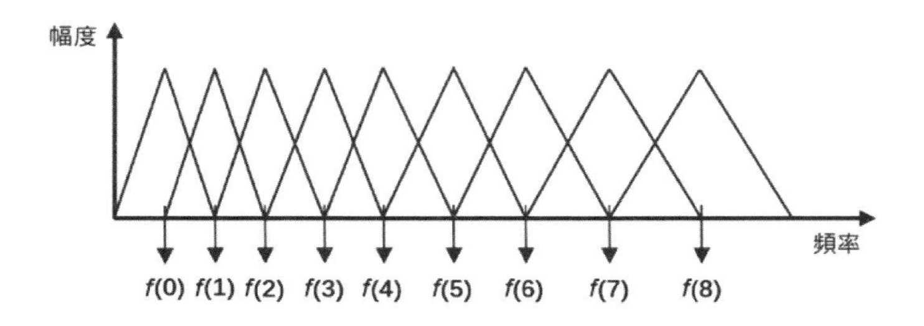

圖 4-6 Mel 濾波器組

Mel 濾波器組中第 m 個三角濾波器的定義如下：

$$H_m(k)=\begin{cases}0, & k<f(m-1)\\ \dfrac{k-f(m-1)}{f(m)-f(m-1)}, & f(m-1)\leqslant k\leqslant f(m)\\ \dfrac{f(m+1)-k}{f(m+1)-f(m)}, & f(m)\leqslant k\leqslant f(m+1)\\ 0, & k>f(m+1)\end{cases}$$

其中，$f(m)$為中心頻點的頻率。要計算$f(m)$，首先需要在 Mel 頻率上按照設定的濾波器個數進行均勻切分，得到每個濾波器的 Mel 中心頻率，再根據式（4-2）逆變換為中心頻率，如式（4-3）和（4-4）所示。

$$f_{\text{mel}}(m)=F_{\text{mel}}(f_{\text{low}})+m\cdot\frac{F_{\text{mel}}(f_{\text{high}})-F_{\text{mel}}(f_{\text{low}})}{M+1} \tag{4-3}$$

$$f(m)=\frac{N}{f_s}\cdot F\left(f_{\text{mel}}(m)\right) \tag{4-4}$$

其中，N 為 FFT 的點數，f_s 是採樣頻率，f_{high} 和 f_{low} 分別表示濾波器組的上、下截止頻率。對輸入訊號進行 Mel 濾波後，再取對數，就獲得了 fbank 特徵，取對數可以放大低能量處的能量差異，也是計算倒譜的前提。

4. MFCC

MFCC 是梅爾頻率倒譜系數（Mel-Frequency Cepstrum Coefficient）的簡稱。透過 Mel 濾波器得到的 fbank 特徵之間是高度相關的，在對音素進行聲學建模時，需要進行倒譜計算消除其相關性，從而得到語義成分含量更大的包絡。對 fbank 特徵應用 DCT（Discrete Cosine Transform，離散餘弦變換），即可得到濾波器組係數的去相關壓縮表示：

$$\mathrm{C}(k)=c(k)\sum_{n=0}^{N-1}x(n)\cos\left(\frac{\pi(n+0.5)k}{N}\right),\ k=1,2,\cdots,K$$

$$c(k)=\begin{cases}\sqrt{\dfrac{1}{N}}, & k=0\\ \sqrt{\dfrac{2}{N}}, & 其他\end{cases}$$

其中，K 表示最終得到的 K 個 MFCC 係數。

在使用 GMM 聲學模型時，由於模型表徵能力的不足，因此更多地使用低維度 MFCC（2～12 個）作為特徵。但是在神經網路替代 GMM 作為聲學模型後，因其強大的擬合能力，應用 DCT 做線性變化的意義不大且神經網路對高頻資訊的利用也更加充分，因此 fbank 特徵逐漸成為語音辨識中特徵提取的主流選擇。此外，對 MFCC 特徵做一階和二階差分，也可以得到對應的動態特徵，具體參見 4.2.7 節。

5. PLP

PLP（Perceptual Linear Predictive，感知線性預測）係數也是一種透

過倒譜分析得到的特徵，其在以下三點模仿了人耳的聽覺機制。

（1）臨界頻帶分析處理。

（2）等響度曲線預強調。

（3）訊號強度-聽覺響度變換。

與 MFCC 不同的是，輸入訊號首先經過 Bark 濾波器組，接著進行等響度預強調、求立方根（對強度進行等響度壓縮），再進行傅立葉逆變換，最後經過線性預測得到 PLP 係數，如圖 4-7 所示。

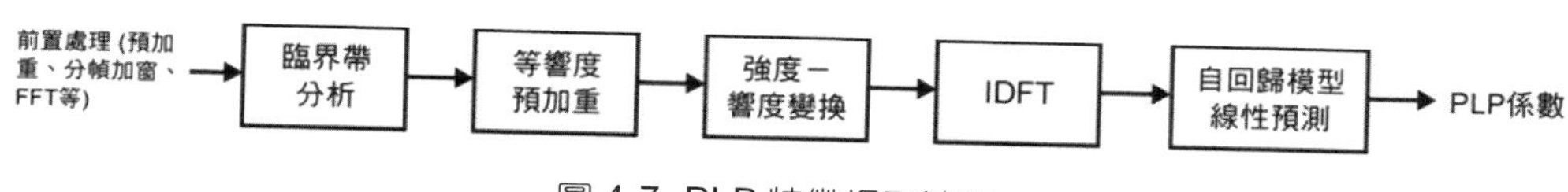

圖 4-7 PLP 特徵提取流程

6. Gammatone 濾波器組

Gammatone 濾波器組（Aertosen，1980）是一組用來模擬耳蝸頻率分解特點的濾波器模型，比 Mel 濾波器更加精細，同時也帶來了更大的計算量。Gammatone 濾波器組的頻率回應如圖 4-8 所示，在低頻處的解析度高，在高頻處的解析度低。

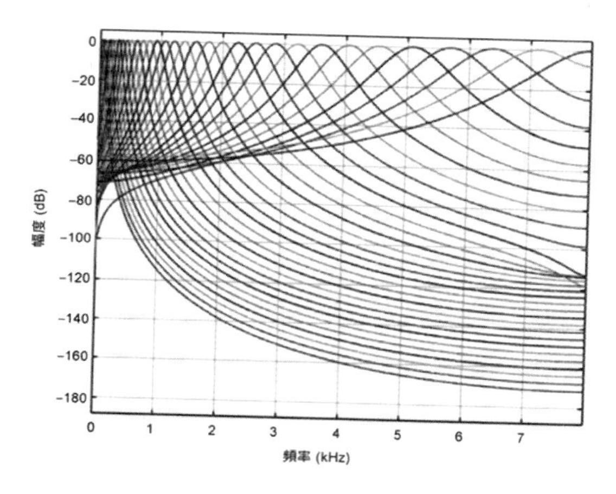

圖 4-8 Gammatone 濾波器組的頻率回應

7. 基音

人在發濁音時，聲帶每開合一次會出現明顯的週期性震動，這種現象一般用基音週期來表示，其倒數就是基音頻率，基音週期的變化被稱為聲調。對於有聲調語言的語音辨識來說，基音的估計非常重要。因為漢語中有陰平、陽平、上聲、去聲四個聲調，一般也會使用基音特徵作為語音辨識的輸入。基音週期的估計方法一般分為三種，如表 4-1 所示。

表 4-1 基音週期估計方法

方法類型	特點	常見方法
時域估計法	直接由語音的時域波形來估計基音週期	過零率法、自相關法、AMDF、資料減少法等
變換法	將時域訊號變換到頻域或者倒譜域，利用同態分析的方法消除聲道的影響	倒譜分析、頻率極值點檢測等
混合法	上述兩種方法外的其他方法，一般會同時結合時域和頻域方法	即時頻率法、簡化逆濾波法

除了上述常見特徵，由於不同音訊的錄製通道存在差異，因此一般會採用歸一化方法來處理提取到的特徵。常見的歸一化方法有 CMVN 和 VTLN 兩種。

8. CMVN

CMVN（Cepstral Mean and Variance Normalization，倒譜均值和方差歸一化）是一種常見的特徵歸一化和消除通道差異的方法。這種方法會計算提取的 MFCC 減去統計的均值並除以方差的平方根，即標準差。若給定一個訊號 $x(n)$，其在 T 時間內的倒譜向量 $\boldsymbol{C}=\{\boldsymbol{c}_1,\boldsymbol{c}_2,\cdots,\boldsymbol{c}_T\}$，則這些向量的平均值 $\bar{\boldsymbol{c}}$ 和方差 $\boldsymbol{V}^2$ 為

$$\overline{\boldsymbol{c}}=\frac{1}{T}\sum_{t=1}^{T}\boldsymbol{c}_t$$

$$\boldsymbol{V}^2=\frac{1}{T}\sum_{t=1}^{T}\left(\boldsymbol{c}_t-\overline{\boldsymbol{c}}\right)^2$$

將每個 $\boldsymbol{c}_t$ 減去 $\overline{\boldsymbol{c}}$ 並除以標準差 $\boldsymbol{V}$ ，就可以得到歸一化後的倒譜向量：

$$\hat{\boldsymbol{c}}=\frac{\boldsymbol{c}_t-\overline{\boldsymbol{c}}}{\boldsymbol{V}}$$

在某些情況下，只需要做 MFCC 均值歸一化即可，不需要做方差歸一化。這時，CMVN 就退化為 CMN（Cepstral Mean Normalization，倒譜均值歸一化），也被叫做 CMS（Cepstral Mean Substraction，倒譜平均減）方法。

9. VTLN

不同語者聲道長度的差異會導致語者特徵參數的畸變，從而對語音辨識帶來影響。為了解決這一問題，目前已經有很多關於 VTLN（Vocal Tract Length Normalization，聲道長度歸一化）的研究（Lammert，2015；Watt，2012）。一個典型的做法是設計一個在頻譜中分段線性共有低段、中段與高段三個區間的扭曲函數，並能將 $\left[f_{\text{low}},f_{\text{high}}\right]$ 映射到新的 $\left[f'_{\text{low}},f'_{\text{high}}\right]$ 中，這裡的 $f_{\text{high}},f_{\text{low}}$ 分別為計算 MFCC 時的上、下截止頻率。

設扭曲函數為 $W(f)$ ，其中 f 為頻率。扭曲函數的中段把頻率 f 映射到 $f'=f/\text{w\_scale}$ 中，其中 w_scale 為扭曲因數，通常取 0.8 到 1.2 之間的值。扭曲函數的低段與中段的連接點需要滿足 $\min\left(f,W(f)\right)=f_{\text{VTLN\_low}}$ ，高段與中段的連接點需要滿足 $\max\left(f,W(f)\right)=f_{\text{VTLN\_high}}$ 。除此之外，還要求低段和高段函數的斜率和偏移是連續的且 $W\left(f_{\text{low}}\right)=f'_{\text{low}}$ ，$W\left(f_{\text{high}}\right)=f'_{\text{high}}$ 。

此處，$f_{\text{VTLN\_high}}$ 和 $f_{\text{VTLN\_low}}$ 分別對應 VTLN 中的上、下截止頻率，設 f_{nyquist} 為系統的奈奎斯特頻率2，則對應頻率需要滿足：

$$0 \leqslant f_{\text{low}} \leqslant f_{\text{VTLN\_low}} < f_{\text{VTLN\_high}} < f_{\text{high}} \leqslant f_{\text{nyquist}}$$

4.2 傳統聲學模型

語音辨識本質上是對聲音訊號進行序列建模，輸出聲音訊號中對應的文字資訊，其中聲學模型負責把音訊特徵轉換為發音序列，故聲學模型的性能很大程度上決定了整個語音辨識系統的效果。

4.2.1 聲學建模單元

選擇合理的建模單元是聲學模型建構中一個基本的問題。語音辨識中常見的建模單元包括（細微性從大到小）詞（word）、子詞（subword）、字/字母（character）、音節（syllable）、聲韻母（initial/final）、音素（phone）等。音素是根據語音的自然屬性劃分出來的最小語音單位，分為母音和子音。音節則是聽話時自然感受到的最小語音單位。在漢語音韻學中，聲母基本可以對應子音，而韻母中一定存在母音，有時也包含子音，一組聲韻母又組成了一個音節[3]。

在漢語語音辨識中，上述幾種單元的選擇各有利弊：詞可以直接表意，但數量太大且分詞存在不確定性；音節與中文字表達最契合，但是考

[2] 奈奎斯特採樣定理：當採樣頻率大於訊號中最高頻率的兩倍時，採樣後的訊號才可以完整地保留原始訊號中的資訊。而保證還原訊號的最低取樣速率的一半，被稱為奈奎斯特頻率。

[3] 有時會出現零聲母的情況，比如「啊」的發音 "a_1"。

慮到協作發音（coarticulation）[4]現象，建立上下文音節關係後，音節的數量太大；音素與漢語的發音習慣不完全匹配；音韻母更符合國語的發音習慣；中文字是國語的基本單位。因此，一般使用字或者聲韻母作為聲學建模的基本單元。本書主要介紹基於聲韻母的聲學單元建模，基於字的聲學模型一般用在點對點語音辨識系統中，此處不做介紹。漢語中的聲韻母如表 4-2 所示：

表 4-2 漢語中的聲韻母

類別	聲韻母單元
聲母	b p m f d t n l g k h j q x zh ch sh r z c s
單韻母	a o e i u ü
複韻母	ai ao ei er ia ie iao iou ou ua uai uei uo üe
鼻韻母	an ian uan üan en in uen ün ang iang uang eng ing ueng ong iong
聲調	陰平、陽平、上聲、去聲、輕聲

為了方便描述，下文會以音素來統稱帶音調的聲韻母建模。

由於人的發音由上下文共同決定，因此，常常採用基於上下文的音素建模，如三音素（triphone）建模。所謂三音素，是指建模時不僅考慮當前發音的音素，也要考慮到上下文鄰近的一個音素，如四個單音素表示 n i_2 h ao_3，則中間兩個音素的三音素形式為 n-i_2-h 和 i_2-h-ao_3。考慮到音調的影響，通常漢語國語的單音素為 200 個左右，如果將它們轉換為三音素，那麼音素狀態數量會呈指數級上升[5]且訓練資料更加稀疏。為了解

[4] 協作發音是指在說話時，發音時間或肌肉運動等條件限制，相鄰的發音機制會相互影響，具體表現為發音部位的改變。

[5] 設單音素數量為 200 個，那麼基於上下文的三音素數量一共有 200^3=8000000 個，即八百萬個三音素。

決這個問題，我們採用音素狀態綁定方法，讓不同的三音素共用相同的聲學模型，以減少三音素的數量，通常使用決策樹聚類來實現狀態綁定。

圖 4-9 展示了某個三音素狀態綁定決策樹的部分分支，其中決策樹的每個中間節點都是一個問題，根據問題的判斷生成子節點。最終的葉子節點表示聚類後的分類，每個分類中都包含了若干個三音素。問題集可以透過手工設計和統計量估計兩種方式生成。

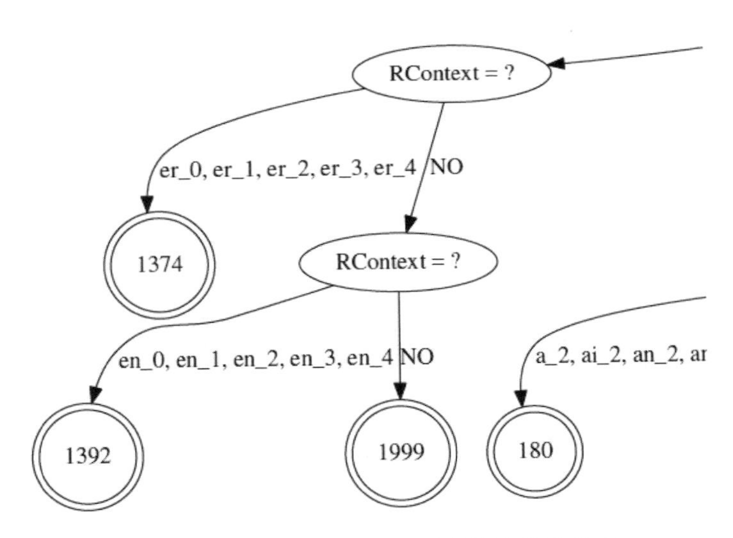

圖 4-9 某個三音素狀態綁定決策樹的部分分支

4.2.2 GMM-HMM

HMM（Hidden Markov Model，隱馬可夫模型）是一種經典的序列建模技術，用來描述一個含有隱含狀態的隨機過程。20 世紀 70 年代由 Baker，Jelinek 等人引入語音辨識領域後，取得了巨大的成功。HMM 認為我們觀測到的一系列事件（在 HMM 中被稱為狀態）和一系列隱藏的事件之間存在某種機率關係，並試圖對這種關係進行建模。

HMM 可以透過一個五元組表示：

$$\lambda = (N, M, \pi, \boldsymbol{A}, \boldsymbol{B})$$

其中，N 和 M 分別表示隱藏狀態的數量和觀測狀態的數量，$\boldsymbol{\pi}$ 表示初始狀態的機率，$\boldsymbol{A}$ 是隱藏狀態之間互相跳躍的轉移機率矩陣 $\{a_{ij}\}_{NN}$，$\boldsymbol{B}$ 是觀測機率矩陣 $\{b_{jk}\}_{NM}$。在圖 4-10 所示的 HMM 結構中，隱藏狀態的個數為 4，且有 3 個觀測值（觀測狀態數 $M \geqslant 3$）。HMM 模型需要解決三個問題：

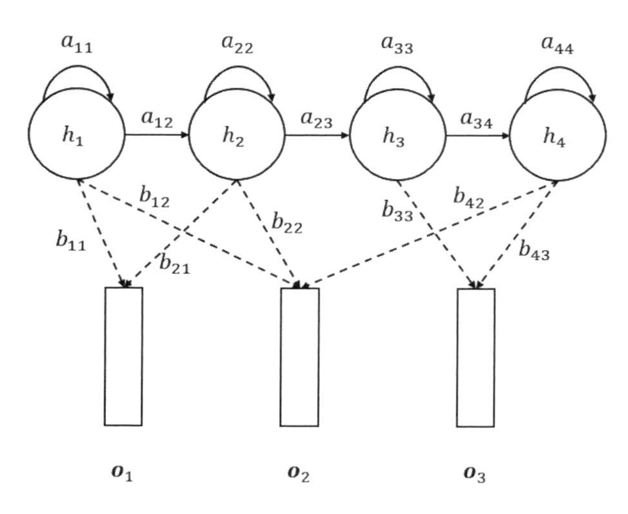

圖 4-10 HMM 結構

- 評估問題：已知模型參數 λ，計算某個觀測序列發生的機率，主要用於模型評估。
- 學習問題：如何調整模型參數 λ，使得 $p(\boldsymbol{o}|\lambda)$ 最大。
- 解碼問題：給定觀測序列 $\boldsymbol{o}$ 和模型 λ，求使 $p(\boldsymbol{s}|\boldsymbol{o},\lambda)$ 最大的狀態序列 $\boldsymbol{s}$。

在語音辨識任務中，我們可以把每個音素或三音素用一個 HMM 建模，將輸入的音訊特徵序列看作 HMM 的觀測序列，則隱藏序列就是音素的若干個狀態。這樣透過求解機率矩陣$(\boldsymbol{\pi}, \boldsymbol{A}, \boldsymbol{B})$，即可得到關於音素的聲學模型。需要注意的是，在聲學模型中，每個音素的發音順序是單調的，不存在反向的路徑。

直接求解發射機率矩陣比較困難，在傳統的聲學建模技術中，一般使用 GMM（Gaussian Mixture Model，高斯混合模型）對發射機率進行建模，這樣只要求出 GMM 的均值和方差即可獲取對應的發射機率。GMM 由若干個高斯分佈的線性組合表示，用於語音辨識任務的 k 階 GMM 的表示如下：

$$
\begin{aligned}
p(\boldsymbol{O}|\pi, \boldsymbol{\mu}, \boldsymbol{\Sigma}) &= \sum_{c=1}^{C} \gamma_c \mathcal{N}(\boldsymbol{O}|\boldsymbol{\mu}_c, \Sigma_c) \\
&= \sum_{c=1}^{C} \gamma_c \frac{1}{(2\pi)^{N/2} |\Sigma_c|^{1/2}} \exp\left\{ -\frac{(\boldsymbol{O}-\boldsymbol{\mu}_c)^{\mathrm{T}} \boldsymbol{\Sigma}_c^{-1} (\boldsymbol{O}-\boldsymbol{\mu}_c)}{2} \right\}
\end{aligned}
$$

其中，GMM 有 C 個分量，每個分量的參數為$(\pi_c, \boldsymbol{\mu}_c, \Sigma_c, c=1,\cdots,C)$，分別表示模型的均值向量和協方差矩陣；$\boldsymbol{O}$ 為 N 維觀測序列，可以被看作語音特徵向量，γ_c 是第 c 個分量的權重，滿足：

$$
\sum_{c=1}^{C} \gamma_c = 1
$$

GMM-HMM 聲學模型建構完成後要用於語音辨識任務，有兩個需要解決的問題。

（1）最優路徑如何獲取。已知模型參數，給定一段輸入音訊，如何求解機率最大的文字路徑，即 HMM 的解碼問題。

（2）模型參數如何訓練。其包括初始化模型、HMM 的轉移機率，以及 GMM 的模型參數。

問題（1）可以使用 Viterbi 演算法。Viterbi 演算法由安德魯· 維特比（Andrew Viterbi）於 1967 年提出，是一種動態規劃（Dynamic Programming）方法，用於數位通訊鏈路中的解卷積，以消除雜訊。在 GMM-HMM 語音辨識中，Viterbi 演算法解碼可以概括為以下幾點。

（1）如果機率最大的序列 P 經過某個隱藏狀態 S_a，那麼 P 從起始點 S 到 S_a 的這一段子序列一定是 S 到 S_a 之間的最大機率子序列。

（2）當 P 經過某個觀測狀態 O_i 時，必定包含從 S 到 O_i 上各個隱藏狀態的最大機率序列。

（3）結合上述兩點，當我們從 O_i 進入 O_{i+1} 時，假設從 S 到 O_i 上各個隱藏狀態的最大機率序列已經找到，那麼從 S 到 O_{i+1} 的序列，即為 S 到 O_i 的序列加上這些序列到 O_{i+1} 各個隱藏狀態即可。當把 S 到所有觀測狀態的路徑計算完成時，只需要回溯就可以找到機率最大的序列。

Viterbi 演算法解碼的路徑可以用 Trellis（格形圖）表示，如圖 4-11 所示。

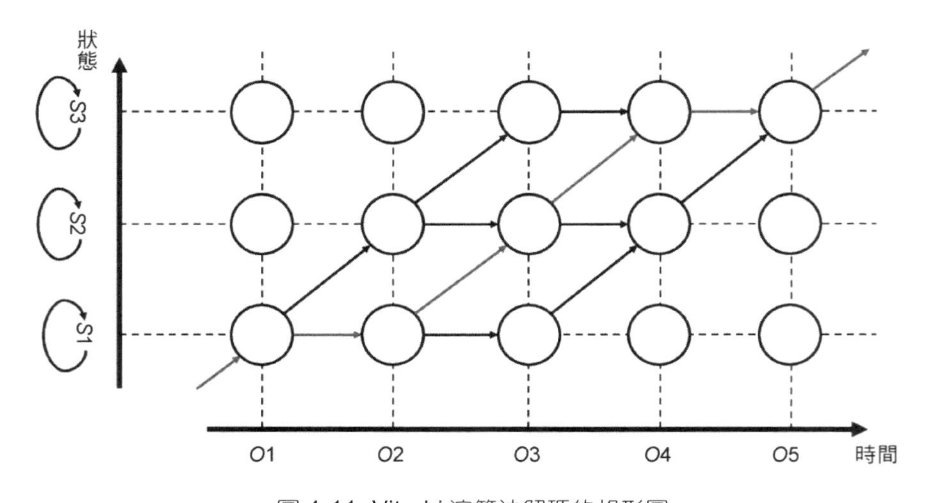

圖 4-11 Viterbi 演算法解碼的格形圖

對於問題（2），我們希望獲得 GMM-HMM 的參數：

$$\lambda=(N,M,\pi,\boldsymbol{A},\boldsymbol{B})$$
$$=(\pi,\boldsymbol{A},\boldsymbol{\mu},\boldsymbol{\Sigma})$$

這些參數理論上可以獲取觀測狀態和隱藏狀態的相關統計量，透過 MLE（Maximize Likelihood Estimation，極大似然估計）得到。假設 $C(i\rightarrow j)$ 表示從狀態 i 到 j 的轉移統計，那麼轉移矩陣 $\boldsymbol{A}$ 可以透過下式獲取：

$$\hat{\boldsymbol{a}}_{ij}=\frac{C(i\rightarrow j)}{\sum_k C(i\rightarrow k)}$$

同樣的，如果 Z_j 表示某個輸入特徵向量的對應狀態 j，則 GMM 的均值方差矩陣可以表示為

$$\hat{\boldsymbol{\mu}}_j=\frac{\sum_{x\in Z_j}\boldsymbol{x}}{|Z_j|}$$

$$\hat{\boldsymbol{\Sigma}}_j=\frac{\sum_{x\in Z_j}(\boldsymbol{x}-\hat{\boldsymbol{\mu}}_j)(\boldsymbol{x}-\hat{\boldsymbol{\mu}}_j)^{\mathrm{T}}}{|Z_j|}$$

但是由於 HMM 中隱含狀態的存在，無法直接獲取這些統計量，因此一般採用迭代的方法逼近最大似然（往往是局部而非全域），即 EM（Expectation Maximization，期望最大化）演算法。用來訓練 GMM-HMM 參數的 EM 演算法被稱為 Baum-Welch 演算法，也被稱為前向-後向演算法。

在開始訓練之前，需要初始化模型參數，初始的轉移矩陣 $\boldsymbol{A}$ 可以全置為 0.5，μ 和 Σ 可以使用全域資料的均值和方差。整個訓練過程分為兩步：

（1）E 步（Expectation）估計狀態機率。這裡，我們先定義兩個機率分佈，前向機率：

$$\alpha_t(j) = p\left(\boldsymbol{x}_1, \boldsymbol{x}_2, \cdots, \boldsymbol{x}_t, S(t) = j | \lambda\right)$$
$$= \sum_{i=1}^{N} \alpha_{t-1}(j) a_{ij} b_i(x_t), \quad t = 1, 2, \cdots, T$$

$$\alpha_0(j) = \begin{cases} 0, & j \neq S_I \\ 1 & \text{其他} \end{cases}$$

後向機率：

$$\beta_t(j) = p\left(\boldsymbol{x}_{t+1}, \boldsymbol{x}_{t+2}, \cdots, \boldsymbol{x}_T, S(t) = j | \lambda\right)$$
$$= \sum_{i=1}^{N} a_{ij} b_i(x_t) \beta_{t+1}(j), \quad t = T-1, \cdots, 1$$

$$\beta_T(i) = a_{iE}$$

其中，$\alpha_t(j)$ 和 $\beta_t(j)$ 分別表示在 t 時刻處於狀態 j 時，過去和未來的觀測序列為 $\{\boldsymbol{x}_1, \boldsymbol{x}_2, \cdots, \boldsymbol{x}_t\}$ 和 $\{\boldsymbol{x}_{t+1}, \boldsymbol{x}_{t+2}, \cdots, \boldsymbol{x}_T\}$ 的機率。S_{I} 和 S_{E} 分別是初始狀態和結束狀態；a_{iE} 是從當前狀態跳躍到結束狀態的轉移機率。接下來，我們可以根據 $\alpha_t(j)$ 和 $\beta_t(j)$ 定義前向後向機率：

$$\gamma_t(j) = P\left(S(t) = j | \boldsymbol{x}_1, \boldsymbol{x}_2, \cdots, \boldsymbol{x}_T, \lambda\right)$$
$$= \frac{\alpha_t(j) \beta_t(j)}{\alpha_T(S_{\mathrm{E}})}$$
$$= \frac{p\left(\boldsymbol{x}_1, \boldsymbol{x}_2, \cdots, \boldsymbol{x}_T, S(t) = j \mid \lambda\right)}{p(\boldsymbol{x}_1, \boldsymbol{x}_2, \cdots, \boldsymbol{x}_T \mid \lambda)}$$

以及給定觀測序列，t 時刻對應狀態 i 且 $t+1$ 時刻對應狀態 j 的機率：

$$\begin{aligned}\xi_t(i,j) &= P\left(S(t)=i, S(t+1)=j|\boldsymbol{x}_1,\boldsymbol{x}_2,\cdots,\boldsymbol{x}_T,\lambda\right)\\ &= \frac{P\left(S(t)=i, S(t+1)=j,\boldsymbol{x}_1,\boldsymbol{x}_2,\cdots,\boldsymbol{x}_T|\lambda\right)}{p\left(\boldsymbol{x}_1,\boldsymbol{x}_2,\cdots,\boldsymbol{x}_T|\lambda\right)}\\ &= \frac{\alpha_t(j)a_{ij}b_i(x_{t+1})\beta_{t+1}(j)}{\alpha_T(S_{\mathrm{E}})}\end{aligned}$$

E 步中的 $\gamma_t(j)$ 和 $\xi_t(i,j)$ 可以被看成一種對應狀態出現機率的估計。

（2）在 M 步（Maximization）中，根據上述機率重新估計 GMM-HMM 的模型和參數：

$$\hat{\boldsymbol{\mu}}_j = \frac{\sum_{t=1}^{T}\gamma_t(j)\boldsymbol{x}_t}{\sum_{t=1}^{T}\gamma_t(j)}$$

$$\hat{\boldsymbol{\Sigma}}_j = \frac{\sum_{t=1}^{T}\gamma_t(j)\left(\boldsymbol{x}-\hat{\boldsymbol{\mu}}_j\right)\left(\boldsymbol{x}-\hat{\boldsymbol{\mu}}_j\right)^T}{\sum_{t=1}^{T}\gamma_t(j)}$$

$$\hat{a}_{ij} = \frac{\sum_{t=1}^{T}\xi_t(i,j)}{\sum_{k=1}^{N}\sum_{t=1}^{T}\xi_t(i,k)}$$

其中，N 為 HMM 狀態數量。

4.2.3 強制對齊

由於語音辨識是一個輸入輸出不等長的問題，因此模型的輸入特徵通常被切分為以 10ms 為單位（1 幀）的片段，而標注文字往往只有若干個字或詞。因為無法把每個觀測機率和隱藏機率對應，所以無法直接獲取統計量進行極大似然估計。如果有一個演算法可以獲取每一幀特徵向量對應的音素狀態，就能直接估計模型參數，獲取這個對應關係的過程被叫做強制對齊（Force Alignment）。此時，需要利用訓練好的 GMM-HMM 模型進行維特比對齊（Viterbi Alignment），這一方法也被叫做嵌入式訓練。其基本思路是，每個句子對應的觀測狀態序列可以透過詞典和每個音素對應的 HMM 模型獲得，在對訓練資料解碼時，直接設定轉移機率強制維特比演算法透過指定的詞。在實際語音辨識系統中，也可以利用神經網路進行強制對齊。

4.3 DNN-HMM

21 世紀的第二個十年是深度學習技術蓬勃發展的十年，其被廣泛應用在影像、語音、NLP、推薦系統等領域。GMM 作為語音辨識的聲學模型，在泛化性能和對複雜環境的擬合方面都逐漸遇到了瓶頸，研究人員把 DNN 應用到語音辨識聲學建模中，提出了將上下文相關的深度神經網路與 HMM 結合的技術（Dahl，2011），並帶來了最近一次語音辨識率的大幅提升。

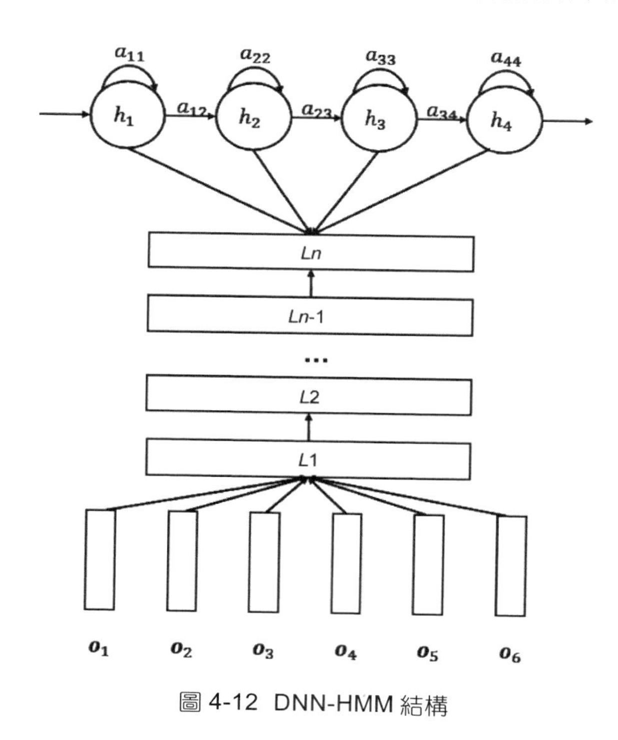

圖 4-12 DNN-HMM 結構

在 DNN-HMM 系統中，神經網路的每個輸出節點與 HMM 的狀態對應。當計算 HMM 某個狀態對應的聲學特徵的發射機率時，只要計算 DNN 輸出的後驗機率即可。圖 4-12 是一個 DNN-HMM 系統的結構。

4.3.1 語音辨識中的神經網路基礎

本節主要介紹與語音辨識相關的深度學習基礎技術。

1. 神經網路訓練

每個神經網路都是由輸入層、輸出層和隱藏層組成的，輸入的特徵向量經過每一層之間的加權連接傳遞到輸出層，這一過程被稱為前向計算。對於神經網路聲學模型而言，輸出層輸出當前幀對應每一個狀態的後驗機率向量。這個向量先經過損失函數（Loss Function）的計算，再把訓練損失的梯度反向傳遞回神經網路的每一層，並乘上一個設定的值——學習率（Learning Rate），然後更新每一層的權重參數，這種方式被稱為反向傳播（Back Propagation，BP）演算法。

由於語音辨識是一個對輸入特徵進行分類的任務，因此常用的損失函數是交叉熵（Cross Entropy，CE）：

$$\mathcal{J}_{CE} = -\frac{1}{M}\sum_{m=1}^{M}\sum_{i=1}^{C}\widehat{y_i}\log y_i$$

其中，$\widehat{y_i}$ 是訓練資料的標籤，y_i 是神經網路的輸出，一般經過 Softmax 函數歸一化。

在訓練時，由於不可能一次計算所有的訓練資料來更新參數，因此往往採用小批次（minibatch）的形式，即一次前向傳播和反向傳播使用若干筆訓練樣本，這樣可以保證學習過程平穩快速地收斂，同時也不用計算過多的資料。所有訓練資料被訓練完一次，被稱為一個 Epoch。

2. 啟動函數

在單純的神經網路中，層與層之間傳遞的矩陣運算相當於只做了線性變化，而啟動函數的引入給神經網路帶來了非線性，它作用在每一層神經網路的輸出上。常見的啟動函數包括 Sigmoid 函數，也被稱為 Logistic 函數：

$$\text{Sigmoid}(z)=\frac{1}{1+\mathrm{e}^{-z}}$$

Sigmoid 函數通常用於二分類任務中，如果讀者希望把一個 k 維的向量進行多分類，則需要用到 Softmax 函數：

$$\text{Softmax}(z)=\frac{\mathrm{e}^{z_i}}{\sum_{k=1}^{K}\mathrm{e}^{z_k}}$$

Tanh 函數：

$$\text{Tanh}(z)=\frac{\mathrm{e}^{z}-\mathrm{e}^{-z}}{\mathrm{e}^{z}+\mathrm{e}^{-z}}$$

ReLU（Rectified Linear Unit，線性整流單元）函數：

$$\text{ReLU}(z)=\max(0,z)$$

ReLU 函數在小於 0 的區間內始終為 0，且輸出均值不趨近於 0，而 ELU（Exponential Linear Unit，指數線性單元）函數在一定程度上可以解決這兩個問題：

$$\text{ELU}(z)=\begin{cases} z, & z>0 \\ \alpha\left(\mathrm{e}^{z}-1\right), & \text{其他} \end{cases}$$

這幾種啟動函數的影像如圖 4-13 所示：

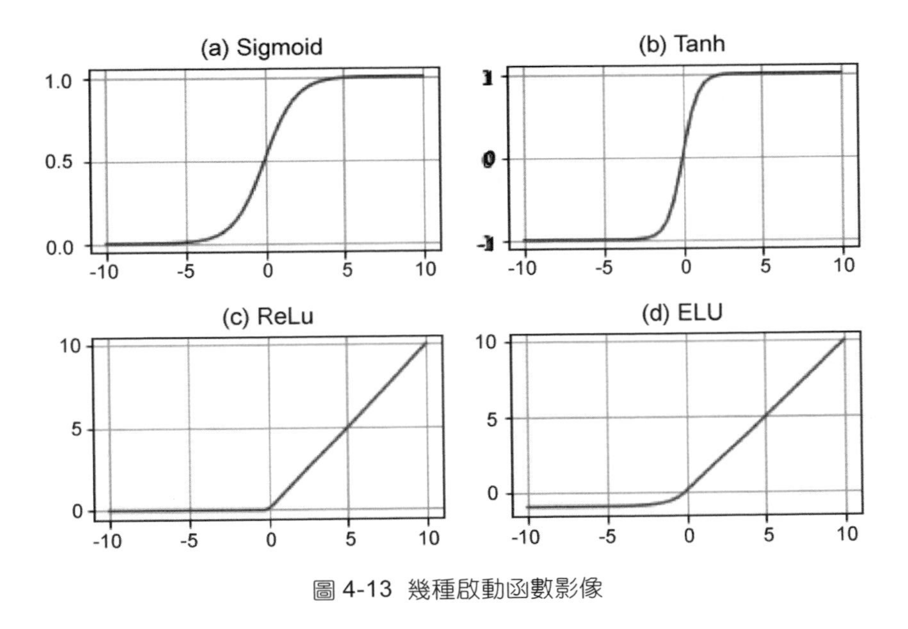

圖 4-13 幾種啟動函數影像

3. 最佳化演算法

在調整參數和更新權重時，最佳化演算法能讓模型更快地達到極值點。最佳化演算法分為一階最佳化演算法和二階最佳化演算法，而深度學習模型訓練以一階最佳化演算法為主。

SGD（Stochastic Gradient Descent，隨機梯度下降）是一種基本的一階最佳化演算法。因為函數在梯度的方向上增加最大，所以我們透過求解損失函數的梯度就可以知道參數更新的方向，即沿著梯度的反方向前進，再乘以學習率，直到達到收斂條件：

$$\Delta\theta_t = -\eta g_t$$

其中，g_t 為梯度，η 為學習率。由於神經網路的函數表達非常複雜，因此樸素的 SGD 在學習過程中很有可能陷入局部最優，而動量法（Momentum）可以減小陷入局部最優的機率，這種方法模擬了物體運動時的慣性，在更新參數時不僅考慮當前的梯度，而且在某種程度上考慮之前的更新方向。這樣，會使下降方向更加穩定，也更容易脫離局部最優。

$$\Delta\theta_t = -\eta m_t$$

$$m_t = \mu m_{t-1} + g_t$$

其中，μ 為上一步中的梯度對這一步影響的權重。

當訓練開始時，由於模型參數中的最最佳化值比較遠，一般使用較大的學習率，而在模型訓練後期，需要減小學習率，避免其在最最佳化值附近擺動。然而人工指定的方式往往難以找到合適的學習率，一系列自我調整學習率方法被提出來，如 AdaM（Adaptive Momentum，自我調整動量法）。

$$\Delta\theta_t = -\eta \frac{\hat{m}_t}{\sqrt{\hat{n}_t} + \epsilon}$$

$$\hat{m}_t = \frac{m_t}{1-\mu^t}$$

$$m_t = \mu m_{t-1} + (1-\mu) g_t$$

$$\hat{n}_t = \frac{n_t}{1-\nu^t}$$

$$n_t = \nu n_{t-1} + (1-\nu) g_t^2$$

其中，m_t 和 n_t 分別為梯度的一階矩估計和二階矩估計，$\hat{m}_t$ 和 $\hat{n}_t$ 是在原始的估計上增加了偏置矯正，以保證參數的平穩變化。AdaM 可以被理解為應用了指數加權平均學習率的自我調整動量法梯度下降。

4. 過擬合（Overfitting）與欠擬合（Underfitting）

由於神經網路具有巨大的參數量和極深的層數，因此過擬合是模型訓練過程中經常遇到的問題。圖 4-14 反映了一種過擬合現象的訓練集和驗證集的損失函數變化情況。訓練集的損失函數隨著訓練的輪次越來越低，驗證集的損失函數一開始也同步下降，但是在 7 個 Epoch 後，開始緩慢上升，這說明模型可能在訓練集上過擬合，導致泛化能力不足，故驗證集的損失函數開始升高。與過擬合對應的是欠擬合，欠擬合是指損失函數在經過若干次迭代後仍然不下降，即神經網路不能極佳地擬合訓練資料。

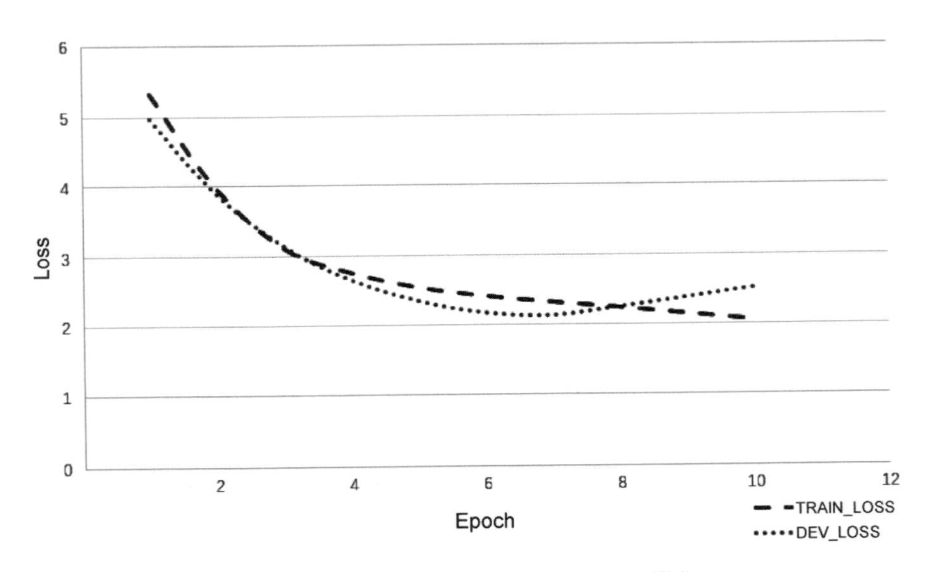

圖 4-14 過擬合現象發生時損失函數的變化

處理過擬合有很多種方法，權重衰減（Weight Decay）是其中之一。它透過加入參數懲罰項來處理這個問題，並使用 L1 或者 L2 正規：

$$L1'^{(\theta)}=L(\theta)+\lambda\sum_{i}^{n}|\theta_i|$$

$$L2'^{(\theta)}=L(\theta)+\lambda\sum_{i}^{n}\theta_i^2$$

L1 正規可以造成使參數更加稀疏的作用。L2 正規對係數有尖峰的權重向量施加更大的懲罰，這樣權重的絕對值就會傾向於減小，即網路偏向於學習比較小的權重。

另一種避免過擬合的方法是 Dropout，具體做法是在訓練過程中隨機捨棄隱層中一定比例的神經元，透過這樣的方式神經網路引入雜訊來得到更加泛化的結果。此外，Early stopping 方法透過判斷損失函數的變化情況，也可以有效減小過擬合，即如果驗證集中損失函數的下降已經連續小於某一個值，則停止訓練。

對於欠擬合，我們可以考慮增加神經網路的複雜度，如加深網路，或增加每一層的節點數，或使用更加複雜的結構。

5. 梯度消失和梯度爆炸

當神經網路的參數透過反向傳播更新時，遵循鏈式法則，即損失函數的梯度透過最後一層逐步向前傳遞。在傳遞過程中，由於鏈式求導法則，如果權值較大，那麼最終的梯度容易出現指數級的增長，產生梯度爆炸；相反，權值較小時，梯度也容易衰減至 0，產生梯度消失。這兩種情況都無法正常訓練模型。避免梯度消失和梯度爆炸的方法包括上述提到的選擇合適的啟動函數、加入正規項等。除此之外，批歸一化（Batch Normalization）也是一種常見的方法。批歸一化是對上文提到的小批次做均值和方差的歸一化處理，通常用在啟動函數之前。

針對梯度爆炸，還可以採用梯度裁剪（Gradient Clipping）的方法，設定一個梯度設定值，當梯度超過設定值時，強制其在設定值範圍內。殘差連接（Residual Connection）（He，2016）的引入也造成了最佳化梯度傳遞的作用，每一層的輸出除了傳遞給下一層，還會傳遞到更深的網路中，這樣在反向傳播時可以有效地避免梯度消失。

4.3.2 常見的神經網路結構

1. CNN

CNN（Convolution Neural Network，卷積神經網路）是深度學習中應用最廣泛的網路結構之一。其核心是一個被稱為卷積核的結構，一個 3×3 大小的卷積核如圖 4-15 所示。CNN 利用卷積核對輸入的訊號進行卷積[6]，最終輸出特徵圖（Feature Map）。特徵圖上的點在輸入訊號上映射的區域大小被稱為感受野（Reception Field）。

$$S(i,j)=\sum_{m}\sum_{n}I(i+m,j+n)K(m,n)$$

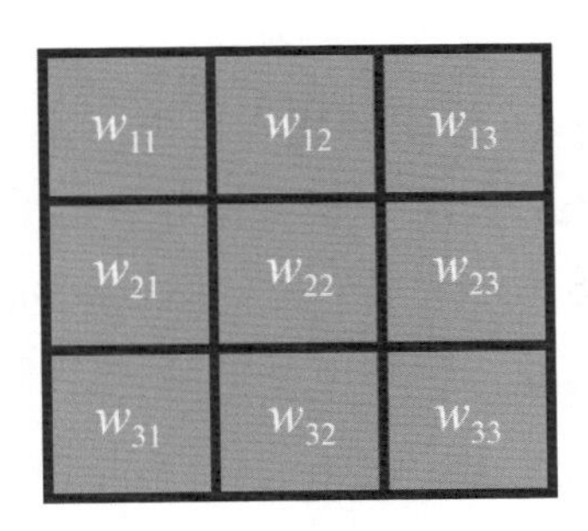

圖 4-15 一個 3×3 卷積核

在處理輸入訊號時，以語譜圖特徵為例（圖 4-16），一個二維的 3×3 卷積核從語譜圖的某一個位置（即時間軸為 0，頻率軸為最高點）開始執行卷積[7]，並輸出到相同位置。因為一個卷積核可能不足以提取隱含在訊號

[6] 訊號處理中的卷積操作會對輸入進行翻轉，但是深度學習中的卷積一般不會對卷積核翻轉，故更類似於傳統訊號處理中的相關計算。

[7] 實際上，因為等變表示，無論卷積計算從語譜圖中哪個位置開始執行，最後得到的結果都是一樣的。

中的所有資訊，所以通常會使用 N 個相同大小的卷積核對輸入進行處理，對應的輸出就有 N 份，這就是卷積神經網路中通道（Channel）的概念。

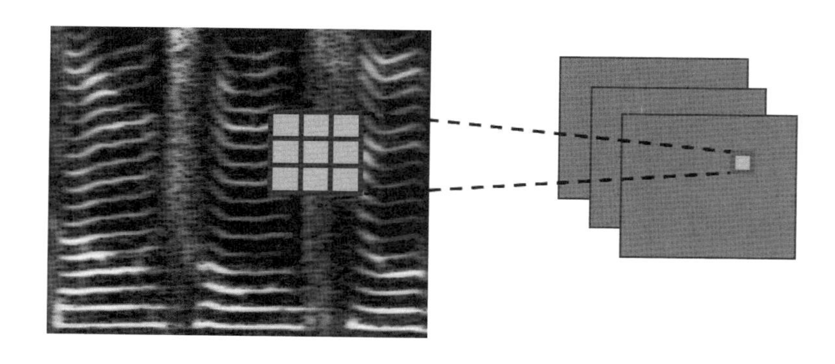

圖 4-16 對語譜圖進行卷積範例

透過上述方法，圖 4-16 獲得的輸出維度比輸入的小。如果希望保持對應的維度，則需要對原始輸入訊號進行填充（padding）處理，即對輸入訊號向外進行擴充，一般使用零值填充（zero-padding）。但很多時候不需要對輸入訊號的所有資料都進行卷積，一般透過指定卷積核步進值（stride）來壓縮一部分資訊。

此外，考慮到輸入訊號中相鄰部分可能會有容錯的資訊，在卷積層輸出時，經常會加入池化（pooling）函數，用某一位置相鄰輸出的整體特徵來代替網路在該位置的輸出。例如，最大池化（max-pooling）將獲取的相鄰輸出中最大的值作為最後的輸出，其他的池化函數還包括平均池化、L2 池化等。這常常用來提取更抽象的特徵。

CNN 有稀疏互動（Sparse Interactions）、參數共用（Parameter Sharing）和等變表示（Equivariant Representations）三個重要特點。在對一個很大的輸入矩陣進行卷積處理時，我們可以使用較小的卷積核來檢測一些有意義的特徵，這樣不僅可以減少模型參數，也可以提高統計效率，即得到同樣的輸出只需要更少的計算量，實現了稀疏互動。參數共用是指在使用卷積核作用域輸入每個部分時，卷積核的值是不變的，這意味著我們只需要學習一個參數合集。如果一個運算滿足輸入改變而輸出也以同樣的方式改變，則它就是等變的。在語音辨識中，這種性質可以使卷積操作得到與輸入時間軸一致的輸出表示。另外，CNN 提供在時間和空間上的平移不變性卷積，這種不變性被認為可以用來克服語音訊號本身的多樣性（語者的多樣性、通道的多樣性）。

經過 DCT 變換後的 MFCC 特徵，相鄰的梅爾倒譜系數之間存在的連續性很弱，此時不建議使用 CNN 進行處理。

以下是常用於語音辨識領域的一些卷積變種：

1）Casual Convolution

Casual Convolution（因果卷積）在語音合成領域被提出（Oord，2016），一般用於非常注重輸入順序的時候，如圖 4-17 所示，卷積的輸出取決於 t 時刻之前的資訊。

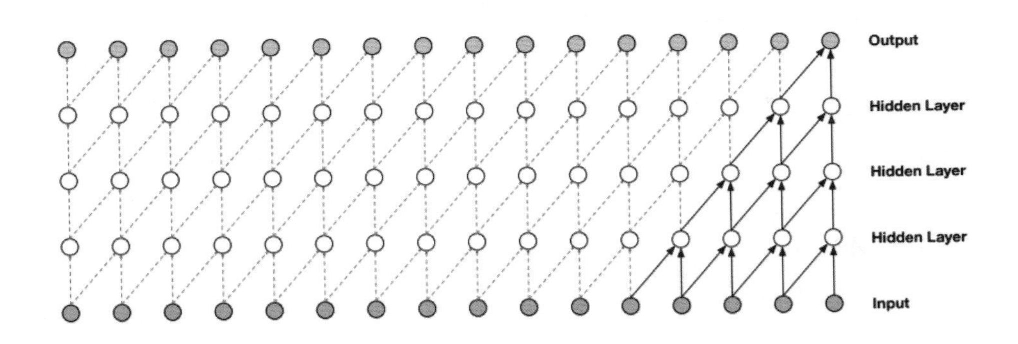

圖 4-17 因果卷積結構

2）Dilated Convolution

Dilated Convolution（空洞卷積）（Yu，2015）是在標準的卷積核裡注入空洞，以此來增加感受野。相對於正常的卷積，空洞卷積多了一個空洞率（Dilated Rate）的超參，用來指定卷積核的間隔數量，如圖 4-18 所示。

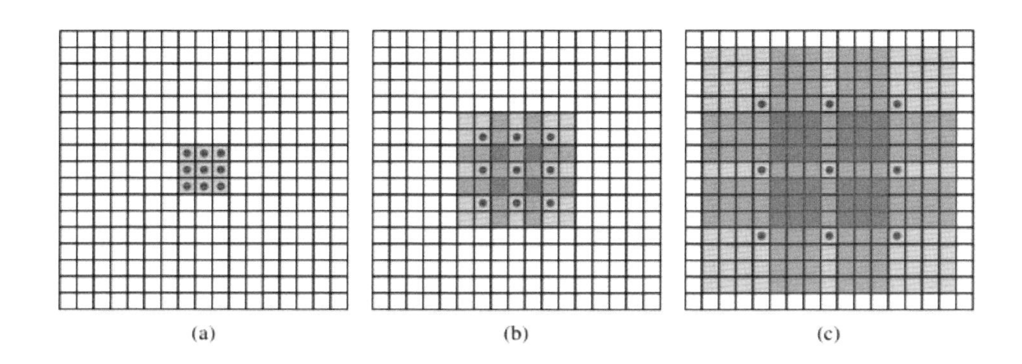

圖 4-18 空洞卷積示意圖（Yu，2015）

其中，（a）是空洞率為 1 的空洞卷積，等值於普通卷積；（b）是空洞率為 2 的空洞卷積；（c）是空洞率為 4 的空洞卷積。

3）Depthwise Seperable Convolution

Depthwise Seperable Convolution（深度可分離卷積）（Howard，2017）是一種能夠顯著降低運算量的卷積操作。其核心思想是將一個完整的卷積運算分解為兩步，分別為 Depthwise Convolution 與 Pointwise Convolution，如圖 4-19 所示。在 Depthwise Convolution 中，一個卷積核負責一個通道，一個通道只被一個卷積核卷積，這個過程產生的特徵圖通道數和輸入的通道數完全一樣。Pointwise Convolution 會將上一步的輸出在深度方向上進行加權組合，得到最終的結果。值得一提的是，FSMN（Feedforward Sequential Memory Network，前饋序列記憶網路）（Zhang，2015；Yang，2018）可以看作可分離卷積的一種特殊形式。

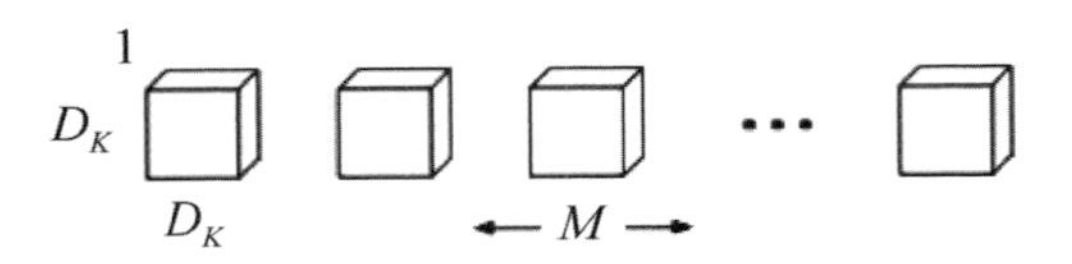

（a）Depthwise Convolution

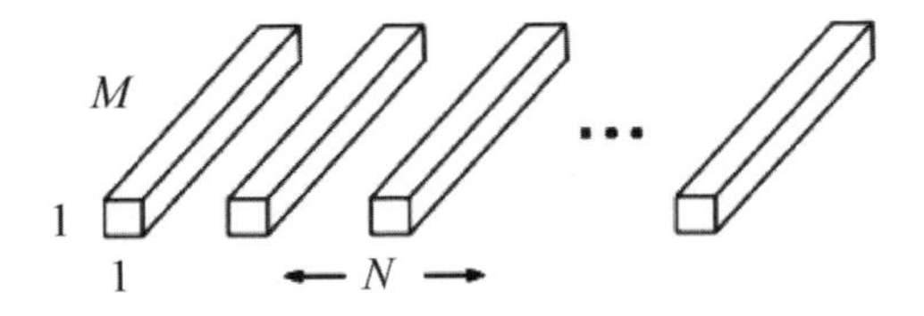

（b）Pointwise Convolution

圖 4-19 深度可分離卷積結構（Howard，2017）

2. RNN

RNN（Recurrent Neural Network，循環神經網路）是一種用來對序列進行建模的網路結構。語音辨識作為序列性任務，廣泛使用了這種結構，如圖 4-20 所示。

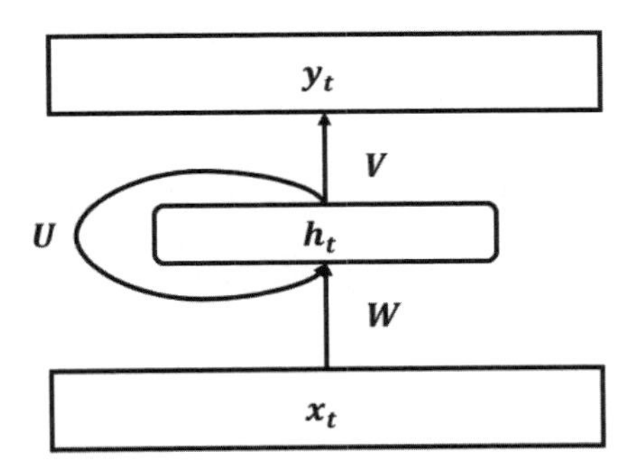

圖 4-20 RNN 的基本結構

RNN 回傳 $t-1$ 時刻的輸出並經過 $\boldsymbol{U}$ 矩陣進行變換，再與 t 時刻的輸入一起傳遞到當前層。一個 RNN 層可以描述為

$$h_t = g\left(Uh_{t-1} + Wx_t\right)$$

$$y_t = f\left(Vh_t\right)$$

透過這種形式，神經網路能夠獲取不同時間（上下文）上的資訊，且不存在時間限制，即理論上可以獲取無限遠處時間上的資訊。由於 RNN 多了一個時間維度，因此我們無法透過常規的 BP 演算法來訓練，一般採用 BPTT（Back Propagation Through Time）（Werbos，1990）來訓練 RNN。

以圖 4-19 為例，BPTT 在執行損失函數回傳時，不僅會從 h_t 傳遞到 x_t，也會沿著 U 傳遞到 $t-1$ 時刻的 h_{t-1} 上，因此參數更新會沿著兩條路徑傳遞：一條是普通的反向傳播路徑，另一條是時間回溯的路徑。

雖然 BPTT 讓我們能夠訓練 RNN，但是隨著時間的加長，距離 t 時刻很遠的參數會變得難以訓練。另外，神經網路往往不需要利用特別長時間的資訊，而是更傾向於距離 t 時刻較近的資訊。為了解決這些問題，研究人員提出了 LSTM（Long Short-Term Memory，長短時記憶）網路（Hochreiter，1997）。LSTM 網路透過在網路結構中增加三個門的方式，模擬長時記憶中遺忘和更新的模組。

- 遺忘門（forget gate）對前一個時刻和當前輸入的加權求和，經過 Sigmoid 函數後，乘以上下文向量得到前一個時刻需要遺忘的內容，需要保留的內容則透過另外一個前一個時刻和當前輸入的加權求和得到：

$$f_t = \sigma\left(U_f h_{t-1} + W_f x_t\right)$$

$$k_t = c_{t-1} \odot f_t$$

$$g_t = \tanh\left(U_g h_{t-1} + W_g x_t\right)$$

- 輸入門（add gate）透過前一個時刻和當前輸入的加權求和，以及遺忘門的輸出得到希望更新到當前上下文中的內容：

$$\boldsymbol{j}_t = \sigma\left(\boldsymbol{U}_i \boldsymbol{h}_{t-1} + \boldsymbol{W}_i \boldsymbol{x}_t\right)$$

$$\boldsymbol{j}_t = \boldsymbol{g}_t \odot \boldsymbol{i}_t$$

根據這個結果更新上下文向量：

$$\boldsymbol{c}_t = \boldsymbol{j}_t + \boldsymbol{j}_t$$

- 輸出門（output gate）決定這一層的輸出：

$$\boldsymbol{o}_t = \sigma\left(\boldsymbol{U}_o \boldsymbol{h}_{t-1} + \boldsymbol{W}_o \boldsymbol{x}_t\right)$$

$$\boldsymbol{h}_t = \boldsymbol{o}_t \odot \tanh\left(\boldsymbol{c}_t\right)$$

還有一種被稱為 GRU（Gated Recurrent Unit，門控循環單元）（Cho，2014）的 RNN，其簡化了 LSTM 網路的結構和參數量，只保留了重置門（reset gate）和更新門（update gate）兩個門。如下式所示：

$$\boldsymbol{r}_t = \sigma\left(\boldsymbol{U}_r \boldsymbol{h}_{t-1} + \boldsymbol{W}_r \boldsymbol{x}_t\right)$$

$$\boldsymbol{z}_t = \sigma\left(\boldsymbol{U}_z \boldsymbol{h}_{t-1} + \boldsymbol{W}_z \boldsymbol{x}_t\right)$$

3. TDNN 和 TDNN-F

TDNN（Time Delayed Neural Network，延遲神經網路）最早由 Hinton 在 1989 年提出，用於解決音素的辨識問題（Waibel，1989）。TDNN 透過設定延遲，把不同時刻的幀考慮進來。如圖 4-21 所示，當延遲為 3 時，TDNN 對相鄰三幀進行加權求和，假設輸入為 13 維的 MFCC，輸出為 10 維的特徵向量，那麼當前 TDNN 層的權重就有 13×3×10=390 個。可以看出，TDNN 實際上是一種一維的 CNN。

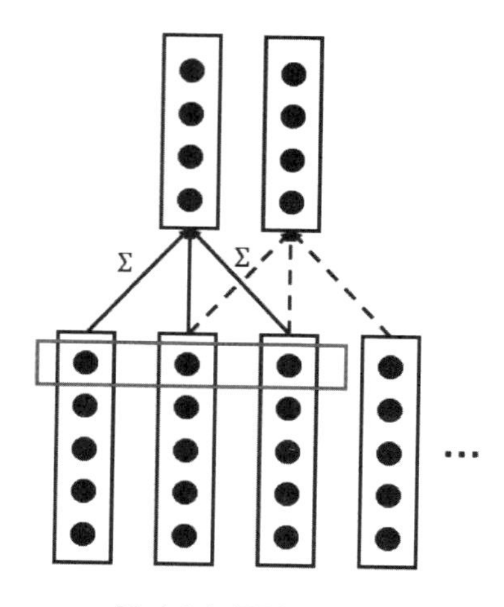

圖 4-21 TDNN 結構

TDNN-F（Factorized TDNN，分解延遲神經網路）（Povey，2018）是一種對 TDNN 做參數分解的神經網路，可以明顯減少 TDNN 中的參數量並提升辨識效果。TDNN-F 透過 SVD（Singular Value Decomposition，奇異值分解）將參數矩陣分解為兩個小矩陣。

$$\boldsymbol{M} = \boldsymbol{AB}$$

如圖 4-22 所示，原始的 TDNN 層參數矩陣 $\boldsymbol{M}$ 大小為 700×2100，設一個中間維度（一般被稱為 bottleneck 維度）250，分解後矩陣 $\boldsymbol{A}$ 的大小為 700×250，矩陣 $\boldsymbol{B}$ 的大小為 250×2100，其中 $\boldsymbol{B}$ 被限制為半正交矩陣，以克服訓練不穩定的問題。除此之外，TDNN-F 還引入了跳躍連接，用來解決深層網路的梯度傳遞問題。

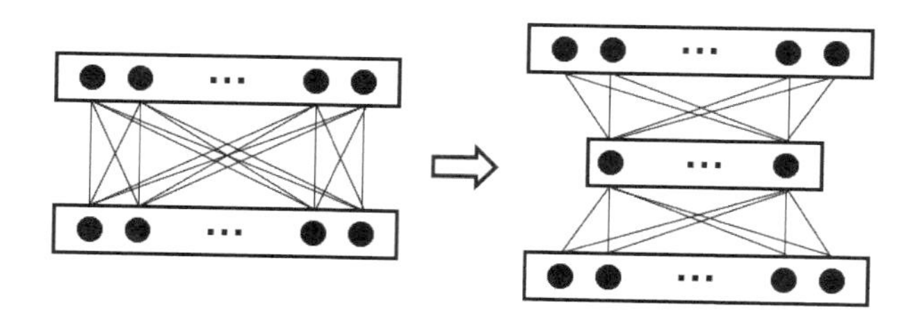

圖 4-22 TDNN-F 的矩陣分解

4. SAN（Self-Attention Network）

儘管 RNN 能夠對時序訊號建模，但是長距離資訊會逐步消失，導致訓練存在一定的困難，此外，RNN 無法對全域資訊進行關係捕捉。針對這些問題，研究人員提出了基於 Multihead Self-Attention（多頭自注意力）的 Transformer 網路，橫掃了各大 NLP 榜單。目前，Transformer 已經被廣泛應用到語音、NLP、視覺等領域中，並取得了很好的效果。其中 Transformer 會在 4.7.2 節中介紹，本節主要介紹基於 Multihead Self-Attention 機制的網路。

Multihead Self-Attention 屬於一種注意力機制（Attention Machanism），注意力可以看作是將一個 $\boldsymbol{Q}$（Query，查詢）矩陣和一系列 $\boldsymbol{K}-\boldsymbol{V}$（Key-Value，鍵-值）矩陣對映射為一個輸出的過程。

$$\text{Attention}(\boldsymbol{Q},\text{Source})=\sum_{i=1}^{L_x}\text{Similarity}(\boldsymbol{Q},\boldsymbol{K}_i)\boldsymbol{V}_i$$

這個過程可以描述為首先對 $\boldsymbol{Q}$ 和每一個 $\boldsymbol{K}$ 進行相似度計算後作為權重，然後進行歸一化，最後將歸一化權重和對應的 $\boldsymbol{V}$ 加權求和，就獲得了注意力的輸出。

在 SAN 中，$\boldsymbol{Q}$，$\boldsymbol{K}$，$\boldsymbol{V}$ 都用同一個輸入，並經過不同的線性變換參與計算。SAN 使用點積進行相似度計算，並根據 K 的維度進行縮放。另外，研究人員發現，上述運算執行多次並把對應輸出拼接（Concat）起來會得到更好的效果，這就是所謂的 Multihead，如圖 4-23 所示。

因此，最終的 Multihead Self-Attention 可以表示為

$$\text{Multihead}(\boldsymbol{Q},\boldsymbol{K},\boldsymbol{V})=\text{Concat}(\text{head}_1,\text{head}_2\cdots,\text{head}_h)$$

$$\text{head}_i=\text{Self-Attention}(QW_i^{\boldsymbol{Q}},KW_i^{\boldsymbol{K}},VW_i^{V})$$

其中，$\boldsymbol{W}$ 對應 $\boldsymbol{Q}$，$\boldsymbol{K}$，$\boldsymbol{V}$ 輸入時的線性變換矩陣。

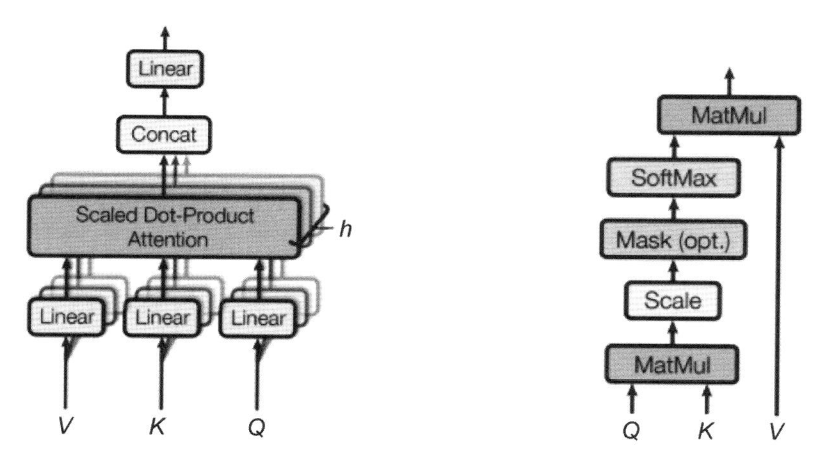

（a）Multihead Self-attention 結構　　（b）Multihead Self-attention 中的核心單元

圖 4-23 Multihead Self-Attention 結構（Vaswani et al，2017）

4.4 語言模型

回顧一下語音辨識任務運算式（4-1）。其中，$P(\boldsymbol{W})$ 可以透過語言模型估計。所謂語言模型就是根據已出現的詞序列推斷下一個詞的機率分佈。在語音辨識中，一般使用傳統 n-gram 語言模型或者基於神經網路的神經語言模型。

4.4.1 n-gram 語言模型

n-gram 是一種基於統計的語言模型。如果我們有一個足夠大的文字資料集，透過統計文字中 token（字、詞、字母等，後續統一用詞表示）之間組合的頻率，就可以反映詞與詞之間的條件機率。根據這個思想，給定一個詞序列 $\{w_1, w_2, \cdots, w_N\}$，其聯合機率可以用式（4-5）來表示：

$$P(w_1,w_2,\cdots,w_N)=P(w_1)P(w_2|w_1)P(w_3|w_1w_2)\cdots P(w_N\mid w_1,w_2,\cdots,w_{N-1})$$
$$=\prod_{i=1}^{N}P(w_i\mid w_1,w_2\cdots,w_{i-1}) \quad (4\text{-}5)$$

對於較長的序列，如果要計算所有歷史的條件機率，計算量是不能接受的，一般會採用將條件機率限定在若干個詞範圍內的方式近似得到結果，也就是 n-gram 中 n 的含義。當 n=1（unigram）時，代表只計算當前詞本身的機率；如果 n=2（bigram），則表示計算時只考慮當前詞前一個詞的機率；如果 n=3（trigram），則表示計算時只考慮當前詞之前兩個詞的機率。這樣，式（4-5）就可以寫為

$$P(w_1,w_2,\cdots,w_N)\approx P(w_1)\cdots P(w_{n-1}|w_1,w_2\cdots,w_{n-2})\prod_{i=n}^{N}P(w_i\mid w_{i-n+1},w_{i-n+2},\cdots,w_{i-1})$$

如果 n-gram 模型中出現未知詞，或者集外詞（Out Of Vocabulary，OOV），則一般透過把這些詞映射到一個統一的標記來處理，比如 <UNK>。

在實際情況中，出現的詞不是 OOV 但是片語在訓練資料中沒有見過是 n-gram 常常面臨的問題，特別是在 n 比較大的時候。這時，我們不能簡單地將其置為零，一般會透過平滑（Smoothing）方法來處理。

1. 插值

插值（Interpolation）是指透過加權不同階數甚至不同 n-gram 模型來得到一個最終的 n-gram 機率。其中一種方法是線性內插（Linear Interpolation），以 trigram 為例，一個沒有出現在訓練資料中的 trigram 的機率可以表示為

$$\hat{P}(w_n|w_{n-2}w_{n-1})=\lambda_1P(w_n|w_{n-2}w_{n-1})+\lambda_2P(w_n|w_{n-1})+\lambda_3P(w_n)$$

且

$$\sum_i \lambda_i = 1$$

這個方法需要在訓練資料中劃分出一個子集，並透過最大化這個子集的似然來估計 λ 的值，同樣可以使用 EM 演算法進行求解。

2. 折扣

折扣（Discounting）法本質上是把已經出現的組合機率「折扣」到未出現的組合中，使機率分佈盡可能平均。最簡單的折扣法是假設每個 n-gram 比實際多出現 1 次或 k 次，那麼此前機率為 0 的 n-gram 就獲得了一定的機率，同時其他組合的機率就會有一定的降低。以 bigram 為例：

$$\hat{P}\left(w_n | w_{n-1}\right) = \frac{C\left(w_n w_{n-1}\right) + 1}{C\left(w_{n-1}\right) + V}$$

其中，$C\left(w_{n-1}\right)$ 表示 unigram 中詞 w_{n-1} 的統計，$C\left(w_n w_{n-1}\right)$ 表示 bigram 中片語 $w_n w_{n-1}$ 的統計，因為式中每個 unigram 詞彙都加了 1，所以分母的統計要加上 unigram 中所有詞彙的數量 V。設一個 n-gram 組合折扣之前的統計為 c，折扣之後的統計為 c^*，那麼折扣因數可以定義為

$$d_c = \frac{c^*}{c}$$

上述方法比較樸素，其他折扣法還包括 Good-Turing 平滑，此處不再介紹。

3. 回退

回退（Back-off）是指如果高階的 n-gram 中某種組合的統計為 0，那麼可以使用低階 n-gram 機率來代替。Katz 平滑是一種典型的回退方法，

它在回退的基礎上結合了折扣法。應用了 Katz 平滑的某個 bigram 機率可以表示為

$$P_{\text{back-off}}\left(w_n|w_{n-1}\right)=\begin{cases}\hat{P}\left(w_n|w_{n-1}\right), & C\left(w_{n-1}\right)>0\\ \alpha\left(w_{n-1}\right)P_{\text{back-off}}\left(w_n\right), & \text{其他}\end{cases}$$

其中，$\hat{P}\left(w_n|w_{n-1}\right)$ 表示折扣後的 bigram 機率，α 是一個回退的權重函數。如果一個高階 n-gram 沒有做折扣，此時對於一個沒有出現過的高階組合，直接用低階的 n-gram 來替代其機率，那麼高階 n-gram 的總機率就可能超過 1，故此時需要加上一個權重函數來平衡這個機率分佈。

4. Kneser-Ney 平滑

Kneser-Ney 平滑是一種使用最廣泛的平滑演算法，它結合了絕對折扣（Absolute Discounting）法和回退法。絕對折扣直接在一個 n-gram 統計上減去一個折扣 d，並透過加權插值的方式引入低階的 n-gram，同樣以 bigram 為例：

$$P_{\text{absolute-discounting}}\left(w_n|w_{n-1}\right)=\frac{C\left(w_n w_{n-1}\right)-d}{\sum_v C\left(w_{n-1}v\right)}+\lambda\left(w_{n-1}\right)P\left(w_n\right)$$

其中

$$\lambda\left(w_{n-1}\right)=\frac{d}{\sum_v C\left(w_{n-1}v\right)}\left|\left\{w:C\left(ww_{n-1}\right)>0\right\}\right|$$

是一個標準化常數，$\left|\left\{w:C\left(ww_{n-1}\right)>0\right\}\right|$ 表示以 w_{n-1} 為第一個詞的 bigram 的統計。這種方法在沒有 $w_n w_{n-1}$ 統計或者統計量較低的情況下，第一項分子為負數並不合理。此外，因為存在片語綁定（如「資治 通鑑」這個搭配中的「資治」出現頻率遠高於其單獨出現的頻率），其對於 $P\left(w_n\right)$ 的估計是不準確的，所以 Kneser-Ney 平滑通常會透過引入一個連續性機率來解決這個問題。

$$P_{\text{continuation}}(\boldsymbol{w}) = \frac{\left|\{v : C(\boldsymbol{vw}) > 0\}\right|}{\left|\{(u', w') : C(\boldsymbol{u'w'}) > 0\}\right|}$$

這個函數的分子表示以 $\boldsymbol{w}$ 為第二個詞的 bigram 的統計，分母則表示所有不重複的 bigram 的統計。因此，Kneser-Ney 平滑在 bigram 的機率表示為

$$P_{\text{kneser-ney}}(w_n | w_{n-1}) = \frac{\max(C(w_n w_{n-1}) - d, 0)}{C(w_{n-1})} + \lambda(w_{n-1}) P(w_n)$$

如果希望把 Kneser-Ney 平滑拓展到高階 n-gram，只需要把上式中等號右邊的第二項遞迴替換成對應的回退機率即可。

4.4.2 語言模型的評價指標

語言模型有兩種評價方式：第一種是嵌入到相關任務中，評估語言模型在其中的表現。在語音辨識任務中，一般透過詞錯率的方式來反映。第二種是使用困惑度（Perplexity，PPL）來評價。對於一個測試樣本 $W = \{w_1, w_2, \cdots, w_n\}$，PPL 的定義如下：

$$\begin{aligned}
\text{PPL}(W) &= P(w_1, w_2, \cdots, w_n)^{-\frac{1}{n}} \\
&= \sqrt[n]{1 / P(w_1, w_2, \cdots, w_n)} \\
&\approx \sqrt[n]{1 / P(w_1) \ldots P(w_{N-1} | w_1 \cdots w_{N-2}) \prod_{i=N}^{n} P(w_i \mid w_{i-N+1}, w_{i-N+2}, \cdots, w_{i-1})}
\end{aligned}$$

這個公式實際上反映了語言模型對一個詞序列的刻畫能力，其機率越高，PPL 的值越小，說明涵蓋了測試序列的相似組合，語言模型的效果就越好。在實際中，一般採用 PPL 的對數形式，對數形式的 PPL 與數學上的交叉熵是等值的。

4.4.3 神經語言模型

儘管 n-gram 作為語言模型表現得非常優秀，但也存在一些缺陷，比如資料稀疏問題、無法用於長上下文建模、相似詞彙的泛化能力差等，而神經語言模型則可以彌補這些缺陷。但是，因為神經語言模型在訓練時間上遠低於傳統的語言模型，所以我們也需要根據不同的使用場景選擇合適的建模方式。

一種最簡單的神經語言模型可以看作給定了 N 個上下文 $\{w_1, w_2, \ldots, w_N\}$，輸出某個詞 w_t 的機率 $P(w_t \mid w_1^{t-1})$。對於流式語音辨識任務來說，第一級解碼時由於完整解碼文字尚未得到，因此只能使用單向的神經語言模型，而雙向神經語言模型一般用於句子重評分等任務。

1. Embedding 與預訓練模型

在神經網路進行前向計算之前，首先要對上下文進行表徵。在神經語言模型中，一個詞通常使用一個 50 到 500 維的向量來表示，這被稱為 Embedding（詞嵌入），即把詞嵌入到一個向量空間中。這樣的好處是，相似的詞彙在 Embedding 中的距離也會更近。例如，訓練資料中包含「寵物中我最喜歡貓」這樣的句子，但是沒有「我最喜歡狗」這樣的搭配。如果用 n-gram 去預測「我最喜歡」後面可能出現的詞，那麼只可能是「貓」。如果把詞透過 Embedding 表徵之後再去預測，則「我最喜歡狗」這樣的搭配出現的機率也會非常高。

Embedding 的早期研究包括 Word2vec（包括 skip-gram 和 CBOW）（Mikolov, 2013），fasttext（Bojanowski, 2017），GloVe（Pennington, 2014）等，一般把這種利用其他模型生成表徵的方式叫做預訓練（Pretraining）。預訓練完成之後再利用這些表徵去訓練下游任務，如閱讀理解、意圖辨識、實體提取，甚至是語音辨識任務中的重評分、語義除錯（Zhao, 2021）、增加標點等。隨著預訓練技術的發展，越來越多的預訓練模型在不同的下游任務中展現出了良好的效果。例如，ELMO（Peters, 2018），GPT-1.0/2.0/3.0（Radford, 2018; Radford, 2019; Brown, 2020），BERT 及基於 BERT 衍生的一系列方法（Devlin, 2018; Lan, 2019; Liu, 2021），BART（Lewis, 2019），XLNET（Yang, 2019），ERNIE1.0/2.0/3.0（Sun, 2019; Sun, 2020; Sun, 2021）等。

預訓練模型在 NLP 領域中大獲成功後，一系列方法也應用到語音表徵領域，並取得了不錯的效果，如 wav2vec（Schneider, 2019），wav2vec 2.0（Baevski, 2020），Mockingjay（Liu, 2020）等。

2. RNN 語言模型

RNN 語言模型的核心仍然是循環結構，只在模型的輸入輸出和訓練上與普通的 RNN 有區別，一般分為兩種模式。

（1）Free-running 模式：這種模式在訓練時將上一個時刻的 RNN 輸出作為下一個時刻的輸入。原因是在推理時，神經網路並不知道下一個時刻的真實輸入是什麼，這樣的訓練方式可以保證訓練和推理的一致性。

（2）Teacher-forcing 模式：在 Free-running 模式下，模型訓練的早期，由於神經網路並沒有學到足夠的資訊來得到正確的輸出，而如果把錯誤的輸出又傳回輸入進行下一個時刻的學習，則會給後續的學習帶來極大的困難，因此 Teacher-forcing 模型直接使用訓練資料的真實標籤作為下一個時刻的輸入，這樣可以克服模型不穩定帶來的問題。

Teacher-forcing 訓練過於依賴標準的訓練資料，對於推理時的雜訊處理和不同領域的泛化能力不強。為了解決這一問題，通常會設定一個比例，隨著模型的迭代逐步減少 Teacher-forcing 的參與，這種方法被叫做課程學習（Curriculum Learning）。另外，也可以採用 Beam search 來最佳化輸出序列。

一種簡化的基於單向 RNN 的語言模型結構如圖 4-24 所示，圖中省略了重複的部分，只保留最核心的部分。其中，文字序列透過 RNN 的順序輸入，透過 Embedding 提取模組（此處用矩陣 $\boldsymbol{E}$ 代替），提取每個中文字的 Embedding。在循環結構中，當前時刻的特徵和前一個時刻的隱含狀態 h_{t-1} 共同參與前向計算，並得到輸出。輸出的字元會與真實的當前標籤對比並計算交叉熵損失。

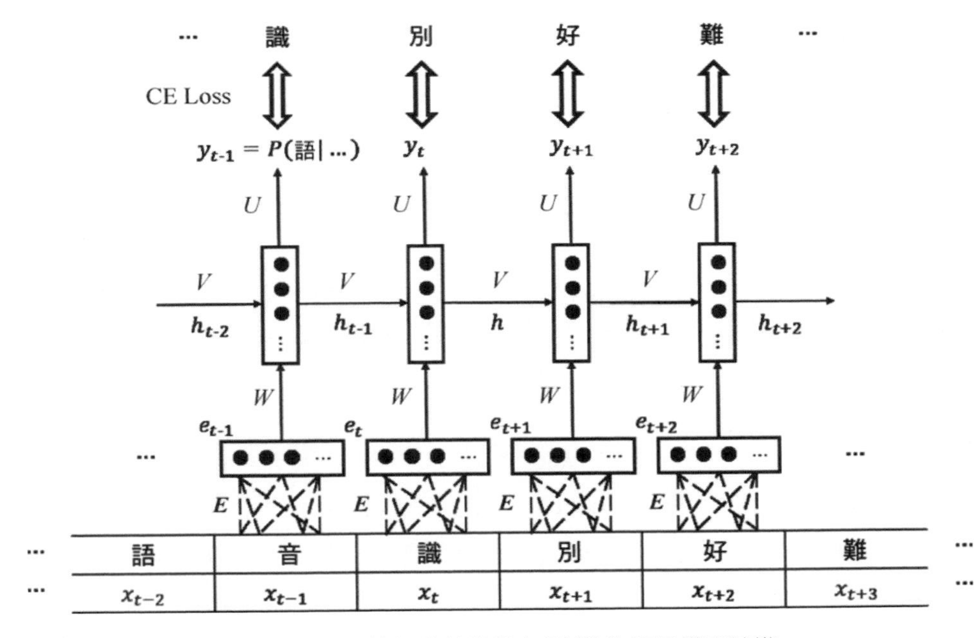

圖 4-24 一種簡化的基於單向 RNN 的語言模型結構

4.5 WFST 解碼器

4.5.1 WFST 原理

WFST（Weighted Finite State Transducer，加權有限狀態轉換器）是一種廣泛用於語音辨識解碼的數學模型，本質上是一種 FA（Finite Automaton，有限自動機）。FA 用來描述有限個狀態之間的轉移，一個狀態可以轉移到另一個狀態也可以轉移到自身。

根據輸入和輸出的不同，FA 又可以衍生出兩種類型：

FSA（Finite State Acceptor，有限狀態接收機）。FSA 輸入符號序列，如果存在一條路徑能夠從初始到結束狀態，就返回「接受」，反之，則「不接受」。FSA 不存在輸出，或者說輸入和輸出是一致的，如圖 4-25（a）。對 FSA 中每個狀態和代表轉移的弧加上權重，就獲得了加權有限狀態接收機（Weighted Finite State Acceptor，WFSA），如圖 4-25（b）所示。

FST（Finite State Transducer，有限狀態轉換器）。FST 接受一個輸入並把它轉換成一個輸出。WFST 就是帶權重的 FST，如圖 4-25（c）和（d）所示。一個 WFST 可以用一個八元組 $\boldsymbol{T}=\{\Sigma,\Omega,Q,i,F,E,\lambda,\rho\}$ 來表示，其中

Σ 表示輸入的符合集合；

Ω 表示輸出的符號集合；

Q 表示有限狀態的集合；

i 表示初始狀態，$i\in Q$；

F 表示結束狀態集合，$F\in Q$；

E 表示一系列狀態轉移（弧）的集合；

λ表示初始權重；

ρ表示結束權重。

WFST 中還包括一個重要的符號ε，它表示空轉移，即沒有輸入或輸出。

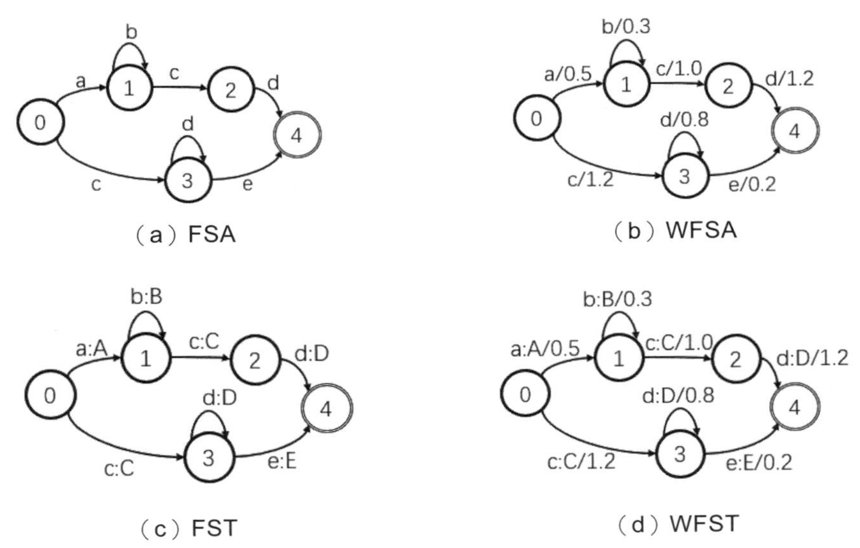

圖 4-25 幾種不同的 FA 結構

4.5.2 常見的 WFST 運算

WFST 運算包括組合（Composition）、ε 去除（Epsilon Removal）和最佳化（Optimization），其中最佳化又可以分為確定化（Determinization）、權重演進（Weight Pushing）和最小化（Minimization）等。

1. 組合

組合是 WFST 中最重要的運算，它把兩個不同層級的 FST 組合，形成一個新的 WFST，如圖 4-26 所示。圖 4-26（a）是一個輸入發音並轉換為對應文字的 FST，圖 4-26（b）是輸入文字並輸出控制指令，兩個 FST 合併後成為一個輸入數字，並輸出控制指令的 FST（圖 4-26（c））。語音辨識的解碼圖就是透過組合不同細微性的建模單位得到的，一般用「。」符號來表示兩個 FST 的組合。

2. ε 去除

這個操作主要是用來移除空轉移，如圖 4-27 所示。因為 ε 轉移會導致 FST 是不完全可確定化的，所以在執行確定化之前，一般需要執行這個運算。

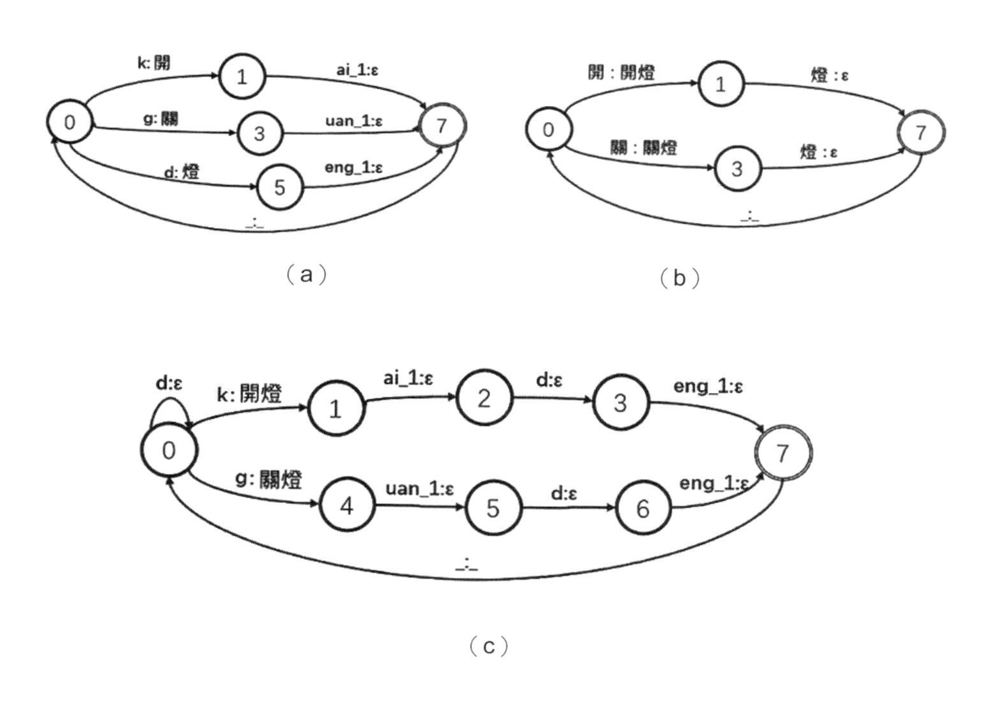

圖 4-26 FST 組合操作

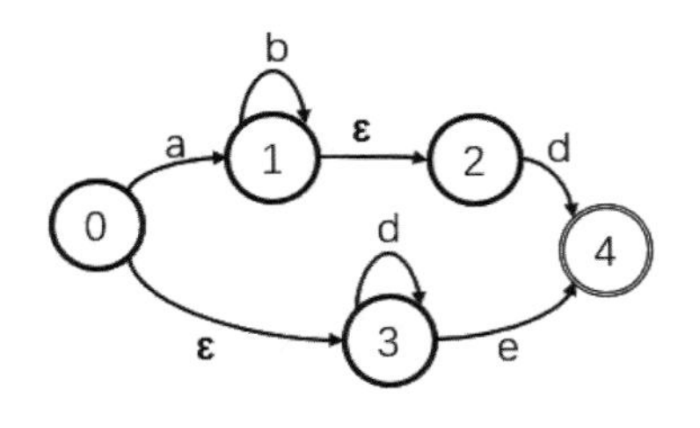

(a)原始 FSA

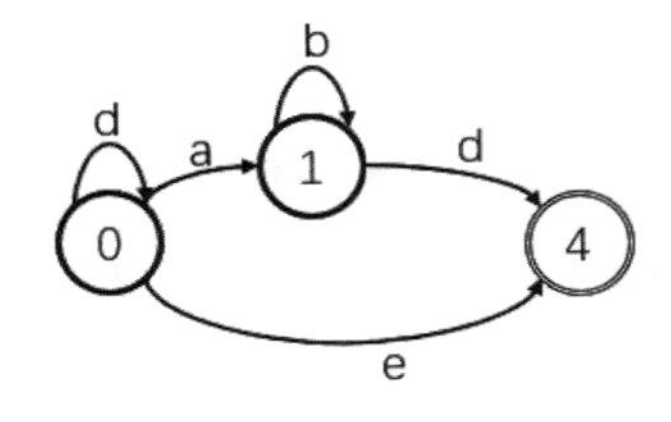

(b)移除空轉移之後的 FSA

圖 4-27 ε 去除操作

3. 確定化

WFST 的一個重要屬性是確定(Deterministic)與否,一個確定的 FST(DFST)只有一個初始狀態,且對於任意一個輸入序列,最多只有一個輸出序列。這樣的優點是,可以大大節省 FST 運算的時間。將一個非確定(Non-deterministic)的 FST 轉換為一個確定的 FST 的操作被叫做確定化。圖 4-28 展示了一個確定化的操作。確定化對於從某個狀態出發的不同路徑,如果輸入標籤相同,則保留其中一個,並在到達狀態中增加殘餘權重(Residual Weight)和殘餘輸出(Leftout Output Label)來保留合併前的權重和輸出資訊。一般用 $\det(X)$ 來表示確定化操作。

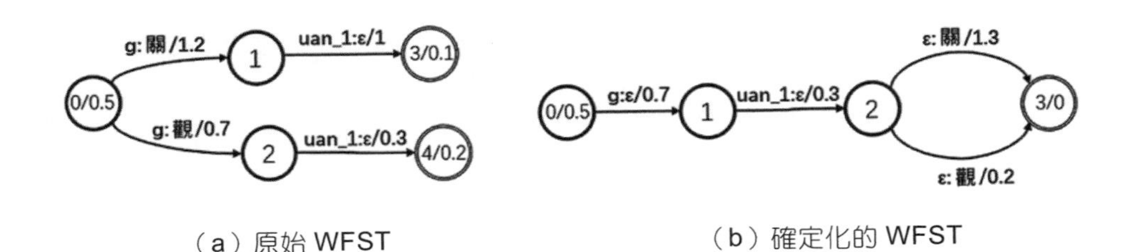

(a)原始 WFST　　(b)確定化的 WFST

圖 4-28 確定化操作

需要注意的是,不是所有的非確定 FST 都可以做確定化操作,在做確定化操作之前需要判斷當前 FST 是否是可確定化(Determinizable)的。

4. 權重演進

權重演進把 FST 中所有路徑的權重分佈往初始狀態方向演進，同時不改變該條路徑的總權重。在搜尋時，經過權重演進的 FST 能夠更早地過濾機率較低的路徑，從而減少搜尋時間，如圖 4-29 所示。

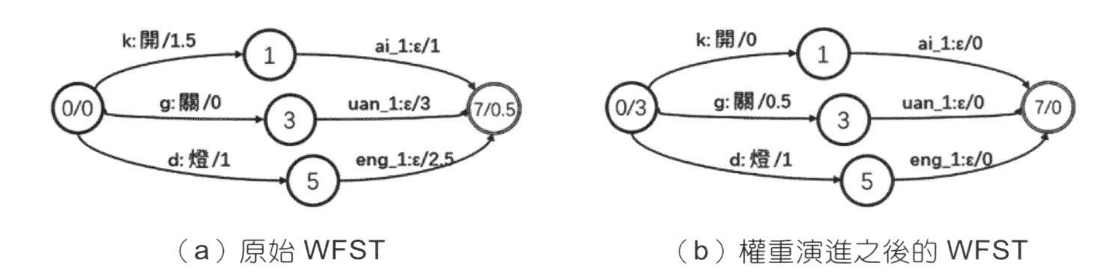

（a）原始 WFST　　（b）權重演進之後的 WFST

圖 4-29　權重演進操作

5. 最小化

最小化希望在所有等值的 FST 中找到狀態數最小的那個，通常的做法是在權重演進之後，應用一種經典的最小化演算法，如 Hopcroft 演算法（Hopcroft，1973）、Revuz 演算法（Revuz，1992）等，如圖 4-30 所示。一般用 $\min(X)$ 來表示最小化操作。

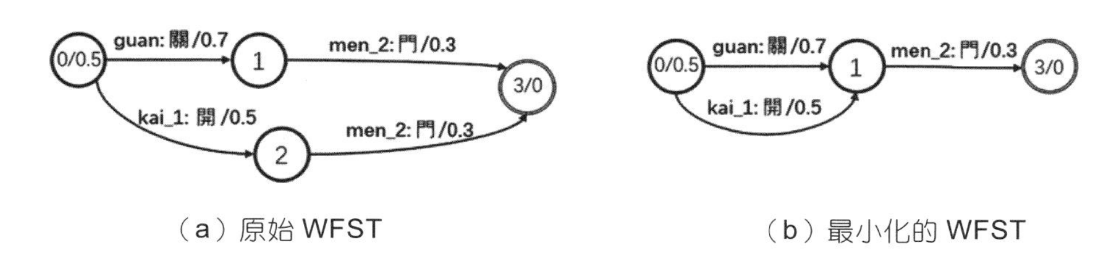

（a）原始 WFST　　（b）最小化的 WFST

圖 4-30　最小化操作

本書只介紹了這些運算的基本概念，具體演算法流程可以參考 Takaaki Hori 和 Atsushi Nakamura 的著作 Speech Recognition Algorithms Using Weighted Finite-state Transducers。

4.5.3 語音辨識中的 WFST 解碼器

由於語音辨識可以被看作是輸入發音序列到輸出詞序列的一個轉換過程，因此可以利用 WFST 解碼器進行轉換。其中，聲學模型的輸出序列會作為解碼器的輸入，最終透過搜尋得到機率最大路徑，也就是解碼的文字序列。常見的解碼圖由四個 WFST（WFSA）組合而成，分別是 H（HMM-transducer，HMM 轉換器）、C（Context-dependency Transducer，上下文相關轉換器）、L（lexicon，詞典）、G（Grammar，語法）。

1. H

在 4.2 和 4.3 節中，我們使用了 HMM 對音素進行建模，但是由於 GMM 和 NN 聲學模型的輸出都是狀態序列，因此首先需要利用 HMM-Transducer 將其轉換為 triphone 序列。一個 HMM-Transducer 的例子如圖 4-31 所示。

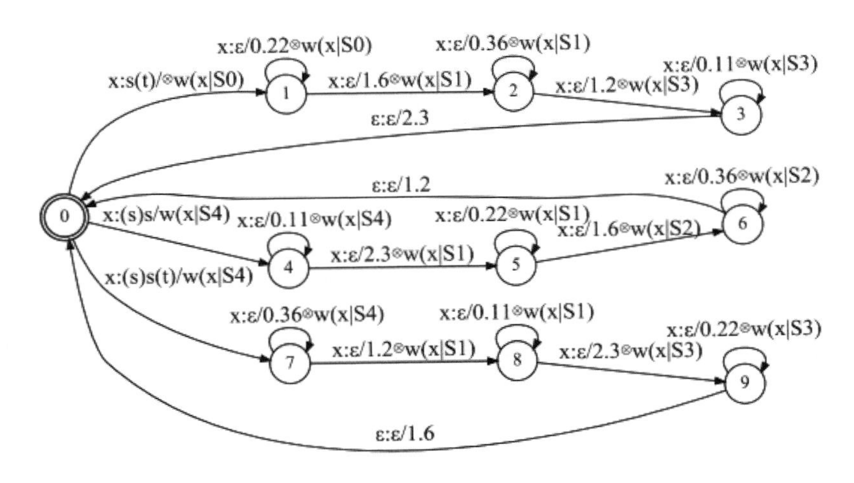

圖 4-31 HMM-Transducer（Hori，2013）

2. C

C 代表一個上下文相關轉換器，在前面已經介紹了上下文相關的聲學建模更加堅固，故上下文相關的聲學模型需要這個模組來得到上下文無關的音素。以 triphone 為例，C 的起點狀態輸出上文音素和中心音素，結束狀態匹配中心音素和下文音素，中間狀態只需要輸出中心音素即可，如圖 4-32 所示。

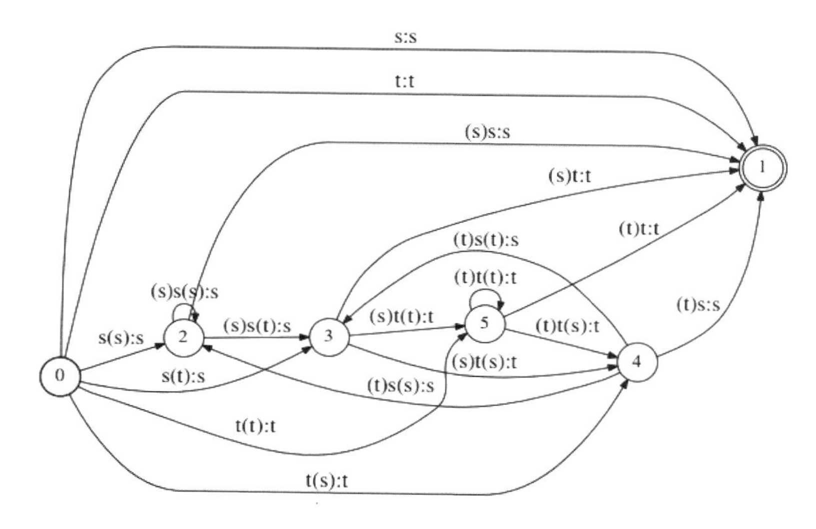

圖 4-32 上下文相關轉換器（Hori，2013）

3. L

L 代表發音詞典（Lexicon），用於發音到文字（詞彙）的轉換，發音詞典中的每一個詞都會對應若干個音素，輸出的詞通常會放到路徑中的第一條弧上。當一個詞有多個發音時，不同發音的機率會放到初始狀態出發的弧上。此外，詞與詞之間可以在初始狀態插入帶有 "sp" 的自環來表示暫停。圖 4-33 是一個 L 的 WFST 結構。

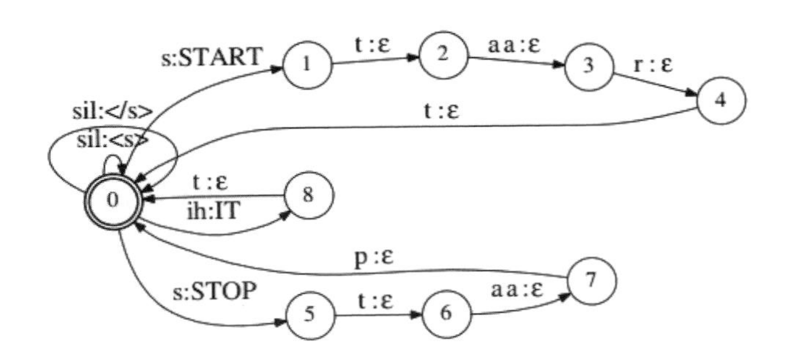

圖 4-33 L 的 WFST（Hori，2013）

4. G

在語音辨識中，G 模組普遍採用 n-gram 語言模型來表示。由於一個 n-gram 等值於一個 n-1 階的馬可夫模型，因此 n-gram 與聲學模型 HMM 一樣，可以用 WFSA 來表示。在這個 WFSA 中，輸入和輸出都是同一個詞，狀態轉移對應著 n-gram 的上下文相關性，對應的機率放在轉移的弧上，目的是把語言模型權重加入解碼圖中。由於 n-gram 的片語數量會隨著階數急劇攀升，因此在 WFSA 的生成過程中會去掉沒有出現過的 n-gram，用回退係數和對應的低階 n-gram 來表示，這個過程透過一個回退狀態來實現。如圖 4-34 所示為 Bigram 語言模型 WFSA，其中狀態 2 就是一個回退狀態。

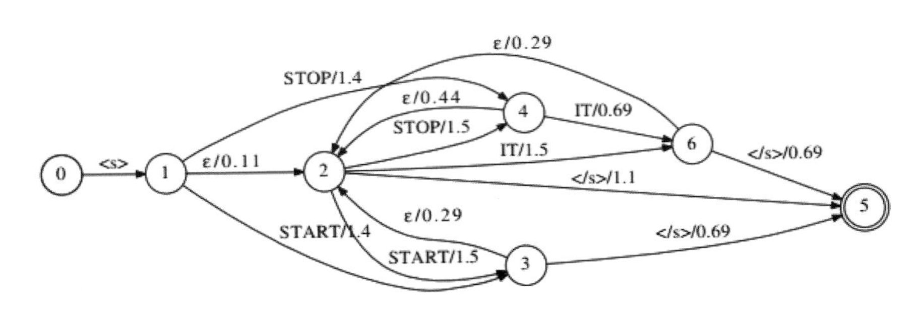

圖 4-34 一種 Bigram 語言模型 WFSA（Hori，2013）

在語音辨識解碼圖的四個部分分別建構完成後，透過如下運算將其組合起來：

$$\mathrm{HCLG} = \mathrm{asl}\Big(\min\Big(\mathrm{rds}\Big(\det\Big(\mathrm{rsl}(H) \circ \min\Big(\det\big(\mathrm{C} \circ \min(\det(\mathrm{L} \circ \mathrm{G}))\big)\Big)\Big)\Big)\Big)\Big)$$

其中，asl 表示增加自環，rsl 表示去掉自環，rds 表示去掉消歧符號。

4.5.4 權杖傳遞演算法

語音辨識解碼就是給定聲學模型的輸出序列，在由 HCLG 組成的 WFST 中搜尋最可能的路徑。一般利用基於權杖傳遞（Token Pass）的 Viterbi 演算法來實現搜尋過程。

在 WFST 中，狀態的每個轉移對應一個權重，這個權重反映了在解碼圖建構中幾個模組的代價（cost），將這個權重加上聲學模型輸出的負對數似然就獲得了每一個轉移的累計代價。我們希望累計代價在最終的解碼路徑中最小，為了減小搜尋範圍，降低計算銷耗，提高解碼速度，可以定義一個權杖（Token）來儲存搜尋過程中的中間代價。權杖的定義如圖 4-35 所示：

```
class Token {
  public:
    Arc arc_;
    Token *prev_;
    int32 ref_count_;
    double cost_;
  ...
}
```

圖 4-35 權杖的定義

其中，Arc 表示權杖對應的弧，包含了輸入輸出符號、對應權重和指向的下一個狀態；prev 是一個指向前一個權杖的指標；ref_count_中保存了後續連結的權杖數量；cost_中儲存了一直累計的總代價。

解碼圖中有一些轉移會產生輸出，而有一些轉移不會產生輸出，前者一般被稱為發射弧（Emitting Arc），後者被稱為非發射弧（Non-Emitting Arc）。當解碼開始時，所有可能的狀態節點都初始化一個權杖，每處理一幀語音，權杖就沿著對應的弧傳遞並保存相關代價，直到下一個發射弧，最終到達結束狀態。具體步驟如下：

（1）初始化網路：為所有可能的初始狀態（初始狀態一般只有一個）建立一個權杖。

（2）發射弧處理：先對當前權杖中發射弧對應的每個狀態建立一個新的權杖，遍歷這些權杖，計算並保存其解碼代價，然後加入佇列。

$$tot\_cost += arc\_.weight + acoustic\_cost$$

注意，每一個狀態只能對應一個權杖，如果有多個狀態被轉移到某個權杖，則只能保存代價最小的那個。

（3）非發射弧處理：對上一步佇列中的權杖依次計算對應的非發射弧中的代價，由於非發射弧沒有實際的輸出，因此不會考慮其聲學分數。

$$tot\_cost += arc\_.weight$$

（4）回溯：當到達結束狀態時，所有權杖的代價都被計算並保存。透過回溯每個權杖儲存的對應路徑代價即可獲取累計代價最低的路徑，也就是最優的解碼結果。

在實際解碼中，除了最優路徑，我們往往還希望保存多條次優路徑，這就需要使用一個權杖鏈結串列來儲存詞圖（Lattice）中不同路徑的權杖傳遞情況。詞圖是一種用來保存多種路徑的資料結構，具體定義見 4.6.4 節。

4.5.5 Beam Search

當在解碼圖中使用權杖傳遞演算法時，隨著佇列中保存的權杖越來越多，計算複雜度也會急劇增長。對於一個大規模連續語音辨識（Large Vocabulary Continues Speech Recognition）系統的解碼，窮盡所有的潛在路徑是一件不可能的事情，我們一般使用 Beam Search（束搜尋）來對搜尋路徑進行剪枝。

Beam Search 會預先定義一個 Beam Size（束大小），根據不同的解碼條件（精度、速度），有以下兩種實現方式：

A. Beam 為最大路徑數量；

B. Beam 為與當前時刻最優路徑代價的最大偏差值。

以方式 B 為例，在選取轉移弧時，會計算一個當前最優總代價 current_best_cost，以及一個設定值代價 cutoff_cost。

$$\text{current\_best\_cost} = \text{best\_weight} + \text{graph\_cost} + \text{acoustic\_cost}$$

$$\text{cutoff\_cost} = \text{current\_best\_cost} + \text{beam\_size}$$

當前最優總代價可以表示為，當前權杖儲存的之前路徑總代價加上當前弧的解碼圖代價和聲學代價。

如果其他路徑的總代價小於設定值代價，那麼這些路徑就會被保留；反之，就會被捨棄。如果在計算中發現某一條路徑的總代價小於 current_best_cost，則這條路徑就會成為新的最優路徑且會被用來計算新的 cutoff_cost。

在 Kaldi 的解碼策略中，還會定義兩個參數：max_active 和 min_active，以彌補僅僅透過 Beam 值來剪枝的缺陷。這兩個值分別表示最大活躍狀態和最小活躍狀態，與 Beam 值類似，它們也可以透過偏差值的方式使用。如果 $max\_active < cutoff\_cost$，則說明 Beam 值設定的相對比較寬鬆，這時候需要重新調整 beam_size。

$$beam\_size' = max\_active - best\_weight + beam\_delta$$

如果 $min\_active > cutoff\_cost$，則說明 Beam 值的設定太嚴格，需要重新調整 beam_size。

$$beam\_size' = min\_active - best\_weight + beam\_delta$$

這裡的 beam_delta 定義了 Beam 值的變化大小，需要研究人員根據實際情況設定。

4.6 序列區分性訓練

我們在訓練 GMM-HMM 和 DNN-HMM 時，是基於 MLE（Maximum Likelihood Estimation，極大似然估計）的方法進行的。但是基於 MLE 的模型需要滿足一些先決條件。

（1）建模時使用的機率密度函數（GMM/DNN）代表語音的真實分佈。

（2）極大似然估計方法要得到模型的真實參數需要趨近於無窮的訓練資料。

（3）由語言模型帶來的先驗機率與實際分佈一致。

在實際訓練時同時滿足這些條件比較困難，理論上 MLE 訓練難以得到一個最優的分類器。此外，基於幀等級的聲學模型訓練往往無法考慮到句子等級的序列錯誤。針對以上問題，研究人員提出了序列區分性訓練（Sequence Discriminative Training）的概念。序列區分性訓練透過對整個序列定義一個訓練準則來度量與辨識結果好壞直接相關的代價，這個準則不僅考慮正確的路徑，也考慮錯誤的路徑，即在最大化正確路徑機率的同時，降低其他錯誤路徑的機率。

在語音辨識領域中，常見的區分性訓練有 MMI（Maximum Mutual Information，最大互資訊）（Bahl, 1986）、bMMI（boosted Maximum Mutual Information，增強最大互資訊）（Povey, 2008）、MPE（Minimum Phone Error，最小音素錯誤）（Povey, 2005）、sMBR（state-level Minimum Bayesian Risk，最小貝氏風險）（Gibson, 2006）等。

4.6.1 MMI 和 bMMI

互資訊描述兩個隨機變數之間的連結程度。語音辨識中的 MMI 準則是觀測序列分佈與文字序列分佈之間的互資訊。

$$\mathcal{J}_{\text{MMI}}=\sum_{u=1}^{U}\log\frac{p(\boldsymbol{O}_u\mid\boldsymbol{S}_u)^k P(\boldsymbol{W}_u)}{\sum_{\boldsymbol{W}}p(\boldsymbol{O}_u\mid\boldsymbol{S}_w)^k P(\boldsymbol{W})}$$

其中，$\boldsymbol{O}_u=\{\boldsymbol{o}_{u1},\boldsymbol{o}_{u2},\ldots,\boldsymbol{o}_{uTu}\}$表示第 u 個音訊樣本的觀測序列，T_u 為這個樣本的幀總數，$\boldsymbol{W}_u$ 為這個樣本的正確文字序列，$\boldsymbol{S}$ 為 $\boldsymbol{W}$ 對應的隱藏狀態序列。上式可以看成正確路徑得分與所有路徑得分的比值。

由於 MMI 中對正確路徑的學習可能導致與類似錯誤路徑的區別過大，造成嚴重的過擬合。因此 bMMI 引入了一個增強係數來增加資料的困惑度，提高句子出現更多錯誤的可能性。

$$\mathcal{J}_{\text{bMMI}}=\sum_{u=1}^{U}\log\frac{p(\boldsymbol{O}_u\mid\boldsymbol{S}_u)^k P(\boldsymbol{W}_u)}{\sum_{\boldsymbol{W}}p(\boldsymbol{O}_u\mid\boldsymbol{S}_w)^k P(\boldsymbol{W})e^{-bA(\boldsymbol{w},\boldsymbol{w}_u)}}$$

其中，$A(\boldsymbol{w},\boldsymbol{w}_u)$是 $\boldsymbol{w}$ 與 $\boldsymbol{w}_u$ 之間粗略準確度的度量，它可以在詞、音素或者狀態層面上做計算；b 代表增強係數。bMMI 可以看作是根據序列的錯誤數量來調節學習的權重，使錯誤較多的序列區分更明顯。

4.6.2 MPE 和 sMBR

MPE 與 sMBR 都屬於 MBR 的訓練準則，旨在最小化不同建模細微性下的期望錯誤。兩者的不同之處在於，MPE 是最小化期望音素錯誤，sMBR 是最小化狀態錯誤的統計期望。

$$\mathcal{J}_{\text{MBR}} = \sum_{u=1}^{U} \frac{\sum_{W} p(\boldsymbol{O}_u \mid \boldsymbol{S}_u)^k P(\boldsymbol{W}_u) A(\boldsymbol{w}, \boldsymbol{w}_u)}{\sum_{W'} p(\boldsymbol{O}_u \mid \boldsymbol{S}_{W'})^k P(\boldsymbol{W}')}$$

MBR 可以視為對正確路徑做了相似路徑的最佳化擴充。在應用中，具體是使用 MPE 還是使用 sMBR 取決於公式中輸入的建模細微性。

4.6.3 詞圖

在語音辨識系統中，往往會產生很多不同的辨識結果候選序列，由於當前最優序列不一定與實際辨識內容吻合，因此我們希望能夠保存這些序列用於進一步的篩選。如果每一筆序列單獨保存，則會產生很大的容錯（許多序列共用一些片段），一般會用詞圖來表示這些候選序列。在序列鑑別性訓練中，由於需要統計分子和分母序列的機率，因此也引入了詞圖來幫助計算。

以 MMI 為例，分子和分母的詞圖都需要用一個已經訓練好的語音辨識系統生成，這個訓練好的模型通常被稱為預對齊模型。預對齊模型對訓練資料的每一個樣本都產生一個詞圖，分子詞圖的計算可以簡化為計算文字標注的強制對齊。分母詞圖只會生成一次，並且可以在後續的迭代訓練中重複使用。預對齊模型生成的詞圖越準確，序列鑑別性訓練的效果就越好。研究（Su，2013）表明，使用基於神經網路的預對齊模型，可以得到比 GMM-HMM 作為預對齊模型更好的效果。

在語音辨識第一級解碼完成之後，保存的詞圖可以用於重評分任務。

重評分一般會使用更加複雜的模型，修正詞圖中的機率，得到更準確的結果。

詞圖可以有多種保存形式，表 4-3 是 Kaldi 中以 FST 形式儲存的一種詞圖。第一行為當前樣本的 id，第二行起每一列分別表示。

表 4-3 一種 FST 形式的詞圖

起始狀態 id	結束狀態 id	輸入符號	輸出符號	解碼圖權重，聲學模型權重
0	19	4	27484	3.77527, 2468.66
1	76	11131	32501	1.96285, 794.261
1	87	11131	0	1.50215, 599.67
2	97	9715	32501	2.17471,618.259
3	108	18205	171857	1.50446,553.682
4	112	19247	171857	1.77138,818.135
4	127	19247	0	1.38995, 525.281
4	138	18167	171857	2.26549,618.501
…	…	…	…	…

在 Kaldi 中，還有一種 CompactLattice 結構，這種結構把普通詞圖的輸入序列放到了弧上，這樣輸入和輸出都保持一致，儲存更加緊湊。

4.6.4 LF-MMI

預對齊模型的對齊效果在一輪一輪的迭代中會變得更好，但這樣會使訓練流程變得非常複雜，且生成靜態的分母詞圖需要耗費大量的時間。Dan Povey 等人提出了 Lattice Free MMI（Povey，2018），簡稱 LF-MMI，主要透過一系列線上計算來避免靜態分母詞圖的生成。

在 LF-MMI 中，整個解碼圖以 FSA 的形式生成，即輸入和輸出相同，都使用音素為單位。傳統的 MMI 分母詞圖需要在 $H \circ C \circ L \circ G$ 解碼圖中搜尋生成，而 LF-MMI 提出了一種基於 H∘C∘P 的解碼圖，其採用音素等級 4gram 語言模型而非詞等級。這個語言模型的音素資料由訓練資料得到，在回退到 3gram 及以下時，不允許平滑和剪枝。同時在 FSA 生成時，增加了很多額外的最佳化操作，從而最大限度地減少計算量。訓練時，LF-MMI 在 GPU 中完成前向和後向計算。在分母 FSA 建構過程中，還會生成一種正規 FSA（Normalization FSA），其初始機率和結束機率被修改，用於分子 FSA 建構。

LF-MMI 中的分子部分仍然需要詞圖的參與。對齊模型對每一個訓練樣本生成對應的詞圖，這個詞圖中包括了多音詞的不同發音路徑，並限制了音素序列的對應幀。這種限制並不要求每幀一一對應，而是在預設 50ms 的區間內對應即可，目的是處理對齊模型可能存在的錯誤。這種特殊的詞圖生成後會被轉換為分子 FSA。為了保證目標函數值小於 0，需要將這個 FSA 與上文提到的正規 FSA 合併。這樣就獲得了 LF-MMI 中的分子詞圖。

LF-MMI 在 Kaldi 中的實現還融合了許多其他技巧，剩下的部分參見 5.10.1 節。

4.7 點對點語音辨識

DNN-HMM 系統需要融合音素建模、發音詞典和語言模型，需要在 WFST 解碼器中解碼，在訓練之前還需要生成預對齊模型獲取對齊資訊，這使得整個訓練流程非常複雜。點對點語音辨識演算法在訓練時不再需要對齊資訊，整個過程由一個或幾個神經網路模組完成，這樣大大加快了訓練流程。點對點語音辨識一般以對數似然為基礎、以字為建模單位。根據編碼方式的不同，點對點語音辨識又可以分為幀同步（Framesynchronous）和詞同步（Word-synchronous）兩種。前者是逐幀解碼，直到語音的最後一幀；後者的輸出細微性為建模細微性，需要在模型側處理輸入和輸出不等長的問題。主流的點對點語音辨識方法有以下幾種。

4.7.1 CTC

CTC（Connectionist Temporal Classification，連接時序分類）（Graves，2006）是一種用於解決時序問題的方法，除了語音辨識，CTC 在 OCR（Optical Character Recognition，光學字元辨識）中應用也比較廣泛。

因為點對點語音辨識拋棄了對齊資訊，所以如何把模型每一幀的輸出對應到標注文字上成為一個需要解決的問題。由於每個字在說話時持續的時間很長，神經網路可能會有很多重複的輸出，以及長時間的停頓和靜音，而 CTC 透過合併這些重複輸出，並透過引入一個<blank>標籤來對應停頓或者沒有輸出任何有意義的標籤。當遇到連續的兩個字元時，使用<blank>分隔開，這樣可以把輸出的若干幀對應到最後的辨識結果上。假設給定輸入 $\boldsymbol{x}=\{x_1,x_2,\cdots,x_T\}$ 和輸出序列 $\boldsymbol{\pi}=\{\pi_1,\pi_2,\cdots,\pi_n\}$，則輸出序列包括所有輸出單位的集合和<blank>標籤。假設幀與幀之間的機率是獨立的（在給定輸入 $\boldsymbol{x}$ 的情況下條件獨立），用 $y_{\pi_t}^t$ 來表示 t 時刻輸出 π_t 的機率，這樣，在給定 $\boldsymbol{x}$ 時，輸出序列為 $\boldsymbol{\pi}$ 的機率可以表示為

$$\mathrm{p}(\boldsymbol{\pi}|\boldsymbol{x})=\prod_{t=1}^{T}y_{\pi_t}^t$$

如果最終的標注文字為 $\boldsymbol{l}$，則定義一個轉換 $\mathcal{F}$ 表示執行去重和去掉<blank>操作，如 $\mathcal{F}(-\mathrm{aa}--\mathrm{abb})=\mathrm{aab}$。那麼，輸出序列中得到的標注文字 $\boldsymbol{l}$ 的組合就需要滿足 $\boldsymbol{\pi}\in\mathcal{F}^{-1}(\boldsymbol{l})$，若給定 $\boldsymbol{x}$，則輸出 $\boldsymbol{l}$ 的條件機率可以表示為

$$p(\boldsymbol{l}|\boldsymbol{x}) = \sum_{\boldsymbol{\pi} \in \mathcal{F}^{-1}(\boldsymbol{l})} p(\boldsymbol{\pi}|\boldsymbol{x})$$

最終的 CTC Loss 使用最大對數似然，在一個給定的訓練集 $\boldsymbol{S}$ 中，計算所有正確輸出序列機率的負對數之和。

$$\mathcal{L}(S) = -\sum_{(x,z)\in S} \log\left(p(z|\boldsymbol{x})\right)$$

要獲得神經網路的最終輸出序列並不容易，往往有多筆原始輸出序列對應，故一般應用前向和後向演算法來簡化計算。

引入<blank>標籤有兩個好處：一個是在合併重複輸出時可以避免兩個連續字元被合併的情況，如 "hello" 中兩個連續的 "l"；另一個是<blank>使模型在處理沒有對應標籤的輸出上也能極佳地應對。

CTC 的輸出呈現出一種特有的分佈，如圖 4-36 所示，一個字元的輸出趨向於很短的若干幀，而其他的時刻會大範圍輸出<blank>標籤，這通常被稱為尖峰行為（Peak Behavior）。

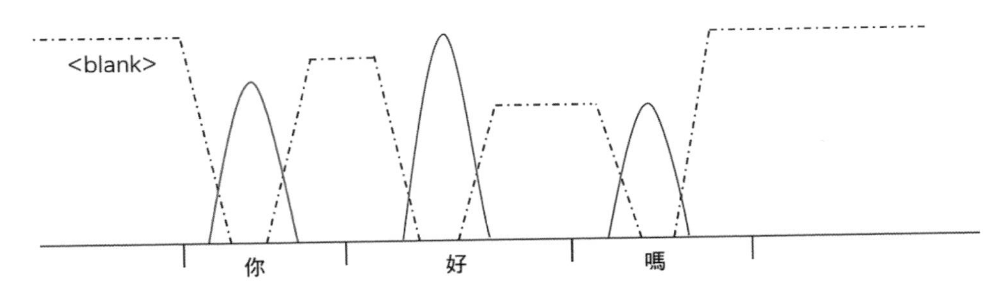

圖 4-36 CTC 中的尖峰行為

雖然 CTC 中存在幀獨立的假設，但是由於<blank>標籤的存在導致一個輸出可以對應多種路徑，因此還是需要使用 Beam Search 來最佳化搜尋結果。在 Beam Search 的過程中，由於 Beam size 的限制，很多過程不同但結果一致的路徑被捨棄，這樣雖然簡化了解碼，但是也遺失了一部分資訊。因此，常常採用一種被叫做首碼束搜尋（Prefix Beam Search）（Hannun，2014）的方法，在搜尋過程中記錄去掉<blank>標籤和重複的首碼，以首碼為單位判斷 Beam size。這樣可以不斷地合併相同的首碼，使解碼涵蓋的路徑更多。如圖 4-37 所示，在 T=3 時，經過合併後的首碼數量由 9 個減少到了 4 個。

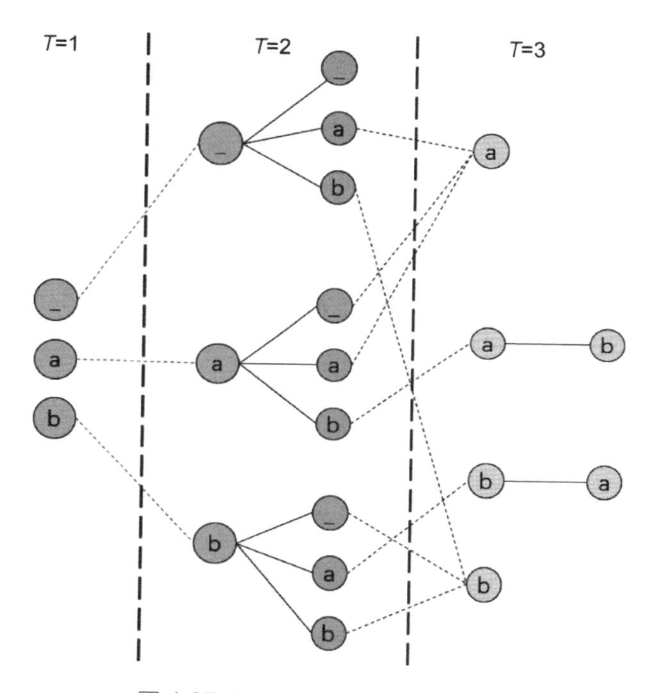

圖 4-37 Prefix Beam Search 範例

4.7.2 Seq2Seq

語音辨識是一個輸入輸出不等長且輸入遠大於輸出的問題，普通神經網路的輸入和輸出的長度是一致的，而 Seq2Seq（Sequence-to-Sequence，序列到序列）方法可以透過使用 AED（Attention-based Encoder-Decoder，注意力轉碼器）結構來處理這個問題。AED 包含兩個神經網路，其中 Encoder（編碼器）網路將輸入編碼為一個固定長度的向量，Decoder（解碼器）網路根據輸入輸出計算與這個向量的 Attention，最終得到滿足長度要求的輸出。LAS（Listen，Attend and Spell）（Chan，2016）第一次把 AED 應用到語音辨識中並取得了不錯的效果，模型結構如圖 4-38 所示。其中 Listener，Attend 和 Speller 模組分別代表 AED 中的 Encoder，Attention 和 Decoder 部分。我們透過金字塔結構的雙向 LSTM 來處理輸入特徵得到隱含表徵 $\boldsymbol{h}=\{h_1,h_2,\ldots,h_U\}$，其中 U 是小於輸入特徵長度的一個維度，金字塔結構主要用來減少運算量，提取更加抽象的表徵。Attend 和 Spell 部分的計算如下：

$$\boldsymbol{c}_i = \text{AttentionContext}(s_i, \boldsymbol{h})$$

$$s_i = \text{2LSTM}(s_{i-1}, y_{i-1}, \boldsymbol{c}_{i-1})$$

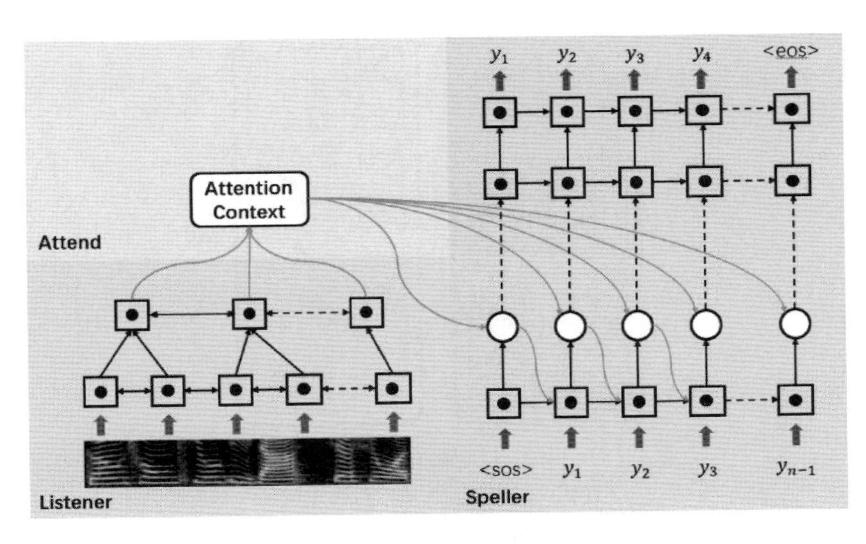

圖 4-38 LAS 網路結構

其中，$\boldsymbol{c}_i$ 是由當前時刻狀態和 Listener 的輸出共同得到的上下文向量，AttentionContext 函數就是執行普通的 Attention 計算。s_i 是當前時刻狀態的輸出，由上一個時刻的狀態 s_{i-1} 、輸出 y_{i-1} 和上下文 $\boldsymbol{c}_{i-1}$ 經過兩層 LSTM 得到。在得到 s_i 和 $\boldsymbol{c}_i$ 後，再經過一層全連接和 Softmax 函數，即可得到字元輸出機率。

基於若干 Self-Attention 層的 Transformer 結構也被用於 Seq2Seq 語音辨識中，如圖 4-39 所示。Transformer 的 Encoder 部分由 6 個相同的模組組成。每個模組分別由 Multihead Self-Attention 網路和 Position-Wise Feed-Forward 網路組成，其中 Multihead Self-Attention 網路如圖 4-23 所示，Position-Wise Feed-Forward 網路實際上就是一個全連接層，並提供了非線性變換。

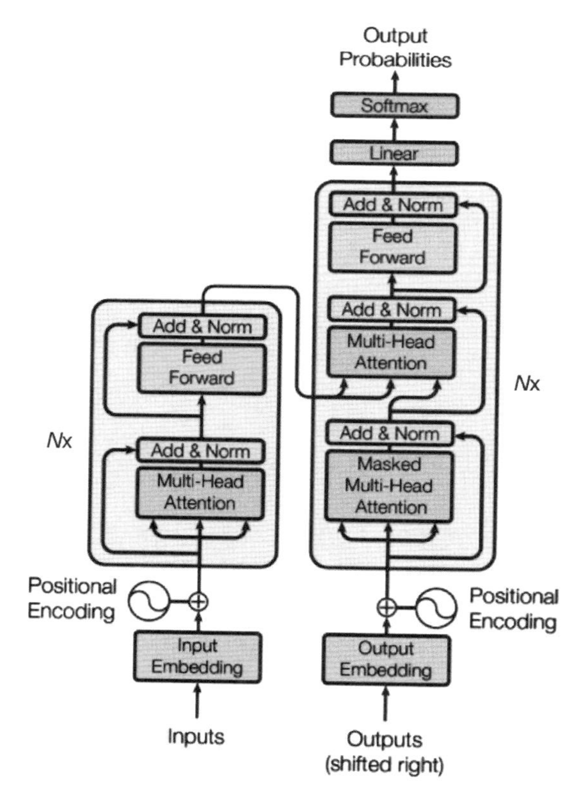

圖 4-39 Transformer 結構（Vaswani，2017）

Decoder 部分與 Encoder 類似，只是多了一個 Attention 網路，這裡的 Attention 不是 Self-Attention，它的 K 和 V 來自 Encoder，Q 來自上一個位置 Decoder 的輸出。在解碼時，因為沒有辦法看到後面的結果，所以需要在輸入部分加入遮罩（Mask）掩蓋掉未來的 Token。Encoder 和 Decoder 的每個網路中都加入了殘差連接和正規。

除此之外，因為 Attention 機制沒有像 RNN 那樣對時間序列的前後關係進行表示，所以在 Encoder 和 Decoder 的輸入中都加入了位置編碼（Positional Encoding），如式（4-6）和（4-7）。Positional Embedding 的結果會直接疊加到 Embedding 上。

$$\text{positional\_encoding}(\text{pos}, 2i) = \sin\left(\text{pos} / 10000^{2i/d_{\text{model}}}\right) \tag{4-6}$$

$$\text{positional\_encoding}(\text{pos}, 2i+1) = \cos\left(\text{pos} / 10000^{2i/d_{\text{model}}}\right) \tag{4-7}$$

Transformer 被引入語音辨識後，針對語音任務的特點，做了一定的改進。一方面因為語音領域並不存在一種很好的 Embedding，所以語音輸入特徵需要經 CNN 或其他網路處理再進入 Encoder 中；另一方面，因為 Transformer 中的 Attention 僅針對時域的位置相關性建模，但是在語音辨識中，輸出的發音同時依賴於時域和頻域的變化，所以在 Speech-Transformer 中使用了 2D-Attention，把時頻的 Attention 輸出拼接起來。

Transformer 對全域資訊的提取非常有效，但是對局部特徵的提取不足，CNN 恰好擅長對局部特徵的處理。一種名為 Conformer（Gulati，2020）的網路融合了卷積操作和 Transformer 的結構，在 Encoder 中引入了卷積操作。每一個 Conformer 模組，在 Multihead Self-Attention 和全連接網路之間加入了一個 CNN 模組，這個模組執行 Pointwise Convolution 和 Depthwise Convolution，如圖 4-40 所示。除了加入不同的卷積，Conformer 還使用了 GLU（Dauphin，2017）和 Swish（Ramachandran，2017）啟動函數。

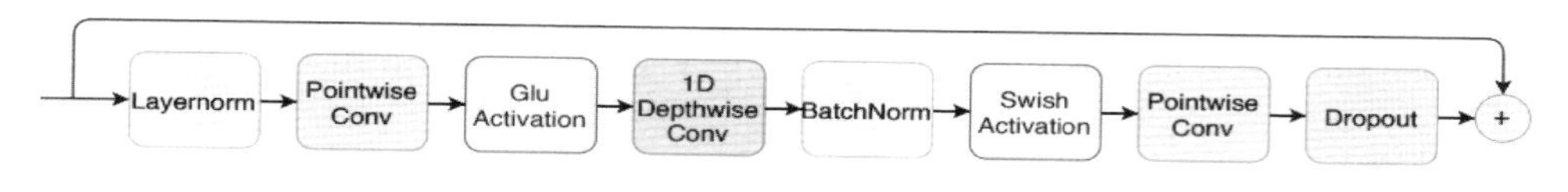

圖 4-40 Conformer 的 Convolution 模組結構（Gulati，2020）

在 AED 的 Seq2Seq 和 CTC 方法中，聲學模型仍然相對獨立，好的性能仍然需要外接語言模型，且 AED 中 Decoder 的輸入需要等 Encoder 對所有聲學特徵處理完成之後才能進行，這樣對即時的語音辨識帶來一定的困難。RNN-T（RNN-Transducer）（Rao, 2017）的設計兼顧了上述問題，RNN-T 有三個模組：Seq2Seq 結構中的 Encoder、在 Encoder 之外引入的一個接受上一個時刻網路輸出的 Prediction Network，以及一個 Joint Network（Decoder），其接收 Prediction Network 和 Encoder 的合併輸出，並生成當前時刻的輸出。如圖 4-41 所示。

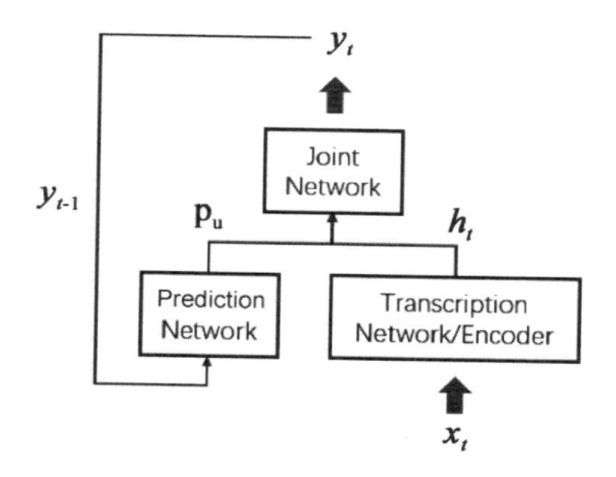

圖 4-41 RNN-T 結構

Prediction Network 可以看成一個單獨的語言模型，由 Embedding 提取模組和若干層 LSTM 組成，對輸出的依賴關係建模。Encoder 的輸入是聲學特徵，經過若干層 LSTM 獲取時間上的關係，並且透過一個時間維度上的卷積來提取相鄰時刻的資訊。兩個網路的輸出經過一個前饋網路合併在一起，並預測當前時刻的輸出字元。訓練時，Prediction Network 輸入上一個時刻的字元，預測下一個字元，而 Encoder 與真實樣本的輸出一併被傳入 Joint Network 中。RNN-T Loss 與 CTC Loss 類似，用前向後向演算法進行計算。

與 LAS 和 Speech-Transformer 的關係類似，將 Transformer 結構引入 RNN-T，就獲得了 Transformer-Transducer（Yeh, 2019），Transformer 的引入可以幫助網路提升運算效率，加快模型訓練。此外，還對 Attention 的上下文進行限制，加速了流式解碼。

4.8 語音辨識模型評估

語音辨識系統的評估一般採用 CER（Character Error Rate，字錯率）和 WER（Word Error Rate，詞錯率）來衡量。這兩種指標都是透過計算語音辨識輸出文字與標注文字之間的最小編輯距離（Edit Distance/Levenshtein Distance）得到的。編輯距離包含以下三種：

- 替換（Substitution）：將待比較文字中的一個字元替換為另一個字元。
- 插入（Insertion）：在待比較文字中插入一個字元。
- 刪除（Deletion）：在待比較文字中刪除一個字元。

在漢語語音辨識中，考慮到分詞的不確定性，一般使用 CER，在英文語音辨識中一般使用 WER。在一些場景中，有時也需要使用 SER（Sentence Error Rate，句錯率）或 PER（Phone Error Rate，音素錯誤率）來評價。

WER/CER 的計算公式如下：

$$\text{WER/CER} = \frac{S+D+I}{N}$$

其中，N 表示待比較文字中的字元總數，S，D，I 分別表示兩個文字間的替換距離、刪除距離和插入距離。由於插入距離的存在，理論上 WER/CER 可能會超過 100%。一般認為，當 WER/CER 低於 5%時，語音辨識系統就能在商業環境中使用。

表 4-4 是一個語音辨識系統的輸出與對應的標注對比。系統輸出的文字中共有 1 個刪除錯誤，1 個插入錯誤和 2 個替換錯誤，字數為 17 個，這個測試文字的字錯率為 $\frac{1+1+2}{17} = 23.5\%$。其中，句首漏字可能是因為音訊存在錯誤切分，替換錯誤可能是因為語言模型訓練資料不充分，插入錯誤可能是因為標注不準確。

表 4-4 一個語音辨識系統解碼結果和對應的標注文字

標注	在 線 語 音 識 別 服 務 實 戰 是 一 本 很 好 的 書
辨識結果	線 語 音 識 別 服 務 實 戰 是 億 本 黑 好 的 書 哦
編輯錯誤	D * * * * * * * * * * S * S * * * I

雖然基於編輯距離的 WER/CER 評價方法被廣泛使用，但是也有一定的缺陷。比如，語意錯誤是 WER/CER 無法衡量的，另外對於人類來說，無意義的語氣詞錯誤卻會被統計到最終的錯誤率中。計算最小編輯距離的虛擬程式碼如圖 4-42 所示。

```
def min_edit_distance(source, target):
    n = len(source)
    m = len(target)
    distance[n+1,m+1] # 定義距離矩陣

    # 初始化這個矩陣.
      D[0,0] = 0
      for i in range(n):
        D[i,0] = D[i-1,0] + del_cost(source[i])
      for j in range(m):
        D[0,j] = D[0, j-1] + ins_cost(target[j])

    # 動態規劃求解
    for i in range(n):
      for j in range(m):
        D[i, j] = min( D[i−1, j] + del_cost(source[i]),
                       D[i−1, j−1] + sub_cost(source[i], target[j]),
                       D[i, j−1] + ins_cost(target[j]))

  return D[n, m] # 返回兩個序列的最小編輯距離
```

圖 4-42 最小編輯距離虛擬程式碼

4.9 本章小結

本章主要介紹了語音辨識系統建構流程中所涉及的各個模組的原理，包括聲學模型、語言模型、解碼器，以及最新的點對點語音辨識技術。由於在實際訓練時，往往面臨可用資料缺乏、口音適應、多語種辨識等問題，因此語音辨識中的無監督學習、遷移學習也是目前流行的研究課題，限於篇幅，本書不再介紹。在下一章中，我們會利用 Kaldi 和一些開放原始碼語音資料去訓練自己的語音辨識模型。

Chapter

05

中文漢語模型訓練--以 multi_cn 為例

本章主要介紹如何使用 Kaldi 中的指令稿訓練自己的語音辨識模型，涉及詞典準備、n-gram 語音模型訓練、聲學模型訓練，解碼圖生成等。

Kaldi 提供了多種中文訓練的指令稿流程，如 multi_cn，aishell，thchs30，hkust 等。其中，multi_cn 融合了目前開放原始碼的大部分中文訓練語料，本章就以該指令稿為例，介紹中文模型的訓練流程和原理。

5.1 Kaldi 安裝與環境設定

首先在下載 Kaldi 後進行環境設定，Kaldi 需要的相關環境如下。

- 編譯器：g++版本大於等於 4.8.3，Apple Xcode 版本大於等於 5.0 或者 clang 版本大於等於 3.3。
- 依賴工具套件：zlib-devel，zlib1g-dev，make，automake，autoconf，patch，grep，bzip2，gzip，unzip，wget，git，sox，gfortran，libtool，subversion，gawk。其中，大部分都是 Linux 常用工具，使用 apt-get 或者 yum 等命令即可安裝，當然，需要保證伺服器正常聯網。

- Python：Kaldi 預設使用 Python 2.7，但是隨著 Python 的發展，大部分指令稿使用 Python 3 執行會更方便，故建議設定 Python 3。
- 數學計算函數庫：如果在 intel64 位元系統上，則首選 MKL。如果在其他的硬體平台，則可以使用 OpenBLAS。

在環境設定完成後，執行 tools/extras 目錄下的 check_dependecies.sh 指令稿，返回 "./check_dependecies.sh: all OK." 的字串。

接下來，先裝 Kaldi 需要的一些工具，如 openfst 等，返回 tools 目錄，執行 make 命令；然後編譯原始程式，進入 Kaldi/src 目錄，依次執行：

```
$ ./configure
$ make depend
$ make
```

在編譯過程中，如果沒有出現 error，且最後返回 "Done"，則表明安裝完成。需要注意的是，最終編譯原始程式階段會花費較長的時間，需要耐心等待。

安裝完成後進入 Kaldi/egs/multi_cn，我們會看到三個指令稿：run.sh，cmd.sh 和 path.sh。其中，run.sh 包含後續訓練的流程，path.sh 包含執行程式的依賴路徑，cmd.sh 中設定 Kaldi 的執行模型，預設使用 queue.pl，也就是分散式版本。

```
$ export train_cmd="queue.pl --mem 2G"
$ export decode_cmd="queue.pl --mem 4G"
$ export mkgraph_cmd="queue.pl --mem 8G"
```

Kaldi 的分散式版本支持兩種形式：一種是 queue.pl 調配 GridEngine（需要安裝 qsub），另一種是 slurm.pl 調配 slurm。如果希望在單機模式下執行，則需要將上述程式中的 "queue.pl" 修改為 run.pl。一個單機模式的 cmd.sh 設定如下：

```
$ export train_cmd="run.pl JOB=1:4 train.JOB.log --gpu 0"
```

其中，JOB 指定了將該任務分為四份並存執行，train.log 存放相關 log，--gpu 指定任務是否需要 gpu 及 gpu 的編號。

5.2 Kaldi 中的資料格式與資料準備

在設定好執行模式後，進入 run.sh 開始訓練任務。由於語音辨識訓練是一個非常複雜的過程，因此 Kaldi 中的 shell 指令稿會用不同的 stage 分隔訓練中的每一步，透過指定 stage 的編號可以方便地從不同的步驟開始執行，這樣，可以盡可能地減少程式中斷帶來的問題。

multi_cn 包含五個開放原始碼的中文漢語資料集及一個半開放的中文漢語資料集，可以在 openslr.org 中下載[1]。

- aidatatang：資料堂發佈的 200 個小時中文漢語資料集，是由超過 600 個語者在安靜的室內環境區錄製的。
- aishell：經典中文開來源資料集，包含 400 個語者和約 178 個小時的中文漢語音訊。

---

1 openslr 是一個用於語音辨識任務的語音和語言資源網站，共收錄 111 個開來源資料集，涵蓋了中文、英文、日文等多種語音和文字資料。

- aishell2：aishell2 在 multi_cn 中是一個可選項，這個資料集包含 1000 個小時的音訊，但是並不完全開放原始碼，需要大專院校或者研究機構提交申請並且保證不能用於商業活動。
- magic_data：由魔術參數公司發佈，755 個小時的語音來自不同口音的 1080 個語者，錄製內容包括互動問答、音樂搜尋、社交資訊和居家控制等。
- st-cmds：同樣是安靜室內環境下的手機錄製音訊，共 855 個語者。
- thchs30：最早開放原始碼的中文語音辨識資料集，由清華大學語音和語言技術中心發佈，於 2002 年完成，包含 30 個小時的語音資料，以及對應的文字和音素標注。

資料格式處理和資料準備指令稿如下：

```
#!/usr/bin/env bash

# Copyright 2019 Microsoft Corporation (authors: Xingyu Na)
# Apache 2.0

. ./cmd.sh
. ./path.sh

stage=0
dbase=/mnt/data/openslr
aidatatang_url=www.openslr.org/resources/62
aishell_url=www.openslr.org/resources/33
magicdata_url=www.openslr.org/resources/68
primewords_url=www.openslr.org/resources/47
stcmds_url=www.openslr.org/resources/38
thchs_url=www.openslr.org/resources/18

test_sets="aishell aidatatang magicdata thchs"
```

```
corpus_lm=false   # interpolate with corpus lm

. utils/parse_options.sh

if [ $stage -le 0 ]; then
  # download all training data
  local/aidatatang_download_and_untar.sh $dbase/aidatatang $aidatatang_u
rl aidatatang_200zh || exit 1;
  local/aishell_download_and_untar.sh $dbase/aishell $aishell_url data_a
ishell || exit 1;
  local/magicdata_download_and_untar.sh $dbase/magicdata $magicdata_url
train_set || exit 1;
  local/primewords_download_and_untar.sh $dbase/primewords $primewords_u
rl || exit 1;
  local/stcmds_download_and_untar.sh $dbase/stcmds $stcmds_url || exit 1
;
  local/thchs_download_and_untar.sh $dbase/thchs $thchs_url data_thchs30
 || exit 1;

  # download all test data
  local/thchs_download_and_untar.sh $dbase/thchs $thchs_url test-
noise || exit 1;
  local/magicdata_download_and_untar.sh $dbase/magicdata $magicdata_url
dev_set || exit 1;
  local/magicdata_download_and_untar.sh $dbase/magicdata $magicdata_url
test_set || exit 1;
fi

if [ $stage -le 1 ]; then
  local/aidatatang_data_prep.sh $dbase/aidatatang/aidatatang_200zh data/
aidatatang || exit 1;
  local/aishell_data_prep.sh $dbase/aishell/data_aishell data/aishell ||
 exit 1;
```

```
  local/thchs-
30_data_prep.sh $dbase/thchs/data_thchs30 data/thchs || exit 1;
  local/magicdata_data_prep.sh $dbase/magicdata data/magicdata || exit 1
;
  local/primewords_data_prep.sh $dbase/primewords data/primewords || exi
t 1;
  local/stcmds_data_prep.sh $dbase/stcmds data/stcmds || exit 1;
fi

if [ $stage -le 2 ]; then
  # normalize transcripts
  utils/combine_data.sh data/train_combined \
    data/{aidatatang,aishell,magicdata,primewords,stcmds,thchs}/train ||
 exit 1;
  utils/combine_data.sh data/test_combined \
    data/{aidatatang,aishell,magicdata,thchs}/{dev,test} || exit 1;
  local/prepare_dict.sh || exit 1;
fi
```

其中，stage 0 將幾個資料集下載並解壓縮，dbase 指定資料存放的位址。在 stage 1 中，幾個不同的指令稿將幾個開來源資料集處理成 Kaldi 需要的格式。stage 2 則將這幾個資料合併為訓練資料目錄。

在 Kaldi 訓練語音辨識任務中，需要準備 4 個（或者 5 個，如果音訊檔案沒有事先分割，則需要<segment>檔案）資料檔案。

- <wav.scp>：共兩列，第一列為需要訓練的音訊 id，第二列則是這些音訊 id 保存的位址。
- <text>：共兩列，第一列是需要訓練的樣本 id，第二列是對應的標注文字。
- <utt2spk>：訓練樣本 id 和語者 id 的對應關係。

- <spk2utt>：與 utt2spk 剛好相反，保存語者 id 和訓練樣本 id 的對應關係，兩者之間的互相轉換可以用 utils 中的 utt2spk_to_spk2utt.pl 來實現。
- 除了這幾個必備的檔案，Kaldi 還支持其他幾種資料檔案，以滿足不同的訓練需求。
- <cmvn.scp>：cmvn 資料的索引。
- <feats.scp>：特徵資料的索引。
- <reco2file_and_channel>：只有在使用 NIST 的 sclite 工具時用到。
- <reco2dur>：每個音訊與時長的對應關係。
- <segments>：如果一個音訊檔案很長，而我們希望將其切分之後再作為訓練資料，那麼就需要用到<segments>檔案，用於保存切分後的片段（即 utt，訓練樣本）和原音訊之間的關係。
- <spk2gender>：每個語者和性別的對應關係。
- <utt2dur>：每個訓練樣本和時長的對應關係。
- <utt2lang>：每個訓練樣本與語種的對應關係。
- <utt2num_frames>：每個訓練樣本與樣本中幀數的對應關係。
- <utt2uniq>：每個訓練樣本的唯一對應關係。
- <vad.scp>：語音活動檢測資料的索引。

在一般情況下，訓練樣本與訓練音訊等值，但是在有 segments 檔案切割時，訓練樣本透過 segment_id 與音訊檔案對應。

stage 2 把上述處理好的不同資料集檔案合併為最終的訓練和測試資料目錄，生成的幾個檔案範例如下，其中最後一步放到 5.4 節中介紹。在 Kaldi 中，除非需要立即計算，一般都會以索引的形式保存資料路徑，以節省空間。

```
<wav.scp>
BAC009S0002W0122
/opt/data/data_aishell/wav/train/S0001/BAC009S0002W0122.wav
…
<text>
BAC009S0002W0122 而 對 樓市 成交 抑制 作用 最 大 的 限 購
…
<utt2spk>
BAC009S0002W0122 S0002
…
<spk2utt>
S0002 BAC009S0002W0122 BAC009S0002W0123 BAC009S0002W0124 …
…
```

5.3 語言模型訓練

Kaldi 整合了若干 n-gram 訓練工具，如 Kaldi_lm，Srilm，Irstlm。在 Multi_cn 中，預設使用 Kaldi_lm 進行語言模型訓練。

- Kaldi_lm：Kaldi 附帶的語言模型訓練工具，使用基於插值 Kneser-Ney 的方法來建構 n-gram。
- Srilm：一個應用非常廣泛的統計和分析語言模型的工具，誕生於 1995 年，由 SRI 口語技術與研究實驗室（SRI Speech Technology and Research Laboratory）開發，可以透過 Kaldi/tools 目錄下的 install_srilm.sh 安裝。
- Irstlm：由義大利的 Trento FBK-IRST 實驗室開發的語言模型訓練工具套件，在大規模語言模型的訓練和使用上，Irstlm 的記憶體消耗僅是 Srilm 的一半。

- Kenlm：由 Kenneth Heafield 開發，比 Srilm 和 Irstlm 更快，支援 OpenFST 的包裝。Kaldi 沒有提供其安裝指令稿，需要讀者自行安裝。

```
if [ $stage -le 3 ]; then
  # train LM using transcription
  local/train_lms.sh || exit 1;
fi
```

在 stage 3 的 local/train_lms.sh 中，需要指定用來訓練 n-gram 語言模型的文字和對應的詞典，預設使用上述幾個開來源資料集的標注文字。如果讀者希望使用自己的文字資料，則只要在此處修改即可。

```
$ text=data/train_combined/text
$ lexicon=data/local/dict/lexicon.txt
```

train_lms.sh 會先進行一系列的資料前置處理，包括詞頻統計、OOV 標記等，然後呼叫 Kaldi_lm 中的 train_lm.sh 指令稿進行 n-gram 模型生成，這一步可以指定一些訓練參數。

- --arpa 表示是否將 n-gram 輸出為 arpa 格式。arpa 格式如下所示，其中 p 表示當前的 ngram 片語，w 表示片語的 n 元機率，bow 表示回退機率。

```
\data
ngram 1=nr # number of unigrams
ngram 2=nr # number of bigrams
ngram 3=nr # number of trigrams

\1-grams:
p_1 w1 bow_1

\2-grams:
p_2 w1 w2 bow_2
```

```
\3-grams:
p_3 w1 w2 w3

\end\
```

- --lmtype 表示生成語言模型的階數，即 N 的大小。在 Kaldi_lm 中，我們可以選擇 3gram/3gram-mincount/4gram/4gram-mincount 四種類型，mincount 表示在出現語料不足的 N 元組合時，只在 unigram 折扣，這樣可以減小 n-gram，從而提高最終解碼的速度。
  該指令稿的最後幾行是使用 srilm 去訓練同樣語料的 n-gram 語言模型。在呼叫 srilm 時，使用 ngram-count 建構模型，同樣有一些參數可以設定不同的 n-gram 訓練方式。
- --read：詞彙的 count 檔案。
- --text：分詞後的文字檔。
- --order：n-gram 階數。
- --limit-vocab：只限制詞典檔案的單字（對 text 檔案無效），沒有出現在詞典裡面的統計將會被捨棄。
- --vocab：限制文字檔和詞典檔案的單字，沒有出現在詞典中的單字會被替換為<unk>。如果沒有，則所有的單字將會被自動加入詞典。
- --interpolate：使用插值平滑方法。
- --kndiscount：使用 modified Kneser-Ney 平滑法。
- --map-unk：把 OOV 映射為某一種標記。
- --lm：輸出模型的目錄。
- --write-binary-lm：輸出二進位的語言模型。
- --sort：對輸出語言模型階數排序。

如果讀者希望使用上述提到的其他語言模型訓練工具，則需要自己撰寫訓練指令稿。

除了 NGRAM 語言模型，Kaldi 還支援神經語言模型訓練，如 RNN，Transformer 等。同時，其還提供基於 Kaldi，PyTorch 和 TensorFlow 的訓練語言模型介面，分別參見 scripts/rnnlm，egs/wsj/s5/steps/pytorchnn 和 egs/wsj/s5/steps/tfrnnlm。

5.4 發音詞典準備

```
if [ $stage -le 4 ]; then
  # prepare LM
  utils/prepare_lang.sh data/local/dict "<UNK>" data/local/lang data/lan
g || exit 1;
  utils/format_lm.sh data/lang data/local/lm/3gram-
mincount/lm_unpruned.gz \
    data/local/dict/lexicon.txt data/lang_combined_tg || exit 1;
fi
```

首先，stage 2 的最後一步 local/prepare_dict.sh 下載了 CMU 的中英文詞典，並用 Sequitur G2P 透過字元映射（character mapping）的方式生成一些集外詞的發音詞典，生成的 dict 目錄包含如下檔案。

- <extra_questions.txt>：音素清單的組合，有助於更好地生成決策樹分裂節點時的問題集。
- <lexicon.txt>：發音詞典，通常以如下的兩種形式保存，兩者的區別在於是否增加破音字機率。在國語中，破音字很常見，如果破音字的某個發音的機率很高，在解碼的時候經過包含這個發音的路徑的機率也會很高，因此需要提前對破音字的不同發音做出機率標注。

```
Lexicon.txt：word phone1 phone2 ... phoneN
Lexiconp.txt：word pron-prob phone1 phone2 ... phoneN
```

- <nonsilence_phones.txt>：非靜音的音素列表。
- <optional_silence.txt>：一般只包含 silence 標籤。
- <silence_phones.txt>：靜音段音素清單，包括一些雜訊的標記。

接下來，在 dict 目錄的基礎上，stage 4 生成模型訓練所需要的 lang 目錄及 lang_test 目錄。

在指令稿 utils/prepare_lang.sh 中，輸入 dict 目錄，輸出 lang 目錄，其中 OOV 會被映射為 "<UNK>" 標記。lang 目錄包含如下檔案：

- <L.fst>：發音詞典的 FST 形式。
- <L_disambig.fst>：同<L.fst>，且引入了消歧符號。消歧符號主要用來處理一些詞彙的音素序列在別的詞彙中也出現的問題，這種情況會造成 FST 無法保證確定化。因此，在生成 FST 時會額外增加消除歧義的音素標記，即消歧符號。此外，在生成語言模型 FST 時，也會增加#0 標記來處理回退的弧。
- <oov.txt>：在訓練過程中，所有的集外詞都會被映射為 OOV.txt 中存在的標記。
- <oov.int>：包含 OOV 的詞典序號。
- <phones.txt>：符合 openfst 的音素符號表，可以透過 utils/int2sym.pl 或者 utils/sym2int.pl 相互轉換。
- <words.txt>：符合 openfst 的詞彙符號表，可以透過 utils/int2sym.pl 或者 utils/sym2int.pl 相互轉換。
- <topo>：描述 HMM 模型的拓撲結構。如圖 5-1（a）所示，在這個拓撲結構中，真正的音素序號為 4 到 212，這些音素具有三個發射狀態，每個狀態都有一個自環（self-loop）和跳到下一個狀態的弧，以及各自對應的機率。在跳躍到 state 3 之後，因為這個音素的 HMM 結構已經結束，所以沒有跳躍。序號為 1/2/3 的音素標記的是雜訊或者靜音，這類 HMM 結構更加複雜，共有 5 個發射狀態，相互之間都能跳躍，如圖 5-1（b）所示。

- <phones/>：phones 目錄指明音素集合的各種資訊。

```
<Topology>
<TopologyEntry>
<ForPhones>
4 5 6 7 8 9 10 11 12 13 14 15 16 17 18 19 20 21 22 23 24 25 26 27 28 29
30 31 32 33 34 35 36 37 38 39 40 41 42 43 44 45 46 47 48 49 50 51 52 53
54 55 56 57 58 59 60 61 62 63 64 65 66 67 68 69 70 71 72 73 74 75 76 77
78 79 80 81 82 83 84 85 86 87 88 89 90 91 92 93 94 95 96 97 98 99 100
101 102 103 104 105 106 107 108 109 110 111 112 113 114 115 116 117 118
119 120 121 122 123 124 125 126 127 128 129 130 131 132 133 134 135 136
137 138 139 140 141 142 143 144 145 146 147 148 149 150 151 152 153 154
155 156 157 158 159 160 161 162 163 164 165 166 167 168 169 170 171 172
173 174 175 176 177 178 179 180 181 182 183 184 185 186 187 188 189 190
191 192 193 194 195 196 197 198 199 200 201 202 203 204 205 206 207 208
209 210 211 212
</ForPhones>
<State> 0 <PdfClass> 0 <Transition> 0 0.75 <Transition> 1 0.25 </State>
<State> 1 <PdfClass> 1 <Transition> 1 0.75 <Transition> 2 0.25 </State>
<State> 2 <PdfClass> 2 <Transition> 2 0.75 <Transition> 3 0.25 </State>
<State> 3 </State>
</TopologyEntry>
<TopologyEntry>
<ForPhones>
1
</ForPhones>
<State> 0 <PdfClass> 0 <Transition> 0 0.25 <Transition> 1 0.25
<Transition> 2 0.25 <Transition> 3 0.25 </State>
```

```
<State> 1 <PdfClass> 1 <Transition> 1 0.25 <Transition> 2 0.25
<Transition> 3 0.25 <Transition> 4 0.25 </State>
<State> 2 <PdfClass> 2 <Transition> 1 0.25 <Transition> 2 0.25
<Transition> 3 0.25 <Transition> 4 0.25 </State>
<State> 3 <PdfClass> 3 <Transition> 1 0.25 <Transition> 2 0.25
<Transition> 3 0.25 <Transition> 4 0.25 </State>
<State> 4 <PdfClass> 4 <Transition> 4 0.75 <Transition> 5 0.25 </State>
<State> 5 </State>
</TopologyEntry>
</Topology>
```

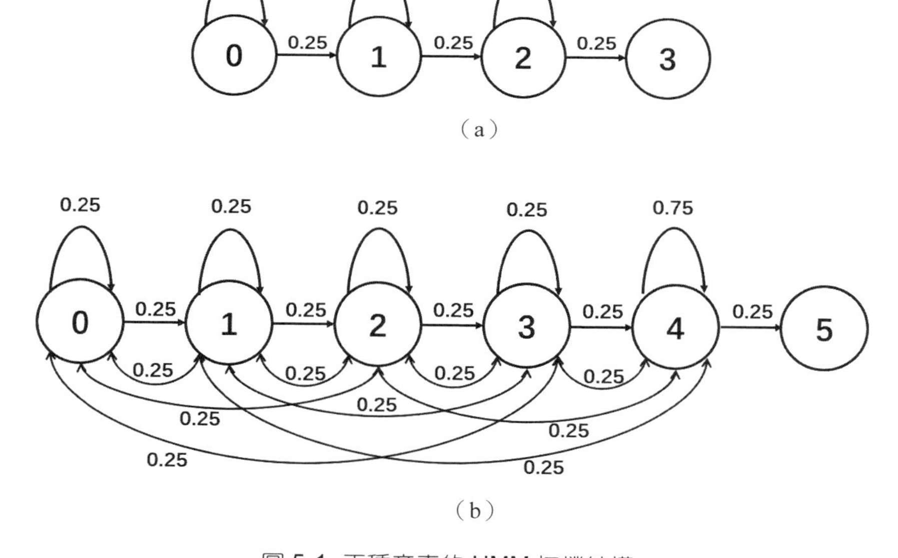

圖 5-1 兩種音素的 HMM 拓撲結構

最後，format_lm.sh 生成的目錄與 lang 目錄類似，但是包含了 G.fst，這一步將 n-gram 語言模型轉換為它的 FST 形式。

5.5 特徵提取

在 multi_cn 流程中，GMM-HMM 的訓練輸入特徵和 DNN-HMM 的輸入特徵有一些差異，GMM-HMM 模型在普通的 13 維 MFCC 特徵之上應用了 deltas，lda-mllt，fmllr 等技術，而 DNN-HMM 模型則使用了更高解析度的 MFCC 或 log-mel filter bank，以及 I-Vector 這樣的語者辨識特徵。

```
if [ $stage -le 5 ]; then
  # make features
  mfccdir=mfcc
  corpora="aidatatang aishell magicdata primewords stcmds thchs"
  for c in $corpora; do
    (
      steps/make_mfcc_pitch_online.sh --cmd "$train_cmd" --nj 20 \
        data/$c/train exp/make_mfcc/$c/train $mfccdir/$c || exit 1;
      steps/compute_cmvn_stats.sh data/$c/train \
        exp/make_mfcc/$c/train $mfccdir/$c || exit 1;
    ) &
  done
  wait
fi
```

在 stage 5 中，使用 steps/make_mfcc_pitch_online.sh 提取 MFCC 特徵。對於中文漢語辨識來說，一般建議選用 mfcc+pitch 的特徵組合。預設的 Kaldi 基音特徵有三維：POV（Probability Of Voicing，發音機率）特徵，透過計算 NCCF（Normalized Cross Correlation Function，歸一化自相關函數）得到；基音特徵，在對數基音頻率上減去 POV 特徵後 1.5ms 片段中的加權均值；對數基音頻率的一階差分，反映基音週期的動態特性（Torres，2017）。

MFCC 的設定可以查看 multi_cn/s5 下的 conf/mfcc.conf，在這個檔案中，我們可以設定不同的 MFCC 參數。

- --use-energy：使用基於能量的 log 平均。
- --dither：特徵隨機擾動，用於提升模型訓練的堅固性。
- --cepstral-lifter：MFCC 縮放係數。
- --sample-frequency：音訊取樣速率。
- --num-mel-bins：梅爾濾波器組的數量。
- --num-ceps：倒譜維度。
- --low-freq：低頻截止頻率。
- --high-freq：高頻截止頻率，在 Kaldi 中，除了直接設定高頻頻率，如--high-freq=7600，還可以透過 Nyquist 取樣速率的差值來設定。假如取樣速率為 8000Hz，設定的高頻截止頻率參數為-400Hz，則截止頻率為 7600Hz（8000Hz-400Hz= 7600Hz）。
- --frame-length：幀長通常採用 25ms，在 FFT 精度保證不變的情況下，最低可以取 17ms。
- --window-type：窗函數，Kaldi 支援不同的窗函數，包括漢明（Hamming）窗、漢寧（Hanning）窗、正弦（Sine）窗、矩形（Rectangular）窗、布萊克曼（Blackman）窗、Povey 窗（式（5-1））。

$$w(n)=\begin{cases}0.5-0.5\cos\left[2\pi n/N-1\right]^{0.85}, & 0\leqslant n\leqslant N-1\\ 0, & \text{其他}\end{cases} \qquad (5\text{-}1)$$

- --frame-shift：幀移，在分幀時，考慮到頻率和語音的連續性，通常會要求有一定的重疊（overlap），故幀移會比幀長要小。

在 utils/make_mfcc_pitch_online.sh 中，除了 MFCC 的計算，還使用了線上提取基音的方法。由於普通的基音提取需要比較長的音訊片段計算，不利於語音辨識任務，因此可以透過 conf/online_pitch.conf 檔案參數設定來提高基音提取的速度與準確性。

```
--add-raw-log-pitch=true
--normalization-left-context=100
--normalization-right-context=10 # 透過減小右側的上下文，可以顯著降低延遲
--frames-per-chunk=10
--simulate-first-pass-online=true
--delay=5 # 用於降低基音提取的延遲
```

特徵提取完成後，以 scp（specifier）和 ark（archive）兩種形式儲存，其中 ark 儲存的是特徵的二進位資料，data/train 目錄下的 feats.scp 就是每一筆訓練樣本的二進位資料索引。

在 steps/compute_cmvn_stats.sh 中，對特徵進行 cmvn。Kaldi 預設選擇對每一個語者都計算均值和方差，原因是如果按句子等級去做 cmvn，則 GMM 訓練時採用的 fmllr 將會沒有意義，而如果要在神經網路訓練時實現句子級的 cmvn，則只需要調整語者標籤，使得每一個句子對應一個語者即可。

5.6 Kaldi 中的 Transition 模型

在進行 GMM-HMM 模型訓練之前，我們需要先了解 Kaldi 的 Transition 模型。對於 Kaldi 的聲學模型，輸出使用 pdf-id 來標記。在單音素聲學模型中，pdf-id 等值於 HMM 狀態；在三音素或者其他音素模型中，pdf-id 為經過決策樹狀態綁定後的葉子節點編號。而為了高效應用 WFST 演算法，Kaldi 中解碼圖的輸入採用 Transition-id，故需要建立

Transition 模型與 pdf-id 的對應關係。

Transition 模型定義為一個五元組，transition_model={phone, HMM_state, forward_pdf_id, self_loop_pdf_id,transition_index}，其中，

- phone：音素索引，可以在 lang/phones.txt 中查看。
- HMM-state：每個音素的 HMM 狀態索引。
- forward-pdf-id：在大部分情況下與 self-loop-pdf-id 一致，即上文提到的 pdf-id。
- self-loop-pdf-id：同 forward-pdf-id。
- transition-index：HMM 狀態之間轉移的索引。

在 Chain 模型中，self-loop-pdf-id 和 forward-pdf-id 是兩個不同類型的 pdf-id，需要區分開來。除此之外，還有兩個有關 Transition 的概念。

- transition-state：（phone，HMM-state，pdf-id）組成一個 transition-state，它並沒有實際的含義，只是反映一種映射關係。
- transition-id：表示一個 Transition 模型的索引，注意要跟 transition-index 區分開。

在解碼時，WFST 的輸入是 transition-id 序列，輸出是建模單位（字、詞等）。透過這種方式，解碼需要的聲學模型分數很容易透過 transition-id 和 pdf-id 之間的關係計算出來。這幾個概念之間的映射關係如下：

```
(phone, HMM-state, pdf-id) -> transition-state
(transition-state, transition-index) -> transition-id
trainsition-id -> transition-state
trainsition-id -> transition-index
transition-state -> phone
transition-state -> HMM-state
transition-state -> pdf-id
```

5.7 預對齊模型訓練

預對齊模型訓練是一個 flat-start 任務，也就是在第一次對齊獲取的時候，沒有任何監督資訊，這樣會導致對齊準確率較低，往往需要利用不同的 GMM-HMM 訓練技術進行多輪迭代，逐步提升，以達到較高的對齊準確率。

在 multi_cn/s5/的訓練指令稿中，一共進行了五次對齊模型訓練。

5.7.1 單音素模型訓練

```
if [ $stage -le 7 ]; then
  # train mono and tri1a using aishell(~120k)
  # mono has been used in aishell recipe, so no test
  steps/train_mono.sh --boost-silence 1.25 --nj 20 --cmd "$train_cmd" \
    data/aishell/train data/lang exp/mono || exit 1;

  steps/align_si.sh --boost-silence 1.25 --nj 20 --cmd "$train_cmd" \
    data/aishell/train data/lang exp/mono exp/mono_ali || exit 1;
  steps/train_deltas.sh --boost-silence 1.25 --
cmd "$train_cmd" 2500 20000 \
    data/aishell/train data/lang exp/mono_ali exp/tri1a || exit 1;
fi
```

在訓練 GMM-HMM 分類任務時，每一幀都需要標籤資訊，而在訓練單音素 GMM-HMM 時，還沒有獲取任何幀等級的標籤資訊。Kaldi 的做法是使用最簡單的均勻對齊：根據標注的音素對特徵序列進行等間隔切分。例如，一個包含 6 個音素的長度為 120 幀的句子，前 1 到 20 幀的標注被認為是第一個音素，依此類推。這樣的對齊方式不免有些粗糙，但是會在後續 GMM-HMM 模型對齊的迭代中逐步收斂。

在這樣的 GMM 訓練中，為了保證模型的穩定和收斂，multi_cn 只使用相對乾淨的 aishell 資料集來訓練。Kaldi 單音素 GMM-HMM 模型的訓練流程如下：

（1）特徵處理，歸一化，資料切分（用於平行計算）。

（2）初始化 GMM 模型，這一步會使用少量的特徵進行統計量計算，以便後續更新。

（3）構造訓練網路，對每一個句子建構一個音素等級的 fst 網路。

（4）均勻對齊，獲取 GMM-HMM 相關統計量，並輸出到一個 acc 檔案中。

（5）根據上一步的統計量更新每一個 GMM 模型。

（6）迭代訓練，透過不斷重複強制對齊和 EM 演算法更新統計量，訓練出收斂模型。在這個過程中，不是每一次模型更新之前都會做強制對齊，可以透過指令稿指定。

在單音素訓練過程中，由於 GMM 模型在開始的迭代中不容易學到靜音幀，因此指定--boost-silence 1.25 參數來提升靜音幀的權重。在單音素 GMM 訓練完成之後，指令稿 steps/align_si.sh 利用模型進行訓練資料的強制對齊，即獲取每一幀對應的音素標籤。

訓練好的模型會保存在 exp/mono 目錄下的<final.mdl>中，透過 copy-transition- model 可以看到檔案結構如下：

```
<TransitionModel>
<Topology>
<TopologyEntry>
<ForPhones>
4 5 6 7 8 9 10 11 12 13 14 15 16 17 18 19 20 21 22 23 24 25 26 27 28 29
30 31 32 33 34 35 36 37 38 39 40 41 42 43 44 45 46 47 48 49 50 51 52 53
54 55 56 57 58 59 60 61 62 63 64 65 66 67 68 69 70 71 72 73 74 75 76 77
78 79 80 81 82 83 84 85 86 87 88 89 90 91 92 93 94 95 96 97 98 99 100
```

```
101 102 103 104 105 106 107 108 109 110 111 112 113 114 115 116 117 118
119 120 121 122 123 124 125 126 127 128 129 130 131 132 133 134 135 136
137 138 139 140 141 142 143 144 145 146 147 148 149 150 151 152 153 154
155 156 157 158 159 160 161 162 163 164 165 166 167 168 169 170 171 172
173 174 175 176 177 178 179 180 181 182 183 184 185 186 187 188 189 190
191 192 193 194 195 196 197 198 199 200 201 202 203 204 205 206 207 208
209 210 211 212
</ForPhones>
<State> 0 <PdfClass> 0 <Transition> 0 0.75 <Transition> 1 0.25 </State>
<State> 1 <PdfClass> 1 <Transition> 1 0.75 <Transition> 2 0.25 </State>
<State> 2 <PdfClass> 2 <Transition> 2 0.75 <Transition> 3 0.25 </State>
<State> 3 </State>
</TopologyEntry>
<TopologyEntry>
<ForPhones>
1 2 3
</ForPhones>
<State> 0 <PdfClass> 0 <Transition> 0 0.25 <Transition> 1 0.25
<Transition> 2 0.25 <Transition> 3 0.25 </State>
<State> 1 <PdfClass> 1 <Transition> 1 0.25 <Transition> 2 0.25
<Transition> 3 0.25 <Transition> 4 0.25 </State>
<State> 2 <PdfClass> 2 <Transition> 1 0.25 <Transition> 2 0.25
<Transition> 3 0.25 <Transition> 4 0.25 </State>
<State> 3 <PdfClass> 3 <Transition> 1 0.25 <Transition> 2 0.25
<Transition> 3 0.25 <Transition> 4 0.25 </State>
<State> 4 <PdfClass> 4 <Transition> 4 0.75 <Transition> 5 0.25 </State>
<State> 5 </State>
</TopologyEntry>
</Topology>
<Triples> 642
1 0 0
1 1 1
1 2 2
...
```

```
<Triples>
<LogProbs>
 [ 0 -0.07796456 -4.469533 …]
</LogProbs>
<TransitionModel>
```

檔案分為三部分：第一部分<Topology>中保存了 HMM 的拓撲結構，與 lang 目錄下的一致。第二部分<Triples>中保存了若干個三元組，表示 Kaldi 中的音素、HMM 狀態和 pdf-id 的對應關係。最後一部分<LogProbs>保存了每一個 transition-id 的轉移機率。由於 transition-id 從 1 開始編號，因此需要補 0。

5.7.2 delta 特徵模型訓練

```
if [ $stage -le 8 ]; then
  # train tri1b using aishell + primewords + stcmds + thchs (~280k)
  utils/combine_data.sh data/train_280k \
    data/{aishell,primewords,stcmds,thchs}/train || exit 1;

  steps/align_si.sh --boost-silence 1.25 --nj 40 --cmd "$train_cmd" \
    data/train_280k data/lang exp/tri1a exp/tri1a_280k_ali || exit 1;
  steps/train_deltas.sh --boost-silence 1.25 --
cmd "$train_cmd" 4500 36000 \
    data/train_280k data/lang exp/tri1a_280k_ali exp/tri1b || exit 1;
fi

if [ $stage -le 9 ]; then
  # test tri1b
  utils/mkgraph.sh data/lang_combined_tg exp/tri1b exp/tri1b/graph_tg ||
 exit 1;
fi

if [ $stage -le 10 ]; then
```

```
  # train tri2a using train_280k
  steps/align_si.sh --boost-silence 1.25 --nj 40 --cmd "$train_cmd" \
    data/train_280k data/lang exp/tri1b exp/tri1b_280k_ali || exit 1;
  steps/train_deltas.sh --boost-silence 1.25 --
cmd "$train_cmd" 5500 90000 \
    data/train_280k data/lang exp/tri1b_280k_ali exp/tri2a || exit 1;
fi

if [ $stage -le 11 ]; then
  # test tri2a
  utils/mkgraph.sh data/lang_combined_tg exp/tri2a exp/tri2a/graph_tg ||
 exit 1;
fi
```

從 stage 7 的最後一步開始，在指令稿 steps/train_deltas.sh 中，建模細微性由單音素轉換為三音素，並使用了 delta 和 delta-deltas 特徵，即 MFCC 的一階差分和二階差分。原因在於，MFCC 的能量譜包絡並沒有反映語音訊號的動態資訊，加入差分可以在某種程度上提高語音辨識模型的表現。差分計算如下：

$$d_t = \frac{\sum_{n=1}^{N} n(c_{t+n} - c_{t-n})}{2\sum_{n=1}^{N} n^2} \quad (5\text{-}2)$$

其中，t 表示幀數，N 一般取 2，c 是 MFCC 係數。

建立了三音素和 delta 特徵的 GMM-HMM 訓練過程與單音素的訓練過程基本一致，但是在初始時會指定兩個參數：num_leaves 和 tot_gauss 。num_leaves 指定決策樹葉子節點的上限和初始高斯數量，隨著每一輪的訓練，高斯增長為

$$\text{inc\_gauss} = (\text{tot\_gauss} - \text{num\_gauss}) / \text{max\_iter\_inc}$$

訓練好的模型保存在 tri1a，tri1b 和 tri2a 的<final.mdl>中，<final.occs>則保存訓練完成時的統計量。steps/align_si.sh 利用訓練好的模型進行強制對齊，用於下一個 GMM 訓練。utils/mkgraph.sh 用來生成解碼圖並使用 steps/decode.sh 指令稿進行解碼測試，詳細內容在 5.11 節中介紹。

5.7.3 lda_mllt 特徵變換模型訓練

```
if [ $stage -le 12 ]; then
  # train tri3a using aidatatang + aishell + primewords + stcmds + thchs
 (~440k)
  utils/combine_data.sh data/train_440k \
    data/{aidatatang,aishell,primewords,stcmds,thchs}/train || exit 1;

  steps/align_si.sh --boost-silence 1.25 --nj 60 --cmd "$train_cmd" \
    data/train_440k data/lang exp/tri2a exp/tri2a_440k_ali || exit 1;
  steps/train_lda_mllt.sh --cmd "$train_cmd" 7000 110000 \
    data/train_440k data/lang exp/tri2a_440k_ali exp/tri3a || exit 1;
fi

if [ $stage -le 13 ]; then
  utils/mkgraph.sh data/lang_combined_tg exp/tri3a exp/tri3a/graph_tg ||
 exit 1;
fi
```

在聲學建模過程中，由於存在不同的語者，使語音上下文和通道之間存在差異性，因此往往會使用不同的自我調整技術來消除這些差異。其中一種模型自我調整方法是 MLLT（Maximum Likelihood Linear Transform，最大似然線性變換），這是一個平方特徵變換矩陣（Gales，1999）。Kaldi 在處理多維高斯分佈的時候，通常將協方差矩陣簡化成對角矩陣，這在某種程度上弱化了模型，最終的似然函數也會有一定的損失。而 MLLT 的處理可以減少似然函數的損失，提升對角矩陣的合理性。計算 MLLT 的流程如下：

（1）估計 LDA（Linear Discrimination Analysis，線性判別分析）變換矩陣 ***M***，這裡只需要矩陣的第一行。
（2）開始訓練 GMM，在某一個迭代開始（透過指令稿參數指定）。
① 在 LDA 變換後的特徵空間累計 MLLT 統計量。
② 更新 MLLT 矩陣 ***T***。
③ 透過 $\mu_{jm} \leftarrow T\mu_{jm}$ 更新模型均值。
④ 透過 $M \leftarrow TM$ 更新轉換矩陣。

steps/train_lda_mllt.sh 使用 LDA（Linear Discriminant Analysis，線性判別分析）和 MLLT 作為輸入特徵的線性變換。LDA 是一種經典的有監督降維方法，允許我們使用更多的上下文幀，而不用擔心特徵維度太大。

在計算 lda_mllt 時，預設選取前後四幀（–left-context=4, –right-context=4）共計 9 幀作為 LDA 的輸入。透過對 9×13=117 維降維，提取相關性較高的維度，否則如果輸入特徵維度太低，就會失去降維的意義。

除了模型檔案保存在 tri3a 的<final.mdl>中，lda-mllt 矩陣也保存在該目錄的<final.mat>中。在模型訓練好後，同樣需要建構解碼圖並解碼測試，以及生成下一個模型需要的強制對齊。

5.7.4 語者自我調整訓練

```
if [ $stage -le 14 ]; then
  utils/combine_data.sh data/train_all \
    data/{aidatatang,aishell,magicdata,primewords,stcmds,thchs}/train ||
 exit 1;

  steps/align_fmllr.sh --cmd "$train_cmd" --nj 100 \
```

```
    data/train_all data/lang exp/tri3a exp/tri3a_ali || exit 1;
  steps/train_sat.sh --cmd "$train_cmd" 12000 190000 \
    data/train_all data/lang exp/tri3a_ali exp/tri4a || exit 1;
fi

if [ $stage -le 15 ]; then
  utils/mkgraph.sh data/lang_combined_tg exp/tri4a exp/tri4a/graph_tg ||
 exit 1;
fi
```

語者自我調整訓練（Speaker Adapted Training，SAT）與上述訓練流程最大的不同在於加入了語者的資訊，為每個語者分別建立基於特徵空間的最大似然線性回歸（feature-space MLLR）。在語音辨識中，不同語者說同一句話的音訊往往會有很大的不同，這是因為不同語者的資訊帶來了誤差，語音辨識不需要辨識語者資訊。fmllr 的目的就是找到一個轉換矩陣，對語者無關的特徵進行轉換，使模型能夠消除不同語者（或通道）對辨識模型帶來的影響。

$$x^* \leftarrow Ax + b$$

在 SAT 完成生成的目錄中，除了<final.mdl>和<final.mat>，還有每個訓練資料 fmllr 的轉換矩陣<trans.*>。

在解碼時，因為訓練時加入了語者資訊，所以使用 steps/decode_fmllr.sh 指令稿進行兩級解碼。第一級進行與語者無關的解碼；在第二級解碼時，加入 fmllr 變換，以消除不同語者的影響，提升辨識準確率。

到此，幾種對齊模型已經訓練完成，在這個過程中，建模單位由單音素到三音素，特徵處理方式和通道自我調整技術也發生了變化。最終，我們獲得了一個辨識率相對較高的 GMM-HMM 模型，用於後續的神經網路聲學模型訓練所需對齊生成。

5.8 資料增強

在深度學習中，訓練資料的多樣性越高，模型在不同環境中的堅固性就越好。但是一方面語音辨識訓練資料依賴於人工標注，往往會出現一定的錯誤，在一些複雜音訊上，標注的錯誤率甚至可能超過 5%，這對辨識率會造成極大的影響。另一方面，當資料量較小時，往往無法覆蓋不同的說話條件，如語速和音量。這就需要研究人員增加一定的擾動，使模型能夠更好地適用於不同的場景。

5.8.1 資料清洗及重分割

```
if [ $stage -le 16 ]; then
  # run clean and retrain
  local/run_cleanup_segmentation.sh --test-sets "$test_sets" --corpus-
lm $corpus_lm
fi
```

stage 16 完成了對音訊的重分割和對標注錯誤音訊的過濾。在這個指令稿中傳入 test_sets 和 corpus-lm 的目的是在重分割完成後，對不同的測試集建構相對應的插值語言模型。

這一步的原理是先利用訓練資料的標注文字建立「偏置」語言模型，即只為一個音訊解碼使用的 FST 圖，再結合之前訓練好的聲學模型對每一個音訊解碼。在相同資料訓練解碼的情況下，辨識準確率非常高，可以判斷是否存在標注不準確的情況。然後對解碼結果和標籤不一致的音訊建立一個 CTM 檔案，根據 CTM 檔案對原始訓練資料重新分割，就達到了過濾不準確訓練資料的效果。同理，這個方法還可以處理資料中存在重複用語和說話不流暢的情況。

在 local/run_cleanup_segmentation.sh 中，指令稿 steps/cleanup/clean_and_segment_data.sh 對整個資料做了重分割，而 cleanup stage2 到 cleanup stage4 則用重分割的資料訓練了新的 SAT GMM 模型。

5.8.2 速度增強和音量增強

```
# chain modeling script
local/chain/run_cnn_tdnn.sh --test-sets "$test_sets"
for c in $test_sets; do
  for x in exp/chain_cleaned/*/decode_${c}*_tg; do
    grep WER $x/cer_* | utils/best_wer.sh
  done
done
```

從 local/chain/run_cnn_tdnn.sh 開始，我們正式進入神經網路的語音辨識聲學模型訓練流程。指令稿中第一步 local/chain/run_ivector_common.sh 的 stage 1-stage 3 是速度與音量增強流程。

```
if [ $stage -le 1 ]; then
  echo "$0: preparing directory for low-resolution speed-
perturbed data (for alignment)"
  utils/data/perturb_data_dir_speed_3way.sh data/${train_set} data/${tra
in_set}_sp
  echo "$0: making MFCC features for low-resolution speed-
perturbed data"
  steps/make_mfcc_pitch_online.sh --cmd "$train_cmd" --
nj 50 data/${train_set}_sp || exit 1;
  steps/compute_cmvn_stats.sh data/${train_set}_sp || exit 1;
  utils/fix_data_dir.sh data/${train_set}_sp
fi

if [ $stage -le 2 ]; then
  echo "$0: aligning with the perturbed low-resolution data"
```

```
  steps/align_fmllr.sh --nj 100 --cmd "$train_cmd" \
    data/${train_set}_sp data/lang $gmm_dir $ali_dir || exit 1
fi
```

速度增強主要由 utils/data/perturb_data_dir_speed_3way.sh 完成，預設的設定是把資料加速到 1.1 倍，減速到 0.9 倍及保持原速，這樣就生成了三倍的訓練資料。加減速操作主要呼叫了音訊工具 SoX（Sound eXchange）。SoX 是一個跨平台（Windows，Linux，macOS 等）的命令列工具，又被稱為音訊處理中的「瑞士刀」，可以將各種格式的音訊檔案轉換為需要的其他格式，還可以對輸入的音訊應用各種效果，也支援在大多數平台上播放和錄製音訊檔案。速度增強的具體的實現是單純地改變輸入音訊的取樣速率。需要注意的是，應用 SoX 中的 speed 轉換會同時調整音訊的基音，當速度改變過多時，可能出現頻譜失真的情況。如果讀者希望保持基音不變，則可以使用 SoX 中的 tempo 轉換。

由於改變了原始音訊的速度，此前生成的對齊資訊也就不再有效，因此在 stage 2 中，用此前的 GMM 模型對速度增強資料做了新的對齊。

```
utils/data/perturb_data_dir_volume.sh data/${train_set}_sp_hires
steps/make_mfcc.sh --nj 70 --mfcc-config conf/mfcc_hires.conf \
  --cmd "$train_cmd" data/${train_set}_sp_hires || exit 1;
steps/compute_cmvn_stats.sh data/${train_set}_sp_hires || exit 1;
utils/fix_data_dir.sh data/${train_set}_sp_hires
```

utils/data/perturb_data_dir_volume.sh 用來完成音量增強，增強方式同樣是採用 SoX 的--vol 參數改變整個音訊的強度。如果音量太大，則有可能造成削頂失真，故指令稿中有--scale_low 和--scale_high 兩個參數來約束強度調整的範圍，最終音量改變的數值會在這個範圍內透過均勻分佈採樣。

增強後的資料會被送入神經網路中訓練，由於在 Kaldi 中神經網路的輸入一般是高解析度的 MFCC，因此還需要在 mfcc-config 中設定：

```
--num-mel-bins=40
--num-ceps=40
```

用來重新提取 MFCC。

在 Kaldi 中，還可以利用 RIR 進行殘響增強，以及利用加性雜訊資料做雜訊增強。對應的指令稿可以參考 steps/data/reverberate_data_dir.py 和 steps/data/augment_data_ dir.py。

5.8.3 SpecAugment

SpecAugment 是 Google Brain 在 2019 年提出的一種新的資料增強方式（Park，2019）。它將對數梅爾譜看作二維影像，時間軸看作水平座標，頻率軸看作垂直座標，並透過以下三種方法對輸入的對數梅爾譜進行處理，規定 τ 是這段音訊的幀數，v 是 mel 頻率通道的數量。

- Time Warping：沿著對數梅爾譜的 x 軸，在$(W,\tau-W)$範圍內選取隨機點，並向左右平移 w，w 在$(0,W)$中隨機選取。W 是一個超參，用於規定平移的上限。
- Time Mask：掩蔽時間步$[t,t+t')$，其中 t'先從$[0,T]$中隨機均勻選擇，t 再從$[0,\tau-t')$中選擇。T 是超參，用於規定 Time Mask 的上限，使時間光罩的寬度不能大於一定的水準，否則可能會造成時間維度特徵損失過多。
- Frequency Mask：掩蔽頻譜$[f,f+f')$，其中 f'先從$[0,F]$中隨機均勻選擇，f 再從$[0,v-t')$中選擇。F 是超參，用於規定 Frequency Mask 的上限，使頻率光罩的寬度不能大於一定的水準，否則可能會造成頻率特徵損失過多。

圖 5-2 為 SpecAugment 的範例，從上到下依次是原始語譜圖，原始語譜圖做 Time Warping，原始語譜圖做 Time Mask，原始語譜圖做 Frequency Mask。

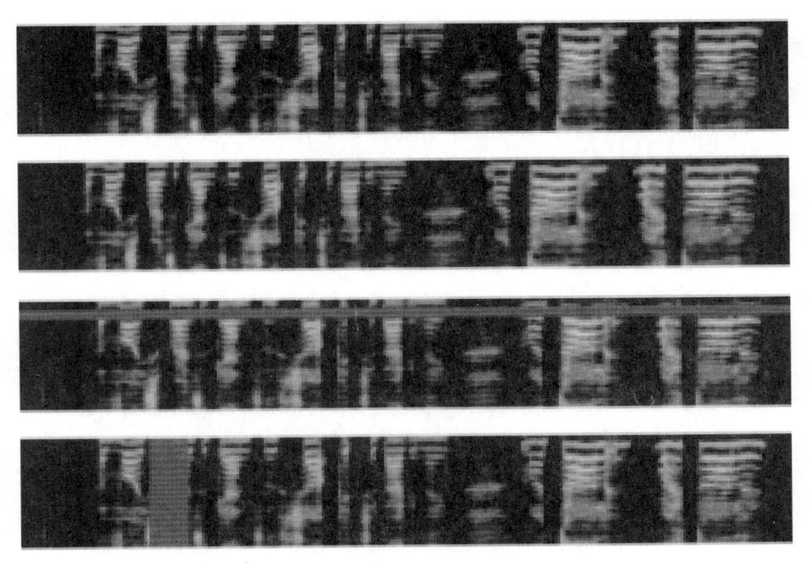

圖 5-2 SpecAugment 範例（Park，2019）

現在 SpecAugment 已經被廣泛應用到點對點的 ASR 系統中，並取得了非常明顯的效果，也被應用在基於 Kaldi 的語音辨識模型建構中。需要注意的是，在 Google 原始論文中提到 Time Warping 對辨識率的效果增強並不明顯，故 Kaldi 中的實現只參考了 Time Mask 和 Frequency Mask。此外，由於 Kaldi 中的神經網路採用 chunk 輸入，也就是音訊片段，因此 SpecAugment 是 chunk-wise（基於片段）而非 Google 原始論文中的 utterance-wise（基於句子）。這樣，在計算掩蔽時只考慮當前片段，對句子的其他部分沒有影響。關於更多的神經網路設定請參考 5.10.4 節中的內容。

5.9 I-Vector 訓練

在 local/chain/run_ivector_common.sh 中，資料增強完成後會進入 I-Vector 的訓練和提取流程。I-Vector 是一種語者辨識技術，具體原理參見 6.1.2 中的內容。

5.9.1 對角 UBM

```
if [ $stage -le 4 ]; then
  echo "$0: making a subset of data to train the diagonal UBM and the PC
A transform."
  mkdir -p exp/nnet3${nnet3_affix}/diag_ubm
  temp_data_root=exp/nnet3${nnet3_affix}/diag_ubm

  num_utts_total=$(wc -l <data/${train_set}_sp_hires/utt2spk)
  num_utts=$[$num_utts_total/100]
  utils/data/subset_data_dir.sh data/${train_set}_sp_hires \
     $num_utts ${temp_data_root}/${train_set}_sp_hires_subset

  echo "$0: computing a PCA transform from the hires data."
  steps/online/nnet2/get_pca_transform.sh --cmd "$train_cmd" \
      --splice-opts "--left-context=3 --right-context=3" \
      --max-utts 10000 --subsample 2 \
       ${temp_data_root}/${train_set}_sp_hires_subset \
       exp/nnet3${nnet3_affix}/pca_transform

  echo "$0: training the diagonal UBM."
  steps/online/nnet2/train_diag_ubm.sh --cmd "$train_cmd" --nj 30 \
    --num-frames 700000 \
    --num-threads $num_threads_ubm \
    ${temp_data_root}/${train_set}_sp_hires_subset 512 \
```

```
    exp/nnet3${nnet3_affix}/pca_transform exp/nnet3${nnet3_affix}/diag_u
bm
fi
```

輸入的 MFCC 特徵先取前後各 3 幀共 7 幀進行拼接，因為拼接之後特徵維度較大，所以先做 PCA 降維。與 GMM 訓練類似，拼接之後的資料也可以用 LDA 降維，降維後的特徵會用來訓練協方差對角 UBM。在指令稿中，先使用 gmm-global-init-from- feats 對模型進行初始化，然後用 EM 演算法進行迭代。

指令稿參數中--num-frames 用來指定初始化時使用的幀數，"512" 則指定了混合高斯模型的數量。訓練好的模型會保存在 diag_ubm 目錄下的<final.dubm>中，同時 PCA 的變換矩陣也保存在<final.mat>中。

5.9.2 I-Vector 提取器

```
if [ $stage -le 5 ]; then
  echo "$0: training the iVector extractor"
  steps/online/nnet2/train_ivector_extractor.sh --cmd "$train_cmd" --
nj 10 \
    --num-processes $num_processes data/${train_set}_sp_hires_60k \
    exp/nnet3${nnet3_affix}/diag_ubm exp/nnet3${nnet3_affix}/extractor |
| exit 1;
fi
```

這一步生成了 I-Vector 提取器，指令稿中有三個平行計算參數可以設定。

- --num_threads：用來指定每個處理程序中使用的執行緒數。
- --num-processes：用來指定每個任務中使用的處理程序數，或者機器上的邏輯核數。

- --num-jobs：用來指定任務數量，最終使用的 CPU 數為 num_threads*num_ processes*num_jobs。如果使用分散式叢集來執行 Kaldi 任務，則資料會按照 job-id 分配到不同的機器上。

生成的提取器<final.ie>存放在 extractor 目錄中。

5.9.3 提取訓練資料的 I-Vector

steps/online/nnet2/extract_ivectors_online.sh 用來提取訓練資料的 I-Vector 向量，用於神經網路的特徵輸入。在提取之前，透過修改--utts-per-spk-max 參數對指令稿中的語者標注進行了處理。--utts-per-spk-max=2 表示將每兩個音訊作為一個新的分組，把這一個分組看成一個新的語者。這樣做的目的是增加語者的數量，使模型泛化能力得到提升，也能在解碼時更好地處理 I-Vector 按語者累計統計量的問題。

生成的 I-Vector 目錄中的 ivector_online.scp 檔案可以直接被索引到二進位的 ark 檔案中。

5.10 神經網路訓練

透過執行前面的指令稿，我們生成了訓練資料的 MFCC 特徵、對齊檔案和發音詞典，這些都是在為訓練最終的神經網路聲學模型做準備。Kaldi 中的神經網路有三種實現：Karel 實現的 nnet1，Dan Povey 實現的 nnet 2 和 nnet3。

- nnet1 支持單 GPU 訓練和序列鑑別性訓練。
- nnet2 中的神經網路訓練更加靈活，且支持多執行緒多 GPU 訓練。
- 最新的 nnet3 是在 nnet2 的基礎上開發的，相對於 nnet2，支持更多特性。

因為 nnet1 與其他幾種格式不相容，所以在大部分情況下已經不再使用。目前，使用最多的是 nnet3 及基於 nnet3 衍生的 Chain 模型。

5.10.1 Chain 模型

Multi_cn 在 local/chain/run_cnn_tdnn.sh 中完成了神經網路 Chain 模型的訓練。Chain 模型相對於普通的 nnet3，應用了一系列技巧。

1. 訓練方式

使用 LF-MMI 進行模型訓練，整個分子分母詞圖的計算被放在 GPU 中進行。為了加速計算，在分母 FST 搜尋時，採用基於音素而非基於詞的語言模型。由於單獨使用 LF-MMI Loss 或者區分性訓練 Loss 對網路進行最佳化很容易導致過擬合，因此在 Kaldi 中採用了多工學習的方式，為 Chain 模型的神經網路輸出增加了一個交叉熵分支（Cross Entropy），作為模型正規使用。在模型推理時，只使用 LF-MMI 分支。如圖 5-3 所示，α 表示 CE 正規的權重，一般設為 0.1。

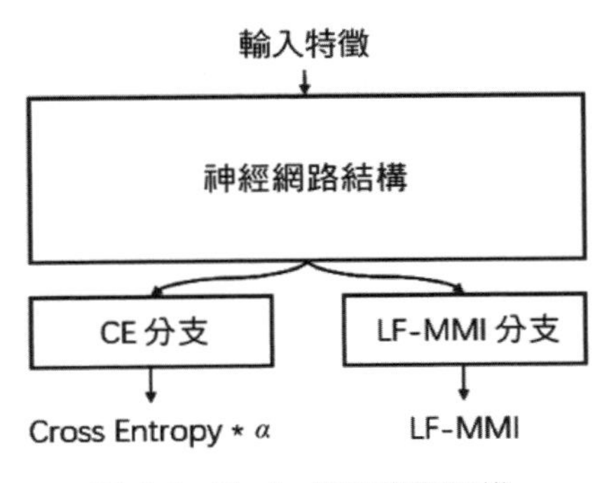

圖 5-3 Chain 模型訓練架構

2. HMM 結構

Chain 模型中的 HMM 拓撲結構參考了 CTC，狀態數從普通音素的 3 或者靜音音素的 5 統一變為一個狀態，其包含兩種 pdf-id 類型：forward-pdf-id 和 self-loop-pdf-id，其中 forward-pdf-id 只出現一次，self-loop-pdf-id 可以重複 0 次或多次。這樣，相當於把建模細微性從狀態級提升到了音素級，與此同時，保持 HMM Transition 機率不變（考慮到神經網路的輸出能在一定程度上反映這一機率）。目前，使用最多的 Chain 模型 HMM 拓撲固定轉移機率為 0.5，如圖 5-4 所示。

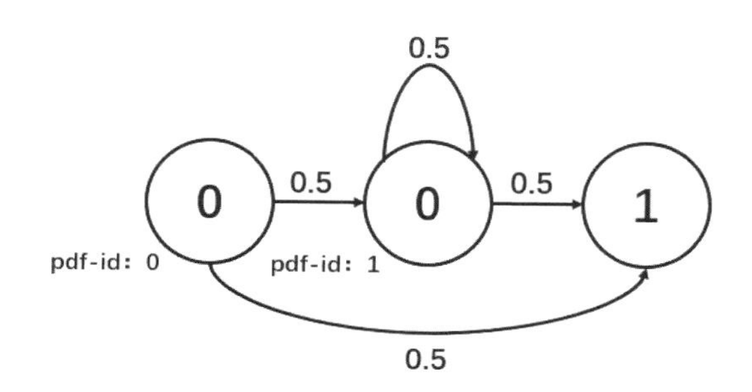

圖 5-4 Chain 模型 HMM 拓撲結構

雖然 Chain 模型參考了 CTC 的結構，但是在預測時並不會出現 CTC 中的尖峰行為（Peaky Behavier）（Zever，2021）。

為了避免在前向後向計算時溢位（Chain 模型在非 log 域計算，有溢位的風險），Chain 模型增加了一個 leaky-hmm 係數（預設為 0.1）來保證在狀態轉移時可以逐步忘記歷史資訊。最終，前向後向計算時的轉移機率等於係數乘以轉移狀態的初始機率。

3. Frame-subsampling

在建構 Chain 模型的過程中，研究人員透過倍速輸出每秒顯示畫面來提高解碼速度，即神經網路每輸出 N 幀結果只採用一幀進行 Loss 計算，透過--frame-subsampling 參數來控制，預設為 3，相當於將 frame shift 變為原來的三倍。同時，研究人員也驚喜地發現這個方法提升了辨識準確率。在降幀輸出之後，訓練的一次迭代實際上只利用了三分之一的訓練資料，Kaldi 透過移動 subsampling 的起始幀來利用剩下的部分，如第 0，3，6，9 幀為一批訓練資料，1，4，7，10 為另外一批訓練資料。在 Kaldi 的 nnet3-chain-copy-egs 中，--frame-shift 參數在訓練時會指定如何根據不同的幀移設定生成訓練樣本。

4. 音素建模

Chain 模型中的音素模型是將傳統的三音素建模改為基於上文的雙音素建模。儘管目前已經有大量研究表明，雙音素或音素建模不一定是最優選擇（Sainath, 2018; Hadian, 2018），但是由於實驗條件差別較大，還不能針對所有的語音辨識技術找到一種最優的建模方式（單音素、雙音素、三音素、字素），因此研究人員可以根據自身的訓練資料和實驗情況進行各種嘗試。

5. 基於片段的訓練

Kaldi 會把訓練資料中的每一個句子切分，以 chunk 也就是片段為單位。在聲學建模時，神經網路所需要的上下文幀數可能會超過 chunk 的大小，超過的部分會以複製第一幀和最後一幀的方式補齊。Multi_cn 中預設設定的 chunk 大小為 150,110,100，長度低於這幾個數值的音訊會在訓練之前被拋棄。分片段訓練的好處之一是便於小批次平行計算，同時也把分子詞圖限制在一定的範圍內，保證訓練的精確性。

5.10.2 Chain 模型態資料準備

1. Lang 目錄和分子 FST 生成

在指令稿 local/chain/run_chain_common.sh 中完成 Chain 模型所需要的資料準備。

```
if [ $stage -le 11 ]; then
    cp -r data/lang $lang
    silphonelist=$(cat $lang/phones/silence.csl) || exit 1;
    nonsilphonelist=$(cat $lang/phones/nonsilence.csl) || exit 1;
    steps/nnet3/chain/gen_topo.py $nonsilphonelist $silphonelist >$lang/
topo
fi

if [ $stage -le 12 ]; then
  nj=$(cat ${ali_dir}/num_jobs) || exit 1;
  steps/align_fmllr_lats.sh --nj $nj --
cmd "$train_cmd" ${lores_train_data_dir} \
    $lang $gmm_dir $lat_dir
Fi
```

gen_topo.py 首先根據上文提到的 Chain 模型 HMM 拓撲結構生成新的拓撲檔案並存放到 lang 目錄中，然後根據新的拓撲結構計算分子 FST。由於計算分子 FST 使用的是 5.7.4 節中生成的 GMM 模型，因此特徵檔案需要和神經網路訓練所用的高解析度 MFCC 有所區分。

2. Biphone 模型和決策樹建構

```
if [ $stage -le 13 ]; then
  steps/nnet3/chain/build_tree.sh --frame-subsampling-factor 3 \
      --context-opts "--context-width=2 --central-position=1" \
      --
cmd "$train_cmd" $num_leaves ${lores_train_data_dir} $lang $ali_dir $tre
e_dir
Fi
```

因為建模單位和 HMM 結構都發生了改變，所以決策樹也需要重新建構。--frame-subsampling-factor 參數指定 Chain 模型中輸出降採樣的數量，--num-leaves 參數指定決策樹葉子節點的上限，--context-opts 參數指定使用雙音素建模，並且中心音素在第二位（從 0 開始編碼）。

需要注意的是，Kaldi 中的 Chain 模型實現並不是完全 Lattice-free，無論是 CE 分支正規化，還是分子詞圖的路徑（只允許 50ms 的前後不對齊）計算，都需要用到對齊資訊。因此，決策樹目錄中也包含了之前提取好的對齊資料。

5.10.3 神經網路設定與訓練

在 Chain 模型中，使用者先透過 xconfig 來設計網路結構，xconfig 是 nnet3 的一種網路設定形態，可以靈活快捷地建構不同的神經網路。然後 xconfig 再透過 steps/nnet3/xconfig_to_configs.py 轉換為 nnet3 config 設定，即 Kaldi 在內部計算時真正使用的模型設定。

nnet3 參考了計算網路的概念，將網路看成由不同計算單元或步驟按特定順序連接起來的圖，並對計算圖進行編譯和執行。使用者在定義神經網路時，需要提供計算節點 Component 和圖結構 Component Node。Component 只定義節點的參數，不宣告與其他節點之間的關係，需要由 Component Node 來描述這種關係，即當前節點和節點的輸入。節點的輸入使用描述符來定義，見附錄 5.13.1。

local/chain/run_cnn_tdnn.sh 的 stage 14 以 xconfig 的方式建構了神經網路聲學模型的結構。

```
  input dim=100 name=ivector
  input dim=40 name=input

  # MFCC to filterbank
  idct-layer name=idct input=input dim=40 cepstral-lifter=22 affine-
transform-file=$dir/configs/idct.mat
```

```
  linear-component name=ivector-
linear $ivector_affine_opts dim=200 input=ReplaceIndex(ivector, t, 0)
  batchnorm-component name=ivector-batchnorm target-rms=0.025
  batchnorm-component name=idct-batchnorm input=idct

  combine-feature-maps-layer name=combine_inputs input=Append(idct-
batchnorm, ivector-batchnorm) num-filters1=1 num-filters2=5 height=40
  conv-relu-batchnorm-layer name=cnn1 $cnn_opts height-in=40 height-
out=40 time-offsets=-1,0,1 height-offsets=-1,0,1 num-filters-out=64
  conv-relu-batchnorm-layer name=cnn2 $cnn_opts height-in=40 height-
out=40 time-offsets=-1,0,1 height-offsets=-1,0,1 num-filters-out=64
  conv-relu-batchnorm-layer name=cnn3 $cnn_opts height-in=40 height-
out=20 height-subsample-out=2 time-offsets=-1,0,1 height-offsets=-
1,0,1 num-filters-out=128
  conv-relu-batchnorm-layer name=cnn4 $cnn_opts height-in=20 height-
out=20 time-offsets=-1,0,1 height-offsets=-1,0,1 num-filters-out=128
  conv-relu-batchnorm-layer name=cnn5 $cnn_opts height-in=20 height-
out=10 height-subsample-out=2 time-offsets=-1,0,1 height-offsets=-
1,0,1 num-filters-out=256
  conv-relu-batchnorm-layer name=cnn6 $cnn_opts height-in=10 height-
out=10 time-offsets=-1,0,1 height-offsets=-1,0,1 num-filters-out=256

  # the first TDNN-F layer has no bypass
  tdnnf-layer name=tdnnf7 $tdnnf_first_opts dim=1536 bottleneck-
dim=256 time-stride=0
  tdnnf-layer name=tdnnf8 $tdnnf_opts dim=1536 bottleneck-dim=160 time-
stride=3
  tdnnf-layer name=tdnnf9 $tdnnf_opts dim=1536 bottleneck-dim=160 time-
stride=3
  tdnnf-layer name=tdnnf10 $tdnnf_opts dim=1536 bottleneck-dim=160 time-
stride=3
  tdnnf-layer name=tdnnf11 $tdnnf_opts dim=1536 bottleneck-dim=160 time-
stride=3
```

```
  tdnnf-layer name=tdnnf12 $tdnnf_opts dim=1536 bottleneck-dim=160 time-
stride=3
  tdnnf-layer name=tdnnf13 $tdnnf_opts dim=1536 bottleneck-dim=160 time-
stride=3
  tdnnf-layer name=tdnnf14 $tdnnf_opts dim=1536 bottleneck-dim=160 time-
stride=3
  tdnnf-layer name=tdnnf15 $tdnnf_opts dim=1536 bottleneck-dim=160 time-
stride=3
  tdnnf-layer name=tdnnf16 $tdnnf_opts dim=1536 bottleneck-dim=160 time-
stride=3
  tdnnf-layer name=tdnnf17 $tdnnf_opts dim=1536 bottleneck-dim=160 time-
stride=3
  tdnnf-layer name=tdnnf18 $tdnnf_opts dim=1536 bottleneck-dim=160 time-
stride=3
  linear-component name=prefinal-l dim=256 $linear_opts

  ## adding the layers for chain branch
  prefinal-layer name=prefinal-chain input=prefinal-
l $prefinal_opts big-dim=1536 small-dim=256
  output-layer name=output include-log-
softmax=false dim=$num_targets $output_opts

  # adding the layers for xent branch
  prefinal-layer name=prefinal-xent input=prefinal-l $prefinal_opts big-
dim=1536 small-dim=256
  output-layer name=output-xent dim=$num_targets learning-rate-
factor=$learning_rate_factor $output_opts
```

multi_cn 中預設的網路結構是 cnn_tdnnf，其主要分為四個部分。

（1）輸入和特徵處理：定義輸入為 100 維的 I-Vector 和 40 維的 MFCC。MFCC 先經過 IDCT（Inverse Discret Cosine Transform，離散餘弦變換）變換為 40 維的 log-mel fbank 特徵，再經過批歸一化處理。I-Vector

特徵則經過一個線性變換得到 200 維的特徵，這是因為接下來的 CNN 模組輸入 40 維的特徵，所以 ivector 需要變換為 40 的倍數。最後再進行批歸一化處理。

（2）CNN 模組：把 ivector 和 fbank 輸入拼接，並送入卷積核為 3×3 的六層卷積神經網路。CNN 層把時間和 fbank 特徵作為二維卷積的兩個維度，在第三和第五層對頻率維度做降採樣，最終輸出 Num_feats*num_frames*num_channels*batchsize 大小的矩陣。在 multi_cn 中，num_feats=10，num_frames 等於一個 chunk 的幀長，num_channels = 256，batchsize 由訓練指令稿指定。

（3）TDNN-F 模組：在此網路中，共有 18 層 TDNN-F，第一層的輸入為上一個模組 CNN 的輸出，每一層 TDNN-F 維度統一為 1536，bottleneck 層統一為 160 維。

（4）輸出模組：包含交叉熵的分支和 LF-MMI 的分支，由於交叉熵訓練比序列區分性訓練收斂慢，因此網路中設定交叉熵分支的學習率為輸入值的 5 倍。

其他常用的 xconfig 設定參見附錄 5.13.1。設定好的網路儲存在 exp/chain_ cleaned/tdnn_cnn_1a_sp/configs 中，主要包括如下幾個檔案。

- <network.xconfig>：網路的 xconfig 設定。
- <init.config>：初始網路結構。
- <final.config>：網路結構的最終形式。
- <ref.config>：與<final.config>類似，用來計算網路的上下文。
- <init.raw>：初始網路結構的 RAW 格式，可以透過 nnet3-info 查看。
- <ref.raw>：<ref.config>的 RAW 格式，可以透過 nnet3-info 查看。

- <vars>：神經網路的上下文設定。
- <idct.mat>：儲存網路中 idct 變換的矩陣。

在設定好神經網路結構後，就可以開始正式訓練流程了。stage 15 主要呼叫了 steps/nnet3/chain/train.py 指令稿：

```
if [ $stage -le 15 ]; then
  steps/nnet3/chain/train.py --stage $train_stage \
    --use-gpu "wait" \
    --cmd "$decode_cmd" \
    --feat.online-ivector-dir $train_ivector_dir \
    --feat.cmvn-opts "--norm-means=false --norm-vars=false" \
    --chain.xent-regularize $xent_regularize \
    --chain.leaky-hmm-coefficient 0.1 \
    --chain.l2-regularize 0.0 \
    --chain.apply-deriv-weights false \
    --chain.lm-opts="--num-extra-lm-states=2000" \
    --egs.dir "$common_egs_dir" \
    --egs.stage $get_egs_stage \
    --egs.opts "--frames-overlap-per-eg 0 --constrained false" \
    --egs.chunk-width $frames_per_eg \
    --trainer.dropout-schedule $dropout_schedule \
    --trainer.add-option="--optimization.memory-compression-level=2" \
    --trainer.num-chunk-per-minibatch 128,64 \
    --trainer.frames-per-iter 3000000 \
    --trainer.num-epochs 4 \
    --trainer.optimization.num-jobs-initial 3 \
    --trainer.optimization.num-jobs-final 16 \
    --trainer.optimization.initial-effective-lrate 0.00015 \
    --trainer.optimization.final-effective-lrate 0.000015 \
    --trainer.max-param-change 2.0 \
    --cleanup.remove-egs $remove_egs \
    --feat-dir $train_data_dir \
    --tree-dir $tree_dir \
```

```
    --lat-dir $lat_dir \
    --dir $dir  || exit 1;
Fi
```

這個指令稿中傳入了一系列參數：

- --use-gpu：指定使用 GPU 訓練的方式，主要有 true，false 和 wait 三種模式，其中 wait 模式會在 GPU 資源不足時，等待資源釋放後再繼續訓練，一般推薦採用這種模式。
- --feat.online-ivector-dir：指定傳入的 ivector 目錄。
- --chain：指定與 Chain 模型相關的幾個參數，包括交叉熵和 L2 正規、leaky-hmm 參數等。
- --egs：主要是 egs 的相關設定，Kaldi 中的 egs 概念見附錄 5.13.2。其中--egs.chunk- width 用來調節訓練樣本的切分大小。
- --trainer：設定各種訓練參數，包括 dropout 策略（dropout-schedule）、minibatch 大小（num-chunk-per-minibatch）、每個迭代的幀數（frames-per-iter）、訓練的輪次（num-epochs）、開始和結束時的並行任務數量（num-job-initial/num-job-final）、學習率調整（initial-effective-lrate/final-effective-lrate）、參數更新限制（max-param-change）等。需要注意的是，CE 分支的學習率比 LF-MMI 分支的大，這是因為序列鑑別性訓練容易過擬合，一般設定較小的學習率。Kaldi 中 nnet3 訓練樣本分片和學習率的調整參見附錄 5.13.3。

剩下幾個參數傳遞訓練所需要的特徵資料（--feat-dir）、決策樹資料（--tree-dir，對齊資料也保存在這個目錄下）、分子詞圖（--lat-dir）、輸出目錄（--dir）。

Kaldi 中 Chain 模型的訓練分為八步，主要的步驟透過在 steps/libs/nnet3/train/chain_objf/acoustic_model.py 中呼叫原始程式中的 C++可執行檔完成。

首先按照 LF-MMI 的原理建構音素語言模型，並將其轉換為 FST 形式，保存在模型目錄的 phone_lm.fst 中。

```
    if (args.stage <= -6):
        logger.info("Creating phone language-model")
        chain_lib.create_phone_lm(args.dir, args.tree_dir, run_opts,
                                  lm_opts=args.lm_opts)
```

接下來呼叫 chain-make-den-fst，輸入新的決策樹、Transition 模型以及上一步生成的音素語言模型，生成分母 FST 並保存在 den.fst 和 normalization.fst 中。其中，由於 Chain 模型並不適用於將完整句子作為一個訓練樣本，因此實際初始機率和終止機率需要進行一定的修正，計算時實際使用的分母 FST 為後者。

```
    if (args.stage <= -5):
        logger.info("CreatiNg denominator FST")
        shutil.copy('{0}/tree'.format(args.tree_dir), args.dir)
        chain_lib.create_denominator_fst(args.dir, args.tree_dir,
run_opts)
```

如果網路設定中有 LDA 或者 IDCT 操作，則會先生成對應的初始化網路檔案。

```
    if ((args.stage <= -4) and
            os.path.exists("{0}/configs/init.config".format(args.dir))
            and (args.input_model is None)):
        logger.info("Initializing a basic network for estimating "
                    "preconditioning matrix")
```

```
        common_lib.execute_command(
            """{command} {dir}/log/nnet_init.log \
            nnet3-init --srand=-2 {dir}/configs/init.config \
            {dir}/init.raw""".format(command=run_opts.command,
                                     dir=args.dir))
```

下一步開始生成 egs，Chain 模型的 egs 以 cegs 的形式保存，具體參見附錄 5.13.2，生成的 egs 資料會儲存在 cnn_tdnn_1a_sp 下的 egs/目錄中。在有 LDA 變換的網路結構中，由於神經網路設定往往會做拼幀操作，拼幀後的特徵是強相關的，因此需要採用 LDA 變換達到去相關的目的，這一步在訓練流程中表現為初始化預調矩陣。

在訓練開始之前，需要初始化聲學模型，先呼叫 nnet3-init 生成 0.raw 檔案，然後呼叫 nnet3-am-init 生成 0.mdl。其中.raw 和.mdl 檔案的區別在於，.raw 檔案是神經網路模型檔案，.mdl 檔案是神經網路聲學模型檔案，其中還包含了 Transition 模型。

```
    if (args.stage <= -1):
        logger.info("Preparing the initial acoustic model.")
        chain_lib.prepare_initial_acoustic_model(args.dir, run_opts,
input_model=args.input_model)
```

在準備步驟完成之後，正式開始訓練。計算 Loss、反向傳播等都透過 train_one_ iteration 函式呼叫原始程式中的 nnet3-chain-train 完成。如下所示，訓練過程中會顯示當前的迭代、學習率、訓練輪次等資訊。

```
2021-07-05 16: 05: 07, 771 [ steps/nnet3/chain/train.py:529 - train -
INFO ] Iter: 0/1415 Jobs: 2 Epoch: 0.00/4.00 (0.0% complete)
lr:0.0003000
```

如果指定了需要模型合併，則 steps/nnet3/chain/train.py 還會在訓練資料和驗證資料的子集上計算若干個 LF-MMI Loss 最小模型的參數的平均，得到合併後的模型。除此之外，在 Chain 模型訓練流程中還會對不必要的資料和檔案進行清理。

在訓練好的模型目錄 cnn_tdnn_1a_sp 中，<final.mdl>包含 Transition 模型的結構、idct 變換矩陣、神經網路每一層的參數；<accuracy.report>記錄訓練過程中 Loss 的變化。Kaldi 預設每訓練 100 個迭代，就會保存一次模型檔案.mdl，這些中間檔案同樣可以被用來做推理。

5.11 解碼圖生成

Kaldi 的大部分語音辨識任務在生成解碼圖時，都會使用一個共同的指令稿：utils/mkgraph.sh，這個指令稿會透過背後的 C++可執行檔呼叫開放原始碼工具 OpenFST，把 4.5.3 節中提到的 H,C,L,G 組合在一起，形成最終的解碼圖。OpenFST 是目前最主流的開放原始碼 FST 實現，輸入聲學模型 final.mdl 中保存的 Transition 模型和 lang 目錄，可以輸出解碼圖。--self-loop-scale 指定 HMM 拓撲結構中每個狀態自環的機率權重，--remove-oov 會移除 oov.txt 中指定的集外詞。此外，還可以透過--transition-scale 調整 Transition 的機率權重。

```
if [ $stage -le 16 ]; then
  utils/mkgraph.sh --self-loop-scale 1.0 --remove-oov \
    data/lang_combined_tg $dir $graph_dir
  fstrmsymbols --apply-to-output=true --remove-
arcs=true "echo 3|" $graph_dir/HCLG.fst - | \
    fstconvert --fst_type=const > $graph_dir/temp.fst
  mv $graph_dir/temp.fst $graph_dir/HCLG.fst
fi
```

在 stage 16 中，還移除了輸出中包含的編號為 3 的符號的所有弧。查看解碼圖目錄下 words.txt 中編號為 3 的詞，讀者可以發現是<UNK>，而在語音轉寫任務中，辨識出的文字含有<UNK>是不合理的，需要先提前去掉，再將新的解碼圖轉換為靜態 FST 檔案。

最終的解碼圖目錄包含以下幾個檔案：

- <HCLG.fst>：最終生成的解碼圖 FST 檔案。
- <phones.txt>：音素列表。
- <phones/>：包含與音素相關的一系列檔案的目錄。
- <words.txt>：詞典列表。
- <disambig_tid.int>：消歧符號的 transition_id。

5.12 本章小結

至此，中文 ASR 模型的訓練全部完成。在本章中，我們從資料準備開始，完成了語音辨識模型訓練中的所有流程：特徵提取、對齊生成、資料增強、神經網路聲學模型訓練、解碼圖建構。這樣我們就獲得了用於建構語音辨識服務的所有模型：神經聲學模型 final.mdl、WFST 解碼圖 HCLG.fst、音素列表 phones.txt、詞典 words.txt，以及 I-Vector 相關模型與變換矩陣，如 final.ie，final.dubm，final.mat。第 7 章會介紹如何基於這些模型檔案建構自己的推理流程。

5.13 附錄

5.13.1 xconfig 中的描述符及網路設定表

描述符：

描述符	功能	範例
Append	將兩個給定輸入拼接在一起，維度為兩個輸入的維度之和	Input=Append(idct-batchnorm, ivector-batchnorm)
Const	根據 Const 的描述，直接生成一個常數	Const(40, 1024)
Failover	判斷輸入的節點 1 是否可用於計算，如果可以則使用節點 1，如果不可以則使用節點 2	Failover(idct-batchnorm, ivector-batchnorm)
IfDefine	如果輸入節點沒有定義則用 0 代替，如果已定義則用該節點	IfDefine(idct-batchnorm)
Offset	對給定輸入產生特定的延遲	Offset(idct-batchnorm, -2)
ReplaceIndex	給定輸入和一個索引值，將輸入的 *t* 軸全都用索引處的數值代替。在 I-Vector 中，由於它不隨時間改變，因此要將它的 *t* 軸全都設為 0 時刻的值	ReplaceIndex(ivector-batchnorm, t, 0)
Scale	將一個係數和給定輸入相乘	Scale(0.5, idct-batchnorm)
Sum	將兩個給定輸入相加，兩個輸入的維度必須相同	Sum(idct-a, idct-b)

輸入輸出：

Layer 名	描述	部分重要參數及其功能
input	輸入層	dim：輸入維度
output	輸出層	-
output-layer	比 output 增加了 log-softmax	-

Layer 名	描述	部分重要參數及其功能
prefinal-layer	預輸出層	big-dim：輸出會經過仿射層、relu、batchnorm 被映射到 big-dim 維； small-dim：big-dim 維被映射到 small-dim

基礎網路結構：

Layer 名	描述	部分重要參數及其功能
relu-layer	仿射層+relu 層	-
Relu-renorm-layer	仿射層+relu 層+renorm 層（類似於 layer-norm，但是不做均值歸一化）	-
relu-batchnorm-dropout-layer	仿射層+relu 層+batchnorm 層+dropout 層	-
relu-dropout-layer	仿射層+relu 層+dropout 層	-
relu-batchnorm-layer	仿射層+relu 層+batchnorm 層	-
relu-batchnorm-so-layer	仿射層+relu 層+batchnorm 層+so 層（一般用於在 batchnorm 之後做縮放或偏置）	-
batchnorm-so-relu-layer	仿射層+so 層+relu 層	-
batchnorm-layer	仿射層+batchnorm 層	-
sigmoid-layer	仿射層+sigmoid 層	-
tanh-layer	仿射層+tanh 層	-
fixed-affine-layer	固定參數仿射層，在模型初始化時提供這個層的參數，在後續訓練中，這個仿射變換層的參數固定不變	affine-transform-file：傳入一個固定的矩陣對輸入做變換
idct-layer	逆 dct 變換層，將 MFCC 透過逆 dct 變換為 fbank	affine-transform-file：IDCT 變換矩陣
affine-layer	仿射層	-

Layer 名	描述	部分重要參數及其功能
blocksum-layer	相加層，利用 SumBlockComponent 將幾個維度的資料相加合併	input-dim&output-dim：假設 input-dim=400，output-dim=100，那麼這個層會先把輸入分成 4 個 100 維的 block，然後輸出 4 個 100 維 block 的加和

循環神經網路：

Layer 名	描述	部分重要參數及其功能
lstm-layer	lstm 層	cell-dim：cell 維度； delay：lstm 循環連接的延遲
lstmp-layer	在普通 LSTM 的基礎上，增加一個循環 Project layer 和一個非循環 Project layer，可以減少儲存量	recurrent-projection-dim：循環單元的 projection 維度； non-recurrent-projection-dim：非循環單元的 projection 維度
lstmp-batchnorm-layer	在 lstmp-layer 的基礎上增加 batchnorm 層	-
fast-lstm-layer	快速 lstm 層，使用一個新的元件 LstmNonlinearityComponent 去實現 LSTM 的核心非線性處理，且 LSTM 的大部分仿射變換都被合併成一個	-
fast-lstm-batchnorm-layer	在 fast-lstm-layer 的基礎上增加 batchnorm 層	-
fast-lstmp-layer	Lstmp-layer 的快速版本	-
fast-lstmp-batchnorm-layer	在 fast-lstmp-layer 的基礎上增加 batchnorm 層	-

Layer 名	描述	部分重要參數及其功能
lstmb-layer	帶有 bottleneck 的 lstm 層	bottleneck-dim：bottleneck 維度
gru-layer	gru 層	cell-dim：cell 維度； delay：LSTM 循環連接的延遲
pgru-layer	在輸出層帶有 projection 的 gru 層	recurrent-projection-dim：循環單元的 projection 維度； non-recurrent-projection-dim：非循環單元的 projection 維度
opgru-layer	與 pgru 類似，不同的是將重置門改為輸出門，最終會在原始輸出的基礎上再乘上輸出門的輸出	-
norm-pgru-layer	增加歸一化的 pgru 層	-
norm-opgru-layer	增加歸一化的 opgru 層	-
fast-gru-layer	gru 的快速版本	-
fast-pgru-layer	pgru 的快速版本	-
fast-norm-pgru-layer	帶歸一化的 pgru 的快速版本	-
fast-opgru-layer	opgru 的快速版本	-
fast-norm-opgru-layer	帶歸一化的 opgru 的快速版本	-

卷積神經網路：

Layer 名	描述	部分重要參數及其功能
conv-layer	卷積層	height-in: 輸入影像的高； height-subsample-out：頻率軸的下取樣速率，如果為 2 則最終輸出的高度將減小一

Layer 名	描述	部分重要參數及其功能
		半； height-out:最終輸出維度<=(height-in / height-subsample-out)； height-offsets：頻率軸上的卷積核大小； num-filters-out： 輸出通道數，該層 的最終輸出維度是num-filters-out* height-out； time-offsets: 時間軸上的卷積核大小
relu-conv-layer	relu 層+卷積層	-
conv-relu-layer	卷積層+relu 層	-
conv-renorm-layer	卷積層+renorm 層	-
relu-conv-renorm-layer	relu 層+卷積層+renorm 層	-
batchnorm-conv-layer	batchnorm 層+卷積層	-
conv-relu-renorm-layer	卷積層+relu 層+renorm 層	-
batchnorm-conv-relu-layer	batchnorm 層+卷積層+relu 層	-
relu-batchnorm-conv-layer	relu 層+batchnorm 層+卷積層	-
relu-batchnorm-noconv-layer	relu 層+batchnorm 層	-
relu-noconv-layer	relu 層	-
conv-relu-batchnorm-layer	卷積層+relu 層+batchnorm 層	-
conv-relu-batchnorm-so-layer	卷積層+relu 層+batchnorm 層+so 層	-
conv-relu-batchnorm-	卷積層+relu 層+batchnorm 層	-

Layer 名	描述	部分重要參數及其功能
dropout-layer	+dropout 層	
conv-relu-dropout-layer	卷積層+relu 層+dropout 層	-
res-block	resnet 網路中的殘差卷積結構	height：輸入和輸出的特徵維度； num-filters：通道數，如果沒有指定，則會根據輸入大小計算； time-period：時間維度上的 stride； height-period：特徵維度上的 stride，一般不需要做下採樣
Res2-block	不支援 height-period 的殘差卷積結構	-

注意力網路：

Layer 名	描述	重要參數及其功能
attention-renorm-layer	attention 層+renorm 層	key-dim：key 的維度； value-dim：value 的維度； num-heads：multi-head attention 中 head 的個數； num-left-inputs：上文所需的輸入幀數； num-right-inputs：所需的輸入幀數； time-stride：時間軸上的滑動，假設 time-stirde=3，那麼在計算 t=10 這一幀時，將使用...t=7，t10，t=13...，左右的邊界取決於 num-left-inputs 和 num-right-inputs

Layer 名	描述	重要參數及其功能
attention-relu-renorm-layer	attention 層+relu 層+NormalizeComponent	-
attention-relu-batchnorm-layer	attention 層+relu 層+batchnorm 層	-
relu-renorm-attention-layer	relu 層+NormalizeComponent+attention 層	-

其他結構：

Layer 名	描述	重要參數及其功能
stats-layer	統計池化層，多用在聲紋辨識網路結構中	config：指定統計的範圍和統計量計算方式。mean 計算均值，stddev 計算對應的標準差。如 mean(-99:3:9::99)表示從輸入資料的-99 到 99 幀，每 9 幀計算一次均值，每次計算都設定 stride=3
channel-average-layer	相當於只取 blocksum-layer 最後相加的模組	-
tdnnf-layer	tdnnf 層	bottleneck-dim：tdnnf 的 bottleneck 維度； time-stride：時間軸滑動，這些幀都會用於計算輸出
spec-augment-layer	頻譜增強層，將隨機對輸入 mask 到 0	freq-max-proportion：特徵維度 mask 機率； time-zeroed-proportion：時間維度 mask 機率； time-mask-max-frames：時間軸 mask 區域的最大長度，以幀為單位

Layer 名	描述	重要參數及其功能
renorm-component	renorm 層	-
batchnorm-component	batchnorm 層	-
no-op-component	無操作層，這一層可以用來執行一些輸入輸出的前後處理	-
linear-component	線性層	-
affine-component	仿射層	-
scale-component	縮放層，對輸入的每個維度乘上一個不同的可訓練的值	-
dim-range-component	用來對輸入特徵取指定的維度	dim：需要取出的特徵維度； dim-offset：需要取出的特徵起始位置
offset-component	offset 層，對輸入產生 offset	-
combine-feature-maps-layer	特徵合併層，它的輸入有 2 個或 3 個，將它們合併後返回，輸入維度是 height*num-filters1，height*num- filters2 和 height*num-filters3	num-filters1：第一個輸入的其中一個維度； num-filters2：第二個輸入的其中一個維度； num-filters3：第三個輸入的其中一個維度（如果只有兩個輸入，則可以不需要這個參數）； height：所有輸入的高（必須是相同的）
delta-layer	計算當前特徵的 delta 特徵和 delta-delta 特徵，並將兩者與當前特徵合併，最後再加上一個 batchnorm 層	-

5.13.2 Chain 模型中的 egs

Kaldi 透過 egs（注意需要和任務指令稿集 egs 的區別）來存放訓練資料和對應的標注，egs 的生成在指令稿 steps/nnet3/chain/get_egs.sh 中完成。生成的</egs>目錄主要包含<cegs>檔案，即 Chain 模型中的 egs 類型，以及一個包含神經網路訓練資訊的目錄</info>。

- </info>透過對模型結構和訓練資料進行統計，得到以下資訊。
- <feat_dim>：特徵維度。
- <left-context>：根據 chunk 大小和模型結構計算的上文長度。
- <left-context-initial>：句子中第一個 chunk 的上文長度。
- <right-context>：根據 chunk 大小和模型結構計算的下文長度。
- <right-context-final>：句子中最後一個 chunk 的下文長度。
- <num_pdfs>：pdf 數量，也就是神經網路的輸出。
- <num_frames>：訓練資料總幀數。
- <num_archives>：archive 數量，即</egs>目錄下包含多少個<cegs>檔案，根據訓練時指定的每個迭代中包含的幀數來計算。

$$num\_archives = num\_frames / frames\_per\_iter + 1$$

- <frames_per_eg>：每一個 egs 檔案中包含的幀數量，即 chunk 的大小，需要使用者自己指定。
- <egs_per_archive>：每個 archive 中包含的訓練樣本數量，同樣透過一些傳參計算：

$$egs\_per\_archive = num\_frames / (frames\_per\_eg * num\_archives)]$$

透過 nnet3-chain-copy-egs 可以查看<cegs>中包含的內容：

```
$utt-frame_id <Nnet3ChainEg> <NumInput> 2
<NnetIo>
…
</NnetIo>
<NumOutputs> 2
<NnetChainSup>
…
</NnetChainSup>
</Nnet3ChainEg>
```

$utt-frame_id 儲存的是音訊 id 及這個 chunk 從音訊的哪一幀開始，chunk 的具體內容在<Nnet3ChainEg>中定義，<NumInput>表示輸入特徵的種類，如果包含 ivector，則<NumInput>為 2。<NumOutputs>指定輸出的數量，預設為 1。如果在訓練中加入了交叉熵正規，則這個分支的 Loss 計算是在 MMI 的分子詞圖前向後向計算得到的，並不會表現在 cegs 中。

<NnetIo>主要包含輸入資訊，<I1V>指定 chunk 一共包含的幀數，<I1>儲存的是每一幀的偏移資訊。在以下例子中，代表輸入 chunk 的實際大小為 150 幀，但是前後做了 40 幀的上下文填充。

```
<NnetIo> input <I1V> 230 <I1> 0 -40 0 <I1> 0 -39 0 … <I1> 0 189 0
[ 48.62097 -20.81274 … -0.5513132
…
64.77879 -16.0605 … 2.830818]
</NnetIo>
```

這裡的浮點數矩陣是特徵的具體數值，如果在輸入中加入了 ivector，則還會儲存 ivector 的值。

```
<NnetChainSup> output
<I1V> 50 <I1> 0 0 0 <I1> 0 3 0 … <I1> 0 147 0
<Supervision> <Weight> 1 <NumSequences> 1 <FramesPerSeq> 50 <LabelDim>
8384 <End2End> F
0  1  1  1  60.27226
1  2  85 85
…
55 56 724   724
56
</Supervision> <DW2> [1 1 1 1 … 1 1 1]
</NnetChainSup>
```

<NnetChainSup>存放監督資訊。<I1V>指定輸出的幀數，因為 Chain 模型中引入了 frame-subsampling，所以輸出的數量只有輸入的 1/3（不包括填充的部分）。LF-MMI 是一種點對點的方法，但是通常會加入一定的對齊資訊，故<End2End>為 F。中間的部分是 WFSA 形式的分子詞圖。最後，<DW2>儲存對於訓練 chunk 中每一幀的更新權重，預設都為 1。

5.13.3 Kaldi nnet3 中迭代次數和學習率調整

在訓練時，雖然一幀資料可以執行一次 Loss 計算，但 4.3 節中提到一般會採用 minibatch 的形式來更新模型參數，一般將 minibatch 的大小設定為 2 的 n 次方。如果每一個 minibatch 都生成一個模型，那麼一次訓練會生成非常多的中間模型，而 Kaldi 採用把若干個 minibatch 更新併合並為一個迭代的概念，一個迭代包含的幀數 frames_per_iter 由--trainer.frames-per-iter 指定。如果一批訓練資料有 num_frames 幀，同時有 num_jobs 個 GPU 在計算，訓練 num_epochs 個 epoch，那麼總的迭代輪次為

$$num\_iters = \frac{num\_epochs \times num\_frames \times frame\_subsampling\_factor}{num\_jobs \times frames\_per\_iter}$$

式中乘上 $frame\_subsampling\_factor$ 的原因是，如果這個值大於 1，即使用 Chain 模型，則訓練資料總的幀數會變為原來的 frame_subsampling_factor 倍。

在 nnet3 中，使用了一種經驗公式來調整學習率，這個公式傳遞使用者設定的初始學習率和結束學習率，並根據這兩個學習率以及已經訓練的 archive 和總 archive 的數量來得到學習率。這個公式在 steps/libs/nnet3/train/common.py 中由 get_learning_ rate()函式定義：

$$current\_lr = initial\_lr \times e^{\frac{processed\_archives}{total\_archives'}\log\left(\frac{final\_lr}{initial\_lr}\right)} \times num\_jobs$$

Kaldi Chain 模型的訓練資料會分為 $num\_archive$ 個檔案，而在實際訓練中由於要執行 num_epochs 輪訓練，因此訓練過程中計算的 archive 數為

$$total\_archives' = num\_epoch \times total\_archives$$

Chapter

06

基於 Kaldi 的語者自動分段標記

隨著語音技術的不斷發展和成熟，語音辨識也越來越廣泛地應用在各行各業中。本章將選取在智慧客服領域具備普遍應用需求且較為關鍵的語者自動分段標記技術，分別對語者自動分段標記概念、所涉及的相關技術以及演算法模型的訓練三部分進行介紹。

6.1 語者自動分段標記概述

6.1.1 什麼是語者自動分段標記

語者自動分段標記（Speaker Diarization）也常被稱為語者人聲分割，是一種集語音活動檢測、聲紋辨識、聚類等多項技術為一體的語音綜合應用，常與 ASR 語音辨識、NLP 技術相結合，被廣泛應用於智慧客服質檢、會議記錄、金融保險、刑偵審訊等領域。

語者自動分段標記與語音分離（Speech Separation）在英文表述上雖一詞之差，卻分屬於語音技術的兩個不同方向。語者自動分段標記關心的是如何從一段語音音訊中分離出不同的語者，以及每個語者説話的起始時間，而語音分離關心的是如何從一段混雜疊加了不同語者的語音音訊中分離出每個語者的內容。語者自動分段標記適用於多個語者輪流交替説話的對話場景，一般對多個語者同時説話的疊加部分不做額外處理，而語音分離主要為了解決語音領域中著名的雞尾酒問題，目的是將多人同時説話疊加部分的語音進行分離，在應用場景上和語者自動分段標記有著明顯的區分。

語者自動分段標記與語者變化檢測（Speaker Change Detection）雖然從概念上頗為相似，極易混淆，但還是有著本質的不同。語者變化檢測只關心在一段語音音訊中不同語者轉換的時間點，並不關心轉換前後的語者分別是誰，而語者自動分段標記除了檢測每個語者講話的邊界點，還需要確認每段音訊屬於哪一個語者，也正是因為其有著身份辨識的相關要求，所以常與聲紋辨識緊密聯繫在一起。

語者自動分段標記不僅可作為單獨的產品形態應用於多人對話場景，也可作為語音辨識技術的一環，結合語音活動檢測模組，為語音辨識系統提供準確的説話內容的邊界，以此作為切分語音長句的依據，從而進一步提升語音辨識的準確度。

6.1.2 語者自動分段標記技術

語者自動分段標記的流程由以下五部分串聯而成，是多項語音技術的融合，具體見圖 6-1。

（1）語音活動檢測（VAD）。
（2）語音片段分割。
（3）語音片段聲紋特徵提取。
（4）語音片段聚類。
（5）語者自動分段標記平滑後處理。

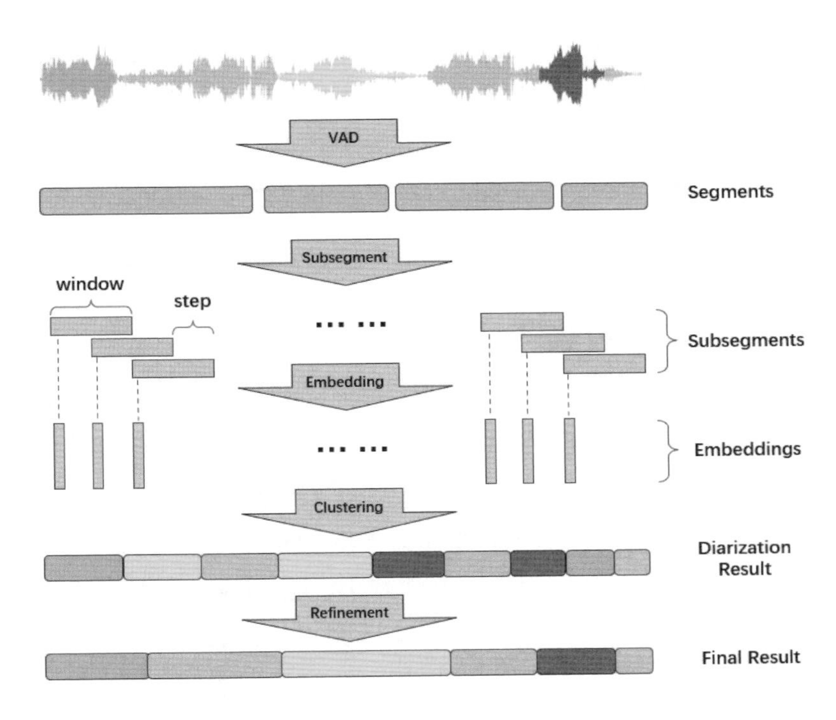

圖 6-1 傳統語者自動分段標記流程

1. 語音活動檢測

語音活動檢測模組是語者自動分段標記的前置入口模組，用於檢測語音音訊中的人聲內容與非人聲內容，並將非人聲的語音部分切除，保留人聲的語音部分，這裡的非人聲是一個廣義的語義概念，包含靜音、雜訊、混雜人聲背景雜訊等。VAD 模組對語音音訊進行了粗細微性的切分，在理想的情況下，VAD 切分的每一段語音片段都包含一個或多個待分離語者的語音內容。

2. 語音片段分割

經由語音活動檢測模組處理後的語音片段包含一個或多個語者的內容，無法直接用於後續的聲紋特徵提取，還需要進行更細細微性的切分。

一般採用滑動窗的方法，在每個語音片段上使用固定的視窗大小和步進值，將每段語音片段進一步切分成更小的語音子片段（Subsegments），這裡視窗的大小和步進值是後續處理時可調整的超參。同時，假設每個視窗包含的語音幀均從屬於同一個語者，便於後面對這些細細微性的語音片段進行聲紋特徵提取。

3. 語音片段聲紋特徵提取

在對語音音訊進行非人聲片段切除和細細微性切分人聲片段後，每一個語音片段均代表某一語者的語音內容。為了後續能夠對這些音訊進行聚類，需要進一步使用更為緊湊和固定長度的聲紋 Embedding 對這些語音片段進行表徵。常用的聲紋 Embedding 主要有基於傳統機器學習 GMM-UBM（Gaussian Mixture Model-Universal Background Model，高斯混合模型-通用背景模型）的 I-Vector、基於深度神經網路的 X-Vector 和 D-Vector。

1）傳統機器學習聲紋 Embedding

I-Vector（N. Dehak，2011）作為傳統機器學習聲紋 Embedding 的最佳代表，由 GMM-UBM（D. A. Reynolds，2000）、JFA（Joint Factor Analysis，聯合因數分析）（Patrick Kenny，2005）演變而來，其中 JFA 顯性地對語者和通道兩個因素建模，如圖 6-2 所示。

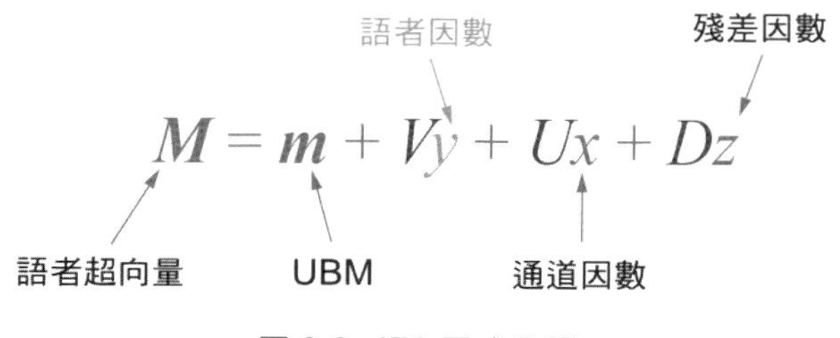

圖 6-2 JFA 因式分解

其中，$\boldsymbol{M}$ 為語者均值高斯超向量，$\boldsymbol{m}$ 為與語者和通道無關的 UBM 均值超向量，V 和 U 分別用於描述語者的本征空間和通道空間，D 描述殘差空間，y，x，z 分別為各自的空間因數。JFA 的設計初衷是為了移除 Ux 通道和 Dz 殘差雜訊對語者的影響，使得 y 具備更好的通道和雜訊適應能力。但是因為通道因數 Ux 本身很難和語者因數 Vy 區分，所以 JFA 建模的語者特徵 y 的資訊很大程度上被 x 削弱了。

I-Vector 簡化了 JFA 對本征空間、通道空間和殘差空間的假設，使用一個全域差異空間 $\boldsymbol{T}$ 來表示語者之間的差異和通道的影響，並從 UBM 均值超向量 u 中提取一個更為緊湊的向量 w，如圖 6-3 所示：

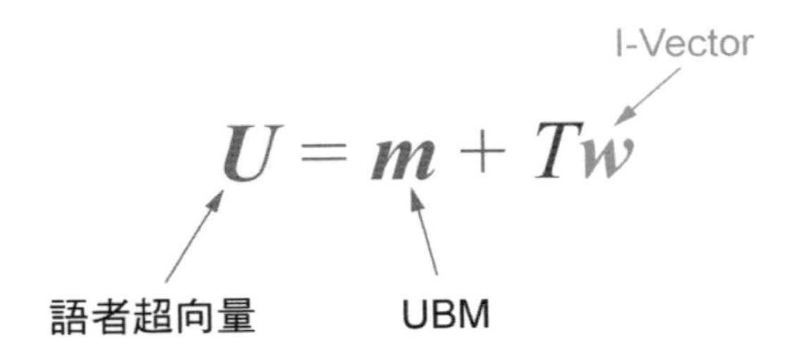

圖 6-3 I-Vector 因式分解

I-Vector 將任意變長的語音音訊映射到一個低維空間，使用固定的定長向量來表徵該語音語者的資訊。由於 $\boldsymbol{T}$ 矩陣同時對語者和通道兩個空間進行建模，表徵語者特徵的 $\boldsymbol{w}$ 向量包含了一定的通道資訊，因此需要使用通道補償演算法進行移除。常用的通道補償演算法有 WCCN（Within-Class Convariance Normalinzation，類內協方差歸一化），NAP（Nuisance Attribute Projection，擾動屬性投影），以及常用的 LDA/PLDA（Linear Discrimination Analysis/Probabilistic Linear Discriminative Analysis，線性判別分析/機率線性判別分析）（S. Prince，2007）。相對於深度神經網路聲紋 Embedding，I-Vector 在長時語音上更具優勢。

2）深度神經網路聲紋 Embedding

基於深度神經網路的聲紋 Embedding，本質上都是將語者的 id 標籤作為分類目標的深度神經網路，提取網路中靠近輸出層的某一隱層作為最終的聲紋表徵輸出。不同聲紋 Embedding 的差異性主要表現在不同的特徵、網路結構和損失函數上，較具代表性的是 JHU Snyder 提出的 X-Vector（D. Snyder，2017，2018）與 Google 提出的 D-Vector（E. Variani，2014）。

D-Vector 與 X-Vector 除了在輸入特徵和網路結構上存在細微差別，本質區別在於對變長音訊序列的處理上。D-Vector 對變長音訊分段提取最後一個隱層作為分段 Embedding，將所有分段的 Embedding 進行平均後作為最終的聲紋特徵向量，音訊全域資訊透過平均操作得到，具體的網路結構如圖 6-4 所示；而 X-Vector 先使用統計池層對變長音訊進行累計，一開始就能夠獲取音訊全域的資訊，再透過兩個全連接層輸出聲紋 Embedding，其網路結構如圖 6-5 所示，這兩個全連接層分別對應 Embedding a 和 Embedding b，均可作為最終的聲紋 Embedding 輸出。

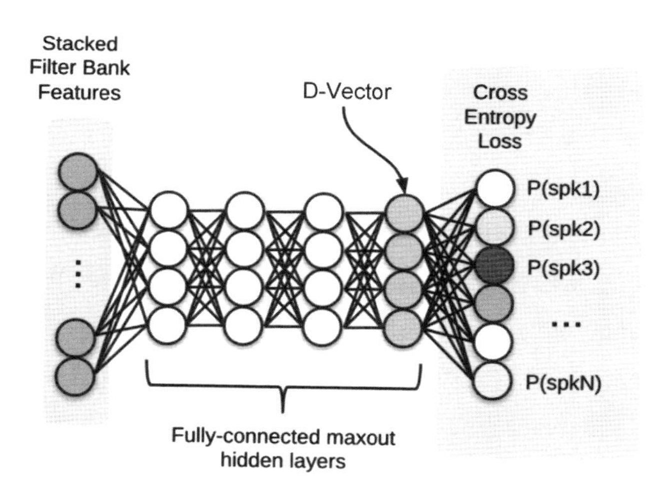

圖 6-4 D-Vector 網路結構（T J Park，2021）

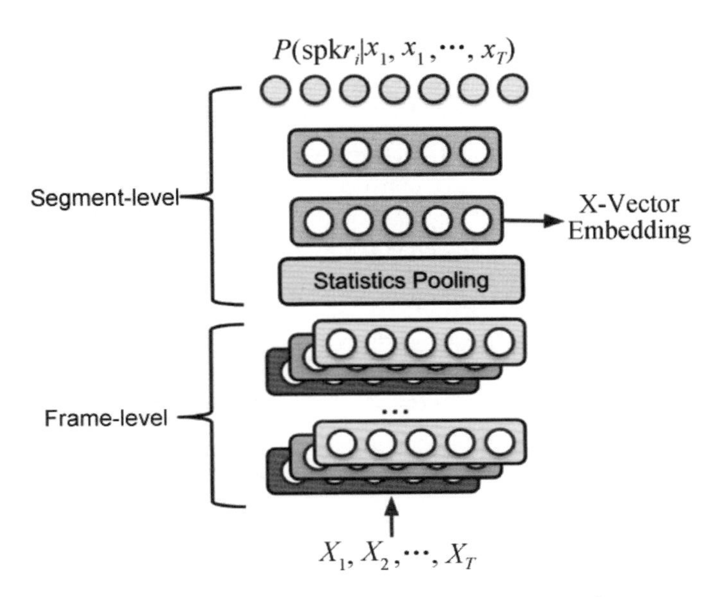

圖 6-5 X-Vector 網路結構（T J Park，2021）

4. 語音片段聚類

在得到各語音片段的聲紋 Embedding 特徵向量後，需要對這些表徵不同語者的聲紋特徵向量進行聚類，即特徵向量相似的聚為一類，其所代表的對應的語音片段也歸屬於同一個類別。當類簇數聚類完成時，語者自動分段標記也隨之完成，不同的類簇結果代表了不同語者的語音內容。常用的特徵向量相似度計算準則為餘弦相似度和 PLDA 評分。

語者自動分段標記演算法常用的聚類可分為非監督聚類和監督聚類兩種類型，分別對應兩類不同的實現方式。其中常見的非監督聚類演算法有層次聚類、K-均值（K-Means）聚類和譜聚類，監督聚類演算法有 UIS-RNN（Unbounded Interleaved-State Recurrent Neural Network，無界交織態循環神經網路）。

非監督聚類一般基於聲紋片段間的相似度矩陣展開，在語者個數已知和類簇數固定的情況下，層次聚類和 K-均值聚類具備更佳的性能，而在類簇數不固定時，譜聚類使用的更多。單純的基於相似度分值的無監督聚類，無法考慮前後幀之間的關係和語者的時序資訊。而監督式聚類可以從標注好的資料中訓練得到一個聚類模型，從而極佳地利用音訊中語者的時序資訊。非監督聚類需要獲得音訊的全部資訊後才能開始聚類，一般應用於離線場景的音訊分析，而像 UIS-RNN 監督式聚類演算法，不需要等後續時刻的資料到齊後再開始聚類操作，而是基於 LSTM 執行機制，從音訊的初始時刻就可以開始進行網路推理，從而可以應用到線上的音訊分析系統中。下面分別對無監督聚類的層次聚類演算法和監督聚類的 UIS-RNN 進行簡單介紹。

1）層次聚類

層次聚類可以進一步分為自下而上聚合式和從上往下分裂式兩種形式，其中聚合式層次聚類（Agglomerative Hierarchical Clustering, AHC）的自下而上是指，從多個類簇開始不斷向上合併相似的類簇，直到最終類簇為止；而分裂式層次聚類的從上往下是指，從一個類簇開始，根據分裂準則不斷將一個類簇分成多個類簇。在語者自動分段標記系統中，音訊檔案經由語音活動檢測模組的切分及分片操作得到多個音訊片段，以用於聲紋特徵提取，較適合基於 AHC 的實現。

在語者自動分段標記系統中，音訊先透過語音活動檢測和 subsegment 操作被切分成 N 個片段，作為 AHC 的初始 N 個類簇，然後根據 N 個片段提取 I-Vector 或 X-Vector 聲紋特徵，計算片段間的聲紋相似度得到 $N \times N$ 的分值矩陣，作為聲紋片段間的距離，再根據分值矩陣兩兩合併相似度最高的聲紋片段，反覆迭代直到達到預先設定的終止條件。終止條件可以被設定成最小的類簇數，如圖 6-6 中的虛線所示，在達到最小的 3 個類簇時終止聚類過程；也可以被設定成某個最小設定值，判斷最相似的兩個類是否低於最小設定值，以確定是否停止聚類。

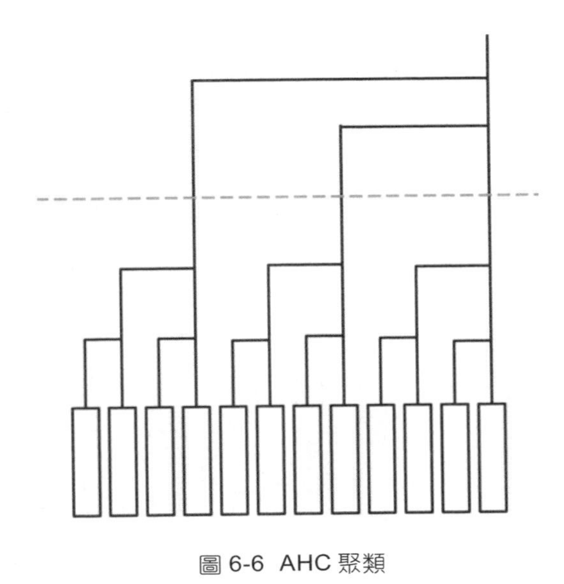

圖 6-6 AHC 聚類

2）UIS-RNN

由 Google 提出的 UIS-RNN 演算法，充分利用了 RNN 隱層狀態及執行機制，透過讓所有語者共用一套全域的 RNN 神經網路參數，每個語者由不同序列生成表示，對每個語者進行建模。UIS-RNN 模型由三部分組成：

（1）語者轉換模型。語者轉換模型是一個簡單的與觀察序列無關的先驗機率模型，用於舉出當前幀發生語者轉換的機率。

（2）語者分配模型。在檢測到語者轉換後，透過引入中餐館隨機過程，將發生轉換的幀分配到合適的語者上。

（3）序列生成模型。語者轉換模型和語者分配模型決定了觀察序列對應的語者標籤的輸出，序列生成模型則用於橋接觀察序列與語者標籤的輸出，生成和維護序列中不同語者的狀態。

由圖 6-7 可知，在第 y_7 時刻時，前面已產生三個不同的語者，分別用藍、紅、黃三種顏色表示，分別使用三個語者的 RNN 尾端狀態和當前幀計算語者轉移的機率。如果基於某一個語者計算的機率值小於先驗機率，則當前幀屬於該語者，後續合併到該語者的狀態中去；如果有多個語者計算的機率值小於先驗機率，則可保留多條候選路徑，後續透過 Beam Search 進行搜尋和裁剪；如果三個語者的轉移機率均大於先驗機率，則該幀作為一個新的語者加入序列生成中。

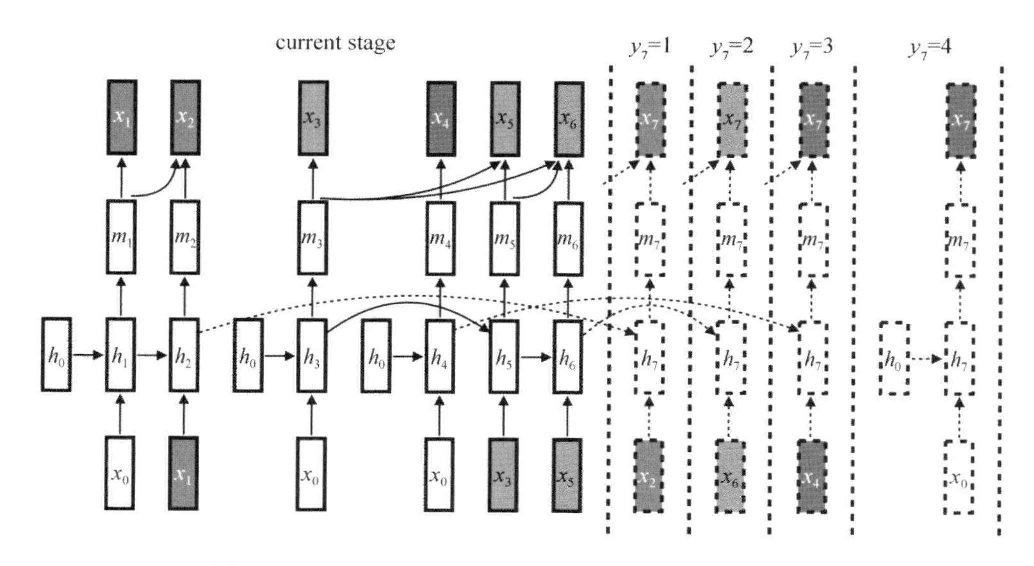

圖 6-7 UIS-RNN 序列生成模型示意圖（Zhang，2019）

5. 語者自動分段標記平滑後處理

平滑後處理一般作為可選項，用於對聚類後的結果進行再分配與平滑處理，對聚類錯分的語者片段進行修正。其中布爾諾技術大學提出的變分貝氏重分割（Variational Bayes Resegmentation，VBR）（M. Diez, 2018; F. Landini, 2020）演算法，基於前面聚類產生的結果，在語音幀等級使用 HMM 對語者對應關係重新進行評估，可不同程度地提升分離的效果。

6.1.3 語者自動分段標記評價指標

語者自動分段標記演算法準確度的指標是 DER（Diarization Error Rate），衡量未正確分類的語者和非語音的時間切片段比例，由 NIST 提出，並提供用於 DER 計算的 md-eval-V12.pl 指令稿。語者自動分段標記演算法的結果以 RTTM（Rich Transcription Time Marked）格式的檔案輸出，RTTM 是一種以中繼資料物件形式記錄音訊文字資訊的檔案格式，每行均使用十個欄位來描述某一物件的資訊，各欄位內容以空白字元隔開。語者自動分段標記的結果輸出僅使用 RTTM 的<File ID>，<Turn Onset>，<Turn Duration>和<Speaker Name>欄位，其他未使用的欄位以預設預設值代替。

- Type：段的類型，預設始終為 SPEAKER。
- File ID：檔案名稱，去掉尾碼的音訊名稱。
- Channel ID：音訊通道數，預設始終為 1。
- Turn Onset：語者的音訊開始時間，以秒為單位。
- Turn Duration：語者的音訊持續時間，以秒為單位。
- Orthography Field：預設始終為<NA>。
- Speaker Type：語者類型，預設始終為<NA>。
- Speaker Name：語者名稱，在同一個音訊的 RTTM 檔案中需要唯一。
- Confidence Score：該文字內容正確性的置信度，預設始終為<NA>。
- Signal Lookahead Time：預設始終為<NA>。

完整的 RTTM 範例如下：

```
SPEAKER Test-Audio1 1 0.000 2.589 <NA> <NA> 1 <NA> <NA>
SPEAKER Test-Audio1 1 3.448 4.776 <NA> <NA> 3 <NA> <NA>
SPEAKER Test-Audio1 1 8.900 11.776 <NA> <NA> 2 <NA> <NA>
```

其中，使用數字表示不同的語者，音訊中語音和非語音的資訊透過不同行之間的間隔隱式表現。

md-eval 評估指令稿首先對 hypothesis（分割假設）和 reference（參考標籤）的 RTTM 檔案中的語者標籤進行一一映射，然後按照以下公式計算 DER:

$$\mathrm{DER}=\frac{\sum_{s=1}^{S}\mathrm{dur}(s)\left(\max\left(N_{\mathrm{ref}}(s),N_{\mathrm{hyp}}(s)\right)-N_{\mathrm{correct}}(s)\right)}{\sum_{s=1}^{S}\mathrm{dur}(s)N_{\mathrm{ref}}}$$

其中，

S：總的語音片段個數。

$N_{\mathrm{ref}}(s)$ 與 $N_{\mathrm{hyp}}(s)$：在 S 個語音片段中，包含語者説話的語音片段個數。

$N_{\mathrm{correct}}(s)$：在 S 個語音片段中，ref 和 hyp 語者分類正確對應的個數。

DER 可以簡化成以下等式：

$$\mathrm{DER}=E_{\mathrm{SPKR}}+E_{\mathrm{MISS}}+E_{\mathrm{FA}}+E_{\mathrm{OVL}}$$

FA：False Alarm，非語音片段被判別成語音片段。

MISS：語音片段被判別成非語音片段。

OVL：OverLap，語者重疊語音片段。

SPKR：Speaker Error Rate，錯誤判別的語者所屬的片段。

由 DER 的定義可知，其評價標準特別注意音訊片段分類的準確性，存在音訊切分細碎和句中某些片段分類錯誤的情況。在實際應用中，DER

可作為模型的一項參考指標。讀者可以與應用場景相結合，選擇最優的模型應用於產品中。

6.2 聲紋模型訓練--以 CNCeleb 為例

語者自動分段標記最核心的聲紋 Embedding 部分可以有多種形式，最常用的 I-Vector 和 X-Vector 在 Kaldi 下均有詳細的範例，同時 Kaldi 也有完整的 Speaker Diarization 範例參考，具體如表 6-1 所示。

表 6-1 聲紋與語者自動分段標記資料集

	I-Vector	X-Vector	Speaker Diarization	Data
Aishell	√	×	×	free
CN-Celeb	√	√	×	free
Sre(08,10,16)	√	√	×	-
Vox-Celeb	√	√	×	free
Dihard_2018	√	√	√	-
Callhome_Diarization	√	√	√	-

其中，Aishell 和 CN-Celeb 為免費的中文資料集；Sre，Vox-Celeb，Dihard_2018，Callhome_Diarization 均為英文資料集，僅 Vox-Celeb 為免費的聲紋資料集。

來自清華大學語音和語言技術中心實驗室的 CN-Celeb 資料集又進一步分為 CN-Celeb1 和 CN-Celeb2 兩個資料集，它們分別涵蓋 1000 個和 2000 個不同的中文語者，包括十餘種現實世界中不同場景下的音訊資料。

聲紋模型訓練大體可以分為以下幾個步驟：

（1）資料處理，生成對應的訓練集與測試集。

（2）Feature 特徵提取，如 MFCC，PLP，fbank 等。

（3）資料增強，加殘響，加噪，速度與音量擾動等（可選）。

（4）聲紋模型訓練與提取。

（5）LDA/PLDA 後端模型訓練（可選）。

其中步驟（1）—（3）可以被統稱為聲紋資料的準備。下面以 CN-Celeb 資料集為例，進行 I-Vector 與 X-Vector 聲紋模型訓練。

6.2.1 聲紋資料準備

CN-Celeb 資料集可以從 OpenSLR 官網上下載 SLR82 資料集得到，資料集較大，推薦在伺服器上使用 wget 中斷點續傳的方式後台進行下載。

```
$ mkdir cn-data
$ wget -c https://www.openslr.org/resources/82/cn-celeb.tgz >> cn-
celeb.log 2>&1 &
$ wget -c https://www.openslr.org/resources/82/cn-celeb2-part1.rar >>
cn-celeb2-part1.log 2>&1 &
wget -c https://www.openslr.org/resources/82/cn-celeb2-part2.rar >> cn-
celeb2-part2.log 2>&1 &
```

針對以上三個命令，首先建立 cn-data 目錄，然後使用 wget 命令在後台下載 CN-Celeb1 和 CN-Celeb2 的訓練資料，執行下載的記錄檔分別重新導向在 cn-celeb.log，cn-celeb2-part1.log，cn-celeb2-part2.log 檔案中，可以使用 tail 命令隨時查看下載進度。

```
$ ls
cn-celeb.log  cn-celeb.tgz  cn-celeb2-part1.log  cn-celeb2-part1.rar
cn-celeb2-part2.log  cn-celeb2-part2.rar
```

```
$ tail -n2 cn-celeb.log
281550K .......... .......... .......... ..... ....  0% 40.0M 12h13m
31092200K .......... .......... .............. .....  99%  533K 10s
'cn-celeb.tgz' saved [31844634248/31844634248]

$ tail -n2 cn-celeb2-part1.log
269400K .......... .......... ................... ....  0% 8.54M 18h5m
31722050K .......... .......... ..... .......... ..  70%  423K 5h53m
'cn-celeb2-part1.rar' saved [46172639703/46172639703]

$ tail -n2 cn-celeb2-part2.log
204700K .......... ................ .......... ....  0%  376K 20h26m
31488950K .......... ..... .......... .......... ..  81%  331K 3h43m
'cn-celeb2-part2.rar' saved [39680766838/39680766838]
```

如果由於網路傳輸原因導致下載中斷，可重新使用上述命令 wget -c 進行中斷點續傳。下載完的資料如下：

```
/cn-data$ ls
cn-celeb.tgz  cn-celeb2-part1.rar  cn-celeb2-part2.rar
```

在目前的目錄中，分別使用 tar 和 rar 命令解壓 CN-Celeb1 和 CN-Celeb2 資料集，建立 CN-Celeb1 和 CN-Celeb2 目錄，用於存放對應資料集的資料。

```
$ tar xvf cn-celeb.tgz
$ rar x cn-celeb2-part1.rar
$ rar x cn-celeb2-part2.rar
$ mkdir CN-Celeb1
$ mkdir CN-Celeb2
$ mv CN-Celeb/* CN-Celeb1
$ mv data* CN-Celeb2
```

CN-Celeb1 資料集分為 data，dev 和 eval 三部分：

```
/cn-data/CN-Celeb1$ ls
1911.01799.pdf  README.TXT  data  dev  eval
```

其中，data 存放音訊檔案，每個獨立的 id×××××目錄代表一個語者，每個語者目錄下有多筆該語者在不同場景下的語音檔案：

```
cn-data/CN-Celeb1$ ls data | head -n3
id00000
id00001
id00002
id00003
/cn-data/CN-Celeb1$ ls data/id00000/ | head -n3
singing-01-001.wav
singing-01-002.wav
singing-01-003.wav
```

dev 目錄下只有一個 dev.lst 檔案，記錄用於訓練的語者 id×××××，一共有 800 個不同的語者，供後續劃分資料集使用。

```
/cn-data/CN-Celeb1$ ls dev/
dev.lst

/cn-data/CN-Celeb1$ head -n3 dev/dev.lst
id00000
id00001
id00002

/cn-data/CN-Celeb1$ wc -l dev/dev.lst
800 dev/dev.lst
```

eval 資料集一共有 200 個語者，資料目錄由以下幾個目錄組成：

```
/cn-data/CN-Celeb1$ ls eval/
README.TXT  enroll  lists  test
```

其中，enroll 和 test 目錄存放測試時所需的註冊與測試音訊。

```
/cn-data/CN-Celeb1$ ls eval/enroll/ | head -n3
id00800-enroll.wav
id00801-enroll.wav
id00802-enroll.wav

/cn-data/CN-Celeb1$ ls eval/test/ | head -n3
id00800-singing-01-001.wav
id00800-singing-01-002.wav
id00800-singing-01-003.wav
```

eval/lists 目錄存放 enroll 和 test 對應的音訊映射，以及最終用於計算 EER 的 trials.lst 檔案。

```
/cn-data/CN-Celeb1$ ls eval/lists/
enroll.lst  enroll.map  test.lst  trials.lst

/cn-data/CN-Celeb1$ head -n3 eval/lists/enroll.lst
id00800-enroll enroll/id00800-enroll.wav
id00801-enroll enroll/id00801-enroll.wav
id00802-enroll enroll/id00802-enroll.wav

/cn-data/CN-Celeb1$ head -n3 eval/lists/enroll.map
id00800-enroll id00800/speech-01-002.wav id00800/speech-01-003.wav
id00800/speech-01-010.wav id00800/speech-01-012.wav
id00801-enroll id00801/interview-02-001.wav id00801/interview-02-012.wav
id00801/interview-02-015.wav
```

```
id00802-enroll id00802/speech-03-015.wav id00802/speech-03-027.wav
id00802/speech-04-021.wav

/cn-data/CN-Celeb1$ head -n3 eval/lists/trials.lst
id00800-enroll test/id00800-singing-01-001.wav 1
id00800-enroll test/id00800-singing-01-002.wav 1
id00800-enroll test/id00800-singing-01-003.wav 1
```

用於計算聲紋模型 EER 的 trials 檔案由三列組成：

<UTT1> <UTT2> <target/nontarget>

在 CN-Celeb1 使用的 trials.lst 中，target/nontarget 用 1/0 來表示：

<speaker_id>-enroll <test_audio_file> <label: 0/1>

CN-Celeb2 資料集被解壓後，生成 data1 和 data2 兩個目錄，內容如下：

```
/cn-data$ ls CN-Celeb2
data1  data2
$ ls cn-data/CN-Celeb2/data1/ | head -n3
id10001
id10002
id10003

$ ls cn-data/CN-Celeb2/data1/id10001/ | head -n3
live_broadcast-01-001.wav
live_broadcast-01-002.wav
live_broadcast-01-003.wav

$ ls cn-data/CN-Celeb2/data1/ | wc -l
1000
```

```
$ ls cn-data/CN-Celeb2/data2/ | head
id10000
id11001
id11002

$ ls cn-data/CN-Celeb2/data2/id10000/ | head -n3
vlog-01-001.wav
vlog-01-002.wav
vlog-01-003.wav

$ ls cn-data/CN-Celeb2/data2/ | wc -l
1000
```

在 CN-Celeb2 下建立 data 目錄，並將 data1 和 data2 的資料放到 data 目錄下整理,使用 awk 命令根據語者目錄生成 spk.lst，一共 2000 筆。

```
/cn-data/CN-Celeb2$ mkdir data
/cn-data/CN-Celeb2$ mv data1/* data
/cn-data/CN-Celeb2$ mv data2/* data
/cn-data/CN-Celeb2$ rm -rf data1 data2
/cn-data/CN-Celeb2$ ls data | awk -F " " '{print $NF}' > spk.lst
/cn-data/CN-Celeb2$ head -n3 spk.lst
id10000
id10001
id10002
/cn-data/CN-Celeb2$ wc -l spk.lst
2000 spk.lst
```

CN-Celeb2 資料集的 data1 和 data2 分別由 1000 個不同的語者組成，它們和 CN-Celeb1 的 dev 資料集的 800 個語者合併在一起，組成 2800 個語者的初始訓練集，用於 I-Vector 與 X-Vector 的訓練。

Kaldi/egs/cnceleb 目錄下的 v1 和 v2 兩個子目錄，分別對應 I-Vector 和 X-Vector 兩個聲紋模型的範例。

```
$ ls v1
README.txt  cmd.sh  conf  local  path.sh  run.sh  sid  steps  utils
$ ls v2
README.txt  cmd.sh  conf  local  path.sh  run.sh  sid  steps  utils
```

可以看到，v1 和 v2 的目錄結構基本一致，sid，steps 與 utils 為 Kaldi egs 下所有任務範例共用的目錄，裡面存放 Kaldi 各種功能的 shell 與 python 指令稿；conf 目錄存放與特徵相關的設定檔，v1/conf 和 v2/conf 均使用 mfcc.conf 和 vad.conf 進行後續的 MFCC 特徵和 VAD 資訊的提取；除了與訓練執行環境相關的 cmd.sh 和 path.sh，與訓練相關的還有 run.sh 指令稿，包含 I-Vector 和 X-Vector 聲紋模型訓練與評價的具體步驟與流程的實現。

從整體上看，I-Vector 和 X-Vector 對 CN-Celeb 原始資料的處理劃分方式一致，均使用 make_cnceleb1.sh 和 make_cnceleb2.sh 兩個指令稿完成對資料集的初步劃分整理。其中，CN-Celeb2 資料集用於訓練，從 CN-Celeb1 資料集中選取 200 個語者組成測試集，剩餘的 800 個語者資料與 CN-Celeb2 資料集合並後一起作為最終的訓練集，訓練集一共包含 2800 個語者，640744 筆音訊。

下面先修改 run.sh 的 cnceleb1_root 和 cnceleb2_root 路徑，並指向下載的 CN-Celeb 資料集對應的目錄，然後執行 stage 0 的資料並準備相關指令稿。

```
local/make_cnceleb1.sh $cnceleb1_root data
local/make_cnceleb2.sh $cnceleb2_root data/cnceleb2_train
utils/combine_data.sh data/train data/cnceleb1_train data/cnceleb2_train
```

該指令稿分別對 CN-Celeb1 和 CN-Celeb2 資料集進行處理，在 v1/data 目錄下生成 cnceleb1_train, cnceleb2_train, eval_enroll, eval_test 和最終的 train 目錄。

```
cnceleb/v1$ ls data/
cnceleb1_train  cnceleb2_train  eval_enroll  eval_test  train
```

其中，train, eval_enroll 和 eval_test 用於後續的訓練，均由 spk2utt, utt2spk 和 wav.scp 組成，這幾個檔案的具體形式見 5.2 節。資料準備好後開始提取語音特徵，常用的 fbank, MFCC, PLP 等特徵均可用於聲紋的訓練。提取特徵的方式如下：

```
for name in train eval_enroll eval_test; do
    steps/make_mfcc.sh --write-utt2num-frames true \
      --mfcc-config conf/mfcc.conf --nj 40 --cmd "$train_cmd" \
      data/${name} exp/make_mfcc $mfccdir
    utils/fix_data_dir.sh data/${name}
    sid/compute_vad_decision.sh --nj 40 --cmd "$train_cmd" \
      data/${name} exp/make_vad $vaddir
    utils/fix_data_dir.sh data/${name}
  done
```

CN-Celeb 的 I-Vector 與 X-Vector 均使用 MFCC 特徵，但在特徵參數選擇上有細微差別，I-Vector 使用 24 維的 MFCC，X-Vector 使用 30 維的 MFCC；VAD 判別計算的幀數和設定值參數也不一樣，讀者可根據場景和資料靈活調整這些參數。特徵處理的結果如下：

```
raw_mfcc_eval_enroll.*.scp
raw_mfcc_eval_enroll.*.ark
raw_mfcc_eval_test.*.scp
raw_mfcc_eval_test.*.ark
raw_mfcc_train.*.scp
raw_mfcc_train.*.ark
```

```
vad_eval_enroll.*.scp
vad_eval_enroll.*.ark
vad_eval_test.*.scp
vad_eval_test.*.ark
vad_train.*.scp
vad_train.*.ark
```

與 I-Vector 訓練不同，在訓練 X-Vector 深度神經網路時，可以進一步進行殘響與雜訊的資料增強，對資料進行擴充，同時增加網路模型的堅固性。

殘響和噪音增強資料使用的資料集是 OpenSLR SLR28 RIR 和 SLR17 MUSAN，均可從 OpenSLR 官網上下載獲取。

下面分別解壓 MUSAN 和 RIR 資料集：

```
tar xvf musan.tar.gz
unzip rirs_noises.zip
```

在目前的目錄下生成 musan 和 RIRS_NOISES 兩個子目錄：

```
$ ls musan
README  music  noise  speech
$ find musan -name "*.wav" | wc -l
2016

$ ls RIRS_NOISES/
README  pointsource_noises  real_rirs_isotropic_noises  simulated_rirs
$ ls RIRS_NOISES/simulated_rirs/
README  largeroom  mediumroom  smallroom
$ find RIRS_NOISES -name "*.wav" | wc -l
61260
$ find RIRS_NOISES/simulated_rirs -name "*.wav" | wc -l
60000
```

musan 包括 music，noise，speech 三種資料，共 2016 筆；RIRS_NOISES 目錄下的 simulated_rirs 包括大、中、小三種房間參數資料，共 60000 筆，而 pointsource_noises 和 real_rirs_isotropic_noises 下的 1260 筆資料沒有被用到。

```
  rvb_opts=()
  rvb_opts+=(--rir-set-parameters "0.5,
RIRS_NOISES/simulated_rirs/smallroom/rir_list")
  rvb_opts+=(--rir-set-parameters "0.5,
RIRS_NOISES/simulated_rirs/mediumroom/rir_list")

  steps/data/reverberate_data_dir.py \
    "${rvb_opts[@]}" \
    --speech-rvb-probability 1 \
    --pointsource-noise-addition-probability 0 \
    --isotropic-noise-addition-probability 0 \
    --num-replications 1 \
    --source-sampling-rate 16000 \
    data/train data/train_reverb
  cp data/train/vad.scp data/train_reverb/
  utils/copy_data_dir.sh --utt-suffix "-reverb" data/train_reverb
data/train_reverb.new
  rm -rf data/train_reverb
  mv data/train_reverb.new data/train_reverb
```

這裡，我們先分別使用小房間和中房間的衝擊函數進行卷積殘響增強，加殘響後的音訊統一使用 "-reverb" 作為首碼，同時使用之前乾淨資料的 VAD 結果作為增強後的音訊 VAD 結果。

```
steps/data/make_musan.sh --sampling-rate 16000 $musan_root data
for name in speech noise music; do
    utils/data/get_utt2dur.sh data/musan_${name}
    mv data/musan_${name}/utt2dur data/musan_${name}/reco2dur
```

```
done
steps/data/augment_data_dir.py --utt-suffix "noise" --fg-interval 1 --
fg-snrs "15:10:5:0" --fg-noise-dir "data/musan_noise" data/train
data/train_noise

steps/data/augment_data_dir.py --utt-suffix "music" --bg-snrs
"15:10:8:5" --num-bg-noises "1" --bg-noise-dir "data/musan_music"
data/train data/train_music

steps/data/augment_data_dir.py --utt-suffix "babble" --bg-snrs
"20:17:15:13" --num-bg-noises "3:4:5:6:7" --bg-noise-dir
"data/musan_speech" data/train data/train_babble

utils/combine_data.sh data/train_aug data/train_reverb data/train_noise
data/train_music data/train_babble
```

然後分別處理 MUSAN 的音樂、嘈雜人聲、雜訊三類資料，計算三類資料的時長，並對訓練資料進行不同種類的雜訊增強，再將最後和前面得到的殘響增強資料合併在一起，如下所示：

```
egs/cnceleb/v2/data$ ls
cnceleb1_train  cnceleb2_train  data  eval_enroll  eval_test  musan
musan_music  musan_noise  musan_speech  train  train_aug  train_babble
train_music  train_noise  train_reverb
```

train_babble，train_music 和 train_noise 為 musan 增強後的資料集；train_reverb 為殘響增強後的資料集；train_aug 為增強後的資料集，增強後的資料集在原有的 utt-id 上分別增加了 babble，music，noise，reverb 尾碼，以進行區分。

```
egs/cnceleb/v2/data$ wc -l train/utt2spk
640744 train/utt2spk
/egs/cnceleb/v2/data$ wc -l train_aug/utt2spk
```

```
2562976 train_aug/utt2spk

egs/cnceleb/v2/data/train_aug$ head -n5 utt2spk
id00000-singing-01-001-babble id00000
id00000-singing-01-001-music id00000
id00000-singing-01-001-noise id00000
id00000-singing-01-001-reverb id00000
id00000-singing-01-002-babble id00000
```

原始資料加上增強後的資料後，資料量增加了 4 倍，可以根據實際業務場景，挑選對應的殘響與雜訊增強資料用於訓練。這裡，cnceleb 指令稿隨機從增強資料中挑選出 600000 筆資料，提取其 MFCC 特徵，同樣也是用原始音訊的 VAD 結果生成增強資料子集，和原始資料合併組成 data/train 資料集。

```
utils/subset_data_dir.sh data/train_aug 600000 data/train_aug_600k
  utils/fix_data_dir.sh data/train_aug_600k

  steps/make_mfcc.sh --mfcc-config conf/mfcc.conf --nj 40 --cmd
"$train_cmd" \ data/train_aug_600k exp/make_mfcc $mfccdir

   utils/combine_data.sh data/train_combined data/train_aug_600k data/train
```

在訓練 X-Vector 時，因為需要使用 VAD 切分後的並經過 CMVN 的特徵進行訓練，所以需要先離線對資料進行處理。這裡，VAD 非語音幀的過濾是可選的，可以使用額外獨立的 VAD 模型進行非語音幀過濾，也可以不過濾直接做 CMVN 後用於訓練。

```
local/nnet3/xvector/prepare_feats_for_egs.sh --nj 40 --cmd "$train_cmd"
\
    data/train_combined data/train_combined_no_sil
exp/train_combined_no_sil
  utils/fix_data_dir.sh data/train_combined_no_sil
```

生成的 train_combined_no_sil 特徵目錄不包含非語音幀。接下來，還需要對音訊資料做進一步的篩選，除掉資料集中長度低於 4s 的音訊，同時除掉單一語者音訊個數少於 8 筆的資料。

```
min_len=400
  mv data/train_combined_no_sil/utt2num_frames
data/train_combined_no_sil/utt2num_frames.bak
  awk -v min_len=${min_len} '$2 > min_len {print $1, $2}'
data/train_combined_no_sil/utt2num_frames.bak >
data/train_combined_no_sil/utt2num_frames
  utils/filter_scp.pl data/train_combined_no_sil/utt2num_frames
data/train_combined_no_sil/utt2spk >
data/train_combined_no_sil/utt2spk.new
  mv data/train_combined_no_sil/utt2spk.new
data/train_combined_no_sil/utt2spk
  utils/fix_data_dir.sh data/train_combined_no_sil

min_num_utts=8
  awk '{print $1, NF-1}' data/train_combined_no_sil/spk2utt >
data/train_combined_no_sil/spk2num
  awk -v min_num_utts=${min_num_utts} '$2 >= min_num_utts {print $1,
$2}' data/train_combined_no_sil/spk2num | utils/filter_scp.pl -
data/train_combined_no_sil/spk2utt >
data/train_combined_no_sil/spk2utt.new
  mv data/train_combined_no_sil/spk2utt.new
data/train_combined_no_sil/spk2utt
  utils/spk2utt_to_utt2spk.pl data/train_combined_no_sil/spk2utt >
data/train_combined_no_sil/utt2spk

  utils/filter_scp.pl data/train_combined_no_sil/utt2spk
data/train_combined_no_sil/utt2num_frames >
data/train_combined_no_sil/utt2num_frames.new
  mv data/train_combined_no_sil/utt2num_frames.new
data/train_combined_no_sil/utt2num_frames
```

```
utils/fix_data_dir.sh data/train_combined_no_sil
```

最終可用於訓練 X-Vector 的訓練資料為 data/train_combined_no_sil。

```
egs/cnceleb/v2$ ls data/train_combined_no_sil/
feats.scp  spk2num  spk2utt  utt2num_frames  utt2num_frames.bak  utt2spk
wav.scp
egs/cnceleb/v2/data/train_combined_no_sil$ wc -l spk2utt utt2spk wav.scp
     2691 spk2utt
   954922 utt2spk
   954922 wav.scp
```

加上增強後生成的資料一共有 954922 筆，包括 2691 個語者，對應後面訓練的 X-Vector 網路的 output 節點數為 2691 個。

6.2.2 I-Vector 訓練

I-Vector 首先需要訓練一個 UBM 模型，即先使用訓練資料訓練一個對角陣的 UBM，然後再基於該對角陣 UBM 訓練得到全矩陣 UBM。

```
sid/train_diag_ubm.sh --cmd "$train_cmd --mem 4G " \
    --nj 40 --num-threads 1 \
    data/train 2048 \
    exp/diag_ubm

  sid/train_full_ubm.sh --cmd "$train_cmd" \
    --nj 40 --remove-low-count-gaussians false \
    data/train \
    exp/diag_ubm exp/full_ubm
```

這裡指定了 UBM 有 2048 個高斯分量，因為對角陣訓練的速度比全矩陣訓練的要快，所以指令稿中分別使用 20 次迭代訓練對角陣 UBM，4 次迭代訓練全矩陣 UBM。訓練結束得到的 UBM 如下：

```
/egs/cnceleb/v1$ cat log.txt
sid/train_diag_ubm.sh --cmd run.pl --mem 128G --mem 4G  --nj 40 --num-
threads 1 data/train 2048 exp/diag_ubm
sid/train_diag_ubm.sh: initializing model from E-M in memory,
sid/train_diag_ubm.sh: starting from 1024 Gaussians, reaching 2048;
sid/train_diag_ubm.sh: for 20 iterations, using at most 500000 frames of
data

sid/train_diag_ubm.sh --cmd run.pl --mem 128G --mem 4G  --nj 40 --num-
threads 1 data/train 2048 exp/diag_ubm
sid/train_diag_ubm.sh: initializing model from E-M in memory,
sid/train_diag_ubm.sh: starting from 1024 Gaussians, reaching 2048;
sid/train_diag_ubm.sh: for 20 iterations, using at most 500000 frames of
data
Getting Gaussian-selection info
sid/train_diag_ubm.sh: will train for 4 iterations, in parallel over
sid/train_diag_ubm.sh: 40 machines, parallelized with 'run.pl --mem 128G
--mem 4G '
sid/train_diag_ubm.sh: Training pass 0
sid/train_diag_ubm.sh: Training pass 1
sid/train_diag_ubm.sh: Training pass 2
sid/train_diag_ubm.sh: Training pass 3
sid/train_full_ubm.sh --cmd run.pl --mem 128G --nj 40 --remove-low-
count-gaussians false data/train exp/diag_ubm exp/full_ubm
sid/train_full_ubm.sh: doing Gaussian selection (using diagonal form of
model; selecting 20 indices)
Pass 0
Pass 1
Pass 2
Pass 3
```

訓練完成後，在 exp 目錄下有 diag_ubm 和 full_ubm 兩個子目錄，存放對應的 UBM 模型。

```
egs/cnceleb/v1$ ls exp/
diag_ubm  full_ubm  make_mfcc  make_vad
/egs/cnceleb/v1$ ls exp/diag_ubm/
delta_opts  final.dubm  log
/egs/cnceleb/v1$ ls exp/full_ubm/
delta_opts  final.ubm  log  num_jobs
```

接下來，訓練 I-Vector 的提取器。由於總數據量有 60 萬筆，如果全部用於 I-Vector 提取器訓練，耗費的時間太長，而訓練資料中的音訊長度又長短不一，同時 I-Vector 更適合於長時音訊，較短的音訊會對 I-Vector 的性能產生較大的負面影響，因此在訓練 I-Vector 提取器之前，需要對訓練資料進行過濾，篩選出時長最長的前 10 萬筆資料，用於提取器的訓練。

```
utils/subset_data_dir.sh \
    --utt-list <(sort -n -k 2 data/train/utt2num_frames | tail -n
100000) \
    data/train data/train_100k

  sid/train_ivector_extractor.sh --cmd "$train_cmd --mem 16G" \
    --ivector-dim 400 --num-iters 5 \
    exp/full_ubm/final.ubm data/train_100k \
    exp/extractor
```

這裡，--ivector-dim 指定 I-Vector 維度為 400 維，--num-iters 指定迭代 5 次。

```
sid/train_ivector_extractor.sh: doing Gaussian selection and posterior
computation
Accumulating stats (pass 0)
Summing accs (pass 0)
```

```
Updating model (pass 0)
Accumulating stats (pass 1)
…
Updating model (pass 3)
Accumulating stats (pass 4)
Summing accs (pass 4)
Updating model (pass 4)
```

5 次迭代後，I-Vector 提取器訓練完成，得到以下內容，可用於 I-Vector 提取與後端 PLDA 模型訓練。

```
egs/cnceleb/v1$ ls exp/
diag_ubm  extractor  full_ubm  make_mfcc  make_vad
egs/cnceleb/v1$ ls exp/extractor/
5.ie  delta_opts  final.dubm  final.ie  final.ubm  log  num_jobs
```

這裡，final.ie 為 5.ie 的軟連接，即為訓練得到的 I-Vector 提取器；final.ubm 為上一步訓練得到的全矩陣 full_ubm；final.dubm 為全矩陣 full_ubm 透過 fgmm-global-to- gmm 提取的對角陣。

6.2.3 X-Vector 訓練

X-Vector 透過 local/nnet3/xvector/run_xvector.sh 指令稿進行訓練，指令碼命令執行如下：

```
local/nnet3/xvector/run_xvector.sh --stage $stage --train-stage -1 \
  --data data/train_combined_no_sil --nnet-dir $nnet_dir \
  --egs-dir $nnet_dir/egs
```

- --stage 表示當前 run.sh 指令稿執行到第幾步，當後續修改了 NNET 網路結構，前面的特徵和 egs 生成方式不變時，可以透過指定 stage=7 跳過前面的步驟，直接開始模型訓練。

- --train-stage 表示當前模型訓練從第幾個 iteration 開始繼續訓練，初始為-1，可用於網路訓練中途異常斷開後，透過設定--train-stage 來繼續之前的模型訓練。
- --data 為經過特徵提取、VAD 過濾、CMVN 處理後的特徵檔案存放目錄，用於模型訓練所需的 egs 生成。
- --egs-dir 為最終用於模型訓練的資料目錄。

在 local/nnet3/xvector/run_xvector.sh 中，stage-6 為模型訓練所需的 egs 資料準備，可以設定每個 iteration 的 frames 個數，預設是 400 000 000 幀。--min-frames-per-chunk 和--max-frames-per-trunk 設定每個 chunk 內的幀數，預設為 200～400 幀。在進行模型訓練資料的準備時，要過濾掉 4s 以下的音訊，保證用於訓練的資料均大於 4s，否則此處--min-frames-per-chunk 應設定為不大於最小音訊長度。

stage-7 用於建立訓練所需的標準的 X-Vector 網路結構，其中，

num_target 為網路的 output 節點個數，對應增強後語者的個數。

feat_dim 為網路輸入的特徵維度，對應 30 維的 MFCC 特徵。

min_chunk_size/max_chunk_size 為網路處理的最大和最小的幀數，如果超過 10000 幀，即 100s 的音訊，則會將音訊先按 100s 截斷後分別計算 X-Vector，再取平均；如果小於 25 幀，即 250ms 的音訊，計算 X-Vector 會出錯，則需要進行填充（padding）補 0，或首尾擴充。

Kaldi 透過在 network.xconfig 中設定對應的網路元件和參數，來完成 X-Vector 模型的定義。

```
cat <<EOF > $nnet_dir/configs/network.xconfig
input dim=${feat_dim} name=input
relu-batchnorm-layer name=tdnn1 input=Append(-2,-1,0,1,2) dim=512
```

```
relu-batchnorm-layer name=tdnn2 input=Append(-2,0,2) dim=512
relu-batchnorm-layer name=tdnn3 input=Append(-3,0,3) dim=512
relu-batchnorm-layer name=tdnn4 dim=512
relu-batchnorm-layer name=tdnn5 dim=1500
stats-layer name=stats config=mean+stddev(0:1:1:${max_chunk_size})
relu-batchnorm-layer name=tdnn6 dim=512 input=stats
relu-batchnorm-layer name=tdnn7 dim=512
output-layer name=output include-log-softmax=true dim=${num_targets}
EOF
```

讀者可參考 D Snyder 的 X-Vector 論文（D. Synder，2018）中的網路定義來看此處的 xconfig 設定，如表 6-2 所示。

表 6-2 X-Vector 網路結構設定（D. Synder，2018）

Layer	Layer context	Total context	Input×output
frame1	$[t-2,t+2]$	5	120×512
frame2	$\{t-2,t,t+2\}$	9	1536×512
frame3	$\{t-3,t,t+3\}$	15	1536×512
frame4	$\{t\}$	15	512×512
frame5	$\{t\}$	15	512×1500
stats pooling	$[0,T)$	T	$1500T$×3000
segment6	{0}	T	3000×512
segment7	{0}	T	512×512
softmax	{0}	T	512×N

frame1 對應 tdnn1，使用的左右幀資訊範圍為[t-2, t-1, t, t+1, t+2]，一共包含 5 幀前後資訊，特徵維度為 30 維，故 layer1 的輸入為 30×5=150 維（此處與原論文 120 維略微不同，原論文輸入特徵維度為 24 維，24×5=120 維），tdnn1 輸出維度為 512 維。

frame2 為 tdnn2，使用的左右幀資訊範圍為{t-2,t,t+2}，跳過 t-1 和 t+1 幀，一共 3 幀，layer1 的輸出維度為 512 維，frame2 的輸入維度為 512×3=1536 維，輸出維度為 512 維。

frame3 為 tdnn3，使用的左右幀資訊範圍為{t-3,t,t+3}, 跳過 t-1,t-2,t+1 和 t+2 幀，也為 3 幀的資訊。

frame4 和 frame5 都只使用當前幀作為輸入，frame5 的輸出維度為 1500 維，分別對應 Kaldi xconfig 中的 tdnn4 與 tdnn5。

因為 stats pooling 層從第 0 幀開始累積至最大幀（100s），並計算均值和標準差，上一層輸入維度為 1500 維，所以 stats pooling 層輸出維度為 1500×2=3000 維。最後，在 stats pooling 層後面接兩層 tdnn 和 sofmax output 層輸出，池化層前面的 layer1 至 layer5 一般被稱為 frame 幀級資訊，池化層後面的 layer6 和 layer7 被稱為 segment 段或句級資訊，可以將 layer6 或者 layer7 中任意一層的輸出作為句級的語者 Embedding，一般選擇遠離輸出層的 layer6 的輸出作為最終的 X-Vector。

Kaldi 的 segment6，segment7 和輸出層分別對應 xconfig 的 tdnn6，tdnn7 和輸出層。segment6 輸出定義的 512 維，即為 X-Vector 提取後的語者 Embedding 維度。

在 network.xconfig 結構被定義後，透過 steps/nnet3/xconfig_to_configs.py 生成最終 component 等級的 final.config 和對應的初始 ref.raw 模型。

```
exp/xvector_nnet_1a$ ls configs/
final.config  network.xconfig  ref.config  ref.raw  vars  xconfig
xconfig.expanded.1  xconfig.expanded.2
```

其中，network.xconfig 和 xconfig 為前面設定的 X-Vector 網路結構：xconfig.expended.1 和 xconfig.expended.2 為 xconfig 展開生成 kaldi component 元件的中間暫存檔案；final.config 為元件展開後最終用於訓練的網路設定檔，如 xconfig 中 tdnn1 的 relu-batchnorm-layer 展開為 affine，relu 和 batchnorm 三個 component 元件。

```
component name=tdnn1.affine type=NaturalGradientAffineComponent input-dim=150 output-dim=512  max-change=0.75
component-node name=tdnn1.affine component=tdnn1.affine input=Append(Offset(input, -2), Offset(input, -1), input, Offset(input, 1), Offset(input, 2))
component name=tdnn1.relu type=RectifiedLinearComponent dim=512 self-repair-scale=1e-05
component-node name=tdnn1.relu component=tdnn1.relu input=tdnn1.affine
component name=tdnn1.batchnorm type=BatchNormComponent dim=512 target-rms=1.0
component-node name=tdnn1.batchnorm component=tdnn1.batchnorm input=tdnn1.relu
```

在後續提取 X-Vector 時，除了需要前面設定的 min_chunk_size 和 max_chunk_ size，還需要指定 X-Vector 聲紋 Embedding 提取的位置。extract_xvector.sh 透過讀取 extract.config 來提取 X-Vector，在 local/nnet3/xvector/run_xvector.sh 中透過以下命令設定 extract.config。

```
echo "output-node name=output input=tdnn6.affine" > $nnet_dir/extract.config
```

這表示將 tdnn6 的 affine 層的輸出作為 X-Vector 聲紋 Embedding，而 tdnn6.relu，tdnn6.batchnorm 及之後的網路層將不作為輸出進行計算。

最後，使用 steps/nnet3/train_raw_dnn.py 來開始 X-Vector 網路訓練。train_raw_ dnn.py 有若干個參數可選，其中較為重要的幾項如下：

```
--trainer.optimization.momenum：計算梯度時增加動量勢能。
--trainer.optimization.num-jobs-initial
```

```
--trainer.optimization.num-jobs-final
```

Kaldi 的 GPU 顯示卡是遞增式使用的，如果伺服器可用顯示卡較多，則可將 num-jobs-initial 和 num-jobs-final 設定為相同且固定的 GPU 卡數。

```
--trainer.optimization.initial-effective-lrate
--trainer.optimization.final-effective-lrate
```

為 Kaldi 的初始和最後學習率的設定，學習率的調整方式見附錄 5.13.3。

```
--trainer.optimization.minibatch-size
--trainer.num-epochs
```

batchsize 和 epochs 可根據資料量，以及機器情況靈活調整。

```
--trainer.dropout-schedule
```

Kaldi dropout schedule 通常以的'0,0@0.20,0.1@0.50,0'形式制定，如圖 6-8 所示：

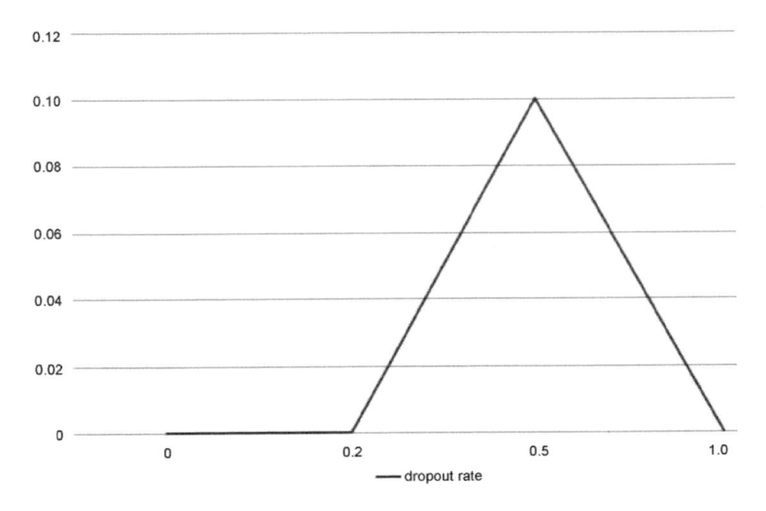

圖 6-8 dropout 取值曲線

Kaldi dropout schedule 表示在訓練開始和最終結束時，dropout rate 均為 0。當處理 0～1/5 資料集時，dropout rate 為 0；而從資料集的 1/5 處開始到 1/2 時，使用的是緩慢增長的線性 dropout rate，即從 0 慢慢增長到 0.1；在處理剩下的 1/2 資料集時，其 dropout rate 緩慢線性降低到 0。

X-Vector 訓練結束後生成以下幾個檔案：

```
exp/xvector_nnet_1a$ ls
0.raw   20.raw  38.raw  cache.38  egs final.raw  max_chunk_size
nnet.config  srand
10.raw  30.raw  accuracy.output.report  configs   extract.config  log
min_chunk_size
```

其中，0.raw，10.raw，38.raw 為模型訓練過程中生成的中間階段的模型；final.raw 為合併後最終的 X-Vector 模型，用於後面 X-Vector 聲紋 Embedding 的提取及後端模型的訓練；accuracy.output.report 為訓練各個 iteration 上準確度的資訊。

```
%Iter   duration  train_objective valid_objective difference
0       319.0   0       0        0
1       319.0   0.553191        0.4     -0.153191
…
36      297.0   0.968085        0.905263        -0.062822
37      324.0   0.964539        0.912281        -0.052258
```

6.2.4 LDA/PLDA 後端模型訓練

I-Vector 與 X-Vector 的 LDA/PLDA 後端模型的訓練流程基本一致。X-Vector 在提取聲紋 Embedding 時，同訓練 I-Vector 時一樣，從訓練資料集中選取前 100000 筆最長的資料作為後續 PLDA 訓練資料，這在訓練 I-Vector 時已經做了，在提取 I-Vector 的聲紋 Embedding 時，不需要額外對資料進行篩選。除此之外，I-Vector 與 X-Vector 的 LDA/PLDA 後端模型訓練方法完全一致。

下面分別提取訓練資料與測試資料的 I-Vector/X-Vector 聲紋 Embedding：

```
sid/extract_ivectors.sh --cmd "$train_cmd --mem 4G" --nj 80 \
    exp/extractor data/train_100k \
    exp/ivectors_train_100k

for name in eval_enroll eval_test; do
    sid/extract_ivectors.sh --cmd "$train_cmd --mem 4G" --nj 40 \
    exp/extractor data/$name \
    exp/ivectors_$name
done

sid/nnet3/xvector/extract_xvectors.sh --cmd "$train_cmd --men 4G" --nj 80 \
     $nnet_dir data/train_combined_100k \
     $nnet_dir/xvectors_train_combined_100k

for name in eval_enroll eval_test; do
     sid/nnet3/xvector/extract_xvectors.sh --cmd "$train_cmd --men 4G" -
-nj 40\
        $nnet_dir data/$name \
        $nnet_dir/xvectors_$name
Done
```

提取的 I-Vector 特徵與 X-Vector 特徵保存在 ivector.*.ark 和 xvector.*.ark 中。在得到提取的聲紋特徵後，就可以分別使用 I-Vector 和 X-Vector 的特徵訓練 LDA 降維矩陣與 PLDA。

```
# 首先計算聲紋特徵的均值，用於後續 LDA 與 PLDA 訓練前的特徵規則
$train_cmd $nnet_dir/xvectors_train_combined_100k/log/compute_mean.log \
```

```
    ivector-mean scp:$nnet_dir/xvectors_train_combined_100k/xvector.scp \
    $nnet_dir/xvectors_train_combined_100k/mean.vec || exit 1;

# 設定 LDA 降維後的維度，訓練 LDA Transform 矩陣
lda_dim=150
$train_cmd $nnet_dir/xvectors_train_combined_100k/log/lda.log \
    ivector-compute-lda --total-covariance-factor=0.0 --dim=$lda_dim \
    "ark:ivector-subtract-global-mean
scp:$nnet_dir/xvectors_train_combined_100k/xvector.scp ark:- |" \
    ark:data/train_combined_100k/utt2spk
$nnet_dir/xvectors_train_combined_100k/transform.mat || exit 1;

# 訓練 PLDA
$train_cmd $nnet_dir/xvectors_train_combined_100k/log/plda.log \
    ivector-compute-plda ark:data/train_combined_100k/spk2utt \
    "ark:ivector-subtract-global-mean
scp:$nnet_dir/xvectors_train_combined_100k/xvector.scp ark:- |
transform-vec $nnet_dir/xvectors_train_combined_100k/transform.mat ark:-
ark:- | ivector-normalize-length ark:- ark:- |" \
    $nnet_dir/xvectors_train_combined_100k/plda || exit 1;
```

訓練的 LDA 與 PLDA 如下所示，其中 mean.vec 為訓練資料的均值向量，transform.mat 為 LDA/PCA 降維矩陣，plda 為最終的 PLDA 評分模型。

```
mean.vec plda transform.mat
```

最後，透過計算 I-Vector 與 X-Vector 模型在測試集上的 EER，可以看到聲紋模型的性能如下。

```
$train_cmd exp/scores/log/cnceleb_eval_scoring.log \
    ivector-plda-scoring --normalize-length=true \
    --num-utts=ark:$nnet_dir/xvectors_eval_enroll/num_utts.ark \
```

```
    "ivector-copy-plda --smoothing=0.0
$nnet_dir/xvectors_train_combined_100k/plda - |" \
    "ark:ivector-mean ark:data/eval_enroll/spk2utt
scp:$nnet_dir/xvectors_eval_enroll/xvector.scp ark:- | ivector-subtract-
global-mean $nnet_dir/xvectors_train_combined_100k/mean.vec ark:- ark:-
| transform-vec $nnet_dir/xvectors_train_combined_100k/transform.mat
ark:- ark:- | ivector-normalize-length ark:- ark:- |" \
    "ark:ivector-subtract-global-mean
$nnet_dir/xvectors_train_combined_100k/mean.vec
scp:$nnet_dir/xvectors_eval_test/xvector.scp ark:- | transform-vec
$nnet_dir/xvectors_train_combined_100k/transform.mat ark:- ark:- |
ivector-normalize-length ark:- ark:- |" \
    "cat '$eval_trials_core' | cut -d\  --fields=1,2 |" $nnet_dir/
scores/cnceleb_eval_scores || exit 1;

echo -e "\nCN-Celeb Eval Core:";
eer=$(paste $eval_trials_core $nnet_dir/scores/cnceleb_eval_scores | awk
'{print $6, $3}' | compute-eer - 2>/dev/null)
mindcf1=`sid/compute_min_dcf.py --p-target 0.01
$nnet_dir/scores/cnceleb_eval_scores $eval_trials_core 2>/dev/null`
mindcf2=`sid/compute_min_dcf.py --p-target 0.001
$nnet_dir/scores/cnceleb_eval_scores $eval_trials_core 2>/dev/null`

echo "EER: $eer%"

echo "minDCF(p-target=0.01): $mindcf1"
echo "minDCF(p-target=0.001): $mindcf2"
```

X-Vector 與 I-Vector 模型的 EER 如下：

```
Ivector:
CN-Celeb Eval Core:
EER: 14.01%
minDCF(p-target=0.01): 0.6390
```

```
minDCF(p-target=0.001): 0.7509

Xvector:
CN-Celeb Eval Core:
EER: 12.59%
minDCF(p-target=0.01): 0.6049
minDCF(p-target=0.001): 0.7351
```

6.2.5 語者自動分段標記後端模型訓練

透過對 I-Vector 和 X-Vector 聲紋模型和 LDA 與 PLDA 後端評分模型的訓練，得到一個較為堅固的聲紋模型，可以用於聲紋辨識 1:1 的身份確認和聲紋辨識 1:*N* 的身份辨認。但聲紋任務的 PLDA 後端模型如果直接用於語者自動分段標記，效果往往較差，因為不管後端模型是 LDA 還是 PLDA，其訓練的聲紋特徵均來自 4s 長度以上句級聚合的資訊，而語者自動分段標記任務，是先針對一段音訊進行語音分段切片後提取聲紋特徵，再透過 PLDA 模型計算分割片段之間的聲紋特徵相似度，最後透過層次聚類或 K-均值聚類演算法完成聲紋 Embedding 的聚類，最終達到語者自動分段標記的目的。從傳統語者自動分段標記任務的流程可知，語者自動分段標記任務與傳統聲紋辨識任務顯著的區別在短時音訊上。當聲紋模型用於語者自動分段標記任務時，還需要針對性地進行最佳化處理，除了透過最佳化聲紋模型的網路結構，來提升聲紋模型對短時音訊聲紋特徵的提取能力，最簡單有效的方法是根據短時音訊的區間範圍和特點重新訓練專門用於語者自動分段標記任務的後端模型。我們可以參考 Kaldi egs 的 callhome_diarization 或者 dihard_2018 在語者自動分段標記任務上對 plda 後端模型的處理。

```
for name in train dev; do
   echo "processing $name"
   local/nnet3/xvector/prepare_feats.sh --nj 20 --cmd "$train_cmd" \
```

```
      /data/$name /data/${name}_cmn /cloudgpfs/yanc/vox_16k/exp/${name}_cmn
    if [ -f /data/$name/vad.scp ]; then
      cp /data/$name/vad.scp /data/${name}_cmn/
    fi
    if [ -f /data/$name/segments ]; then
      cp /data/$name/segments /data/${name}_cmn/
    fi
    utils/fix_data_dir.sh /data/${name}_cmn
 done

  echo "0.01" > /data/train_cmn/frame_shift
  echo "0.01" > /data/dev_cmn/frame_shift

  echo "process segments ..."
  local/vad_to_segments.sh --nj 20 --cmd "$train_cmd" \
       /data/train_cmn /data/train_cmn_segmented
  local/vad_to_segments.sh --nj 20 --cmd "$train_cmd" \
       /data/dev_cmn /data/dev_cmn_segmented
fi

diarization/nnet3/xvector/extract_xvectors.sh --cmd "$train_cmd --mem 5G" \
    --nj 40 --window 1.5 --period 0.75 --apply-cmn false \
    --min-segment 0.5 $nnet_dir \
data/dev_cmn_segmented $nnet_dir/xvectors_dev

  diarization/nnet3/xvector/extract_xvectors.sh --cmd "$train_cmd --mem
10G" \
    --nj 40 --window 3.0 --period 10.0 --min-segment 1.5 --apply-cmn false
\
    --hard-min true $nnet_dir \
    data/train_cmn_segmented $nnet_dir/xvectors_train
fi

" $train_cmd" $nnet_dir/xvectors_dev/log/plda.log \
```

```
ivector-compute-plda ark:$nnet_dir/xvectors_train/spk2utt \
  "ark:ivector-subtract-global-mean \
  scp:$nnet_dir/xvectors_train/xvector.scp ark:- \
  | transform-vec $nnet_dir/xvectors_dev/transform.mat ark:- ark:- \
  | ivector-normalize-length ark:- ark:- |" \
$nnet_dir/xvectors_dev/plda || exit 1;
```

首先將用於聲紋模型訓練的訓練集劃分成 train 和 dev 兩個子集，然後使用 local/nnet3/xvector/prepare_feats.sh 指令稿分別對 train 和 dev 資料集計算 CMVN 特徵，並分別保存到 train_cmn 和 dev_cmn 目錄，接著根據特徵提取階段基於能量計算的 vad.scp 資訊，透過 vad_to_segments.sh 指令稿將 train_cmn 和 dev_cmn 的音訊檔案進行分段，得到 train_cmn_segmented 和 dev_cmn_segmented 資料，再使用 diarization/nnet3/ xvector/extract_xvectors.sh 指令稿提取它們的聲紋特徵。在提取 train_cmn_segmented 和 dev_cmn_segmented 資料的特徵時，要使用不同的窗長和窗移。由於 dev 訓練集的資料較少，因此使用 1.5s 的窗長，0.75s 的窗移。提取特徵後，在 dev 訓練集的特徵上訓練得到 PCA Transform 矩陣，用於後續 PLDA 模型的訓練，而 train 訓練集的資料較多，採用 3.0s 的窗長和 10s 的窗移，這樣可以在保證 speaker-id 數量不變的情況下，減少資料使用量。最後，利用 dev 訓練集產生的 PCA 矩陣和 train 訓練集提取的 X-Vector 聲紋特徵，訓練得到最終的 PLDA 模型。

訓練得到的資料如下：

```
mean.vec plda transform.mat
```

其中，mean.vec 為訓練資料的均值向量，transform.mat 為 LDA/PCA 降維矩陣，plda 為最終的 PLDA 評分模型。

6.3 本章小結

本章首先對語者自動分段標記演算法的功能和流程，以及各模組所需的演算法技術進行了簡單介紹，接著基於 CN-Celeb 資料集，從訓練集和測試集的準備開始，詳細介紹了 I-Vector 聲紋模型、X-Vector 聲紋模型、LDA/PLDA 後端模型訓練和用於語者自動分段標記的後端模型訓練的各個環節，並在聲紋測試集上，驗證訓練得到的聲紋模型的效果。在後面章節中，我們可以使用本章訓練得到的演算法模型，基於 Kaldi 實現語者自動分段標記演算法的功能和服務。

Chapter

07

基於 Kaldi 的語音 SDK 實現

本章將從專案實現的角度，說明如何將前面訓練得到的語音辨識模型及聲紋技術在語者自動分段標記中的細分模型應用到實際商業場景中。

本章將關注語音互動流程中的語者自動分段標記與語音辨識部分，基於 Kaldi 逐步設計和實現一套包含音訊特徵處理、語音活動檢測、語音辨識、語者自動分段標記等核心功能的語音演算法 SDK。讀者可以參考語音演算法 SDK 的設計和實現開發自己的語音演算法 SDK，也可以基於本章語音 SDK 建構語音服務並應用到實際業務中。基於語者自動分段標記的語音辨識服務流程，如圖 7-1 所示。

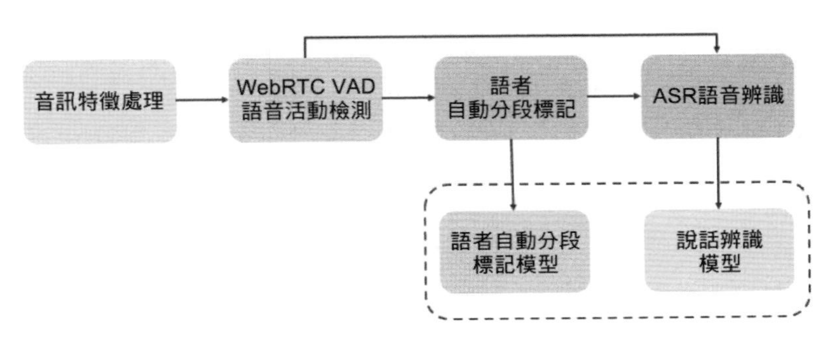

圖 7-1 基於語者自動分段標記的語音辨識服務流程

由圖 7-1 可知，語音演算法 SDK 中的語音辨識模組可以使用 WebRTC 語音活動檢測模組的語音切分結果作為輸入，用於大檔案轉寫；也可以使用語者自動分段標記演算法模組的結果作為輸入，用於需要將語者分割角色分離的場景。語音演算法 SDK 的專案結構如下：

```
|-- asr
|   |-- CMakeLists.txt
|   |-- models
|   |-- src
|   `-- test
|-- server
|   |-- CMakeLists.txt
|   |-- src
|-- speaker-diarization
|   |-- CMakeLists.txt
|   |-- models
|   |-- src
|   |-- test
|   `-- webrtc
`-- thirdparty
    |-- cuda
    |-- grpc
    |-- kaldi
    `-- mkl
```

語音演算法 SDK 專案由四部分組成：

1）asr 語音辨識

asr 模組提供獨立的語音辨識功能，models 目錄為第 5 章訓練好的語音辨識模型的相關檔案，src 和 test 分別為語音辨識的功能實現程式及驗證測試程式。

2）speaker-diarization 語者自動分段標記

speaker-diarization 模組提供語者自動分段標記功能，models 目錄為第 6 章訓練好的聲紋模型，src 和 test 分別為封裝好的語者自動分段標記的功能實現程式及測試程式。由於語音活動檢測演算法的準確性直接影響語者自動分段標記的分離效果，因此將 WebRTC 音訊處理模組的 vad 功能整合至本專案中，用於語者分離中非人聲片段的切分。

3）server 語音 gRPC 服務

server 模組在 asr 和 speaker-diarization 模組提供的標頭檔和函數庫檔案的基礎上，基於 gRPC 和 ProtoBuf 協定實現，可對外提供語音辨識和語者自動分段標記服務的伺服器端與用戶端實現程式。

4）thirdparty 協力廠商依賴函數庫

thirdparty 為專案專案編譯所需的協力廠商函數庫檔案與標頭檔，其中 kaldi 目錄為 Kaldi 相關的標頭檔和函數庫檔案，cuda 和 mkl 為編譯 Kaldi 時生成的函數庫檔案，grpc 為編譯 grpc 時生成的遠端程序呼叫所需的標頭檔與函數庫檔案。各目錄的內容如下所示：

```
thirdparty/
|-- cuda
|   |-- libcublas.so
|   |-- libcublas.so.10.0 -> libcublas.so
|   |-- libcudart.so
|   |-- libcudart.so.10.0 -> libcudart.so
|   |-- libcufft.so
|   |-- libcurand.so
|   |-- libcurand.so.10.0 -> libcurand.so
|   |-- libcusolver.so
|   |-- libcusolver.so.10.0 -> libcusolver.so
|   |-- libcusparse.so
|   |-- libcusparse.so.10.0 -> libcusparse.so
```

```
|   `-- libnvToolsExt.so
|-- grpc
|   |-- bin
|   |-- include
|   `-- lib
|-- kaldi
|   |-- include
|   `-- libs
`-- mkl
    |-- libmkl_core.so
    |-- libmkl_def.so
    |-- libmkl_intel_ilp64.so
    |-- libmkl_intel_lp64.so
    |-- libmkl_rt.so
    |-- libmkl_sequential.so
    `-- libmkl_vml_def.so
```

整個開發專案使用 Cmake 進行編譯與管理。Cmake 是一個開放原始碼、跨平台的編譯建構工具，可透過撰寫與平台無關的 CMakeList.txt 檔案，組織建構整個專案的編譯流程，自動生成本地 Makefile 檔案，極大地降低大型專案編譯架構的建構難度。

在 centos 和 ubuntu 系統中，Cmake 可使用 yum 和 apt-get 命令進行線上安裝。

```
# sudo yum install -y cmake
# sudo apt-get –y install cmake
```

安裝完成後，可使用 cmake –version 命令查看 Cmake 版本。

```
#cmake –version
cmake version 3.5.1
```

在某些系統中，當預設的來源安裝的 Cmake 版本較舊時，可以使用離線 tar 套件安裝的方式，從 CMake 官網下載對應版本的 Cmake 進行安裝。

CMakelist.txt 的語法比較簡單，由內建命令、註釋和空格組成，其中內建命令不區分大小寫，由命令描述符、括號和參數組成；參數之間由空格隔開。常用的命令符如表 7-1 所示：

表 7-1　常有的命令符

命令符	描述
CMAKE_MINIMUM_REQUIRED()	運行設定檔所需的最低 Cmake 版本
PROJECT()	設定專案名稱
SET()	設定 CMake 內建及自訂參數值的內容
MESSAGE()	輸出 CMake 編譯建構的中間列印資訊
ADD_SUBDIRECTORY()	增加子目錄，建構編譯時的遞迴建構
INCLUDE_DIRECTORIES()	指定標頭檔所在路徑
AUX_SOURCE_DIRECTORY()	指定原始檔案所在路徑
FILE()	原始檔案模糊查詢與提取
ADD_LIBRARY()	指定專案動態函數庫和靜態程式庫名稱及依賴
ADD_EXECUTABLE()	指定編譯可執行程式及其依賴
TARGET_LINK_LIBRARIES()	連結依賴函數庫生成目標函數庫或可執行程式

在 Linux 平台中，使用 Cmake 的常用流程如下：

（1）撰寫 CMakeList.txt 設定檔，組織好目錄結構、原始檔案、標頭檔及函數庫的連結。

（2）在 CMakelist.txt 目前的目錄中執行 cmake ${Path} 命令，為專案生成編譯所需的 Makefile 檔案。

（3）使用 make 命令對專案進行編譯，生成可執行程式和相關函數庫檔案。

CMakelist.txt 設定檔的撰寫基於 Kaldi 程式語音服務的動態函數庫封裝與實現，以及測試程式對語音服務的驗證，下面將按上述分類別模組逐一進行展開。

7.1 語音特徵提取

7.1.1 音訊讀取

雖然語音音訊的格式種類很多，如常見的 WAVE，MP3，Opus，FLAC，Speex 等，這些音訊均可透過解析對應的編碼協定轉換為統一的 PCM Raw 音訊格式，用於後續語音相關演算法的處理。例如，常見的 WAVE 音訊就是在 PCM 或 ADPCM 資料的基礎上，加上 44 位元組的 WAVE 協定標頭，在協定中標明音訊的取樣速率、採樣位元、通道數等資訊。針對 WAVE 格式的音訊，只需要按照 WAVE 格式的要求將音訊讀取記憶體 buffer 後，再按照 WAVE 協定的欄位進行音訊解析，即可得到最終可用於後續語音辨識任務的資料。標準的 WAVE 協定如圖 7-2 所示：

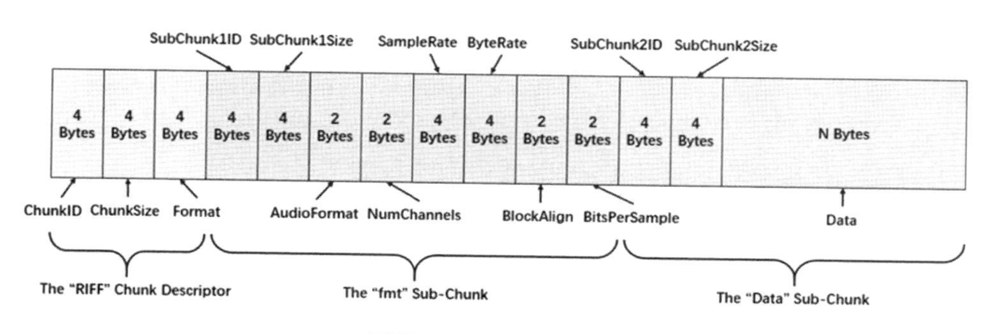

圖 7-2 WAVE 協定格式

協定的第一部分由 12 位元組組成，是對檔案的整體描述。其中，4 位元組的 ChunkID 欄位用於存放 ASCII 碼的 "RIFF" 字元；4 位元組的

ChunkSize 欄位用於記錄 WAVE 檔案除去 ChunkID 和 ChunkSize 兩個欄位 8 位元組後剩餘部分的總大小；4 位元組的 Format 欄位用於存放 "WAVE" 字元。

協定的第二部分由 24 位元組組成，其中 4 位元組的 SubChunk1ID 欄位用於存放 "FMT" 字元，表示該欄位後面儲存的是格式相關的資訊；4 位元組的 SubChunk1Size 欄位表明 FMT 塊的長度，如 PCM 格式為 16，ADPCM 格式為 18；2 位元組的 AudioFormat 欄位表示音訊編碼格式，如 PCM 為 1，ADPCM 為 2。音訊編碼格式後面緊接的是 2 位元組的 NumChannels 欄位表示音訊聲道個數，4 位元組的 SampleRate 取樣速率欄位，4 位元組的 ByteRate 資料傳輸率欄位，2 位元組的 BlockAlign 資料對齊欄位，以及最後 2 位元組的採樣位元數 BitsPerSample 欄位。

協定的第三部分為 PCM 資料相關的內容，4 位元組的 SubChunk2ID 欄位儲存 "data" 的字元標識，4 位元組的 SubChunk2Size 欄位儲存 raw Data 部分的大小，最後的 Data 部分儲存音訊的採樣資料。

根據標準的 WAVE 協定各欄位的定義與所在位元組大小，可定義 WavFileHeader 結構，用於解析 WAVE 協定中具體的欄位資訊和內容。在專案中使用 wav.h 和 wav.cc 來完成音訊檔案的讀取，其中 WavFileHeader 結構定義在 wav.h 中，內容如下。

```
//wav.h
#include <string.h>
struct WavFileHeader {
    char riff[4];
    unsigned int size;
    char wav[4];
    char fmt[4];
    unsigned int fmt_size;
    unsigned short format;
```

```
    unsigned short channels;
    unsigned int sample_rate;
    unsigned int bytes_per_second;
    unsigned short block_size;
    unsigned short bit;
    char data[4];
    unsigned int data_size;
}
int ReadWav(const std::string &filename, unsigned char** buf, int*
num_channel);
```

ReadWav()函數的實現在 wav.cc 原始檔案中，完成從音訊檔案到記憶體資料 buffer 的讀取，程式首先透過 FILE 操作符讀取檔案前 44 位元組的內容到 WavFileHeader 結構變數 header 中，然後將 fp 指標跳過標準 WAVE 標頭檔的格式定義欄位，並指定到 SubChunk2Id 位址讀取 PCM 資料長度及 PCM 音訊資料。

```
//wav.cc
#include <fstream>
#include <iostream>
#include "wav.h"
int ReadWav(const std::string &filename, unsigned char** buf, int*
num_channel){
    if(buf == nullptr || num_channel == nullptr) {
            std::cout<<"Nullptr Pointer for read Wave\n";
            return -1;
    }

    FILE* fp = fopen(filename.c_str(), "r");
    if(fp == nullptr){
            perror(filename.c_str());
            return -1;
    }
```

```
    WavFileHeader header;
    fread(&header, 1, sizeof(header), fp);
    if (header.fmt_size < 16) {
            std::cout<<"Expect PCM format data to have fmt chunk of at least size 16.\n";
            fclose(fp);
            return -1;
    }else if(header.fmt_size > 16){
            int offset = 44 - 8 + header.fmt_size - 16;
            fseek(fp, offset, SEEK_SET);
            fread(header.data, 8, sizeof(char), fp);
    }

    if (header.channels <= 0 || header.data_size <= 0) {
            std::cout<<"Wav Header Error\n";
            return -1;
    }
    *num_channel = header.channels;
    int sample_rate = header.sample_rate;
    int data_size = header.data_size;

    *buf = new unsigned char[data_size];
    fread(*buf,data_size,sizeof(unsigned char),fp);
    fclose(fp);
    return data_size;
}
```

ReadWav()函數是讀取標準 WAVE 檔案的一種簡單直觀的實現，後續可以在此基礎上擴充對一些非標準 WAVE 協定標頭的解析，以提升 WAVE 檔案讀取的通用性，也可以整合一些開放原始碼的功能更強大的音訊讀取函數庫，如 mackron 的單檔案音訊解碼函數庫 dr_libs，該函數庫以單一標頭檔 dr_wav.h 的形式提供豐富的 WAVE 音訊讀寫介面。

7.1.2 音訊特徵提取

由於 Kaldi 平台上不同的模型訓練任務由一個個 shell 指令稿組合完成，各指令稿呼叫 Kaldi 底層實現的可執行程式完成音訊處理、模型訓練等各項功能，如 make_mfcc.sh 指令稿可完成音訊 MFCC 特徵的提取，make_mfcc.sh 指令稿呼叫 make-mfcc-feats 可執行程式完成具體 MFCC 特徵的提取，因此可以基於 Kaldi 底層封裝好的功能函數介面，根據實際的業務邏輯和功能需求，完成應用函數的移植和封裝。

聲紋模型訓練的 I-Vector 和 X-Vector 均基於 MFCC 特徵，根據 extract_ivector.sh 和 extract_xvector.sh 聲紋特徵提取流程。我們可以將音訊特徵提取所需的功能複習成以下五個步驟：

（1）MFCC 特徵提取。

（2）MFCC 差分特徵提取。

（3）特徵 CMVN 歸一化。

（4）基於能量的 VAD 統計。

（5）有效語音的提取。

在 feats-process.h 標頭檔中，定義以上各步驟的實現函數，其中 ComputeAnd ProcessFeature()函數對各特徵處理步驟進行整體封裝，作為音訊特徵處理模組的統一連線入口。

```
//feats-process.h
#include "matrix/kaldi-matrix.h"
#include "base/kaldi-error.h"
#include "feat/feature-mfcc.h"
#include "ivector/voice-activity-detection.h"
bool ExtractBufferMfcc(unsigned char* data_buffer, int data_len,
                       int num_channel, MfccOptions& mfcc_opts,
                       Matrix<float>* outputs);
```

```
bool ComputeVadByEnergy(Matrix<float>& feat, VadEnergyOptions& opts,
                        Vector<float>* vad_result);

bool AddDeltas(Matrix<float>& feat, DeltaFeaturesOptions& opts,
               int truncate, Matrix<float>* new_feats);

bool ApplyCMVN(Matrix<float>& feat,SlidingWindowCmnOptions& opts,
               Matrix<float>* cmvn_feats);

bool SelectVoicedFrames(Matrix<float>& feat, Vector<float>&
                        voiced_vad, Matrix<float>* voiced_feats);

int ComputeAndProcessFeature(unsigned char* buf, int length,
                             int channel, VadEnergyOptions vad_opts,
                             MfccOptions& mfcc_opts,
                             DeltaFeaturesOptions delta_opts,
                             SlidingWindowCmnOptions cmvn_opts,
                             bool is_ivector, Matrix<float>&
                             voiced_feat_out);
```

feats-process.cc 檔案為音訊特徵處理模組各個函數的具體實現，其中 ExtractBufferMfcc()函數基於 Kaldi 的 Mfcc 類別，使用 Mfcc::Compute Features()成員函數完成 MFCC 特徵的提取，MFCC 特徵的參數透過 MfccOption 結構從上層呼叫傳入，輸出 MFCC 特徵矩陣。

```
bool ExtractBufferMfcc(unsigned char* data_buffer, int data_len, int
num_channel, MfccOptions& mfcc_opts, Matrix<float>* outputs){
        if(data_len <= 0 || data_buffer == nullptr) {
                KALDI_ERR <<"Error Arguments";
                return false;
        }
        int channel = num_channel;
```

```
        if(num_channel < 0)
                channel = 1;
        kaldi::uint16* data_ptr = reinterpret_cast<kaldi::uint16*>
(data_buffer);
        kaldi::Matrix<kaldi::BaseFloat> pcm_data;
        pcm_data.Resize(0, 0);
        pcm_data.Resize(channel, data_len / (2*channel));

        for (kaldi::uint32 i = 0; i < pcm_data.NumCols(); ++i) {
            for (kaldi::uint32 j = 0; j < pcm_data.NumRows(); ++j) {
                kaldi::int16 k = *data_ptr++;
                pcm_data(j, i) =  k;
                }
        }

        kaldi::Mfcc mfcc(mfcc_opts);
        kaldi::SubVector<kaldi::BaseFloat> waveform(pcm_data, 0);
        try {
            mfcc.ComputeFeatures(waveform, mfcc_opts.frame_opts.
samp_freq, 1.0, outputs);
        } catch (...) {
          KALDI_WARN << "Failed to compute features for utterance ";
          return false;
        }
        return true;
}
```

AddDeltas()函數基於 ExtractBufferMfcc()函數輸出的 MFCC 特徵矩陣，呼叫 kaldi::ComputeDelta()底層函數完成一階和二階特徵的計算。

```
bool AddDeltas(Matrix<float>& feat, DeltaFeaturesOptions& opts, int
truncate, Matrix<float>* new_feats) {
    if (feat.NumRows() == 0 || new_feats == nullptr) {
        KALDI_WARN << "Empty feature matrix for utterance ";
```

```
        return false;
     }
    if (truncate != 0) {
        if (truncate > feat.NumCols())
          KALDI_ERR << "Cannot truncate features as dimension " <<
feat.NumCols()
                      << " is smaller than truncation dimension.";
        kaldi::SubMatrix<float> feats_sub(feat, 0, feat.NumRows(), 0, truncate);
        kaldi::ComputeDeltas(opts, feats_sub, new_feats);
    } else
        kaldi::ComputeDeltas(opts, feat, new_feats);
      return true;
}
```

ApplyCMVN()函數在 ExtractBufferMfcc()函數或 AddDeltas()函數輸出特徵矩陣的基礎上，呼叫 kaldi::SlidingWindowCmn()底層函數完成特徵 CMVN 歸一化。

```
bool ApplyCMVN(Matrix<float>& feat, SlidingWindowCmnOptions& opts,
Matrix<float>* cmvn_feats){
    if (feat.NumRows() == 0 || cmvn_feats == nullptr) {
        KALDI_WARN << "Empty feature matrix for utterance ";
        return false;
    }

    if (feat.NumRows() != cmvn_feats->NumRows() || feat.NumCols() !=
cmvn_feats->NumCols() ) {
                KALDI_WARN<< "Miss Dim Match";
                return false;
    }
    kaldi::SlidingWindowCmn(opts, feat, cmvn_feats);
    return true;
}
```

在提取 X-Vector 和 I-Vector 的聲紋特徵時，除了和 ASR 一樣需要提取常用的 MFCC 特徵和 CMVN 處理，由於聲紋後續特徵的提取還需要移除靜音幀，以保證用於 I-Vector 累積或送入 X-Vector 網路的資料均為有意義的語音幀，故往往需要加上 VAD 的處理。Kaldi 使用的是基於能量的判別方法，即基於前面 CMVN 處理後的 MFCC 特徵，呼叫 kaldi::ComputeVadEnergy()底層函數計算每幀的能量，透過設定的設定值進行判別。

```
bool ComputeVadByEnergy(Matrix<float>& feat, VadEnergyOptions& opts,
Vector<float>* vad_result) {
        if (feat.NumRows() == 0 || vad_result == nullptr) {
                KALDI_WARN << "Empty feature matrix for utterance ";
                return false;
        }
        if(feat.NumRows() != vad_result->Dim()){
                KALDI_WARN << "Mismatch in number for frames ";
                return false;
        }
        kaldi::ComputeVadEnergy(opts, feat, vad_result);
        return true;
}
```

在得到 VAD 判別結果後，需將靜音幀去除，僅保留含有語音幀的資訊，可透過 SelectVoicedFrame()函數進行處理。

```
bool SelectVoicedFrames(Matrix<float>& feat,Vector<float>& voiced_vad,
Matrix<float>* voiced_feats) {
        if (feat.NumRows() == 0 || voiced_feats == nullptr) {
                KALDI_WARN << "Empty feature matrix or vad or voicedFeats
";
                return false;
        }
        if (feat.NumRows() != voiced_vad.Dim()) {
```

```
                KALDI_WARN << "Mismatch in number for frames " <<
feat.NumRows()
                    << " for features and VAD " << voiced_vad.Dim();
                return false;
        }
        if (voiced_vad.Sum() == 0.0) {
                KALDI_WARN << "No features were judged as voiced for utterance
";
                return false;
        }
        int dim = 0;
        for (int i = 0; i < voiced_vad.Dim(); ++i) {
                if (voiced_vad(i) != 0.0)
                        dim++;
        }

        voiced_feats->Resize(dim, feat.NumCols(),kaldi::kUndefined);
        int index = 0;
        for (int i = 0; i < feat.NumRows(); i++) {
        if (voiced_vad(i) != 0.0) {
          KALDI_ASSERT(voiced_vad(i) == 1.0);
          voiced_feats->Row(index).CopyFromVec(feat.Row(i));
          index++;
        }
    }
    return true;
}
```

ComputeAndProcessFeature()函數將上面各個函數的處理流程串聯起來，完成從音訊 PCM 資料到 voiced MFCC 特徵的提取，該函數中的 is_ivector 參數，僅用於區分是否啟用 AddDelta 來增加動態特性，因為 cnceleb 的 X-Vector 特徵並未啟用 Delta 特徵，故有此區分。

```
int ComputeAndProcessFeature(unsigned char* buf, int length, int
channel, VadEnergyOptions vad_opts, MfccOptions& mfcc_opts,
DeltaFeaturesOptions delta_opts, SlidingWindowCmnOptions cmvn_opts, bool
is_ivector, Matrix<float>& voiced_feat_out) {
        if(buf == nullptr || length <=0) {
            std::cout<<"Error Arguments in enroll!\n";
            return -1;
        }

        kaldi::Matrix<float> features;
        std::cout<<"Feature Extract\n";
        if(!ExtractBufferMfcc(buf, length, channel, mfcc_opts, &features)) {
            std::cout<<"Feature Error\n";
            return -1;
        }
        kaldi::Vector<float> vad_result(features.NumRows());
        if(!ComputeVadByEnergy(features, vad_opts, &vad_result)) {
            std::cout<<"Compute Vad Error\n";
            return -1;
        }
        if (is_ivector) {
                kaldi::Matrix<float> new_feats;
                int truncate = 0;
                if(!AddDeltas(features, delta_opts, truncate, &new_feats)) {
                        std::cout<<"Add Delta Error\n";
                        return -1;
                }
                features.Swap(&new_feats);
        }
        kaldi::Matrix<float> cmvn_feats(features.NumRows(),features.
NumCols(), kaldi::kUndefined);
        if(!ApplyCMVN(features, cmvn_opts, &cmvn_feats)) {
            std::cout<<"Apply CMVN Error\n";
            return -1;
```

```
        }
        kaldi::Matrix<float> voiced_feat;
        if(!SelectVoicedFrames(cmvn_feats,vad_result,&voiced_feat)) {
            std::cout<<"Select Voiced Frames Error\n";
            return -1;
        }
        voiced_feat_out.Swap(&voiced_feat);
        return 0;
}
```

上層應用可透過 wav.cc 中實現的 ReadWav()函數完成從 WAVE 音訊檔案到記憶體的讀取，透過 feats-process.cc 中實現的 ComputeAndProcess Feature()函數完成記憶體中從 PCM 音訊資料到 MFCC 特徵的提取。

7.2 基於 WebRTC 的語音活動檢測

本文語音活動檢測部分基於 WebRTC 的音訊處理模組實現。由於 WebRTC 框架的程式較多，出於開發專案編譯管理的需要，可以整合開放原始碼的基於 WebRTC 的 AudioProcessing 模組的 Webrtc-audio-processing 專案，也可以進一步只選取專案所需的語音活動檢測模組部分，並打包成如下獨立目錄。

```
webrtc
|-- common_audio
|   |-- signal_processing
|   |   `-- include
|   `-- vad
|       |-- include
|       `-- mock
|-- rtc_base
|   `-- numerics
```

```
`-- system_wrappers
    `-- include
```

其中，common_audio/vad 即為 WebRTC 的語音活動檢測模組的具體實現。

```
common_audio/vad/
|-- include
|   |-- vad.h
|   `-- webrtc_vad.h
|-- mock
|   `-- mock_vad.h
|-- vad.cc
|-- vad_core.c
|-- vad_core.h
|-- vad_core_unittest.cc
|-- vad_filterbank.c
|-- vad_filterbank.h
|-- vad_filterbank_unittest.cc
|-- vad_gmm.c
|-- vad_gmm.h
|-- vad_gmm_unittest.cc
|-- vad_sp.c
|-- vad_sp.h
|-- vad_sp_unittest.cc
|-- vad_unittest.cc
|-- vad_unittest.h
`-- webrtc_vad.c
```

下面將 WebRTC 作為獨立的協力廠商函數庫整合至語音專案中進行封裝，首先在 vad.h 中定義 VAD 切分後片段維護的結構，以及對 WebRTC 底層函數的封裝。

```
//vad.h
#pragma once
#include "webrtc/common_audio/vad/include/webrtc_vad.h"
#include "webrtc/typedefs.h"
#include <vector>

struct VadPeriod{
    int start = 0;
    int end = 0;
};

struct VadPeriodMs{
    int start_ms;
    int end_ms;
};

bool RtcSpeechCheck(const int16_t *data, int num_samples,
                    int sample_rate, int mode);

bool ProcessBuffer(const short *data_buffer, int num_samples, int sample_rate,
std::vector<bool>& vad_reslut, int& valid_frame_num);

bool GenerateVadPeroid(const std::vector<bool>& vad_result,
                       std::vector<VadPeriod>& vad_period);

bool GenerateVadPeroidMs(const short *data_buffer, int sample_num,
                         int sample_rate, int mode, int frame_len,
                         VadPeriodMs** period_ms,
                         int *period_ms_num
void ReleaseResult(VadPeriodMs* data_buffer);
```

其中 VadPeriod 和 VadPeriodMs 兩個結構分別用於處理分幀等級的分段資訊和毫秒等級的分段資訊，便於 PCM 分段的陣列 index 與音訊時間點相互轉換，同樣分別對應兩個版本的 GenerateVadPeroid() 函數和 GenerateVadPeroidMs()函數的實現。

在 Vad.cc 的實現中，RtcSpeechCheck()函數用於封裝 WebRTC 底層函數，首先透過 WebRtcVad_Create()函數建立 VadInst 的控制碼，然後透過 WebRtcVad_Init()函數初始化控制碼，並透過 WebRtcVad_set_mode()函數設定不同的判別激進模式，最後使用 WebRtcVad_Process()函數對每幀進行語音活動判別。

```
bool RtcSpeechCheck(const int16_t *data, int num_samples, int
sample_rate, int mode) {
        VadInst* handle = WebRtcVad_Create();
        if (0 == handle) {
                std::cout<<"Create webrtc vad handle error\n";
                return false;
        }

        WebRtcVad_Init(handle);
        WebRtcVad_set_mode(handle, mode);
        int ret = WebRtcVad_Process(handle, sample_rate, data,
num_samples);
        WebRtcVad_Free(handle);
        switch (ret) {
                case 0:
                        return false;
                case 1:
                        return true;
                default:
                        std::cout<<"WebRtcVad_Process error \n";
                        return false;
        }
}
```

在 ProcessBuffer()函數中將讀取的 PCM 資料分幀後，分別呼叫 RtcSpeechCheck()函數進行語音活動判別。

```
bool ProcessBuffer(const short *data_buffer, int num_samples, int
sample_rate, std::vector<bool>& vad_reslut, int& valid_frame_num) {
    int frame_len = 10;
    int mode = 0;
    int num_point_per_frame = (int)(frame_len * sample_rate / 1000);
    valid_frame_num = 0;

    int num_frames = num_samples / num_point_per_frame;
    int num_speech_frames = 0;
    for (int i = 0; i < num_samples; i += num_point_per_frame) {
        if (i + num_point_per_frame > num_samples)
            break;
            bool tags = RtcSpeechCheck(data_buffer + i,  num_point_
            per_frame,  sample_rate, mode);
            vad_reslut.push_back(tags);
            if (tags)
                ++num_speech_frames;
        }
        valid_frame_num = num_speech_frames;
        return true;
}
```

GenerateVadPeroid 函數用於語音活動檢測的後處理，將語音活動檢測判別結果分段，以幀的形式保存起來。

```
bool GenerateVadPeroid(const std::vector<bool>& vad_result,
std::vector<VadPeriod>& vad_period) {
        bool vad_pre_frame = false;
        int current_period_start = 0;
        for (int n_pos = 0; n_pos < vad_result.size(); ++n_pos){
                bool vad_current_frame = vad_result[n_pos];
```

```
            if (!vad_pre_frame){
                if (vad_current_frame){
                    vad_pre_frame = true;
                    current_period_start = n_pos;
                }
            }
            else{
                if (!vad_current_frame){
                    VadPeriod vad_period_one;
                    vad_period_one.start =
current_period_start;
                    vad_period_one.end = n_pos - 1;
                    vad_period.push_back(vad_period_one);
                    vad_pre_frame = false;
                    current_period_start = n_pos;
                }
            }
        }
        return true;
}
```

GenerateVadPeriodMs()函數用於完成從音訊資料到 VAD 語音分段切分和輸出的完整流程封裝，並輸出毫秒時間的語音段區間，上層應用可透過呼叫該函數得到包含語音資訊的片段，以供後續的語音辨識和語者自動分段標記使用。

```
bool GenerateVadPeroidMs(const short * data_buffer, int sample_num,
                         int sample_rate, int mode, int frame_len,
                         VadPeriodMs** period_ms, int * period_ms_num)
{
        std::vector<bool> vad_result;
        int num_speech_frames = 0;
```

```
        if (!ProcessBuffer(data_buffer, sample_num, sample_rate, vad_
result, num_speech_frames)){
                return false;
        }
        std::vector<VadPeriod> vad_period_frames;
        GenerateVadPeroid(vad_result, vad_period_frames);

        *period_ms = 0;
        *period_ms_num = 0;
        if (vad_period_frames.empty()){
                return true;
        }
        int vad_period_frame_num = vad_period_frames.size();
        *period_ms = new VadPeriodMs[vad_period_frame_num];
        *period_ms_num = vad_period_frame_num;

        for (int i = 0; i < vad_period_frame_num; ++i){
                VadPeriodMs& vad_one_ms = (*period_ms)[i];
                VadPeriod& vad_one_frame = vad_period_frames[i];
                vad_one_ms.start_ms = vad_one_frame.start * frame_len;
                vad_one_ms.end_ms = vad_one_frame.end * frame_len;
        }
        return true;
}
//刪除 VAD 申請的 VadPeriodMs 陣列
void ReleaseResult(VadPeriodMs* buffer){
        delete [] buffer;
}
```

7.3 語者自動分段標記模組

語者自動分段標記可基於聲紋特徵進行展開，由於語音活動檢測模組在語者自動分段標記中用於檢測非人聲的語音部分，去除靜音與背景雜音，其切分的準確程度會直接影響後面聲紋特徵的提取與聚類，從而影響最終語者自動分段標記的結果，因此語者自動分段標記的語音活動檢測模組往往需要較好的性能，本文使用基於 WebRTC 的語音活動檢測模組作為前處理模組，提取語音活動檢測切分後各段的 I-Vector 或 X-Vector 聲紋 Embedding，計算聲紋 Embedding 間的相似度矩陣並結合 Kaldi 中 AHC 層次聚類的實現，完成語者自動分段標記的核心演算法。基於聲紋的語者自動分段標記演算法流程，如圖 7-3 所示。

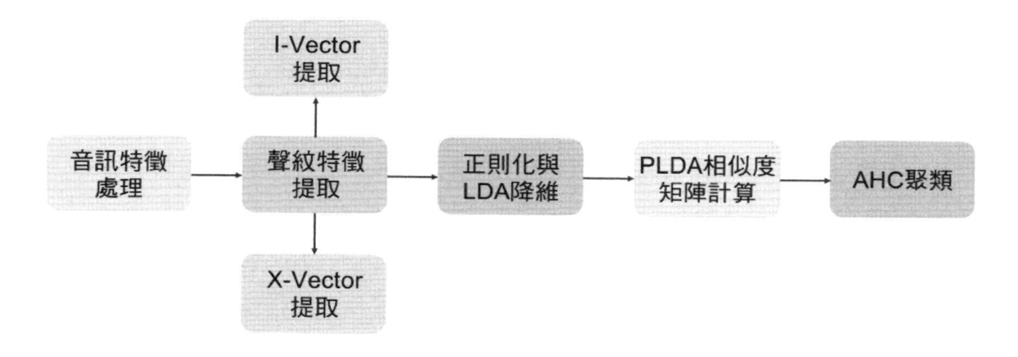

圖 7-3 語者自動分段標記演算法流程

將音訊檔案讀取進記憶體後，首先分別提取 I-Vector 和 X-Vector 所需的不同維度的 MFCC 特徵，I-Vector 使用 UBM 模型和 I-Vector Extractor 提取器提取 I-Vector 聲紋 Embedding，X-Vector 則透過 nnet3 神經網路推理得到，接著對提取的聲紋 Embedding 進行歸一化處理。然後使用 LDA 模型進行降維和正規化，透過 PLDA 評分模型計算聲紋 Embedding 相似度並生成片段間的相似度分值矩陣，最後在相似度分值矩陣上，使用 AHC 層次聚類演算法完成語者的聚類。

基於聲紋的語者自動分段標記演算法專案程式的整體結構如下：

```
speaker-diarization/
|-- CMakeLists.txt
|-- models
|   `-- vpr
|   |   |-- final.raw
|   |   |-- mean.vec
|   |   |-- online.conf
|   |   |-- plda
|       `-- transform.mat
|-- src
|   |-- CMakeLists.txt
|   |-- ahc-cluster.cc
|   |-- feats-process.cc
|   |-- ivector-compute.cc
|   |-- speaker-cluster.cc
|   |-- vad.cc
|   |-- voice-print.cc
|   |-- wav.cc
|   `-- xvector-compute.cc
|   |-- include
|   |   |-- ahc-cluster.h
|   |   |-- feats-process.h
|   |   |-- ivector-features.h
|   |   |-- speaker-cluster.h
|   |   |-- vad.h
|   |   |-- voice-print-service.h
|   |   |-- voice-print.h
|   |   |-- wav.h
|   |   `-- xvector-features.h
|-- test
|   |-- CMakeLists.txt
|   |-- speaker-diarization-test.cc
`-- webrtc
|   |-- common_audio
```

```
|    |    |-- rename.sh
|    |    |-- signal_processing
|    |    `-- vad
|    |-- rtc_base
|    |    |-- checks.cc
|    |    |-- checks.h
|    |    |-- compile_assert_c.h
|    |    |-- numerics
|    |    |-- sanitizer.h
|    |    `-- type_traits.h
|    |-- system_wrappers
|    |    `-- include
     `-- typedefs.h
```

其中，models/vpr 目錄為聲紋和語者自動分段標記的模型檔案，模型檔案的路徑和相關參數的設定在 online.conf 檔案中；src 和 src/include 目錄為編譯動態函數庫所需的所有標頭檔和原始檔案；test 目錄為語者自動分段標記測試程式；webrtc 目錄為移植出來的，與 WebRTC vad 模組相關的標頭檔和原始檔案。

7.3.1 I-Vector 提取

由於 I-Vector 和 X-Vector 僅在特徵提取模型載入方式和特徵計算方式方面不一樣，因此我們將公共部分在 I-Vector 提取中實現，X-Vector 提取時直接重複使用函數。

I-Vector 提取首先需要使用 Diag-UBM 模型對 MFCC 特徵統計每幀的高斯分量資訊，然後使用 Full-UBM 模型統計每幀的後驗資訊，最後使用 I-Vector Extractor 提取器得到最終的 I-Vector。I-Vetcor 模型結構和函式定義在 ivector-features.h 標頭檔中。

```
//ivector-features.h
#include "matrix/kaldi-matrix.h"
#include "base/kaldi-error.h"
#include "feat/feature-mfcc.h"
#include "ivector/voice-activity-detection.h"
#include "ivector/ivector-extractor.h"
#include "util/common-utils.h"
#include "gmm/diag-gmm.h"
#include "gmm/full-gmm.h"
#include "gmm/mle-full-gmm.h"
#include "hmm/posterior.h"
#include "ivector/ivector-extractor.h"
#include "ivector/plda.h"

struct IvectorModels{
    kaldi::DiagGmm dgmm;
    kaldi::FullGmm fgmm;
    kaldi::IvectorExtractor ivector;
    kaldi::Plda plda;
    kaldi::Vector<float> mean;
    kaldi::Matrix<float> transform;
};

bool FgmmGlobalToGmm(std::string fgmm_filename, FullGmm& fgmm, DiagGmm&
dgmm);

bool GmmGselect(const DiagGmm& dgmm, Matrix<float> feat,
            int num_gselect, std::vector<std::vector<int>>& gselect);

int FgmmGlobalGselectToPost(const FullGmm& fgmm, Matrix<float> feat,
                            std::vector<std::vector<int>>& gselect,
                            float minPost, kaldi::Posterior& post);

void ScalePost(float scale, kaldi::Posterior& scale_post );
```

```
bool LoadIvectorExtractModel(std::string extractor_path,
                             IvectorExtractor& ivector_extractor);

int ExtractIvector(const IvectorExtractor& extractor,
               IvectorEstimationOptions& opts, bool compute_objf_change,
               const Matrix<float>& feat, Posterior& posterior,
               Vector<float>& ivector_extracted);

int IvectorNormalizeLength(Vector<float> &ivector, bool normalize,
                           bool scaleup);

bool IvectorMean(std::vector<Vector<float>>& ivector,Vector<float>&
spk_mean);

bool LoadPLDAModel(const std::string& plda_model, Plda& plda);

bool LoadMeanVector(const std::string& mean_filename, Vector<float>&
mean);

bool LoadLdaTransMat(const std::string& transform_filename,
                          Matrix<float>& transform);

bool VectorLDATransform(const Matrix<float>& transform,
                     const Vector<float>& mean, Vector<float>& ivector,
                     Vector<float>& transformed_vec);

float IvectorPLDAScoring(const Plda& plda, PldaConfig plda_config,
                         const Vector<float> &enroll_ivector,
                         const Vector<float> &test_ivector );

int GetIvectorEmbs(struct IvectorModels& i_models,
                Matrix<float>& voiced_feat,float** result);
```

其中，struct IvectorModels 用於存放提取 I-Vector 聲紋特徵所需的 dgmm，fgmm，I-Vector 提取器，以及 LDA 和 PLDA 判別模型。

與 I-Vector 聲紋特徵提取相關的模型載入和高斯分量統計函數如下：

- FgmmGlobalToGmm()函數用於完成 Full-UBM 到 Diag-UBM 模型的轉換。
- GmmGselect()函數用於選取每幀的高斯分量。
- FgmmGlobalGselectToPost()函數用於獲得每幀的後驗機率。
- ScalePost()函數用於後驗機率值的縮放。
- LoadIvectorExtractModel()函數用於載入 I-Vector 提取器模型。
- ExtractIvector()函數用於 I-Vector 聲紋 Embedding 的底層實現。

I-Vector 與 X-Vector 共用的一些功能函數也統一定義在 ivector-features.h 標頭檔中，具體功能如下：

- IvectorNormalizeLength()函數用於完成對聲紋 Embedding 的歸一化。
- IvectorMean()函數用於完成對聲紋 Embedding 的求冪。
- LoadPLDAModel()函數用於完成 PLDA 模型的載入。
- LoadMeanVector()函數用於完成 mean vector 的載入。
- LoadLdaTransMat()函數用於完成 LDA 模型的載入。
- VectorLDATransform()函數用於完成 LDA 矩陣運算，降維操作。
- IvectorPLDAScoring()函數用於完成兩個聲紋 Embedding 的相似度計算。

以上函數均在 ivector-features.cc 檔案中實現，作為聲紋 Embedding 提取所需的通用功能函數，其實現如下：

```
// 對 I-Vector 特徵進行 Normalization 歸一化
int IvectorNormalizeLength(Vector<float> &ivector, bool normalize, bool
scaleup) {
```

```
        if(ivector.Dim()<=0) {
                KALDI_WARN<<"ivector Dim Error";
                return -1;
        }
        float norm = ivector.Norm(2.0);
        float ratio = norm / sqrt(ivector.Dim());
        if (!scaleup) ratio = norm;
        if (ratio == 0.0) {
                KALDI_WARN << "Zero iVector";
                return -1;
        } else {
                if (normalize) ivector.Scale(1.0 / ratio);
        }
        return 0;
}

// 基於 Kaldi 中 Vector 物件的 AddVec()函數和 Scale()函數操作，完成多筆聲紋特徵的
均值計算
bool IvectorMean(std::vector<kaldi::Vector<float>>& ivector,
Vector<float>& spk_mean) {
        if(ivector.size() == 0) {
                KALDI_WARN << "Zero iVector";
                return false;
        }

        int num = 0;
        for(auto i=ivector.begin(); i!=ivector.end();++i) {
                if (spk_mean.Dim() == 0) spk_mean.Resize(i->Dim(),
kaldi::kSetZero);
                spk_mean.AddVec(1.0, *i);
                num++;
        }
        spk_mean.Scale(1.0 / num);
        return true;
```

```
}
// 基於 Kaldi 的 ReadKaldiObject()介面，完成 PLDA 模型的讀取
bool LoadPLDAModel(const std::string& plda_model, Plda& plda) {
        if(plda_model == "") {
                KALDI_WARN<<"Empty PLDA Model filename";
                return false;
        } try {
                kaldi::ReadKaldiObject(plda_model, &plda);
        } catch (const std::exception &e){
                std::cerr<<e.what();
                return false;
        }
        return true;
}
 // 基於 Kaldi 的矩陣運算，完成聲紋特徵向量的 LDA 降維
bool VectorLDATransform(const Matrix<float>& transform, const
Vector<float>& mean, Vector<float>& ivector, Vector<float>&
transformed_vec) {
        ivector.AddVec(-1.0, mean);
        int32 transform_rows = transform.NumRows();
        int32 transform_cols = transform.NumCols();
        int32 vecDim = ivector.Dim();
        transformed_vec.Resize(transform_rows,kaldi::kSetZero);
        if(transform_cols == vecDim) {
                transformed_vec.AddMatVec(1.0,transform,kaldi::
                kNoTrans, ivector,0.0);
        } else {
                if(transform_cols != vecDim+1) {
                        KALDI_ERR << "Dimension mismatch";
                        return false;
                }
                transformed_vec.CopyColFromMat(transform, vecDim);
transformed_vec.AddMatVec(1.0,transform.Range(0,transform.NumRows(),0,ve
cDim),kaldi::kNoTrans,ivector,1.0);
```

```
        }
        return true;
}

// 分別對 enroll 和 test 的聲紋向量進行 PLDA 正規化處理，基於 plda 的
LogLikelihoodRatio 介面，完成聲紋特徵的相似度計算
float IvectorPLDAScoring(const Plda& plda, PldaConfig plda_config, const
Vector<float> &enroll_ivector, const Vector<float> &test_ivector ) {
        try {
                int dim = plda.Dim();
                kaldi::Vector<float> *transformed_enroll_ivector = new
kaldi::Vector<float>(dim);
                plda.TransformIvector(plda_config, enroll_ivector,1.0,
transformed_enroll_ivector);

                kaldi::Vector<float> *transformed_test_ivector = new
kaldi::Vector<float>(dim);
                plda.TransformIvector(plda_config,
test_ivector,1,transformed_test_ivector);

                const kaldi::Vector<float> *enroll_ivector =
transformed_enroll_ivector;
                const kaldi::Vector<float> *test_ivector =
transformed_test_ivector;

                kaldi::Vector<double> enroll_ivector_dbl(*enroll_
ivector), test_ivector_dbl(*test_ivector);

                float score = plda.LogLikelihoodRatio(enroll_
ivector_ dbl, 1.0, test_ivector_dbl);
                delete transformed_enroll_ivector;
                delete transformed_test_ivector;
                return score;
        } catch (const std::exception &e) {
```

```
                std::cerr << e.what();
                return SCORING_ERROR;
        }
}
// 基於 Kaldi 的 ReadKaldiObject()函數載入模型物件介面，完成均值向量的讀取
bool LoadMeanVector(const std::string& mean_filename, Vector<float>&
mean) {
        if(mean_filename.empty()) {
                KALDI_WARN<<"Empty mean_rxfilename";
                return false;
        } try {
                kaldi::ReadKaldiObject(mean_filename, &mean);
        } catch (const std::exception &e) {
                std::cerr<<e.what();
                return false;
        }
        return true;
}

// 基於 Kaldi 的 ReadKaldiObject()函數載入模型物件介面，完成 LDA 模型的讀取
bool LoadLdaTransMat(const std::string& transform_filename,
Matrix<float>& transform) {
        if(transform_filename.empty()) {
                KALDI_WARN<<"Empty transform_rxfilename";
                return false;
        }  try {
                kaldi::ReadKaldiObject(transform_filename, &transform);
        } catch(const std::exception &e) {
                std::cerr<<e.what();
                return false;
        }
        return true;
}
```

I-Vector 提取所需的 fgmm 和 dgmm 模型，可透過僅載入 fgmm 模型，再使用 DiagGmm 的 CopyFromFullGmm()函數，從 fgmm 模型中提取 dgmm 模型實現，模型載入與對角陣轉換都在 FgmmGlobalToGmm()函數中實現。

```
bool FgmmGlobalToGmm(std::string fgmm_filename, kaldi::FullGmm& fgmm,
kaldi::DiagGmm& dgmm) {
        try{
                bool binary_read;
                kaldi::Input ki(fgmm_filename, &binary_read);
                fgmm.Read(ki.Stream(), binary_read);
                dgmm.CopyFromFullGmm(fgmm);
        }catch(const std::exception &e) {
                std::cerr << e.what() << '\n';
                return false;
        }
        return true;
}
```

I-Vector 的高斯分量選取、後驗機率資訊統計和後驗機率取值的縮放，分別透過 GmmGselect()函數，FgmmGlobalGselectToPost()函數和 ScalePost()函數實現。

```
// 對每幀選取前 num_gselect 個最優高斯分量
bool GmmGselect(const kaldi::DiagGmm& dgmm, kaldi::Matrix<float> feat,
int num_gselect, std::vector<std::vector<int>>& gselect) {
        if(feat.NumRows() <= 0) {
                KALDI_WARN<<"Feat Row Error";
                return false;
        }

        int num_gauss = dgmm.NumGauss();
        if (num_gauss < num_gselect) {
```

```
                KALDI_WARN << "Note: this means the Gaussian selection
is pointless.";
                num_gselect = num_gauss;
        }

        gselect.resize(feat.NumRows());
        double total_likelihood = 0;
        try {
                total_likelihood = dgmm.GaussianSelection(feat, num_
gselect, &gselect);
        } catch (const std::exception &e) {
                std::cerr<<e.what()<<"\n";
                return false;
        }
        return true;
}

// 對每幀輸出其高斯後驗機率
int FgmmGlobalGselectToPost(const kaldi::FullGmm& fgmm,
kaldi::Matrix<float> feat, std::vector<std::vector<int>>& gselect, float
minPost, kaldi::Posterior& post) {
        if(feat.NumRows()<=0) {
                KALDI_WARN<<"Error Feat Rows";
                return -1;
        }
        int num_frames = feat.NumRows();
        post.resize(num_frames);

        if (static_cast<int>(gselect.size()) != num_frames) {
                KALDI_WARN << "gselect information has wrong size ";
                return -1;
        }

        double this_tot_loglike = 0;
```

```
        for (int t = 0; t < num_frames; ++t) {
                kaldi::SubVector<float> frame(feat, t);
                const std::vector<int> &this_gselect = gselect[t];
                KALDI_ASSERT(!gselect[t].empty());
                kaldi::Vector<float> loglikes;

                fgmm.LogLikelihoodsPreselect(frame, this_gselect, &loglikes);
                this_tot_loglike += loglikes.ApplySoftMax();

                if (fabs(loglikes.Sum() - 1.0) > 0.01)  {
                        KALDI_WARN << "Error because bad posterior-sum
encountered (NaN?)";
                        return -1;
                } else {
                        if (minPost != 0.0) {
                            int max_index = 0;
                            loglikes.Max(&max_index);

                            for (int i = 0; i < loglikes.Dim(); ++i)
                                if (loglikes(i) < minPost)
                                    loglikes(i) = 0.0;

                                float sum = loglikes.Sum();
                                if (sum == 0.0)
                                    loglikes(max_index) = 1.0;
                                else
                                    loglikes.Scale(1.0 / sum);
                        }
                        for (int32 i = 0; i < loglikes.Dim(); i++) {
                            if (loglikes(i) != 0.0) {
                            post[t].push_back(std::make_pair
(this_gselect[i], loglikes(i)));
                                }
                        }
```

```
                    KALDI_ASSERT(!post[t].empty());
            }
        }
        return 0;
}

// 根據 scalar 縮放值，對後驗機率進行縮放
void ScalePost(float scale, kaldi::Posterior& scale_post ) {
        if (scale < 0.0)
                scale = 1.0;
        kaldi::ScalePosterior(scale, &scale_post);
}
```

I-Vector 提取器模型的載入，可透過在 LoadIvectorExtractModel()函數中封裝 Kaldi 的物件讀取介面 ReadKaldiObject()實現。ExtractIvector()函數根據前面獲得的統計量資訊，使用 Kaldi 的提取器模型提取得到 I-Vector。

```
int ExtractIvector(const IvectorExtractor& extractor,
IvectorEstimationOptions& opts, bool compute_objf_change, const
Matrix<float>& feat, Posterior& posterior, Vector<float>&
ivector_extracted) {
        kaldi::IvectorExtractorUtteranceStats utt_stats(extractor.
        NumGauss(),extractor.FeatDim(),false);
        if (feat.NumRows() != posterior.size()) {
                KALDI_WARN << "Posterior has wrong size ;
                return -1;
        }
        kaldi::ScalePosterior(opts.acoustic_weight, &posterior);
        utt_stats.AccStats(feat, posterior);

        if(utt_stats.NumFrames() == 0.0){
           KALDI_WARN << "No stats accumulated for this buffer ";
                return -1;
```

```
        } else {
                if (opts.max_count > 0 && utt_stats.NumFrames() >
opts.max_count){
                  double scale = opts.max_count / utt_stats.NumFrames();
                  utt_stats.Scale(scale);
                  KALDI_LOG << "Scaling stats for buffer  by scale "
                  << scale << " due to --max-count=" << opts.max_count;
                }
                kaldi::Vector<double> ivector(extractor.IvectorDim());
                ivector(0) = extractor.PriorOffset();

                if (compute_objf_change)
                {
                  double old_auxf = extractor.GetAuxf(utt_stats, ivector);
                  extractor.GetIvectorDistribution(utt_stats,
                  &ivector, NULL);
                  double new_auxf = extractor.GetAuxf(utt_stats,
                  ivector);
                  double auxf_change = new_auxf - old_auxf;

                  KALDI_LOG << "Auxf change for buffer was "
                        << (auxf_change / utt_stats.NumFrames()) <<
                        " per frame, over "
                        << utt_stats.NumFrames() << " frames (weighted).";
                }else{
                         extractor.GetIvectorDistribution(utt_stats,
                        &ivector, NULL);
                }
                ivector(0) -= extractor.PriorOffset();
                ivector_extracted.Resize(ivector.Dim(),kaldi::kSetZero);
                ivector_extracted.CopyFromVec(ivector);
        }
        return 0;
}
```

透過 GetIvectorEmbs()函數將 I-Vector 提取的各個步驟串聯封裝起

來，完成從經過語音活動檢測之後的 MFCC 特徵到 I-Vector 的提取。

```
int GetIvectorEmbs(struct IvectorModels& i_models, kaldi::Matrix<float>&
voiced_feat,float** result) {

        std::cout<<"Ivector Extract\n";
        std::vector<std::vector<int>> gselect;
        if(!GmmGselect(i_models.dgmm,voiced_feat, 20, gselect)) {
                std::cout<<"gmmGselect Error\n";
                return -1;
        }

        kaldi::Posterior post;
        if(FgmmGlobalGselectToPost(i_models.fgmm, voiced_feat,
                                   gselect, 0.025, post)) {
                std::cout<<"fgmmStatus Error\n";
                return -1;
        }

        ScalePost(1.0,post);
        kaldi::IvectorEstimationOptions ivector_opts;
        kaldi::Vector<float> ivector_extracted;
        if(ExtractIvector(i_models.ivector, ivector_opts, true,
voiced_feat, post, ivector_extracted)) {
                std::cout<<"ExtractStatus Error\n";
                return -1;
        }
        if(IvectorNormalizeLength(ivector_extracted,true,true)) {
                std::cout<<"ivectorNormalizeLength Error\n";
                return -1;
        }
        if(IvectorNormalizeLength(ivector_extracted, true,true)) {
                std::cout<<"ivectorNormalizeLength Error\n";
                return -1;
```

```
        }
        kaldi::Vector<float> lda_enroll_vec;
        try{
                VectorLDATransform(i_models.transform, i_models.mean,
                ivector_extracted, lda_enroll_vec);
                IvectorNormalizeLength(lda_enroll_vec, true,true);
                float* data_ = lda_enroll_vec.Data();
                *result = new float[lda_enroll_vec.Dim()];
                memset(*result,0,sizeof(float)*lda_enroll_vec.Dim());
                memcpy((*result),data_,lda_enroll_vec.Dim()*sizeof(float));
        }catch(const std::exception &e){
                 std::cerr<<e.what()<<"\n";
                 return -1;
        }
        return lda_enroll_vec.Dim();
}
```

7.3.2 X-Vector 提取

X-Vector 透過載入 nnet3 模型，取網路中間層的輸出作為最終的聲紋 Embedding 即可。與 X-Vector 提取相關的函式定義在 xvector-features.h 標頭檔中，如下：

```
#pragma once
#include <string>
#include "base/kaldi-common.h"
#include "util/common-utils.h"
#include "feat/feature-mfcc.h"
#include "ivector/plda.h"
#include "nnet3/nnet-utils.h"
#include "nnet3/nnet-nnet.h"
#include "nnet3/nnet-optimize.h"
#include "ivector/voice-activity-detection.h"
```

```
struct XvectorModels{
    kaldi::nnet3::Nnet nnet;
    kaldi::Vector<float> mean;
    kaldi::Matrix<float> transform;
    kaldi::Plda plda;
    kaldi::nnet3::CachingOptimizingCompiler* compiler;
};

bool LoadNnetModel(const std::string& nnet_filename, nnet3::Nnet& nnet);

int XVectorCompute(const nnet3::Nnet &nnet,
nnet3::CachingOptimizingCompiler *pCompile,
const Matrix< BaseFloat>& mat_feat,
Vector< BaseFloat>& xvector_out);

int GetXvectorEmbs(struct XvectorModels& x_models,
                   Matrix<float>& voiced_feat,float** output_vec);
```

和 I-Vector 提取的實現相同，首先可以使用結構 struct XvectorModels 來儲存 X-Vector 計算所需的模型，這裡 X-Vector 提取的模型是 Kaldi 的 nnet3 網路，同時還包括一個用於快取最佳化的編譯器。由於載入 nnet3 網路的方式與 I-Vector 提取所使用的 GMM 載入方式有差異，因此需要單獨實現 nnet3 的模型載入。定義 LoadNnetModel()函數如下：

```
bool LoadNnetModel(const std::string& nnet_filename, nnet3::Nnet& nnet)
{
        if(nnet_filename.empty()) {
                KALDI_WARN<<"Empty nnet_rxfilename";
                return false;
        } try {
                kaldi::ReadKaldiObject(nnet_filename, &nnet);
                kaldi::nnet3::SetBatchnormTestMode(true, &nnet);
```

```
                kaldi::nnet3::SetDropoutTestMode(true, &nnet);
                kaldi::nnet3::CollapseModel(kaldi::nnet3::
                CollapseModelConfig(), &nnet);
        } catch(const std::exception &e) {
                std::cerr<<e.what();
                return false;
        }
        return true;
}
```

然後利用 RunNnetComputation()函數完成 chunk 分片的特徵段在 nnet3 網路模型上的推理。在音訊按 chunk 分成多段後，需要將多次呼叫該函數得到的特徵向量累計成均值向量，再作為最終的聲紋 Embedding 輸出。

```
static void RunNnetComputation(const MatrixBase<BaseFloat> &features,
const Nnet &nnet, CachingOptimizingCompiler *compiler, Vector<BaseFloat>
*xvector) {
        ComputationRequest request;
        request.need_model_derivative = false;
        request.store_component_stats = false;
        request.inputs.push_back(IoSpecification("input", 0, features.NumRows()));
        IoSpecification output_spec;
        output_spec.name = "output";
        output_spec.has_deriv = false;
        output_spec.indexes.resize(1);
        request.outputs.resize(1);
        request.outputs[0].Swap(&output_spec);
        std::shared_ptr<const NnetComputation> computation(std::move
        (compiler->Compile(request)));
        Nnet *nnet_to_update = nullptr;
        NnetComputer computer(NnetComputeOptions(), *computation, nnet,
        nnet_to_update);
```

```
        CuMatrix<BaseFloat> input_feats_cu(features);
        computer.AcceptInput("input", &input_feats_cu);
        computer.Run();
        CuMatrix<BaseFloat> cu_output;
        computer.GetOutputDestructive("output", &cu_output);
        xvector->Resize(cu_output.NumCols());
        xvector->CopyFromVec(cu_output.Row(0));
}
```

XvectorCompute()函數先根據設定的 chunk 大小和是否填充，完成對輸入特徵的前處理，確保輸入 nnet3 模型做推理的特徵的可用性，接著呼叫 RunNnetComputation()函數對每個 chunk 的特徵資料進行 X-Vector 計算，透過 xvector_out 將每個 chunk 的 Embedding 累計起來，最後進行加權平均縮放完成最終 X-Vector 的輸出，程式實現如下：

```
int XVectorCompute(const Nnet &nnet, CachingOptimizingCompiler
*pCompile,const Matrix<BaseFloat>& mat_feat,Vector<BaseFloat>&
xvector_out) {
        try {
                using namespace kaldi;
                using namespace kaldi::nnet3;
                typedef kaldi::int32 int32;
                typedef kaldi::int64 int64;
                int32 chunk_size = 10000;
                int32 min_chunk_size = 25;
                bool pad_input = true;

                CachingOptimizingCompiler& compiler = *pCompile;
                int32 xvector_dim = nnet.OutputDim("output");
                const Matrix<BaseFloat> &features = mat_feat;
                if (features.NumRows() == 0) {
                        KALDI_WARN << "Zero-length utterance: ";
                        return -1;
```

```
            }
            int32 num_rows = features.NumRows(),
                  feat_dim = features.NumCols(),
                  this_chunk_size = chunk_size;

            if (!pad_input && num_rows < min_chunk_size) {
                  KALDI_WARN << "Minimum chunk size of " <<
min_chunk_size
                  << " is greater than the number of rows "
                  << "in utterance: ";
                  return -1;
            } else if (num_rows < chunk_size) {
                  this_chunk_size = num_rows;
            } else if (chunk_size == -1) {
                  this_chunk_size = num_rows;
            }

            int32 num_chunks = ceil(num_rows /
static_cast<BaseFloat> (this_chunk_size));
            xvector_out.Resize(xvector_dim, kSetZero);
            BaseFloat tot_weight = 0.0;
            for (int32 chunk_indx = 0; chunk_indx < num_chunks;
                chunk_indx++){
                int32 offset = std::min(this_chunk_size, num_rows
                - chunk_indx * this_chunk_size);
                if (!pad_input && offset < min_chunk_size)
                    continue;
                SubMatrix<BaseFloat> sub_features(features,
                chunk_indx * this_chunk_size, offset, 0, feat_dim);
                Vector<BaseFloat> xvector;
                tot_weight += offset;
                if (pad_input && offset < min_chunk_size) {
                    Matrix<BaseFloat> padded_features(min_
                    chunk_size, feat_dim);
```

```
                    int32 left_context = (min_chunk_size -
                    offset) / 2;
                    int32 right_context = min_chunk_size -
                    offset - left_context;
                    for (int32 i = 0; i < left_context; i++) {
                        padded_features.Row(i).CopyFromVec
                        (sub_features.Row(0));
                    }
                    for (int32 i = 0; i < right_context; i++) {
                        padded_features.Row(min_chunk_size
                        - i - 1).CopyFromVec(sub_features.
                        Row(offset - 1));
                        }
                        padded_features.Range(left_context,
                        offset, 0, feat_dim).CopyFromMat
                        (sub_features);
                        RunNnetComputation(padded_features, nnet,
                        &compiler, &xvector);
                    } else {
                         RunNnetComputation(sub_features, nnet,
                         &compiler, &xvector);
                    }
                    xvector_out.AddVec(offset, xvector);
            }
            xvector_out.Scale(1.0 / tot_weight);
            return 0;
        }  catch(const std::exception &e) {
            std::cerr << e.what();
            return -1;
        }
}
```

最後透過 GetXvectorEmbs()函數完成從語音特徵檔案到最終 X-Vector 輸出的整體封裝。GetXvectorEmbs()函數首先呼叫 XvectorCompute()函數完成聲紋 Embedding 的提取，接著分別呼叫 VectorLDATransform()函數和 IvectorNormalizeLength()函數完成聲紋 Embedding 的 LDA 降維和歸一化，最後將 X-Vector 轉換成 float 陣列輸出，便於上層的保存和使用。

```
int GetXvectorEmbs(struct XvectorModels& x_models, Matrix<float>&
voiced_feat,float** output_vec) {
        kaldi::Vector<kaldi::BaseFloat> xvector_out;
        if(XVectorCompute(x_models.nnet, x_models.compiler, voiced_feat,
xvector_out)) {
                std::cout<<"Extractor xvector error\n";
                return -1;
        }

        kaldi::Vector<float> lda_vec;
        VectorLDATransform(x_models.transform, x_models.mean, xvector_out, lda_vec);

        if(IvectorNormalizeLength(lda_vec, true,true)) {
                std::cout<<"ldaVector ivectorNormalizeLength Error\n";
                return -1;
        }

        float* pdata_vector = lda_vec.Data();
        *output_vec = new float[lda_vec.Dim()];
        memset(*output_vec, 0, sizeof(float)*lda_vec.Dim());
        memcpy((*output_vec), pdata_vector, lda_vec.Dim()*sizeof(float));
        return lda_vec.Dim();
}
```

至此，I-Vector 與 X-Vector 提取的核心功能均已實現完畢，但由於還缺乏模型初始化管理、特徵參數設定等功能，無法直接使用，因此需要在上層對整體再進行一次封裝，而 I-Vector 與 X-Vector 均可用於語者自動分段標記應用，故在對聲紋上層進行封裝時，可將 I-Vector 與 X-Vector 的選取作為可選設定項。

我們可以將聲紋模型初始化、聲紋 Embedding 提取、聲紋 Embedding 保存、聲紋 Embedding 相似度計算和聲紋模型資源釋放的函數介面定義在 voice-print- service.h 標頭檔中，作為聲紋相關功能最上層的入口。

```
//voice-print-service.h
#pragma once
bool VoicePrintInit(std::string conf_filename);
int VoicePrintEnroll(const std::string &spk_name, unsigned char* buf,
int len, float** enroll_vp);
float VoicePrintScore(float* test_vector, float* target_vector, int
vec_dim);
void VoicePrintRelease();
```

聲紋模型及特徵參數管理的結構 struct VPConfs 定義在 voice-print.h 標頭檔中。

```
#pragma once
#include "nnet3/nnet-utils.h"
#include "cudamatrix/cu-common.h"
#include "cudamatrix/cu-device.h"
#include "cudamatrix/cu-kernels.h"
#include "ivector/voice-activity-detection.h"
#include "nnet3/nnet-am-decodable-simple.h"
#include "nnet3/nnet-utils.h"
#include "ivector/plda.h"
#include "feat/feature-mfcc.h"
using namespace std;
using namespace kaldi;
using namespace nnet3;

struct VPConfs {
  MfccOptions mfcc_opts;
  DeltaFeaturesOptions delta_opts;
  VadEnergyOptions vad_opts;
```

```
  SlidingWindowCmnOptions cmvn_opts;
  NnetSimpleComputationOptions xvector_opts;
  CachingOptimizingCompilerOptions compiler_config;
  PldaConfig plda_config;

  std::string ivector_path = "";
  std::string ivector_extractor_path = "";
  std::string xvector_path = "";
  std::string plda_path = "";
  std::string transform_mat_path = "";
  std::string mean_vec_path = "";
  bool use_ivector = false;

void Register(OptionsItf *opts) {
    mfcc_opts.Register(opts);
    delta_opts.Register(opts);
    vad_opts.Register(opts);
    cmvn_opts.Register(opts);
    xvector_opts.Register(opts);
    compiler_config.Register(opts);
    plda_config.Register(opts);

    opts->Register("ivector-path", &ivector_path, "ivector UBM Path");
    opts->Register("ivector-extractor-path", &ivector_extractor_path,
"ivector Extractor Path");
    opts->Register("xvector-path", &xvector_path, "The path of xvector
model");
    opts->Register("plda-path", &plda_path, "The path of plda model");
    opts->Register("transform-mat-path", &transform_mat_path, "The path
of transform matrix");
    opts->Register("mean-path", &mean_vec_path, "The path of mean.vec
");
    opts->Register("use-ivector", &use_ivector, "Use Ivector or
Xvector");
```

```
  }
};
extern struct IvectorModels i_models;
extern struct XvectorModels x_models;
extern struct VPConfs vp_confs;
```

struct VPConfs 結構透過 Kaldi 的 IptionsItf 類別的註冊機制，對 mfcc，delta，vad，cmvn 等特徵參數進行設定，以及對 X-Vector 神經網路計算圖、最佳化快取、plda 設定等參數進行管理和維護。除此之外，我們還需要定義 I-Vector 與 X-Vector 計算所需的各個模型所在的路徑。

出於範例實現的簡便性，我們將 i_models，x_models 和 vp_confs 全域變數用於各函數之間模型與特徵參數的共用。

標頭檔 voice-print-service.h 中定義的各個函數的實現在 voice-print.cc 檔案中，其中 IvectorInit()函數和 XvectorInit()函數分別實現 I-Vector 和 X-Vector 所需的各個模型資源的載入。

```
bool IvectorInit(struct IvectorModels& i_models, struct VPConfs&
vp_config) {
        try{
                if(!FgmmGlobalToGmm(vp_config.ivector_path,
i_models.fgmm,i_models.dgmm)) {
                        std::cout<<"load ubm model error";
                        return false;
                }
                if(!LoadIvectorExtractModel(vp_config.ivector_
               extractor_path, i_models.ivector)) {
                        std::cout<<"load ivector model error";
                        return false;
                }
                if(!LoadPLDAModel(vp_config.plda_path, i_models.plda)) {
                        std::cout<<"load PLDA error";
```

```
                        return false;
                }

                if(!LoadLdaTransMat(vp_config.transform_mat_path,
                    i_models.transform)) {
                        std::cout<<"load LDA transform matrix error";
                        return false;
                }
                if(!LoadMeanVector(vp_config.mean_vec_path, i_models.mean))
{
                        std::cout<<"load mean vector error";
                        return false;
                }
        }catch(const std::exception &e){
                std::cerr<<e.what();
                return false;
        }
        return true;
}
```

XvectorInit()函數除了在載入 nnet3 的聲紋模型時與 IvectorInit()函數載入聲紋模型的方式不一樣，其他 mean，LDA，PLDA 等模型的載入均與 IvectorInit()函數中的實現一致。

```
bool XvectorInit(struct XvectorModels& x_models, struct VPConfs&
vp_config) {
        try {
                if(!LoadNnetModel(vp_config.xvector_path, x_models.nnet)) {
                        std::cout<<"load nnet3 model error";
                        return false;
                }
                if(!LoadMeanVector(vp_config.mean_vec_path, x_models.mean))
{
                        std::cout<<"load mean vector error";
```

```
                return false;
            }
            if(!LoadLdaTransMat(vp_config.transform_mat_path,
              x_models.transform)) {
                std::cout<<"load LDA transform matrix error";
                return false;
            }
            if(!LoadPLDAModel(vp_config.plda_path,x_models.plda)) {
                std::cout<<"load PLDA error";
                return false;
            }
            x_models.compiler = new kaldi::nnet3::CachingOptimizingCompiler
(x_models.nnet, vp_config.xvector_opts.optimize_config, vp_config.
compiler_config);

        } catch(const std::exception &e) {
            std::cerr<<e.what();
            return false;
        }
        return true;
}
```

VoicePrintInit()函數先透過 Kaldi 的 ParseOptions 的 ReadConfigFile()介面，實現對設定檔的參數載入，然後根據讀取的 vp_confs.use_ivector 設定項，完成 IvectorInit()函數或 XvectorInit()函數聲紋模型的載入和初始化。

```
bool VoicePrintInit(std::string conf_filename) {
        kaldi::ParseOptions po("Read config data");
        std::ifstream is(conf_filename, std::ifstream::in);
        if ((!is.good()) && (!is.is_open())) {
                std::cout<<"Error read conf\n";
                return false;
```

```
        } else {
                std::cout<<"Load configs ...\n";
                vp_confs.Register(&po);
        }

        po.ReadConfigFile(conf_filename);
        if ((vp_confs.ivector_path == "" && vp_confs.xvector_path == "")
|| vp_confs.plda_path== "" || vp_confs.transform_mat_path == "" ||
vp_confs.mean_vec_path == "") {
                std::cout<<"Empty model path ...\n";
                return false;
        }
        if(vp_confs.use_ivector) {
                std::cout<<"Loading Ivector Models ... \n";
                return IvectorInit(i_models, vp_confs);
        } else {
                std::cout<<"Loading Xvector Models ... \n";
                return XvectorInit(x_models, vp_confs);
        }
}
```

VoicePrintEnroll()函數用於實現從 WAVE PCM 音訊資料到聲紋 Embedding 的提取，首先呼叫音訊特徵處理模組 feats-process.h 中的 ComputeAndProcessFeature()函數完成 MFCC 特徵的提取，然後根據 vp_confs.use_ivector 設定項分別提取 I-Vector 或 X-Vector 聲紋 Embedding，並以 float 陣列的形式返回音紋 Embedding。

```
int VoicePrintEnroll(const std::string &spk_name, unsigned char* buf,
int len, float** enroll_vp) {
        if (buf == nullptr || len <=0 || enroll_vp == nullptr) {
                std::cout<<"Error Arguments \n";
                return -1;
        }
```

```
        kaldi::Matrix<float> voiced_feat;
        int ret_num_feats = ComputeAndProcessFeature(buf, len, 1,
vp_confs.vad_opts, vp_confs.mfcc_opts, vp_confs.delta_opts,
vp_confs.cmvn_opts, vp_confs.use_ivector, voiced_feat);
        if (ret_num_feats < 0) {
                std::cout<<"Extract Feats Error \n";
                return -1;
        }
        if (vp_confs.use_ivector) {
                return GetIvectorEmbs(i_models, voiced_feat, enroll_vp);
        } else {
                return GetXvectorEmbs(x_models, voiced_feat, enroll_vp);
        }
}
```

VoicePrintScore()函數首先用於完成聲紋 Embedding 從 float 陣列到 Kaldi Vector 向量的轉換，接著呼叫 IvectorPLDAScoring()函數完成聲紋 Embedding 相似度的計算，並返回相似度分值。

```
float VoicePrintScore(float* test_vector, float* target_vector, int
vec_dim) {
        if(test_vector == nullptr || target_vector == nullptr || vec_dim
<=0) {
                std::cout<<"Error Arguments for score\n";
                return -255.0f;
        }

        kaldi::Vector<float> test_kaldi_vec;
        kaldi::Vector<float> target_kaldi_vec;
        test_kaldi_vec.Resize(vec_dim, kaldi::kSetZero);
        target_kaldi_vec.Resize(vec_dim, kaldi::kSetZero);
        float* ptr_test = test_kaldi_vec.Data();
        memcpy(ptr_test, test_vector, vec_dim*sizeof(float));
        float* ptr_target = target_kaldi_vec.Data();
```

```
        memcpy(ptr_target, target_vector, vec_dim*sizeof(float));

        if(vp_confs.use_ivector)
                return IvectorPLDAScoring(i_models.plda,
vp_confs.plda_config, test_kaldi_vec, target_kaldi_vec);
        else
                return IvectorPLDAScoring(x_models.plda,
vp_confs.plda_config, test_kaldi_vec, target_kaldi_vec);
}
```

VoicePrintRelease()函數用於釋放模型載入時申請的記憶體資源，由於本專案中只有 X-Vector 的編譯器申請在堆積上，因此在資源釋放時，僅需釋放 X-Vector 的編譯器申請的記憶體資源。

```
void VoicePrintRelease() {
        if (x_models.compiler) {
                delete x_models.compiler;
                x_models.compiler = nullptr;
        }
}
```

至此，聲紋模型初始化、聲紋 Embedding 提取、聲紋 Embedding 相似度計算等功能的函數封裝完成，下面將基於本節實現的內容來實現語者自動分段標記演算法的核心功能。

7.3.3 語者自動分段標記演算法實現

AHC 因其具有實現簡單、聚類收斂速度快、效果穩定等特性，常作為語者自動分段標記基準線聚類演算法。首先，在 Kaldi 的層次聚類 ahc-cluster.h 標頭檔中定義結構 struct AhcCluster，用於記錄每個 segment 片段當前所屬的 id 及其父節點。然後，Kaldi 使用 AgglomerativeClusterer 類別來記錄維護聲紋相似度矩陣、聚類終止條件、最小聚類簇等資訊，透過類簇合併的成員 MergeClusters()函數基於優先佇列 queue_反覆迭代合併相同類簇，並根據設定的類簇數和設定值輸出最終的聚類結果。最後，將 AgglomeractiveClusterer 類別的呼叫邏輯封裝成 AgglomerativeCluster()函數，供上層應用呼叫。

ahc-cluster.h 標頭檔的定義如下：

```
#include <vector>
#include <queue>
#include <set>
#include <unordered_map>
#include <functional>
#include "base/kaldi-common.h"
#include "matrix/matrix-lib.h"
#include "util/stl-utils.h"

struct AhcCluster {
  int32 id,parent1,parent2, size;
  std::vector<int32> utt_ids;
  AhcCluster(int32 id, int32 p1, int32 p2, std::vector<int32> utts)
      : id(id), parent1(p1), parent2(p2), utt_ids(utts) {
    size = utts.size();
  }
};

class AgglomerativeClusterer {
 public:
  AgglomerativeClusterer(const kaldi::Matrix<kaldi::BaseFloat> &costs,
kaldi::BaseFloat thresh,
                         int32 min_clust,  std::vector<int32>
*assignments_out)
  : count_(0), costs_(costs), thresh_(thresh), min_clust_(min_clust),
assignments_(assignments_out) {
    num_clusters_ = costs.NumRows();
```

```
    num_points_ = costs.NumRows();
  }
  void Cluster();
 private:
// 獲得聲紋相似矩陣第 i 個聲紋片段和第 j 個聲紋片段的相似度值
  kaldi::BaseFloat GetCost(int32 i, int32 j);
  void Initialize();
  // 合併兩個聲紋特徵所屬的類簇
void MergeClusters(int32 i, int32 j);
  int32 count_;
  const kaldi::Matrix<kaldi::BaseFloat> &costs_;
  kaldi::BaseFloat thresh_;
  int32 min_clust_;
  std::vector<int32> *assignments_;

  typedef std::pair<kaldi::BaseFloat, std::pair<uint16,uint16> >
QueueElement;
  typedef std::priority_queue<QueueElement, std::vector<QueueElement>,
                              std::greater<QueueElement>  > QueueType;
  QueueType queue_;
  std::unordered_map<std::pair<int32, int32>, kaldi::BaseFloat,
                     kaldi::PairHasher<int32, int32>> cluster_cost_map_;
  std::unordered_map<int32, AhcCluster*> clusters_map_;
  std::set<int32> active_clusters_;
  int32 num_clusters_;
  int32 num_points_;
};
void AgglomerativeCluster( const kaldi::Matrix<kaldi::BaseFloat> &costs,
kaldi::BaseFloat thresh,
    int32 min_clust, std::vector<int32> *assignments_out);
```

AgglomerativeClusterer 類別的具體實現在 ahc-cluster.cc 檔案中，其中 Agglomerative Cluster()函數完成 AgglomerativeClusterer 物件的初始化和 Cluster 聚類函數的呼叫。

```
void AgglomerativeCluster( const Matrix<BaseFloat> &costs, BaseFloat
thresh, int32 min_clust,
                        std::vector<int32> *assignments_out) {
  KALDI_ASSERT(min_clust >= 0);
  AgglomerativeClusterer ac(costs, thresh, min_clust, assignments_out);
  ac.Cluster();
}
```

AgglomerativeClusterer::Cluster()函數首先根據相似度矩陣的大小，呼叫 Initialize()函數完成 AhcCluster 葉子節點的建構，接著根據葉子節點 id 對對應的 cost 代價進行 map 映射和優先佇列的建構，再呼叫 MergeCluster()函數反覆合併相同類簇，直到滿足最小聚類簇的條件。

```
void AgglomerativeClusterer::Initialize() {
  KALDI_ASSERT(num_clusters_ != 0);
  for (int32 i = 0; i < num_points_; i++) {
    std::vector<int32> ids;
    ids.push_back(i);
    AhcCluster *c = new AhcCluster(++count_, -1, -1, ids);
    clusters_map_[count_] = c;
    active_clusters_.insert(count_);
    for (int32 j = i+1; j < num_clusters_; j++) {
      BaseFloat cost = costs_(i,j);
      cluster_cost_map_[std::make_pair(i+1, j+1)] = cost;
      if (cost <= thresh_)
        queue_.push(std::make_pair(cost,
std::make_pair(static_cast<uint16>(i+1), static_cast<uint16>(j+1))));
    }
  }
}

// 層次聚類核心處理流程
void AgglomerativeClusterer::Cluster() {
```

```
  KALDI_VLOG(2) << "Initializing cluster assignments.";
  Initialize();
  KALDI_VLOG(2) << "Clustering...";
  while (num_clusters_ > min_clust_ && !queue_.empty()) {
    std::pair<BaseFloat, std::pair<uint16, uint16> > pr = queue_.top();
    int32 i = (int32) pr.second.first, j = (int32) pr.second.second;
    queue_.pop();
    if ((active_clusters_.find(i) != active_clusters_.end()) &&
        (active_clusters_.find(j) != active_clusters_.end()))
      MergeClusters(i, j);
  }
  std::vector<int32> new_assignments(num_points_);
  int32 label_id = 0;
  std::set<int32>::iterator it;
  for (it = active_clusters_.begin(); it != active_clusters_.end();
++it) {
    ++label_id;
    AhcCluster *cluster = clusters_map_[*it];
    std::vector<int32>::iterator utt_it;
    for (utt_it = cluster->utt_ids.begin();
         utt_it != cluster->utt_ids.end(); ++utt_it)
      new_assignments[*utt_it] = label_id;
    delete cluster;
  }
  assignments_->swap(new_assignments);
}
```

MergeClusters()函數根據 segment 片段兩兩計算得到的相似度分值矩陣和設定值將當前相似度高的片段合併成一個。

```
void AgglomerativeClusterer::MergeClusters(int32 i, int32 j) {
  AhcCluster *clust1 = clusters_map_[i];
  AhcCluster *clust2 = clusters_map_[j];
```

```
  clust1->id = ++count_;
  clust1->parent1 = i;
  clust1->parent2 = j;
  clust1->size += clust2->size;
  clust1->utt_ids.insert(clust1->utt_ids.end(), clust2->utt_ids.begin(),
clust2->utt_ids.end());
  active_clusters_.erase(i);
  active_clusters_.erase(j);
  std::set<int32>::iterator it;
  for (it = active_clusters_.begin(); it != active_clusters_.end();
++it) {
    BaseFloat new_cost = GetCost(*it, i) + GetCost(*it, j);
    cluster_cost_map_[std::make_pair(*it, count_)] = new_cost;
    BaseFloat norm = clust1->size * (clusters_map_[*it])->size;
    if (new_cost / norm <= thresh_)
      queue_.push(std::make_pair(new_cost / norm,
std::make_pair(static_cast<uint16>(*it), static_cast<uint16>(count_))));
  }
  active_clusters_.insert(count_);
  clusters_map_[count_] = clust1;
  delete clust2;
  num_clusters_--;
}
```

其中，cost 相似度矩陣需要在對 VAD 分段的資料提取聲紋後計算得到，在初始化 AgglomerativeClusterer 時傳入：

```
AgglomerativeClusterer ac(costs, thresh, min_clust, assignments_out);
```

注意，在 Kaldi 層次聚類實現類簇合併時，出於聚類收斂速度的考慮，使用的是簡單的相似度分值求和，這在一定程度上會弱化合並類簇後的特徵表徵，影響聚類最終的效果。

透過 speaker-cluster.h 和 speaker-cluster.cc 將 WebRTC 語音活動檢測

模組、聲紋 Embedding 提取、聲紋 Embedding 相似度矩陣計算，以及 Kaldi 的 AHC 演算法流程串聯起來，來實現最終的語者自動分段標記演算法流程。

speaker-cluster.h 標頭檔定義如下：

```
// speaker-cluster.h
#include "voice-print-service.h"

int DoClusterOneBuf(unsigned char* data_buf, const int length, const
ClusterResult* seg_info,
                    const int seg_count, const int sample_rate, const int
speaker_count,
                    const float threshold, ClusterResult**
cluster_results, int * cluster_results_num);
void FreeClusterResult(ClusterResult* cluster_results);
```

其中，結構 struct ClusterResult 定義在 voice-print-service.h 標頭檔中，用於儲存最終的語者自動分段標記結果，以毫秒為單位，方便上層應用基於語者自動分段標記的返回結果進行語音辨識或有效時長統計等下游任務。

```
struct ClusterResult {
        int seg_id;
        int speaker_id;
        int start_ms;
        int end_ms;
};
```

speaker-cluster.cc 語者自動分段標記演算法流程的具體實現：首先定義時間到 PCM 陣列 index 轉換的相關 MillSecToBytes()函數。

```
static int MillSecToBytes(int second, const int sample_rate) {
```

```
        int sample_num = (sample_rate / 1000) * second;
        return sizeof(short) * sample_num;
}
```

在得到語音活動檢測判別結果後，DoClusterOneBuf() 函數先呼叫 MillSecToBytes()函數得到 PCM 陣列對應的 Index 資訊，再根據 start 與 end 索引資訊，分別呼叫 VoicePrintEnroll()函數提取聲紋資訊、計算片段間的相似度矩陣，最後呼叫 AHC 演算法完成最終語者自動分段標記的聚類。

```
int DoClusterOneBuf(unsigned char* data_buf, const int length,
                const ClusterResult* seg_info, const int seg_count,
                const int sample_rate, const int speaker_count,
                const float threshold,
                ClusterResult** cluster_results, int *
cluster_results_num) {
        if ( seg_count <= 0 || (!data_buf) || length <= 0)
                return -1;
        if (seg_count < speaker_count)
                return -1;

        std::vector<ClusterResult> spk_seg_result_info;
        std::vector<float*> seg_xvectors;
        int vec_dim = 0;
        for (int i = 0; i < seg_count; ++i) {
                const ClusterResult& one_seg = seg_info[i];
                if (one_seg.end_ms - one_seg.start_ms < MIN_LEN_MS)
                        continue;
                int start_idx = MillSecToBytes(one_seg.start_ms, sample_rate);
                int end_idx = MillSecToBytes(one_seg.end_ms,
sample_rate);
                unsigned char *tmp_buf = data_buf + start_idx;
                int tmp_len = end_idx - start_idx;
```

```
                float* seg_vector = 0;
                vec_dim = VoicePrintEnroll("", tmp_buf, tmp_len,
&seg_vector);
                if(vec_dim <= 0) {
                        releaseResult(seg_vector);
                        continue;
                }
                seg_xvectors.push_back(seg_vector);
                spk_seg_result_info.push_back(one_seg);
        }
        int seg_xvector_nums = seg_xvectors.size();
        std::cout<<"seg_xvector_nums "<<seg_xvector_nums<<std::endl;
        kaldi::Matrix<kaldi::BaseFloat> scores(seg_xvector_nums,
seg_xvector_nums);
        for (int i = 0; i < seg_xvector_nums; ++i) {
                for (int j = 0; j < seg_xvector_nums; ++j) {
                        float score = VoicePrintScore(seg_xvectors[i],
seg_xvectors[j], vec_dim);
                        scores(i, j) = -1 * score;
                }
        }
        for (int i = 0; i < seg_xvector_nums; ++i) {
                releaseResult(seg_xvectors[i]);
        }
        seg_xvectors.clear();
        std::vector<int32> spk_ids;
        std::cout<<"Speaker Nums : "<<speaker_count<<std::endl;
        if (speaker_count >= 2)
                AgglomerativeCluster(scores, std::numeric_
limits<kaldi::BaseFloat>::max(), speaker_count, &spk_ids);
        else
                AgglomerativeCluster(scores, threshold, 1, &spk_ids);
        for (int i = 0; i < seg_xvector_nums; ++i) {
                spk_seg_result_info[i].speaker_id = spk_ids[i];
```

```
        }
        int result_nums = spk_seg_result_info.size();
        *cluster_results_num = result_nums;
        if (0 == result_nums)
                return 0;

        ClusterResult *ptr_seg_cluster_result = new ClusterResult
[result_nums];
        for (int i = 0; i < result_nums; ++i) {
                ptr_seg_cluster_result[i] = spk_seg_result_info[i];
        }
        *cluster_results = ptr_seg_cluster_result;
        return 0;
}
```

然後利用 SpeakerDiarization()函數完成從 PCM 陣列到語者自動分段標記完整流程呼叫的封裝，即先呼叫基於 WebRTC 的 GenerateVadPeriodMs()函數，得到語音活動檢測分段結果，再透過呼叫 DoClusterOneBuf()函數對分段後的音訊分別提取聲紋 Embedding、計算聲紋 Embedding 相似度矩陣，最後使用 AHC 演算法得到最終結果。

```
int SpeakerDiarization(unsigned char* data_buf, const int length, const
int speaker_num, const float threshold, std::vector<ClusterResult>&
seg_cluster_result) {
        if (data_buf == nullptr || length <=0)
                return -1;
        int vad_frame_len = 10;
        int vad_mode = 3;
        VadPeriodMs* vad_period_ms = 0;
        int vad_period_num = 0;
        int sample_rate = 16000;
```

```
        if (!GenerateVadPeroidMs((const short *)data_buf, length/2,
sample_rate, vad_mode, vad_frame_len, &vad_period_ms, &vad_period_num))
{
                ReleaseResult(vad_period_ms);
                return -1;
        }
        std::vector<ClusterResult> seg_info;
        for (int i = 0; i < vad_period_num; ++i) {
                VadPeriodMs& vad_one_ms = vad_period_ms[i];
                ClusterResult one_cluster_result;
                one_cluster_result.seg_id = i;
                if (vad_one_ms.end_ms - vad_one_ms.start_ms < 0)
                        continue;
                one_cluster_result.start_ms = vad_one_ms.start_ms;
                one_cluster_result.end_ms = vad_one_ms.end_ms;
                one_cluster_result.speaker_id = 0;
                seg_info.push_back(one_cluster_result);
        }
        ReleaseResult(vad_period_ms);
        int clustered_num = seg_info.size();
        if (clustered_num < speaker_num)
                return -1;
        ClusterResult *results_ptr = nullptr;
        int cluster_result_num = 0;
        int nRet = DoClusterOneBuf((unsigned char*)data_buf, length *
sizeof(short), seg_info.data(), clustered_num, sample_rate, speaker_num,
threshold, &results_ptr, &cluster_result_num);
        for (int i = 0; i < cluster_result_num; ++i)
                seg_cluster_result.push_back(results_ptr[i]);
        FreeClusterResult(results_ptr);
        if (0 != nRet)
                return nRet;
        return 0;
}
```

最後，在原有的 voice-print-service.h 標頭檔中增加語者自動分段標記的 Speaker Diarization()函數和音訊特徵提取的 ReadWav()函數，即可對外提供功能完整的語者自動分段標記服務。最終形式的 voice-print-service.h 標頭檔如下：

```
#pragma once
struct ClusterResult {
        int seg_id;
        int speaker_id;
        int start_ms;
        int end_ms;
};
int ReadWav(const std::string &filename, unsigned char** buf, int*
num_channel);
bool SaveEmbedding(const std::string &filename, float* buf, int len);
bool LoadEmbedding(const std::string &filename, float** buf, int len);
bool VoicePrintInit(std::string conf_filename);
int VoicePrintEnroll(const std::string &spk_name, unsigned char* buf,
int len, float** enroll_vp);
float VoicePrintScore(float* test_vector, float* target_vector, int
vec_dim);
int SpeakerDiarization(unsigned char* data_buf, const int length, const
int speaker_num, const float threshold, std::vector<ClusterResult>&
seg_cluster_result);
void VoicePrintRelease();
```

透過 CMakeList.txt 將以上所有的.h 標頭檔和.cc 原始檔案進行組織管理，使用 CMake 編譯生成動態連結程式庫 libVpr.so。我們可以進一步基於 voice-print-service.h 標頭檔和聲紋動態連結程式庫撰寫測試程式，驗證語者自動分段標記功能。

測試程式 speaker-diarization-test.cc 可用於語者自動分段標記功能的驗

證，首先呼叫 VoicePrintInit()函數進行模型載入和參數初始化；然後在聲紋模型載入成功後，呼叫 ReadWav()函數完成音訊檔案的讀取與解析；最後將解析的 PCM 陣列及待聚類簇數和判別設定值傳入 SpeakerDiarization()函數，得到最終分離的結果。語者自動分段標記的測試程式如下：

```
#include <iostream>
#include <vector>
#include "voice-print-service.h"

int main(int argc, char *argv[]) {
  if (argc != 3) {
    std::cout<<"Usage : speaker-diarization-test <conf> audio.wav\n";
    return -1;
  }

  std::string conf_file = argv[1];

  if(VoicePrintInit(conf_file)) {
    unsigned char* data_src = 0;
    int num_channel = 0;
    int data_size  = ReadWav(argv[2], &data_src, &num_channel);
    if (data_size <= 0) {
      std::cout << "Audio file read failed " << argv[2] << std::endl;
      return -1;
    }

    std::vector<ClusterResult> result;
    SpeakerDiarization(data_src, data_size, 2, 0.0, result);
    std::cout<<"Segment-id      Speaker-id      Start   End"<<std::endl;
    for(int i = 0; i < result.size(); ++i)
        std::cout<<result[i].seg_id<<" "<<result[i].speaker_id<<"
"<<result[i].start_ms<<" "<<result[i].end_ms<<std::endl;
```

```
    delete [] data_src;
    VoicePrintRelease();

  } else {
    std::cout<<"Init VPR Error "<<std::endl;
    return -1;
  }
}
```

整個專案原始檔案的編譯透過兩級 CMakeLists.txt 設定完成，speaker-diarization 目錄下的 CMakeLists.txt 作為首級 CMakeLists.txt，用於宣告整個專案所採用的編譯器、通用編譯參數、專案編譯生成的可執行程式和動態連結程式庫的路徑，以及指定 src 和 test 目錄作為下一級編譯子目錄。完整的 speaker-diarization/CMakeLists.txt 內容如下：

```
cmake_minimum_required(VERSION 2.8)
PROJECT(SPEAKER_DIARIZATION)
SET(CMAKE_CXX_STANDARD 11)
SET(CMAKE_CXX_FLAGS "${CMAKE_CXX_FLAGS} -std=c++11 -O0 -fPIC")

SET(EXECUTABLE_OUTPUT_PATH ${PROJECT_BINARY_DIR}/../bin)
SET(LIBRARY_OUTPUT_PATH ${PROJECT_BINARY_DIR}/../lib)

ADD_SUBDIRECTORY(src)
ADD_SUBDIRECTORY(test)
```

src/CMakeLists.txt 用於編譯和生成聲紋動態函數庫，以供外部使用。在 CMakeLists.txt 設定檔中，透過 AUX_SOURCE_DIRECTORY 操作符選取語者自動分段標記實現的.cc 原始檔案和 webrtc/rtc_base 的.cc 原始檔案；FILE 操作符選取 webrtc 下 VAD 模組的所有.c 原始檔案；透過 INCLUDE_DIRECTORIES 操作符增加 include 標頭檔路徑；最後使用 ADD_LIBRARY 和 TARGET_LINK_LIBRARIES 操作符將所主動檔案及

Kaldi 相關的靜態程式庫編譯連結成最終的 libVpr.so 函數庫。

```
cmake_minimum_required(VERSION 2.8)
SET(CMAKE_CXX_STANDARD 11)
SET(CMAKE_CXX_FLAGS "${CMAKE_CXX_FLAGS} -std=c++11 –O1 -fPIC -ffunction-
sections -fdata-sections")
SET(CMAKE_SHARED_LINKER_FLAGS "${CMAKE_SHARED_LINKER_FLAGS} -Wl,--gc-
sections")

AUX_SOURCE_DIRECTORY(. VPR_SRCS)

FILE(GLOB_RECURSE WRTC_SRCS ${CMAKE_CURRENT_SOURCE_DIR}/../webrtc/*.c)
AUX_SOURCE_DIRECTORY(${CMAKE_CURRENT_SOURCE_DIR}/../webrtc/rtc_base
CHECK_SRCS)

INCLUDE_DIRECTORIES(${CMAKE_CURRENT_SOURCE_DIR}/../../thirdparty/kaldi/i
nclude)
INCLUDE_DIRECTORIES(${CMAKE_CURRENT_SOURCE_DIR}/include)
INCLUDE_DIRECTORIES(${CMAKE_CURRENT_SOURCE_DIR}/..)
INCLUDE_DIRECTORIES(${CMAKE_CURRENT_SOURCE_DIR}/../webrtc)

SET(KALDI_LIB_PATH
"${CMAKE_CURRENT_SOURCE_DIR}/../../thirdparty/kaldi/libs")

ADD_LIBRARY(Vpr SHARED ${VPR_SRCS} ${WRTC_SRCS} ${CHECK_SRCS})
TARGET_LINK_LIBRARIES(Vpr ${KALDI_LIB_PATH}/kaldi-nnet3.a
${KALDI_LIB_PATH}/kaldi-cudamatrix.a ${KALDI_LIB_PATH}/kaldi-ivector.a
${KALDI_LIB_PATH}/kaldi-hmm.a ${KALDI_LIB_PATH}/kaldi-gmm.a
${KALDI_LIB_PATH}/kaldi-tree.a ${KALDI_LIB_PATH}/kaldi-transform.a
${KALDI_LIB_PATH}/kaldi-feat.a ${KALDI_LIB_PATH}/kaldi-util.a
${KALDI_LIB_PATH}/kaldi-matrix.a ${KALDI_LIB_PATH}/kaldi-base.a)
```

test/CMakeLists.txt 用於編譯生成語者自動分段標記的測試程式，透過 INCLUDE_ DIRECTORIES 操作符設定 include 標頭檔路徑，使得測試程式可以包括聲紋動態函數庫的標頭檔 voice-print-services.h；透過 LINK_DIRECTORIES 操作符指定 libVpr.so 動態函數庫的連結路徑；透過 ADD_EXECUTABLE 和 TARGET_LINK_LIBRARIES 操作符完成語者自動分段標記測試程式的編譯和連結。

```
cmake_minimum_required(VERSION 2.8)
SET(CMAKE_CXX_STANDARD 11)
SET(CMAKE_CXX_FLAGS "${CMAKE_CXX_FLAGS} -std=c++11 -O0 -fPIC")

INCLUDE_DIRECTORIES(${CMAKE_CURRENT_SOURCE_DIR}/../src/include)
INCLUDE_DIRECTORIES(.)

SET(MKL_LIBS "-Wl,-
rpath=${CMAKE_CURRENT_SOURCE_DIR}/../../thirdparty/mkl -
L${CMAKE_CURRENT_SOURCE_DIR}/../../thirdparty/mkl -lmkl_rt -lmkl_def -
lmkl_intel_lp64 -lmkl_core -lmkl_sequential")
SET(CUDA_LIBS "-Wl,-
rpath=${CMAKE_CURRENT_SOURCE_DIR}/../../thirdparty/cuda -
L${CMAKE_CURRENT_SOURCE_DIR}/../../thirdparty/cuda -lcublas -lcudart -
lcufft -lcurand -lcusolver -lcusparse -lnvToolsExt")
LINK_DIRECTORIES(${CMAKE_CURRENT_SOURCE_DIR}/../lib)

ADD_EXECUTABLE(voice-print-test voice-print-test.cc)
ADD_EXECUTABLE(speaker-diarization-test speaker-diarization-test.cc)

TARGET_LINK_LIBRARIES(voice-print-test Vpr ${CUDA_LIBS} ${MKL_LIBS}
pthread)
TARGET_LINK_LIBRARIES(speaker-diarization-test Vpr ${CUDA_LIBS}
${MKL_LIBS} pthread)
```

在 speaker-diarization 專案的 CMakeLists.txt 設定好後，可以使用 CMake 命令進行編譯。

```
# cmake . -Bbuild
# cd build
# make
```

編譯完成的專案如下：

```
speaker-diarization/
|-- CMakeLists.txt
|-- bin
|   `-- speaker-diarization-test
|-- build
|   |-- CMakeCache.txt
|   |-- CMakeFiles
|   |-- Makefile
|   |-- cmake_install.cmake
|   |-- src
|   `-- test
|-- lib
|   `-- libVpr.so
|-- models
|-- src
|-- test
`-- webrtc
```

其中，speaker-diarization/build 為編譯時生成的臨時目錄，lib 和 bin 目錄分別為聲紋動態函數庫 libVpr.so 和語者自動分段標記的測試程式。

執行 speaker-diarization-test 測試程式，進行語者自動分段標記功能的驗證。

```
# ./bin/speaker-diarization-test ./models/vpr/online.conf audio.wav
Load configs ...
```

```
Loading Xvector Models ...
Segment-id      Speaker-id      Start   End
4 2 450 2780
7 2 3700 5060
12 1 5270 5760
16 1 5910 7820
17 1 7840 8970
24 1 9560 10330
28 2 10660 11440
31 2 11770 12380
33 2 12870 14340
34 1 14360 14910
36 2 15000 16730
49 2 17300 18790
52 2 19010 19890
```

其中，第一列 Segment-id 為 WebRTC 語音活動檢測切分後的子段 id；第二列 Speaker-id 為語者 id，分別用 1 和 2 區分；第三列和第四列為不同語者的起始時間和終止時間。

7.4 語音辨識解碼

語音辨識解碼模組是智慧質檢在語音演算法上的最後一個環節，即在得到語者自動分段標記模組返回的結果後，分別對分段的結果進行語音辨識，從而得到不同語者在音訊中說話的內容。本文的語音辨識解碼器應用 Kaldi 提供的基於 LatticeFasterOnlineDecoder 的 online2-wav-nnet3-latgen-faster 來實現，這是一個可以生成詞圖的快速解碼器線上版本。此外，Kaldi 還提供了 SimpleDecoder，FasterDecoder，LatticeFasterDecoder 等其他解碼器實現。

語音辨識的實現和語者自動分段標記的實現一樣，首先需要定義結構 struct AsrModels，用於存放語音辨識中所需的各類特徵提取的參數與設定，以及聲學模型、詞表、HCLG 靜態解碼圖等資訊。AsrModels 結構定義在 asr-decode.h 標頭檔中：

```
include <string>
#include <fstream>
#include <iostream>
#include "feat/wave-reader.h"
#include "online2/online-nnet3-decoding.h"
#include "online2/online-nnet2-feature-pipeline.h"
#include "online2/onlinebin-util.h"
#include "online2/online-timing.h"
#include "online2/online-endpoint.h"
#include "fstext/fstext-lib.h"
#include "lat/lattice-functions.h"
#include "util/kaldi-thread.h"
#include "nnet3/nnet-utils.h"
using namespace kaldi;
using namespace fst;

struct AsrModels {
        OnlineNnet2FeaturePipelineConfig feature_opts;
        nnet3::NnetSimpleLoopedComputationOptions decodable_opts;
        LatticeFasterDecoderConfig decoder_opts;
        OnlineEndpointConfig endpoint_opts;
        BaseFloat chunk_length_secs = 0.18;
        bool do_endpointing = false;
        bool online = true;
        OnlineNnet2FeaturePipelineInfo *p_feature_info = nullptr;

        TransitionModel trans_model;
        nnet3::AmNnetSimple am_nnet;
```

```
        nnet3::DecodableNnetSimpleLoopedInfo *p_decodable_info =
nullptr;
        fst::Fst<fst::StdArc> *decode_fst = nullptr;
        fst::SymbolTable *word_syms = nullptr;
};

void GetWordResult(const fst::SymbolTable *word_syms, const
CompactLattice &clat, std::string & strWordResult);
bool Init(std::string conf_file, AsrModels& asr_models);
extern struct AsrModels asr_models;
```

其中，Init()函數用於 ASR 相關模型檔案的載入和解碼相關參數的初始化，GetWordResult()函數用於輸出 ASR 最終的語音辨識文字結果，和語者自動分段標記演算法的實現一樣。出於實現簡便起見，我們可以將全域變數 AsrModels asr_models 作為內部全域共用物件，用來管理和維護 ASR 相關模型和解碼所需的參數資訊。

Init()函數透過 kaldi ParseOptions 的註冊機制，從 ASR 的 conf 檔案中載入 ASR 所需的特徵參數和解碼相關的參數，根據 conf 檔案中設定的模型載入路徑，並分別載入聲學模型 final.mdl，HCLG.fst 和 words.txt 到 asr_models 全域結構中，完成語音辨識的初始化。

```
bool Init(std::string conf_file, AsrModels& asr_models) {
  if ( conf_file == "") {
    KALDI_LOG<<"Error model file path";
    return false;
  }

  try {
    ParseOptions po(nullptr);
    OnlineNnet2FeaturePipelineConfig &feature_opts =
asr_models.feature_opts;
```

```
    nnet3::NnetSimpleLoopedComputationOptions &decodable_opts =
asr_models.decodable_opts;
    LatticeFasterDecoderConfig &decoder_opts = asr_models.decoder_opts;
    OnlineEndpointConfig &endpoint_opts = asr_models.endpoint_opts;

    BaseFloat &chunk_length_secs = asr_models.chunk_length_secs;
    bool &do_endpointing = asr_models.do_endpointing;
    bool &online = asr_models.online;

    std::string am_path = "";
    std::string hclg_path = "";
std::string words_path = "";
    po.Register("chunk-length", &chunk_length_secs,
                "Length of chunk size in seconds, that we process.  Set
to <= 0 "
                "to use all input in one chunk.");
    po.Register("do-endpointing", &do_endpointing,
                "If true, apply endpoint detection");
    po.Register("online", &online,
                "You can set this to false to disable online iVector
estimation "
               "and have all the data for each utterance used, even at "
              "utterance start.  This is useful where you just want the best "
              "results and don't care about online operation.  Setting this to "
              "false has the same effect as setting "
              "--use-most-recent-ivector=true and --greedy-ivector-extractor=true "
              "in the file given to --ivector-extraction-config, and "
              "--chunk-length=-1.");
    po.Register("am-path", &am_path, "asr final.mdl path");
    po.Register("hclg-path", &hclg_path, "asr HCLG path");
    po.Register("words-path", &words_path, "asr words.txt path");

    feature_opts.Register(&po);
    decodable_opts.Register(&po);
```

```
    decoder_opts.Register(&po);
    endpoint_opts.Register(&po);
    po.ReadConfigFile(conf_file);

    asr_models.p_feature_info = new
OnlineNnet2FeaturePipelineInfo(feature_opts);
    OnlineNnet2FeaturePipelineInfo &feature_info =
*(asr_models.p_feature_info);

    if (!online) {
      feature_info.ivector_extractor_info.use_most_recent_ivector =
true;
      feature_info.ivector_extractor_info.greedy_ivector_extractor =
true;
      chunk_length_secs = -1.0;
    }

    TransitionModel &trans_model = asr_models.trans_model;
    nnet3::AmNnetSimple &am_nnet = asr_models.am_nnet;

    bool binary;
    Input ki(am_path, &binary);
    trans_model.Read(ki.Stream(), binary);
    am_nnet.Read(ki.Stream(), binary);
    SetBatchnormTestMode(true, &(am_nnet.GetNnet()));
    SetDropoutTestMode(true, &(am_nnet.GetNnet()));
    nnet3::CollapseModel(nnet3::CollapseModelConfig(),
&(am_nnet.GetNnet()));

    asr_models.p_decodable_info = new
nnet3::DecodableNnetSimpleLoopedInfo(decodable_opts, &am_nnet);
    nnet3::DecodableNnetSimpleLoopedInfo &decodable_info =
*(asr_models.p_decodable_info);
```

```
    asr_models.decode_fst = ReadFstKaldiGeneric(hclg_path);

    if (!(asr_models.word_syms = fst::SymbolTable::ReadText(words_path))) {
        KALDI_ERR << "Could not read symbol table from file " <<
words_path;
        return false;
    }

    return true;
  } catch(const std::exception& e) {
    std::cerr << e.what();
    return false;
  }
}
```

本書將 Kaldi 語音辨識的實現封裝在 AsrDecode()函數中，首先透過 conf 檔案設定 chunk_length_sec 長度，經 OnlineNnet2FeaturePipeline.AcceptWaveform 分段讀取後的音訊檔案使用 kaldi SingleUtteranceNnet3Decoder 解碼器呼叫 AdvanceDecoding()函數對分段特徵檔案進行解碼。然後在所有音訊特徵處理完成後，呼叫 decoder.FinalizeDecoding()函數完成分段解碼資訊累計，生成最終的解碼結果。最後透過呼叫 decoder.GetLattice()函數輸出音訊的解碼 Lattice 詞格，呼叫 GetWordResult()函數輸出最後的語音辨識轉寫的文字結果。

```
int AsrDecode(unsigned char* data_buf, int data_len_bytes, int
num_channel, std::string &word_result) {
  try {
        OnlineNnet2FeaturePipelineConfig &feature_opts =
asr_models.feature_opts;
        nnet3::NnetSimpleLoopedComputationOptions &decodable_opts =
asr_models.decodable_opts;
        LatticeFasterDecoderConfig &decoder_opts =
asr_models.decoder_opts;
```

```
        OnlineEndpointConfig &endpoint_opts = asr_models.endpoint_opts;

        BaseFloat &chunk_length_secs = asr_models.chunk_length_secs;
        bool &do_endpointing = asr_models.do_endpointing;
        bool &online = asr_models.online;

        OnlineNnet2FeaturePipelineInfo &feature_info =
*(asr_models.p_feature_info);
        TransitionModel &trans_model = asr_models.trans_model;
        nnet3::AmNnetSimple &am_nnet = asr_models.am_nnet;
        nnet3::DecodableNnetSimpleLoopedInfo &decodable_info =
*(asr_models.p_decodable_info);
        fst::Fst<fst::StdArc> *decode_fst = asr_models.decode_fst;
        fst::SymbolTable *word_syms = asr_models.word_syms;
        OnlineTimingStats timing_stats;
        OnlineIvectorExtractorAdaptationState adaptation_state
(feature_info.ivector_extractor_info);

        unsigned char* data_src = data_buf;
        int data_size  = data_len_bytes;
        kaldi::uint16* data_ptr = reinterpret_cast<kaldi::uint16*>(data_src);
        kaldi::Matrix<kaldi::BaseFloat> pcm_data;
        pcm_data.Resize(0, 0);
        pcm_data.Resize(num_channel, data_size / (2*num_channel));
        for (kaldi::uint32 i = 0; i < pcm_data.NumCols(); ++i) {
          for (kaldi::uint32 j = 0; j < pcm_data.NumRows(); ++j) {
            kaldi::int16 k = *data_ptr++;
            pcm_data(j, i) =  k;
          }
        }
        SubVector<BaseFloat> data(pcm_data, 0);
        OnlineNnet2FeaturePipeline feature_pipeline(feature_info);
        feature_pipeline.SetAdaptationState(adaptation_state);
```

```
        OnlineSilenceWeighting silence_weighting(trans_model,
feature_info.silence_weighting_config,
decodable_opts.frame_subsampling_factor);
        SingleUtteranceNnet3Decoder decoder(decoder_opts, trans_model,
decodable_info, *decode_fst, &feature_pipeline);

        OnlineTimer decoding_timer("test");
        BaseFloat samp_freq = 16000;
        int32 chunk_length;
        if (chunk_length_secs > 0) {
          chunk_length = int32(samp_freq * chunk_length_secs);
          if (chunk_length == 0) chunk_length = 1;
        } else {
          chunk_length = std::numeric_limits<int32>::max();
        }

        int32 samp_offset = 0;
        std::vector<std::pair<int32, BaseFloat> > delta_weights;
        while (samp_offset < data.Dim()) {
          int32 samp_remaining = data.Dim() - samp_offset;
          int32 num_samp = chunk_length < samp_remaining ?
chunk_length : samp_remaining;
          SubVector<BaseFloat> wave_part(data, samp_offset, num_samp);
          feature_pipeline.AcceptWaveform(samp_freq, wave_part);
          samp_offset += num_samp;
          decoding_timer.WaitUntil(samp_offset / samp_freq);
          if (samp_offset == data.Dim()) {
            feature_pipeline.InputFinished();
          }
          if (silence_weighting.Active() &&
feature_pipeline.IvectorFeature() != nullptr) {

silence_weighting.ComputeCurrentTraceback(decoder.Decoder());
```

```
silence_weighting.GetDeltaWeights(feature_pipeline.NumFramesReady(),
&delta_weights);
            feature_pipeline.IvectorFeature()->UpdateFrameWeights
           (delta_weights);
          }

          decoder.AdvanceDecoding();
          if (do_endpointing && decoder.EndpointDetected(endpoint_opts))
                        break;
        }
        decoder.FinalizeDecoding();

        CompactLattice clat;
        bool end_of_utterance = true;
        decoder.GetLattice(end_of_utterance, &clat);
        GetWordResult(word_syms, clat, word_result);
        decoding_timer.OutputStats(&timing_stats);
        timing_stats.Print(false);
        return 0;
   } catch(const std::exception& e) {
        std::cerr << e.what();
        return -1;
   }
}
```

不同的音訊時長所需的解碼時間也不盡相同，可以透過 Kaldi 的 OnlineTimingStats 和 OnlineTimer 對音訊解碼時長進行統計。

GetWordResult()函數先透過呼叫 CompactLatticeShortestPath()函數獲得 1-Best 最佳解碼路徑輸出，再透過呼叫 GetLinearSymbolSequence()函數得到音訊對應的 word-id 序列，最後結合 words.txt 輸出 word-id 序列對應的文字內容。

```
void GetWordResult(const fst::SymbolTable *word_syms, const
CompactLattice &clat, std::string & word_result) {
    if (clat.NumStates() == 0) {
      KALDI_WARN << "Empty lattice.";
      return;
    }
    CompactLattice best_path_clat;
    CompactLatticeShortestPath(clat, &best_path_clat);

    Lattice best_path_lat;
    ConvertLattice(best_path_clat, &best_path_lat);

    LatticeWeight weight;
    std::vector<int32> alignment;
    std::vector<int32> words;
    GetLinearSymbolSequence(best_path_lat, &alignment, &words,
&weight);

    if (word_syms != nullptr) {
        for (size_t i = 0; i < words.size(); i++) {
            std::string s = word_syms->Find(words[i]);
            if (s == "")
              KALDI_ERR << "Word-id " << words[i] << " not in symbol
table.";
            word_result += s;
        }
    }
}
```

定義 asr-service.h 標頭檔，用於提供對外的存取介面。

```
#include <string>
int ReadWav(const std::string &filename, unsigned char** buf, int*
num_channel);
```

```
bool InitDecoder(std::string conf_file);
int AsrDecode(unsigned char* data_buf, int data_len_bytes, int
num_channel, std::string &strWordResult);
void ReleaseDecoder();
```

其中，ReadWav()函數與語者自動分段標記模組中的 ReadWav()函數實現相同，用於 WAVE 音訊檔案的讀取與解析；InitDecoder()函數用於完成對 asr-decode.cc 中 init()函數的封裝，使得外部透過 config 檔案即可完成模型的初始化操作，從而隱藏了全域變數 asr_models；最後增加 ReleaseDecoder()函數，用於 ASR 模型資源的釋放。

```
bool InitDecoder(std::string conf_file) {
  return Init(conf_file, asr_models);
}

void ReleaseDecoder() {
  if (asr_models.p_feature_info) {
    delete asr_models.p_feature_info;
    asr_models.p_feature_info = nullptr;
  }
  if (asr_models.p_decodable_info) {
    delete asr_models.p_decodable_info;
    asr_models.p_decodable_info = nullptr;
  }
  if (asr_models.decode_fst) {
    delete asr_models.decode_fst;
    asr_models.decode_fst;
  }
  if (asr_models.word_syms) {
    delete asr_models.word_syms;
    asr_models.word_syms;
  }
}
```

與語者自動分段標記模組一樣，這裡也使用 CMakeLists.txt 設定和管理語音辨識模組的標頭檔和原始程式碼，並編譯生成 libAsrDecode.so 動態函數庫，且進一步基於 asr-service.h 標頭檔撰寫 asr-decode-test.cc 測試程式，對編譯生成的 libAsrDecode.so 進行驗證。

測試程式首先讀取指定的音訊檔案，使用 InitDecode()函數進行初始化和模型載入，然後呼叫 AsrDecode()函數對音訊進行語音辨識解碼，最後呼叫 ReleaseDecoder()函數釋放申請的 ASR 模型資源。

```
#include <iostream>
#include "asr-service.h"

int main(int argc, char *argv[]) {
  if (argc != 3) {
    std::cout<<"Usage : asr-decode-test <conf> audio.wav"<<std::endl;
    return -1;
  }

  std::string conf_file = argv[1];
  if(InitDecoder(conf_file)) {
    unsigned char* data_src = 0;
    int num_channel = 0;

    int data_size  = ReadWav(argv[2], &data_src, &num_channel);
    if (data_size <= 0) {
      std::cout << "Audio file read failed " << argv[2] << std::endl;
      return -1;
    }

    std::string asr_result;
    AsrDecode(data_src, data_size, num_channel, asr_result);
    std::cout << asr_result << std::endl;
```

```
    delete [] data_src;
    ReleaseDecoder();
  } else {
    std::cout<<"Init Asr Error "<<std::endl;
    return -1;
  }
}
```

完整的語音辨識解碼模組的專案程式如下：

```
asr
|-- CMakeLists.txt
|-- models
|   `-- asr
|       |-- am
|       |   |-- HCLG.fst
|       |   |-- final.mdl
|       |   |-- ivector_extractor
|       |   |   |-- final.dubm
|       |   |   |-- final.ie
|       |   |   |-- final.ie.id
|       |   |   |-- final.mat
|       |   |   |-- global_cmvn.stats
|       |   |   |-- online_cmvn.conf
|       |   |   |-- splice.conf
|       |   |   `-- splice_opts
|       |   `-- words.txt
|       `-- conf
|           |-- ivector_extractor.conf
|           |-- mfcc.conf
|           `-- online.conf
|-- src
|   |-- CMakeLists.txt
|   |-- asr-decode.cc
```

```
|    |-- include
|    |    |-- asr-decode.h
|    |    |-- asr-service.h
|         `-- wav.h
|    `-- wav.cc
`-- test
    |-- CMakeLists.txt
    |-- asr-decode-test.cc
    `-- audio.wav
```

ASR 語音辨識專案的 CMakeLists.txt 編譯設定與語者自動分段標記模組編譯的組織方式大體一致，此處不再詳細介紹。

在 CMakeLists.txt 設定好後，可使用 CMake 命令進行編譯。

```
# cmake . —Bbuild
# cd build
# make
```

語音辨識模組編譯後的專案目錄如下：

```
asr
|-- CMakeLists.txt
|-- bin
|    `-- asr-decode-test
|-- build
|    |-- CMakeCache.txt
|    |-- CMakeFiles
|    |-- Makefile
|    |-- cmake_install.cmake
|    |-- src
|    `-- test
|-- lib
|    `-- libAsrDecode.so
```

```
|-- models
|-- src
`-- test
```

與語者自動分段標記模組一樣，build 目錄為編譯生成的臨時目錄，lib 和 bin 目錄分別為語音辨識動態函數庫 libAsrDecode.so 和語音辨識測試程式。

執行 asr-decode-test 測試程式，對音訊檔案進行語音轉寫。

```
# ./bin/asr-decode-test models/asr/conf/online.conf test.wav
LOG ([5.5]:Print():online-timing.cc:55) Timing stats: real-time factor
for offline decoding was 0.259238 = 1.58886 seconds  / 6.12894 seconds.
相較去年減少百分之三十四毛利十四點六一億港元
```

透過 Kaldi 的 OnlineTimer 和 OnlineTimingStats 對解碼時長的統計可知，test.wav 音訊時長為 6.12894 秒，解碼耗時 1.58886 秒，離線解碼的 RTF（Real Time Factor，即時率）為 0.259238，解碼速度處於可用狀態，後續可基於 GPU 解碼進行加速，進一步提高 RTF。

7.5 本章小結

本章基於 Kaldi 和 WebRTC 實現語音辨識和語者自動分段標記演算法的核心功能，透過設定 CMake 的 CMakeLists.txt 檔案管理語音 SDK 編譯流程，封裝成動態函數庫供其他應用呼叫整合。本章使用全域變數管理語音辨識 Asr 模型和聲紋 VPR 模型，僅是一種簡單快捷的實現，後續可進一步使用單例或工廠模式對單一和多個語音模型進行封裝和管理。本章使用的基於能量的 VAD 和 WebRTC 中基於 GMM 的 VAD 模組，我們也可以使用基於深度神經網路的 VAD 進一步提升語音活動檢測的準確率。本章的語者自動分段標記演算法模組直接使用基於 VAD 語音切分的結果進行聲紋提取和聚類，較強的依賴於 WebRTC 的性能，可根據應用需求，引入語者轉換點檢測模組（Speaker Change Detection）或在 VAD 語音切分片段的基礎上使用滑動窗進一步切分為更細細微性的子片段，以減小 VAD 模組帶來的影響。最後，語音辨識解碼器也可以基於 Kaldi 的 cudadecoder 使用 GPU 解碼，進一步提升解碼速度。

Chapter

08

基於 gRPC 的語音辨識服務

本章將從語音服務的角度，介紹如何基於當前工業界流行的用於微服務建構的 RPC 遠端程序呼叫框架和前面實現的語音 SDK，設計和實現一套適用於語音演算法領域的微服務，提供語者自動分段標記分割和語音辨識服務，方便使用者能快速便捷地連線和整合語音的相關功能。

8.1 gRPC 語音服務

gRPC 是 Google 開發的一款可相容並支援多種語言和平台的開放原始碼的 RPC（Remote Procedure Call，遠端程序呼叫）框架，底層預設基於 Google 成熟的結構資料序列化 ProtoBuf（Protocol Buffers）協定，常用於處理程序間的通訊。在 gRPC 框架下，用戶端可以像呼叫本地物件一樣直接呼叫另外一台不同機器上已定義好的應用服務，可方便快捷地建立分散式應用與服務。相比常見的 HTTP REST 服務形式，gRPC 有以下幾方面的優勢。

（1）gRPC 基於 HTTP2.0 協定，傳送速率快於 REST 預設的 HTTP1.1 協定。

（2）gRPC 基於 ProtoBuf 協定對資料進行序列化壓縮，可以極大地減小傳輸資料的大小。

（3）gRPC 支援雙向流傳輸，相比 REST 的單向流，天然適合用於即時語音服務的實現；相比流式傳輸的 websocket，也具備更高的傳輸效率和併發能力。

與其他 RPC 框架使用方法一樣，基於 gRPC 的語音服務，透過 ProtoBuf 協定定義語音服務的類型、資料請求欄位及服務返回資料型態。在伺服器端實現語音辨識和語者自動分段標記等語音相關服務，用戶端根據定義好的 ProtoBuf 協定生成用戶端自選語言的 gRPC 用戶端介面，用於遠端呼叫伺服器端的語音演算法服務。gRPC 支持 C/C++，c#，Go，Java，Python，Node.JS，PHP，Ruby 等主流的程式設計語言，且伺服器端與用戶端之間的不同語言版本實現可以透過 ProtoBuf 協定互通，極大地提升了服務的便捷性與可擴充性。

gRPC 支援伺服器端與用戶端的四種通訊方式：

（1）簡單互動模式。

rpc AsrService(AsrRequest) returns (AsrReply)

（2）用戶端單向流模式。

rpc AsrService(stream AsrRequest) returns (AsrReply)

（3）伺服器端單向流模式。

rpc AsrService(AsrRequest) returns (stream AsrReply)

（4）用戶端與伺服器端雙向流模式。

rpc AsrService(stream AsrRequest) returns (stream AsrReply)

透過 stream 關鍵字是否修飾 AsrRequest 請求和 AsrReply 回復欄位，來區分通訊模式為簡單互動、用戶端單向流、伺服器端單向流及雙向流模式。不同的通訊互動模式，根據 ProtoBuf 協定的 protoc 工具生成的 gRPC

互動介面程式不同，伺服器端實現服務的方式和用戶端呼叫服務的方式也有所不同。本文將建構簡單互動模式的語音辨識服務和語者自動分段標記服務。

8.2 ProtoBuf 協定定義

實現語音辨識與語者自動分段標記服務需要定義伺服器端與用戶端之間互動的資料內容，以及語音辨識和語者自動分段標記的服務呼叫方式。使用 speech-servcie.proto 定義的內容如下：

```
syntax = "proto3";
package Speech;
service SpeechService {
  rpc AsrService (AsrRequest) returns (AsrReply) {}
  rpc DiarizationService (DiarizationRequest) returns (DiarizationReply)
{}
}

message AudioData{
    bytes data = 1;
    int32 length = 2;
}

message AsrRequest {
  string req_id = 1;
  AudioData audio = 2;
}

message AsrReply {
  string result = 1;
}
```

```
message DiSeg {
  int32 id = 1;
  int32 start = 2;
  int32 end = 3;
}

message DiarizationRequest {
    string req_id = 1;
    AudioData audio = 2;
}

message DiarizationReply {
    repeated DiSeg dirazation_results = 1;
    string error_msg = 2;
}
```

其中，Service 關鍵字用於定義服務名稱，透過 rpc 關鍵字定義 SpeechService 提供的語音辨識 gRPC 服務 AsrService 和語者自動分段標記 gRPC 服務 DiarizationService 呼叫介面。

```
rpc AsrService (AsrRequest) returns (AsrReply) {}
rpc DiarizationService (DiarizationRequest) returns (DiarizationReply)
```

由於語音辨識和語者自動分段標記服務均需要在網路中傳輸音訊原始資料，因此可透過 message 關鍵字定義 AudioData 結構，用於儲存音訊資料資訊。AudioData 結構的 data 和 length 欄位分別儲存音訊資料的 bytes 陣列和陣列長度。AudioData 結構嵌套在 AsrRequest 結構中，結合 req_id 欄位用於區分不同的請求 id 和請求名，組成語音辨識服務 AsrService 的請求物件。AsrReply 結構中的 result 欄位用於存放語音辨識的結果，並將結果返回至用戶端。

語者自動分段標記服務請求物件 DiarizationRequest 與 AsrRequest 一樣，由 req_id 和 AudioData 組成，完成音訊檔案向語者自動分段標記伺服器端的發送。DiarizationReply 伺服器端返回物件中的 dirazation_results 為 DiSeg 結構的陣列，用於儲存語者自動分段標記服務切分後的結果。每個 DiSeg 結構均由語者 id、該語者在音訊中開始說話的 start 開始位置與 end 結束位置。透過請求 DiarizationService 服務，在得到音訊時域上按語者分離後的結果後，可進一步呼叫 AsrService 服務對分段的音訊進行語音辨識。

定義好的 proto 檔案可使用 protoc 和 grpc_cpp_plugin 外掛程式，在 server 目錄下編譯生成 speech-service.grpc.pb.h 和 speech-service.grpc.pb.cc 檔案，提供 gRPC 服務相關的介面，以及 speech-service.pb.h 和 speech-service.pb.cc 檔案，用於實現 message 欄位定義的 request 和 reply 類別物件。

```
# protoc -I ./ ./speech-service.proto --cpp_out=./ --grpc_out ./ --
plugin=protoc-gen-grpc=../thirdparty/grpc/bin/grpc_cpp_plugin

# ls server
CMakeLists.txt  asr-server.cc      speaker-diarization-server.cc
speech-service.grpc.pb.h  speech-service.pb.h
asr-client.cc    speaker-client.cc  speech-service.grpc.pb.cc
speech-service.pb.cc      speech-service.proto
```

後續可基於 gRPC 底層介面和生成的與服務相關的 grpc.pb.h 和 grpc.pb.cc，再結合前面實現的語音辨識和語者自動分段標記的 SDK 函數庫檔案，最終完成語音服務的實現。

8.3 基於 gRPC 的語音服務實現

透過 speech-servcie.proto 協定定義的 AsrService 和 DiarizationService 服務介面，分別在 asr-server.cc 和 speaker-diarization-server.cc 中實現語音辨識和語者自動分段標記的伺服器端程式，並撰寫 asr-client.cc 和 speaker-client.cc 測試程式，測試和驗證實現語音辨識服務。整體的專案程式結構如下：

```
server
|-- CMakeLists.txt
|-- asr-client.cc
|-- asr-server.cc
|-- speaker-client.cc
|-- speaker-diarization-server.cc
|-- speech-service.grpc.pb.cc
|-- speech-service.grpc.pb.h
|-- speech-service.pb.cc
|-- speech-service.pb.h
`-- speech-service.proto
```

其中，專案編譯所需的 gRPC 相關標頭檔和函數庫檔案儲存在 thirdparty 目錄下。

```
thirdparty/grpc/
|-- bin
|   `-- grpc_cpp_plugin
|-- include
|   |-- google
|   |-- grpc
|   |-- grpc++
|   `-- grpcpp
`-- lib
    |-- libgrpc++.so -> libgrpc++.so.1
```

```
    |-- libgrpc++.so.1 -> libgrpc++.so.1.24.0-dev
    |-- libgrpc++.so.1.24.0-dev
    |-- libgrpc++_reflection.so -> libgrpc++_reflection.so.1
    |-- libgrpc++_reflection.so.1 -> libgrpc++_reflection.so.1.24.0-dev
    |-- libgrpc++_reflection.so.1.24.0-dev
    |-- libgrpc.so -> libgrpc.so.8
    |-- libgrpc.so.8 -> libgrpc.so.8.0.0
    |-- libgrpc.so.8.0.0
    |-- libprotobuf.so.19 -> libprotobuf.so.19.0.0
    `-- libprotobuf.so.19.0.0
```

8.3.1 gRPC Server 實現

gRPC 語音辨識服務透過整合前面封裝好的 asr-service.h 標頭檔和 libAsrDecode.so 函數庫檔案，基於 gRPC 底層介面實現。asr-server.cc 所需的標頭檔和 gRPC 命名空間如下：

```
#include <memory>
#include <iostream>
#include <string>
#include <thread>
#include <grpcpp/grpcpp.h>
#include <grpc/support/log.h>
#include "speech-service.grpc.pb.h"
#include "asr-service.h"

using grpc::Server;
using grpc::ServerAsyncResponseWriter;
using grpc::ServerBuilder;
using grpc::ServerContext;
using grpc::ServerCompletionQueue;
using grpc::Status;
using Speech::AsrRequest;
```

```
using Speech::AsrReply;
using Speech::SpeechService;
```

首先 ServerImpl 類別基於 grpc::Server 和 grpc::ServerBuilder，透過 Run()成員函數完成語音服務監聽位址和監聽通訊埠的設定，然後 ServerCompletionQueue 訊息佇列與 AsyncService 非同步服務進行綁定，最後透過呼叫 HandleRpcs()函數建立首個 DecodeOneBuf 物件，用於處理用戶端的語音辨識請求。

```
class ServerImpl final {
 public:
  ~ServerImpl() {
    server_->Shutdown();
    cq_->Shutdown();
  }

  void Run(std::string port) {
    std::string server_address("0.0.0.0:" + port);
    ServerBuilder builder;
    builder.AddListeningPort(server_address, grpc::InsecureServerCredentials());
    builder.RegisterService(&service_);
    cq_ = builder.AddCompletionQueue();
    server_ = builder.BuildAndStart();
    std::cout << "Server listening on " << server_address << std::endl;
    ServerImpl::HandleRpcs();
  }

 private:
  void HandleRpcs() {
    new DecodeOneBuf(&service_, cq_.get());

    void* tag;
    bool ok;
```

```
    while (true) {
      GPR_ASSERT(cq_->Next(&tag, &ok));
      static_cast<DecodeOneBuf*>(tag)->Proceed();
    }
  }
  std::unique_ptr<ServerCompletionQueue> cq_;
  SpeechService::AsyncService service_;
  std::unique_ptr<Server> server_;
};
```

server 的 HandleRpcs()函數繼續循環監聽公共 ServerCompletionQueue 佇列的狀態資訊，用於維護和追蹤不同用戶端的請求狀態。在服務執行結束時，~ServerImpl()解構函數透過呼叫 Shutdown()函數來關閉 server 和訊息佇列，完成資源釋放。

DecodeOneBuf 類別透過私有成員變數 CallStatus 維護 CREATE，PROCESS，FINISH 三種狀態，用於處理用戶端的連接和請求。伺服器端在接收到用戶端的請求後，建立並初始化 DecodeOneBuf 物件，在 CREATE 狀態下透過呼叫 RequestAsrService()介面完成請求到 AsrService 服務介面的綁定。接著在 PROCESS 狀態下，首先建立新的 DecodeOneBuf 物件用於接收來自其他用戶端的呼叫請求；然後呼叫 AsrDecode()函數對請求的音訊資料進行解碼，並將解碼辨識的結果加載到 AsrReply 返回用戶端；最後在 FINISH 狀態下，銷毀當前的 DecodeOneBuf 物件，釋放物件資源。

```
class DecodeOneBuf {
    public:
            DecodeOneBuf(SpeechService::AsyncService* service,
ServerCompletionQueue* cq) : service_(service),cq_(cq),responder_
(&ctx_),status_(CREATE) {
                    Proceed();
            }
```

```
            void Proceed(){
                if(status_ == CREATE){
                    status_ = PROCESS;
                    service_->RequestAsrService(&ctx_, &request_,
                    &responder_, cq_, cq_,this);
                }else if(status_ == PROCESS){
                    new DecodeOneBuf(service_, cq_);
                    if(request_.audio().length() > 0) {
                        const unsigned char* audio_data =
reinterpret_cast <const unsigned char
*>((request_.audio().data()).c_str());
                        unsigned char* data_buf = const_cast<unsigned
char*>(audio_data);
                        int audio_len = request_.audio().length();
                        std::string result;
                        AsrDecode(data_buf, audio_len, 1, result);
                        std::cout<<"Processing "<<request_.req_id()<<"
"<<result<<std::endl;
                        reply_.set_result(result);
                    } else
                        reply_.set_result("Empty Request Audio");
                    status_ = FINISH;
                    responder_.Finish(reply_, Status::OK, this);

                } else {
                    GPR_ASSERT(status_ == FINISH);
                    delete this;
                }
            }
    private:
            SpeechService::AsyncService* service_;
            ServerCompletionQueue* cq_;
            ServerContext ctx_;
```

```
            AsrRequest request_;
            AsrReply reply_;
            ServerAsyncResponseWriter<AsrReply> responder_;
            enum CallStatus { CREATE, PROCESS, FINISH };
            CallStatus status_;
};
```

main() 函數首先讀取語音辨識模型的 config 設定檔，並呼叫 InitDecoder() 函數完成模型的載入和初始化，接著建立和初始化 ServerImpl 物件，使用命令列傳入的 port 通訊埠編號呼叫 Run()函數，開始語音辨識服務的執行。

```
int main(int argc, char** argv) {
  if (argc != 3) {
    std::cout<<"Usage : asr-server <conf> <port>\n";
    return -1;
  }

  std::string conf_file = argv[1];
  std::string port = argv[2];

  if(!InitDecoder(conf_file))
  {
    std::cout<<"Init Error";
    return -1;
  }
  ServerImpl server;
  server.Run(port);

  ReleaseDecoder();
  return 0;
}
```

語者自動分段標記服務所採用的 gRPC 框架和基礎流程與語音辨識服務的基本一致，區別僅在於不同的介面函數和底層功能實現所需的 voice-print-service.h 標頭檔和 libVpr.so 函數庫檔案不同。其中，gRPC 伺服器端的實現如下：

```
#include <memory>
#include <iostream>
#include <string>
#include <thread>
#include <grpcpp/grpcpp.h>
#include <grpc/support/log.h>
#include "speech-service.grpc.pb.h"
#include "voice-print-service.h"

using grpc::Server;
using grpc::ServerAsyncResponseWriter;
using grpc::ServerBuilder;
using grpc::ServerContext;
using grpc::ServerCompletionQueue;
using grpc::Status;
using Speech::DiSeg;
using Speech::DiarizationRequest;
using Speech::DiarizationReply;
using Speech::SpeechService;

class ServerImpl final {
 public:
  ~ServerImpl() {
    server_->Shutdown();
    cq_->Shutdown();
  }

  void Run(std::string port) {
```

```
    std::string server_address("0.0.0.0:" + port);
    ServerBuilder builder;
    builder.AddListeningPort(server_address,
grpc::InsecureServerCredentials());
    builder.RegisterService(&service_);
    cq_ = builder.AddCompletionQueue();
    server_ = builder.BuildAndStart();
    std::cout << "Server listening on " << server_address << std::endl;
    ServerImpl::HandleRpcs();
  }

 private:
  void HandleRpcs() {
    new DiariOneBuf(&service_, cq_.get());

    void* tag;
    bool ok;
    while (true) {
      GPR_ASSERT(cq_->Next(&tag, &ok));
      static_cast<DiariOneBuf*>(tag)->Proceed();
    }
  }
  std::unique_ptr<ServerCompletionQueue> cq_;
  SpeechService::AsyncService service_;
  std::unique_ptr<Server> server_;
};
```

首先 DiariOneBuf 類別透過 RequestDiarizationService()介面將用戶端的請求綁定到語者自動分段標記服務的介面上，然後呼叫 libVpr.so 的 SpeakerDiarization() 函數完成音訊語者的切分，並將分離結果加載在 DiarizationReply 物件中返回用戶端。

```
class DiariOneBuf {
    public:
            DiariOneBuf(SpeechService::AsyncService* service,
                        ServerCompletionQueue* cq) :
                        service_(service),cq_(cq),responder_(&ctx_),
                        status_(CREATE) {
                        Proceed();
                    }
            void Proceed(){
                if(status_ == CREATE){
                    status_ = PROCESS;
                    service_->RequestDiarizationService(&ctx_,
 &request_, &responder_, cq_, cq_,this);
                }else if(status_ == PROCESS){
                    new DiariOneBuf(service_, cq_);

                    if(request_.audio().length() > 0) {
                       const unsigned char* audio_data =
                       reinterpret_cast <const unsigned char
                       *>((request_.audio(). data()).c_str());
                       unsigned char* data_buf = const_cast<unsigned
                       char*>(audio_data);
                       int audio_len = request_.audio().length();
                       std::vector<ClusterResult> cluster_result;
                       SpeakerDiarization(data_buf, audio_len, 2, 2.0,
                       cluster_result);
                       for (int i = 0; i<cluster_result.size(); ++i) {
                       DiSeg* one = reply_.add_dirazation_results();
                       one->set_id(cluster_result[i].speaker_id);
                       one->set_start(cluster_result[i].start_ms);
                       one->set_end(cluster_result[i].end_ms);
                        }
                    } else
                        reply_.set_error_msg ("Empty Request Audio") ;
```

```
                    status_ = FINISH;
                    responder_.Finish(reply_, Status::OK, this);
                } else {
                    GPR_ASSERT(status_ == FINISH);
                    delete this;
                }
            }
    private:
            SpeechService::AsyncService* service_;
            ServerCompletionQueue* cq_;
            ServerContext ctx_;
            DiarizationRequest request_;
            DiarizationReply reply_;
            ServerAsyncResponseWriter<DiarizationReply> responder_;
            enum CallStatus { CREATE, PROCESS, FINISH };
            CallStatus status_;
};
```

最後透過 main()函數讀取命令列的模型設定檔和通訊埠編號資訊，呼叫 VoicePrintInit()函數完成模型的初始化，呼叫 Run()函數執行語者自動分段標記服務，對外提供服務。

```
int main(int argc, char** argv) {
  if (argc != 3) {
    std::cout<<"Usage : speaker-diarization-server <conf> <port>\n";
    return -1;
  }

  std::string conf_file = argv[1];
  std::string port = argv[2];
  if(!VoicePrintInit(conf_file)) {
    std::cout<<"Init Error";
    return -1;
  }
```

```
  ServerImpl server;
  server.Run(port);

  VoicePrintRelease();
  return 0;
}
```

8.3.2 gRPC Client 實現

語音辨識 gRPC 用戶端測試程式從命令列讀取語音辨識服務的位址和通訊埠編號，透過 Client 類別完成與伺服器端的 Channel 連結，並利用 Client::AsrSend()函數向語音辨識伺服器端發送音訊資料進行語音辨識。

```
#include <iostream>
#include <memory>
#include <string>
#include <grpcpp/grpcpp.h>
#include <time.h>
#include <chrono>
#include "speech-service.grpc.pb.h"
#include "asr-service.h"

using grpc::Channel;
using grpc::ClientContext;
using grpc::Status;
using Speech::AsrRequest;
using Speech::AsrReply;
using Speech::AudioData;
using Speech::SpeechService;
class Client {
 public:
  Client(std::shared_ptr<Channel> channel) : stub_(SpeechService::NewStub(channel))
{}
```

```
  AsrReply AsrSend(const std::string& req_id, unsigned char* buf, const
int len){
    AsrRequest request;
    AsrReply reply;
    ClientContext context;

    if (buf == nullptr){
      std::cout<<"Empty audio buffer\n";
      reply.set_result("Empty audio data");
      return reply;
    }

    request.set_req_id(req_id);
    request.mutable_audio()->set_data(buf,len);
    request.mutable_audio()->set_length(len);
    Status status = stub_->AsrService(&context,request, &reply);

    if(!status.ok()) {
        std::cout << status.error_code() << ": " <<
status.error_message();
        reply.set_result("Asr Service Error");
    }
    return reply;
  }

 private:
  std::unique_ptr<SpeechService::Stub> stub_;
};
int main(int argc, char** argv) {

  if (argc != 4){
    std::cout<<"Usage: asr_client server:port audio req_id"<<std::endl;
    return -1;
```

```
  }

  std::string ip_address = argv[1];
  std::string audio_file = argv[2];
  std::string req_id = argv[3];

  Client client(grpc::CreateChannel(ip_address,
grpc::InsecureChannelCredentials()));

  unsigned char* data_buf = nullptr;
  int num_channel = 0;
  int wav_len  = ReadWav(audio_file, &data_buf, &num_channel);
  if(wav_len <= 0) {
        std::cout<<"Read Wave Error\n";
        return -1;
  }

  AsrReply reply = client.AsrSend(req_id, data_buf, wav_len);
  std::cout<<reply.result()<<std::endl;

  return 0;
}
```

語者自動分段標記 gRPC 用戶端測試程式從命令列讀取語音辨識服務的位址和通訊埠編號，透過 Client 類別完成與伺服器端的 Channel 連結，並利用 Client::DiarizationSend()函數向伺服器端發送音訊資料進行語者自動分段標記的切分。同時，基於切分的結果，分別使用 AsrClient 呼叫語音辨識服務，對不同語者的內容完成語音辨識轉寫。

```
#include <iostream>
#include <memory>
#include <string>
#include <grpcpp/grpcpp.h>
```

```
#include <time.h>
#include <chrono>
#include "speech-service.grpc.pb.h"
#include "voice-print-service.h"

using grpc::Channel;
using grpc::ClientContext;
using grpc::Status;
using Speech::DiarizationRequest;
using Speech::DiarizationReply;
using Speech::AudioData;
using Speech::DiSeg;
using Speech::AsrRequest;
using Speech::AsrReply;
using Speech::SpeechService;

class AsrClient {
 public:
  AsrClient(std::shared_ptr<Channel> channel) :
stub_(SpeechService::NewStub(channel)) {}

  AsrReply AsrSend(const std::string& req_id, unsigned char* buf, const
int len){
    AsrRequest request;
    AsrReply reply;
    ClientContext context;

    if (buf == nullptr){
      std::cout<<"Empty audio buffer\n";
      reply.set_result("Empty audio data");
      return reply;
    }

    request.set_req_id(req_id);
```

```
    request.mutable_audio()->set_data(buf,len);
    request.mutable_audio()->set_length(len);
    Status status = stub_->AsrService(&context,request, &reply);
    if(!status.ok()) {
        std::cout << status.error_code() << ": " << status.error_
        message() << std::endl;
        reply.set_result("Asr Service Error");
    }
    return reply;
 }

 private:
  std::unique_ptr<SpeechService::Stub> stub_;
};

class Client {
 public:
  Client(std::shared_ptr<Channel> channel) :
stub_(SpeechService::NewStub(channel)) {}

  DiarizationReply DiarizationSend(const std::string& req_id, unsigned
char* buf, const int len){
    DiarizationRequest request;
    DiarizationReply reply;
    ClientContext context;

    if (buf == nullptr){
      std::cout<<"Empty audio buffer\n";
      return reply;
    }



    request.set_req_id(req_id);
    request.mutable_audio()->set_data(buf,len);
```

```
    request.mutable_audio()->set_length(len);
    Status status = stub_->DiarizationService(&context,request, &reply);

    if(!status.ok()) {
        std::cout << status.error_code() << ": " << status.error_
        message() << std::endl;
    }
    return reply;
 }

 private:
  std::unique_ptr<SpeechService::Stub> stub_;
};

int main(int argc, char** argv) {

  if (argc != 4){
    std::cout<<"Usage: speaker-client server:port audio req_id\n";
    return -1;
  }

  std::string ip_address = argv[1];
  std::string audio_file = argv[2];
  std::string req_id = argv[3];

  Client client(grpc::CreateChannel(ip_address,
grpc::InsecureChannelCredentials()));
  AsrClient asr_client(grpc::CreateChannel("localhost:50000",
grpc::InsecureChannelCredentials()));

  unsigned char* data_buf = nullptr;
  int num_channel = 0;
  int wav_len  = ReadWav(audio_file, &data_buf, &num_channel);
  if(wav_len <= 0) {
```

```
        std::cout<<"Read Wave Error\n";
        return -1;
  }

  DiarizationReply reply = client.DiarizationSend(req_id, data_buf,
wav_len);
  std::cout<<reply.dirazation_results_size()<<std::endl;

  for (int i = 0; i<reply.dirazation_results_size(); ) {
        DiSeg one_begin = reply.dirazation_results(i);
        int spkid = one_begin.id();
        int start = one_begin.start();
        int j = i + 1;
        for  (; j < reply.dirazation_results_size(); j++)
            if(reply.dirazation_results(j).id() != spkid)
                break;
        int end = reply.dirazation_result(j - 1).end();
        i = j;
        std::cout<<spkid<<" , "<<start<<" , "<<end<<std::endl;
        AsrReply asr_reply = asr_client.AsrSend(std::to_string
(spkid), (data_buf + start*32), ((end - start)*32));
        std::cout<<asr_reply.result()<<std::endl;
  }
  return 0;
}
```

8.3.3 gRPC 語音服務的編譯與測試

gRPC 語音服務引擎的編譯也是透過 CMakeLists.txt 設定完成的，區別在於編譯 gRPC 服務時，還需要先對定義的.proto 檔案進行編譯，這可以透過 ADD_CUSTOM_ COMMAND 使用者自訂操作符，呼叫 protoc 命令編譯 speech-service.proto 檔案，生成與 gRPC 相關的*.pb.cc 和*.pb.h 檔案，最後透過 ADD_EXECUTABLE 和 TARGET_LINK_ LIBRARIES 操作符，完成伺服器端和用戶端的編譯和可執行程式的生成。

```
SET(CW_GRPC_SRCS "${CMAKE_CURRENT_SOURCE_DIR}/speech-
service.grpc.pb.cc")
SET(CW_GRPC_HDRS "${CMAKE_CURRENT_SOURCE_DIR}/speech-service.grpc.pb.h")
SET(CW_PB_SRCS "${CMAKE_CURRENT_SOURCE_DIR}/speech-service.pb.cc")
SET(CW_PB_HDRS "${CMAKE_CURRENT_SOURCE_DIR}/speech-service.pb.h")

ADD_CUSTOM_COMMAND(OUTPUT ${CW_GRPC_SRCS} ${CW_GRPC_HDRS} ${CW_PB_SRCS}
${CW_PB_HDRS} COMMAND protoc ARGS --cpp_out ${CMAKE_CURRENT_SOURCE_DIR}
--grpc_out ${CMAKE_CURRENT_SOURCE_DIR} --plugin=protoc-gen-
grpc=${CMAKE_CURRENT_SOURCE_DIR}/../thirdparty /grpc/bin/grpc_cpp_plugin
${CMAKE_CURRENT_SOURCE_DIR}/speech-service.proto –I
${CMAKE_CURRENT_SOURCE_DIR} DEPENDS ${CMAKE_CURRENT_SOURCE_DIR}/speech-
service.proto)
```

使用以下命令進行編譯：

```
# cmake . –Bbuild
# cd build
# make
```

server 編譯完成如下：

```
server
|-- CMakeLists.txt
|-- asr-client.cc
|-- asr-server.cc
|-- bin
|   |-- asr-client
|   |-- asr-server
|   |-- speaker-client
|   `-- speaker-diarization-server
```

```
|-- build
|   |-- CMakeCache.txt
|   |-- CMakeFiles
|   |-- Makefile
|   `-- cmake_install.cmake
|-- speaker-client.cc
|-- speaker-diarization-server.cc
|-- speech-service.grpc.pb.cc
|-- speech-service.grpc.pb.h
|-- speech-service.pb.cc
|-- speech-service.pb.h
`-- speech-service.proto
```

在 50000 通訊埠上執行 asr-server 語音辨識服務：

```
#./bin/asr-server ./models/asr/conf/online.conf 50000 >> asr.log 2>&1 &

LOG ([5.5]:ComputeDerivedVars():ivector-extractor.cc:183) Computing
derived variables for iVector extractor
LOG ([5.5]:ComputeDerivedVars():ivector-extractor.cc:204) Done.
LOG ([5.5]:RemoveOrphanNodes():nnet-nnet.cc:948) Removed 0 orphan nodes.
LOG ([5.5]:RemoveOrphanComponents():nnet-nnet.cc:847) Removing 0 orphan
components.
LOG ([5.5]:CompileLooped():nnet-compile-looped.cc:345) Spent 0.889077
seconds in looped compilation.
Server listening on 0.0.0.0:50000
```

在 50001 通訊埠上執行 speaker-diarization-server 語者自動分段標記服務：

```
#./bin/speaker-diarization-server ./models/vpr/online.conf 50001 >>
sd.log 2>&1 &
Loading Xvector Models ...
LOG ([5.5]:RemoveOrphanNodes():nnet-nnet.cc:948) Removed 7 orphan nodes.
```

```
LOG ([5.5]:RemoveOrphanComponents():nnet-nnet.cc:847) Removing 7 orphan
components.
LOG ([5.5]:Collapse():nnet-utils.cc:1472) Added 0 components, removed 7
Server listening on 0.0.0.0:50001
```

透過 asr-client 程式呼叫 asr 服務對 test.wav 音訊進行辨識。

```
# ./bin/asr-client localhost:50000 test.wav asr_test
相較去年減少百分之三十四毛利十四點六一億港元
```

使用 speaker-client 程式首先存取 localhost:50001 通訊埠的語者自動分段標記服務，得到語者切分後的結果，然後呼叫 localhost:50000 通訊埠的 ASR 語音辨識服務對不同語者的內容進行辨識轉寫。

```
# ./bin/speaker-client localhost:50001 aduio-sd.wav sd_test
2 0 3450
請問兩位想要買點什麼
1 3470 6760
我想買件長袖襯衫
2 6860 8490
這邊請 請問您穿幾號的襯衫
1 8700 10070
我穿中號的
2 10520 18750
您想要什麼顏色的襯衫 我們店裡有許多不同顏色的襯衫 您看看這件黃色的怎麼樣 好看又便宜
1 18940 25050
這件看起來是真不錯 可是我比較喜歡白色的襯衫 你們有沒有白色的襯衫
2 25460 26850
當然有在這裏
```

8.4 本章小結

本章在實現語音演算法 SDK 的基礎上，透過 gRPC 框架的遠端程序呼叫機制和 ProtoBuf 協定實現語音辨識和語者自動分段標記非同步服務介面，可對外提供語音辨識和語者自動分段標記的功能，使用者可根據定義好的 speech-service.proto 協定生成自己開發語言的用戶端，方便快捷地連線服務。在本章的基礎上，讀者可以基於 Grpc 雙向流模式對語音服務進行擴充，實現即時流式的語音辨識服務。

Appendix

A

參考文獻

(1) 陳果果, 都家宇, 那興宇, 等. Kaldi 語音辨識實戰.北京：電子工業出版社，2020.

(2) 韓紀慶, 張磊, 鄭軼然. 語音訊號處理. 北京：清華大學出版社, 2004.

(3) 洪青陽, 李琳. 語音辨識: 原理與應用. 北京：電子工業出版社, 2020.

(4) 胡航. 現代語音訊號處理. 北京電子工業出版社, 2014.

(5) 湯志遠, 李藍天, 王東, 等. 語音辨識基本法（Kaldi 實踐與探索）. 北京：電子工業出版社, 2021.

(6) 王泉. 聲紋技術：從核心演算法到專案實踐. 北京：電子工業出版社，2020.

(7) 俞棟, 鄧力. 語音辨識實踐. 北京：電子工業出版社, 2016.

(8) 趙力. 語音訊號處理（第 3 版）. 北京：機械工業出版社, 2016.

(9) A. Fazel, M. El-Khamy and J. Lee, CAD-AEC: Context-Aware Deep Acoustic Echo Cancellation. 2020 IEEE International Conference on Acoustics, Speech and Signal Processing (ICASSP), 2020.

（10） A. Fazel, M. El-Khamy and J. Lee, Deep Multitask Acoustic Echo Cancellation. Interspeech 2019, 2019.

（11） A. Pandey and D. L. Wang, TCNN: Temporal Convolutional Neural Network for Real-time Speech Enhancement in the Time Domain. 2019 IEEE International Conference on Acoustics, Speech and Signal Processing (ICASSP), 2019.

（12） A.Zhang, Q.Wang, Z.Zhu, J.Paisley, and C.Wang, ” Fully Supervised Speaker Diarization, ” in ICASSP 2019-2019 IEEE International Conference on Acustics,Speech and Signal Processing（ICASSP）. IEEE, 2019:6301-6305.

（13） Abe T, Kobayashi T, Imai S. Harmonics tracking and pitch extraction based on instantaneous frequency[C]//1995 International Conference on Acoustics, Speech, and Signal Processing. IEEE, 1995, 1:756-759.

（14） Aertsen A, Johannesma P I M, Hermes D J. Spectro-temporal receptive fields of auditory neurons in the grassfrog[J]. Biological Cybernetics, 1980, 38(4): 235-248.

（15） B. Li, T. N. Sainath, R. J. Weiss et al, Neural Network Adaptive Beamforming for Robust Multichannel Speech Recognition. Interspeech 2016, 2016.

（16） Baevski A, Zhou H, Mohamed A, et al. wav2vec 2.0: A framework for self-supervised learning of speech representations[J]. arXiv preprint arXiv:2006.11477, 2020.

（17） Bahl L R, Jelinek F, Mercer R L. A maximum likelihood approach to continuous speech recognition[J]. IEEE transactions on pattern analysis and machine intelligence, 1983 (2): 179-190.

(18) Bahl L, Baker J, Cohen P, et al. Automatic recognition of continuously spoken sentences from a finite state grammer[C]//ICASSP'78. IEEE International Conference on Acoustics, Speech, and Signal Processing. IEEE, 1978, 3: 418-421.

(19) Bahl L, Brown P, De Souza P, et al. Maximum mutual information estimation of hidden Markov model parameters for speech recognition[C]//ICASSP'86. IEEE International Conference on Acoustics, Speech, and Signal Processing. IEEE, 1986, 11: 49-52.

(20) Baker J K. DRAGON speech understanding system[J]. The Journal of the Acoustical Society of America, 1974, 55(S1): S22-S22.

(21) Baum L E, Petrie T, Soules G, et al. A maximization technique occurring in the statistical analysis of probabilistic functions of Markov chains[J]. The annals of mathematical statistics, 1970, 41(1): 164-171.

(22) Bojanowski P, Grave E, Joulin A, et al. Enriching word vectors with subword information[J]. Transactions of the Association for Computational Linguistics, 2017, 5: 135-146.

(23) Brown T B, Mann B, Ryder N, et al. Language models are few-shot learners[J]. arXiv preprint arXiv:2005.14165, 2020.

(24) C. H. Knapp and G. C. Carter, The generalized correlationmethod for estimation of time delay, IEEE Transactions on Acoustics, Speech, and Signal Processing, vol. 24, no. 4,320–327, 1976.

(25) Chan W, Jaitly N, Le Q, et al. Listen, attend and spell: A neural network for large vocabulary conversational speech recognition[C]//2016 IEEE International Conference on Acoustics, Speech and Signal Processing (ICASSP). IEEE, 2016: 4960-4964.

（26） Chen S F, Goodman J. An empirical study of smoothing techniques for language modeling[J]. Computer Speech & Language, 1999, 13(4): 359-394.

（27） Cheng Y M, O'Shaughnessy D. Automatic and reliable estimation of glottal closure instant and period[J]. IEEE Transactions on Acoustics, Speech, and Signal Processing, 1989, 37(12): 1805-1815.

（28） Cho K, Van Merriënboer B, Gulcehre C, et al. Learning phrase representations using RNN encoder-decoder for statistical machine translation[J]. arXiv preprint arXiv:1406.1078, 2014.

（29） Collobert R, Puhrsch C, Synnaeve G. Wav2letter: an end-to-end convnet-based speech recognition system[J]. arXiv preprint arXiv:1609.03193, 2016.

（30） D. A. Reynolds, T. F. Quatieri, R. B. Dunn, Speaker verification using adapted gaussian mixture models, Digital signal processing 10 (2000): 19-41.

（31） D. L. Duttweiler, On Adjusting the Learning Rate in Frequency Domain Echo Cancellation With Double-Talk. IEEE Transactions on Speech and Audio Processing, vol. 8, no. 5, 508-518, 2000.

（32） D. Mansour and A. H. Gray Jr., Unconstrained Frequency-Domain Adaptive Filter. IEEE Transactions on Acoustics, Speech, and Signal Processing, vol. ASSP-30, no. 5, 726-734, 1982.

（33） D. Snyder, D. Garcia-Romero, D. Povey, S. Khudanpur, Deep neural network embeddings for text-independent speaker verification, Proceedings of the Annual Conference of the International Speech Communication Association[C], 2017: 999–1003.

（34） D. Stoller, S. Ewert and S. Dixon, Wave-U-Net: A Multi-Scale Neural Network for End-to-End Audio Source Separation. 19th

International Society for Music Information Retrieval Conference (ISMIR 2018), 2018.

(35) D. Synder, D.Garcia-Romerom, G.Sell, D.Povey,and S.Khudanpur, X-vectors: Robust DNN Embeddings for Speaker Recognition, Proc.ICASSP[C], 2018:5329-5333.

(36) Dahl G E, Yu D, Deng L, et al. Context-dependent pre-trained deep neural networks for large-vocabulary speech recognition[J]. IEEE Transactions on audio, speech, and language processing, 2011, 20(1): 30-42.

(37) Dauphin Y N, Fan A, Auli M, et al. Language modeling with gated convolutional networks[C]//International conference on machine learning. PMLR, 2017: 933-941.

(38) Davis K H . Automatic Recognition of Spoken Digits[J]. J.acoust.soc.america, 1952, 24(6):669.

(39) Deng L, Yu D, Hinton G. Deep learning for speech recognition and related applications[C]//NIPS workshop. 2009.

(40) Devlin J, Chang M W, Lee K, et al. Bert: Pre-training of deep bidirectional transformers for language understanding[J]. arXiv preprint arXiv:1810.04805, 2018.

(41) Dong L, Xu S, Xu B. Speech-transformer: a no-recurrence sequence-to-sequence model for speech recognition[C]// 2018 IEEE International Conference on Acoustics, Speech and Signal Processing (ICASSP). IEEE, 2018: 5884-5888.

(42) E. Variani, X. Lei, E. McDermott, I. L. Moreno, J. G-Dominguez, Deep neural networks for small footprint text-dependent speaker verification, Proceedings of IEEE International Conference on Acoustics, Speech and Signal Processing[C], 2014:4052–4056.

(43) F. Landini, J. Profant, M. Diez, L. Burget, Bayesian hmm clustering of x-vector sequences (vbx) in speaker diarization: theory, implementation and analysis on standard tasks, arXiv preprint arXiv:2006.07898 (2020).

(44) F. Weninger, H. Erdogan, S. Watanabe et al, Speech enhancement with LSTM recurrent neural networks and its application to noise-robust ASR. International Conference on Latent Variable Analysis and Signal Separation, Springer International Publishing, 2015.

(45) Fernández S, Graves A, Schmidhuber J. An application of recurrent neural networks to discriminative keyword spotting[C]//International Conference on Artificial Neural Networks. Springer, Berlin, Heidelberg, 2007: 220-229.

(46) Gales M J F. Semi-tied covariance matrices for hidden Markov models[J]. IEEE transactions on speech and audio processing, 1999, 7(3): 272-281.

(47) Ghaemmaghami S, Deriche M, Boashash B. A new approach to pitch and voicing detection through spectrum periodicity measurement[C]//TENCON'97 Brisbane-Australia. Proceedings of IEEE TENCON'97. IEEE Region 10 Annual Conference. Speech and Image Technologies for Computing and Telecommunications (Cat. No. 97CH36162). IEEE, 1997, 2: 743-746.

(48) Gibson M, Hain T. Hypothesis spaces for minimum Bayes risk training in large vocabulary speech recognition[C]// Interspeech. 2006, 6: 2406-2409.

(49) Goodfellow, Ian, Yoshua Bengio, and Aaron Courville. Deep learning. MIT press, 2016.

（50） Graves A, Fernández S, Gomez F, et al. Connectionist temporal classification: labelling unsegmented sequence data with recurrent neural networks[C]//Proceedings of the 23rd international conference on Machine learning. 2006: 369-376.

（51） Graves A, Jaitly N, Mohamed A. Hybrid speech recognition with deep bidirectional LSTM[C]//2013 IEEE workshop on automatic speech recognition and understanding. IEEE, 2013: 273-278.

（52） Graves A, Mohamed A, Hinton G. Speech recognition with deep recurrent neural networks[C]//2013 IEEE international conference on acoustics, speech and signal processing. Ieee, 2013: 6645-6649.

（53） Gulati A, Qin J, Chiu C C, et al. Conformer: Convolution-augmented transformer for speech recognition[J]. arXiv preprint arXiv:2005.08100, 2020.

（54） H. Erdogan, J. R. Hershey, S. Watanabe et al. Improved MVDR Beamforming Using Single-Channel Mask Prediction Networks. Interspeech 2016, 2016.

（55） H. S. Choi, J. H. Kim, J. Huh et al, Phase-aware Speech Enhancement with Deep Complex U-Net. 2019 International Conference on Learning Representations (ICLR), 2019.

（56） H. Zhang and D. L. Wang, Deep Learning for Acoustic Echo Cancellation in Noisy and Double-Talk Scenarios[C]. Interspeech 2018, 2018.

（57） H. Zhang, K. Tan and D. L.Wang, Deep Learning for Joint Acoustic Echo and Noise Cancellation with Nonlinear Distortions. Interspeech 2019, 2019.

（58） Hadian H, Sameti H, Povey D, et al. End-to-end Speech Recognition Using Lattice-free MMI[C]//Interspeech. 2018: 12-16.

(59) Hannun A Y, Maas A L, Jurafsky D, et al. First-pass large vocabulary continuous speech recognition using bi-directional recurrent dnns[J]. arXiv preprint arXiv:1408.2873, 2014.

(60) Harry L. Van Trees. Optimum Array Processing. Wiley-Interscience, 2002.

(61) He K, Zhang X, Ren S, et al. Deep residual learning for image recognition[C]//Proceedings of the IEEE conference on computer vision and pattern recognition. 2016: 770-778.

(62) Hinton G, Deng L, Yu D, et al. Deep neural networks for acoustic modeling in speech recognition: The shared views of four research groups[J]. IEEE Signal processing magazine, 2012, 29(6): 82-97.

(63) Hochreiter S, Schmidhuber J. Long short-term memory[J]. Neural computation, 1997, 9(8): 1735-1780.

(64) Hopcroft J E, Karp R M. An n^5/2 algorithm for maximum matchings in bipartite graphs[J]. SIAM Journal on computing, 1973, 2(4): 225-231.

(65) Hori, Takaaki, and Atsushi Nakamura. Speech recognition algorithms using weighted finite-state transducers. Synthesis Lectures on Speech and Audio Processing 9.1 (2013): 1-162.

(66) Howard A G, Zhu M, Chen B, et al. Mobilenets: Efficient convolutional neural networks for mobile vision applications[J]. arXiv preprint arXiv:1704.04861, 2017.

(67) Hu J, Xu S, Chen J. A modified pitch detection algorithm[J]. IEEE Communications Letters, 2001, 5(2): 64-66.

(68) Huici M E H D, Ginori J V L. Combined algorithm for pitch detection of speech signals[J]. Electronics Letters, 1995, 31(1): 15-16.

(69) I. Cohen and B. Berdugo, Microphone array post-filtering for non-stationary noise suppression. 2002 IEEE International Conference on Acoustics, Speech and Signal Processing (ICASSP), 2002.

(70) I. Cohen, B. Berdugo, Noise estimation by minima controlled recursive averaging for robust speech enhancement. IEEE Signal Processing Letters, vol. 9, no. 1, 12-15, 2002.

(71) I. Cohen, Noise spectrum estimation in adverse environments: improved minima controlled recursive averaging. IEEE Transactions on Speech and Audio Processing, vol. 11, no. 5, 466-475, 2003.

(72) J. Benesty, I. Cohen, J. Chen. Fundamentals of Signal Enhancement and Array Signal Processing. John Wiley & Sons, 2018.

(73) J. Benesty, J. Chen, Y. Huang. Microphone Array Signal Processing. Springer Berlin Heidelberg, 2008.

(74) J. Chen, J. Benesty and Y. Huang, Robust Time Delay Estimation Exploiting Redundancy Among Multiple Microphones. IEEE Transactions on Speech and Audio Processing, vol. 11, no. 6, 549-557, 2003.

(75) J. Chen, J. Benesty and Y. Huang, Time Delay Estimation in Room Acoustic Environments: An Overview. EURASIP Journal on Applied Signal Processing, vol. 2006:1-19, 2006.

(76) J. H. DiBiase, H. F. Silverman and M. S. Brandstein, Robust Localization in Reverberant Rooms, In: Brandstein M., Ward D. (eds) Microphone Arrays. Digital Signal Processing. Springer, Berlin, Heidelberg, 2001.

(77) J. Heymann, L. Drude and R. Haeb-Umbach, Neural network based spectral mask estimation for acoustic beamforming. 2016 IEEE

International Conference on Acoustics, Speech and Signal Processing (ICASSP), 2016.

（78） J. Kim and M. Hahn, Voice Activity Detection Using an Adaptive Context Attention Model. IEEE Signal Processing Letters, vol. 25, no. 8, 1181-1185, 2018.

（79） J. L. Flanagan. Speech analysis, synthesis and perception. Springer-Verlag Berlin Heidelberg, 1972.

（80） J. S. Soo, K. K. Pang, Multidelay block frequency domain adaptive filter. IEEE Transactions on Acoustics Speech & Signal Processing, vol.38, no.2, 373-376, 1990.

（81） J.-M. Valin, A Hybrid DSP/Deep Learning Approach to Real-Time Full-Band Speech Enhancement, International Workshop on Multimedia Signal Processing, 2018.

（82） J.-M. Valin, On Adjusting the Learning Rate in Frequency Domain Echo Cancellation With Double-Talk. IEEE Transactions on Audio, Speech and Language Processing, vol. 15, no. 3, 1030-1034, 2007.

（83） Juang B H, Hou W, Lee C H. Minimum classification error rate methods for speech recognition[J]. IEEE Transactions on Speech and Audio processing, 1997, 5(3): 257-265.

（84） Juang B H, Katagiri S. Discriminative learning for minimum error classification (pattern recognition)[J]. IEEE Transactions on signal processing, 1992, 40(12): 3043-3054.

（85） Juang B H. Maximum-likelihood estimation for mixture multivariate stochastic observations of Markov chains[J]. AT&T technical journal, 1985, 64(6): 1235-1249.;

（86） Julius O. Smith III. Spectral Audio Signal Processing. W3K Publishing, 2011.

（87） L. J. Griffiths and C. W. Jim, An Alternative Approach to Linearly Constrained Adaptive Beamforming. IEEE Transactions on Antennas and Propagation, vol. AP-30, no. 1, 27-34, 1982.

（88） L. Sun, J. Du, C. Jiang, X. Zhang, S. He, B. Yin, and C.-H. Lee, Speaker diarization with enhancing speech for the first dihard challenge. Interspeech[C], 2018:2793–2797.

（89） Lammert A C, Narayanan S S. On short-time estimation of vocal tract length from formant frequencies[J]. PloS one, 2015, 10(7): e0132193.

（90） Lan Z, Chen M, Goodman S, et al. Albert: A lite bert for self-supervised learning of language representations[J]. arXiv preprint arXiv:1909.11942, 2019.

（91） Lewis M, Liu Y, Goyal N, et al. Bart: Denoising sequence-to-sequence pre-training for natural language generation, translation, and comprehension[J]. arXiv preprint arXiv:1910.13461, 2019.

（92） Liu A T, Yang S, Chi P H, et al. Mockingjay: Unsupervised speech representation learning with deep bidirectional transformer encoders[C]//ICASSP 2020-2020 IEEE International Conference on Acoustics, Speech and Signal Processing (ICASSP). IEEE, 2020: 6419-6423.

（93） Liu Z, Lin W, Shi Y, et al. A Robustly Optimized BERT Pre-training Approach with Post-training[C]//China National Conference on Chinese Computational Linguistics. Springer, Cham, 2021: 471-484.

（94） M. Diez, L. Burget, and P. Matejka, Speaker diarization based on Bayesian HMM with eigenvoice priors, Odyssey[C], 2018:102–109.

(95) M. S. Brandstein, D. B. Ward. Microphone Arrays: Signal Processing Techniques and Applications. Springer-Verlag Berlin Heidelberg, 2001.

(96) M. V. Segbroeck, A. Tsiartas, and S. Narayanan, A Robust Frontend for VAD: Exploiting Contextual, Discriminative and Spectral Cues of Human Voice. Interspeech 2013, 2013.

(97) Mikolov T, Chen K, Corrado G, et al. Efficient estimation of word representations in vector space[J]. arXiv preprint arXiv:1301.3781, 2013.

(98) Myers C S, Rabiner L R. A comparative study of several dynamic time-warping algorithms for connected-word recognition[J]. Bell System Technical Journal, 1981, 60(7): 1389-1409.

(99) N. Dehak, P.J. Kenny, R. Dehak, P. Dumouchel, and P. Ouellet, Front-end factor analysis for speaker verification, IEEE Transactions on Audio, Speech, and Language Processing, Vol. 19, no.4, 788-798, May 2011.

(100) O. Hoshuyama, A. Sugiyama and A. Hirano, A Robust Adaptive Beamformer for Microphone Arrays with a Blocking Matrix Using Constrained Adaptive Filters. IEEE Transactions on Signal Processing, vol. 47, no. 10, 2677-2684, 1999.

(101) O. L. Frost, An Algorithm for Linearly Constrained Adaptive Array Processing. Proc IEEE, vol. 60, no. 8, 926-935, 1972.

(102) Oord A, Dieleman S, Zen H, et al. Wavenet: A generative model for raw audio[J]. arXiv preprint arXiv:1609.03499, 2016.

(103) P. C. Loizou. Speech Enhancement: Theory and Practice (Second Edition). CRC Press Taylor & Francis Group, 2013.

（104） Park D S, Chan W, Zhang Y, et al. Specaugment: A simple data augmentation method for automatic speech recognition[J]. arXiv preprint arXiv:1904.08779, 2019.

（105） Patrick Kenny, Gilles Boulianne, Pierre Dumouchel, Eigenvoice Modeling With Sparse Training Data, IEEE Transactions on Speech and Audio Processing 13（3）:345-354（2005）.

（106） Paul D B. Algorithms for an optimal A* search and linearizing the search in the stack decoder[C]//Speech and Natural Language: Proceedings of a Workshop Held at Hidden Valley, Pennsylvania, June 24-27, 1990. 1990.

（107） Pennington J, Socher R, Manning C D. Glove: Global vectors for word representation[C]//Proceedings of the 2014 conference on empirical methods in natural language processing (EMNLP). 2014: 1532-1543.

（108） Peters M E, Neumann M, Iyyer M, et al. Deep contextualized word representations[J]. arXiv preprint arXiv:1802.05365, 2018.

（109） Povey D, Cheng G, Wang Y, et al. Semi-Orthogonal Low-Rank Matrix Factorization for Deep Neural Networks[C]//Interspeech. 2018: 3743-3747.

（110） Povey D, Kanevsky D, Kingsbury B, et al. Boosted MMI for model and feature-space discriminative training[C]//2008 IEEE International Conference on Acoustics, Speech and Signal Processing. IEEE, 2008: 4057-4060.

（111） Povey D, Peddinti V, Galvez D, et al. Purely sequence-trained neural networks for ASR based on lattice-free MMI[C]//Interspeech. 2016: 2751-2755.

（112） Povey D. Discriminative training for large vocabulary speech recognition[D]. University of Cambridge, 2005.

（113） R. Zazo, T. N. Sainath, G. Simko and C. Parada, Feature Learning with Raw-Waveform CLDNNs for Voice Activity Detection. Interspeech 2016, 2016.

（114） R. Zelinski, A microphone array with adaptive post-filtering for noise reduction in reverberant rooms. 1988 International Conference on Acoustics, Speech, and Signal Processing (ICASSP), 1988.

（115） Rabiner L R. A tutorial on hidden Markov models and selected applications in speech recognition[J]. Proceedings of the IEEE, 1989, 77(2): 257-286.

（116） Rabiner L R, Cheng M J,and Rosenberg A E, et al. A comparative performance study of several pitch detection algorithms[J]. IEEE Trans.on Acoustics,Speech,and Signal Processing,1976,ASSP-24(5):399-418.

（117） Rabiner L, Juang B. An introduction to hidden Markov models[J]. ieee assp magazine, 1986, 3(1): 4-16.

（118） Rabiner L. Fundamentals of speech recognition[J]. Fundamentals of speech recognition, 1993.

（119） Radford A, Narasimhan K, Salimans T, et al. Improving language understanding by generative pre-training[J]. 2018.

（120） Radford A, Wu J, Child R, et al. Language models are unsupervised multitask learners[J]. OpenAI blog, 2019, 1(8): 9.

（121） Ramachandran P, Zoph B, Le Q V. Searching for activation functions[J]. arXiv preprint arXiv:1710.05941, 2017.

(122) Rao K, Sak H, Prabhavalkar R. Exploring architectures, data and units for streaming end-to-end speech recognition with rnn-transducer[C]//2017 IEEE Automatic Speech Recognition and Understanding Workshop (ASRU). IEEE, 2017: 193-199.

(123) Ravanelli M, Bengio Y. Speech and speaker recognition from raw waveform with sincnet[J]. arXiv preprint arXiv:1812.05920, 2018.

(124) Revuz D. Minimisation of acyclic deterministic automata in linear time[J]. Theoretical Computer Science, 1992, 92(1): 181-189.

(125) Ross M, Shaffer H, Cohen A, et al. Average magnitude difference function pitch extractor[J]. IEEE Transactions on Acoustics, Speech, and Signal Processing, 1974, 22(5): 353-362.

(126) S. Gannot and I. Cohen, Speech Enhancement Based on the General Transfer Function GSC and Postfiltering. IEEE Transactions on Speech and Audio Processing, vol. 12, no. 6, 561-571, 2004.

(127) S. Gannot, D. Burshtein and E. Weinstein, Signal Enhancement Using Beamforming and Nonstationarity with Applications to Speech. IEEE Transactions on Signal Processing, vol. 49, no. 8, 1614-1626, 2001.

(128) S. Haykin, Adaptive Filter Theory (Fourth Edition). Prentice Hall, 2001.

(129) S. Pascual, A. Bonafonte and J. Serrà, SEGAN: Speech Enhancement Generative Adversarial Network. Interspeech 2017, 2017.

(130) S. Prince and J. Elder, Probabilistic linear discriminant analysis for inferences about identity, IEEE 11th International Conference on Computer Vision[C], 2007. ICCV 2007., Oct 2007:1–8.

（131） S. Tong, H. Gu and K. Yu, A comparative study of robustness of deep learning approaches for VAD. 2016 IEEE International Conference on Acoustics, Speech and Signal Processing (ICASSP), 2016.

（132） Sainath T N, Kingsbury B, Mohamed A, et al. Improvements to deep convolutional neural networks for LVCSR[C]//2013 IEEE workshop on automatic speech recognition and understanding. IEEE, 2013: 315-320.

（133） Sainath T N, Prabhavalkar R, Kumar S, et al. No need for a lexicon? evaluating the value of the pronunciation lexica in end-to-end models[C]//2018 IEEE International Conference on Acoustics, Speech and Signal Processing (ICASSP). IEEE, 2018: 5859-5863.

（134） Sakoe H, Chiba S. Dynamic programming algorithm optimization for spoken word recognition[J]. IEEE transactions on acoustics, speech, and signal processing, 1978, 26(1): 43-49.

（135） Schneider S, Baevski A, Collobert R, et al. wav2vec: Unsupervised pre-training for speech recognition[J]. arXiv preprint arXiv:1904.05862, 2019.

（136） Schwarz, Andreas, and Walter Kellermann. Unbiased coherent-to-diffuse ratio estimation for dereverberation. 2014 14th International Workshop on Acoustic Signal Enhancement (IWAENC). IEEE, 2014.

（137） Shaharin R, Prodhan U K, Rahman M. Performance study of TDNN training algorithm for speech recognition[J]. International Journal of Advanced Research in Computer Science & Technology, 2014, 2(4): 90-95.

(138) Steven M. Kay. Fundamentals of Statistical Signal Processing, Volume I: Estimation Theory. Prentice Hall, 1993.

(139) Su H, Li G, Yu D, et al. Error back propagation for sequence training of context-dependent deep networks for conversational speech transcription[C]//2013 IEEE International Conference on Acoustics, Speech and Signal Processing. IEEE, 2013: 6664-6668.

(140) Sun Y, Wang S, Feng S, et al. ERNIE 3.0: Large-scale knowledge enhanced pre-training for language understanding and generation[J]. arXiv preprint arXiv:2107.02137, 2021.

(141) Sun Y, Wang S, Li Y, et al. Ernie 2.0: A continual pre-training framework for language understanding[C]//Proceedings of the AAAI Conference on Artificial Intelligence. 2020, 34(05): 8968-8975.

(142) Sun Y, Wang S, Li Y, et al. Ernie: Enhanced representation through knowledge integration[J]. arXiv preprint arXiv:1904.09223, 2019.

(143) T. Gänsler, S. L. Gay, M. M. Sondhi and J. Benesty, Double-Talk Robust Fast Converging Algorithms for Network Echo Cancellation. IEEE Transactions on Speech and Audio Processing, vol. 8, no. 6,656-663, 2000.

(144) T. Higuchi T , N. Ito, T. Yoshioka et al, Robust MVDR beamforming using time-frequency masks for online/offline ASR in noise. 2016 IEEE International Conference on Acoustics, Speech and Signal Processing (ICASSP), 2016.

(145) T. N. Sainath, O. Vinyals, A. Senior and H. Sak, Convolutional, Long Short-Term Memory, fully connected Deep Neural Networks. 2015 IEEE International Conference on Acoustics, Speech and Signal Processing (ICASSP), 2015.

（146） T. N. Sainath, R. J. Weiss, K. W. Wilson et al, Factored spatial and spectral multichannel raw waveform CLDNNs. 2016 IEEE International Conference on Acoustics, Speech and Signal Processing (ICASSP), 2016.

（147） T. N. Sainath, R. J. Weiss, K. W. Wilson et al, Multichannel Signal Processing with Deep Neural Networks for Automatic Speech Recognition. IEEE/ACM Transactions on Audio, Speech, and Language Processing, vol. 25, no. 5, 965-979, 2017.

（148） T. Ochiai, M. Delcroix, R. Ikeshita et al, Beam-TasNet: Time-domain Audio Separation Network Meets Frequency- domain Beamformer. 2020 IEEE International Conference on Acoustics, Speech and Signal Processing (ICASSP), 2020.

（149） T. Yoshioka and T. Nakatani, Generalization of Multi-Channel Linear Prediction Methods for Blind MIMO Impulse Response Shortening. IEEE Transactions on Audio, Speech, and Language Processing, vol. 20, no. 10, 2707-2720, 2012.

（150） TJ Park, N Kanda, D Dimitriadis, KJ Han, S Watanabe, S Narayanan, A Review of Speaker Diarization: Recent Advances with Deep Learning, arXiv preprint arXiv:2101.09624（2021）

（151） Torres-Carrasquillo P A, Richardson F, Nercessian S, et al. The MIT-LL, JHU and LRDE NIST 2016 Speaker Recognition Evaluation System[C]//Interspeech. 2017: 1333-1337.

（152） U. Nickel, Principles of Adaptive Array Processing. Advanced Radar Signal and Data Processing, pp. 5.1-5.20, 2006.

（153） Vaswani A, Shazeer N, Parmar N, et al. Attention is all you need[C]//Advances in neural information processing systems. 2017: 5998-6008.

(154) Vintsyuk T K. Speech discrimination by dynamic programming[J]. Cybernetics, 1968, 4(1): 52-57.

(155) Waibel A, Hanazawa T, Hinton G, et al. Phoneme recognition using time-delay neural networks[J]. IEEE transactions on acoustics, speech, and signal processing, 1989, 37(3): 328-339.

(156) Watt D, Fabricius A H. Evaluation of a technique for improving the mapping of multiple speakers' vowel spaces in the F1-F2 plane: Working Papers in Linguistics[J]. 2002.

(157) Werbos P J. Backpropagation through time: what it does and how to do it[J]. Proceedings of the IEEE, 1990, 78(10): 1550-1560.

(158) X. Xiao, S. Watanabe, H. Erdogan et al, Deep beamforming networks for multi-channel speech recognition. 2016 IEEE International Conference on Acoustics, Speech and Signal Processing (ICASSP), 2016.

(159) X. Xiao, S. Zhao, D. L. Jones et al, On time-frequency mask estimation for MVDR beamforming with application in robust speech recognition. 2017 IEEE International Conference on Acoustics, Speech and Signal Processing (ICASSP), 2017.

(160) X. Xiao, S. Zhao, X. Zhong et al, A learning-based approach to direction of arrival estimation in noisy and reverberant environments. 2015 IEEE International Conference on Acoustics, Speech and Signal Processing (ICASSP), 2015.

(161) Y. Hu, Y. Liu, S. Lv et al, DCCRN: Deep Complex Convolution Recurrent Network for Phase-Aware Speech Enhancement. Interspeech 2020, 2020.

（162） Y. Huang and J. Benesty, A Class of Frequency-Domain Adaptive Approaches to Blind Multichannel Identification. IEEE Transactions on Signal Processing, vol. 51, no. 1, 11-24, 2003.

（163） Y. Luo, E. Ceolini, C. Han et al, FaSNet: Low-latency Adaptive Beamforming for Multi-microphone Audio Processing. 2019 IEEE Automatic Speech Recognition and Understanding Workshop (ASRU), 2019.

（164） Y. Xu, C. Weng, L. Hui et al, Joint Training of Complex Ratio Mask Based Beamformer and Acoustic Model for Noise Robust ASR. 2019 IEEE International Conference on Acoustics, Speech and Signal Processing (ICASSP), 2019.

（165） Y. Xu, J Du, L.-R. Dai and C.-H. Lee, A Regression Approach to Speech Enhancement Based on Deep Neural Networks. IEEE/ACM Transactions on Audio, Speech, and Language Processing, pp. 7-19, vol. 23, no. 1, 2015.

（166） Y. Xu, J Du, L.-R. Dai and C.-H. Lee, An Experimental Study on Speech Enhancement Based on Deep Neural Networks. IEEE signal processing letters, pp. 65-68, vol.21, no. 1, January 2014.

（167） Y. Zhang, C. Deng, S. Ma, et al, Deep Multi-task Network for Delay Estimation and Echo Cancellation. 2021 IEEE International Conference on Acoustics, Speech and Signal Processing (ICASSP), 2021.

（168） Yang X, Li J, Zhou X. A novel pyramidal-FSMN architecture with lattice-free MMI for speech recognition[J]. arXiv preprint arXiv:1810.11352, 2018.

（169） Yang Z, Dai Z, Yang Y, et al. Xlnet: Generalized autoregressive pretraining for language understanding[J]. Advances in neural information processing systems, 2019, 32.

（170） Yeh C F, Mahadeokar J, Kalgaonkar K, et al. Transformer-transducer: End-to-end speech recognition with self-attention[J]. arXiv preprint arXiv:1910.12977, 2019.

（171） Yu F, Koltun V. Multi-scale context aggregation by dilated convolutions[J]. arXiv preprint arXiv:1511.07122, 2015.

（172） Z. Meng, S. Watanabe, J. R. Hershey et al, Deep Long Short-Term Memory Adaptive Beamforming Networks For Multichannel Robust Speech Recognition. 2017 IEEE International Conference on Acoustics, Speech and Signal Processing (ICASSP), 2017.

（173） Zeghidour N, Usunier N, Synnaeve G, et al. End-to-end speech recognition from the raw waveform[J]. arXiv preprint arXiv:1806.07098, 2018.

（174） Zeyer A, Schlüter R, Ney H. Why does CTC result in peaky behavior?[J]. arXiv preprint arXiv:2105.14849, 2021.

（175） Zhang B, Wu D, Yao Z, et al. Unified streaming and non-streaming two-pass end-to-end model for speech recognition[J]. arXiv preprint arXiv:2012.05481, 2020.n

（176） Zhang S, Jiang H, Wei S, et al. Feedforward sequential memory neural networks without recurrent feedback[J]. arXiv preprint arXiv:1510.02693, 2015.

（177） Zhao Y, Yang X, Wang J, et al. BART based semantic correction for Mandarin automatic speech recognition system[J]. arXiv preprint arXiv:2104.05507, 2021.

Note

Note